水电安装工程预算与定额

（第四版）

陈宪仁　编著

中国建筑工业出版社

图书在版编目（CIP）数据

水电安装工程预算与定额/陈宪仁编著. —4版. —北京：中国建筑工业出版社，2013.12（2023.12重印）
ISBN 978-7-112-16221-5

Ⅰ.①水…　Ⅱ.①陈…　Ⅲ.①给排水系统-建筑安装-建筑预算定额②电气设备-建筑安装-建筑预算定额
Ⅳ.①TU723.3

中国版本图书馆 CIP 数据核字（2013）第 306740 号

水电安装工程预算与定额
（第四版）
陈宪仁　编著

*

中国建筑工业出版社出版、发行（北京西郊百万庄）
各地新华书店、建筑书店经销
霸州市顺浩图文科技发展有限公司制版
建工社（河北）印刷有限公司印刷

*

开本：787×1092毫米　1/16　印张：25　字数：610千字
2014年7月第四版　　2023年12月第四十五次印刷
定价：**49.00** 元
ISBN 978-7-112-16221-5
（24956）

本书在介绍建设工程定额与预算基本概念的基础上，着重论述在工业与民用建筑中编制电气安装和给水排水工程施工图预算的基本原理和基本方法，介绍定额计价和清单计价两个计价体系的政策规定和具体做法。同时，对采暖、通风、空调、燃气、机械设备等安装工程的预算编制及计价方法，也作了阐述。此外，附有通用安装工程预算有关常识、安装工程施工图识图方法、计算实例和作业题等内容，以及对 2000 年版《全国统一安装工程预算定额》、2013 年版《建设工程工程量清单计价规范》GB 50500—2013 及配套的"工程量计算规范"、新的计价体系等，作了简要归纳和引导。

本书既可供从事水电安装工程造价编审人员、管理人员学习参考，也可作为水电专业和工民建专业教材或职业培训教材。

＊　　　＊　　　＊

责任编辑：刘　江　范业庶
责任校对：陈晶晶　赵　颖

第四版前言

《水电安装工程预算与定额》的第一版于 1997 年 1 月出版以来，因定额标准和预算费用的不断更新，以及"工程量清单计价"体系与法规的推行，本书已两次改版（2003 年第二版，2007 年第三版）。蒙广大读者厚爱，印刷已达三十多次。在建设工程实施阶段的工程发承包及其投资控制领域，建设项目招标投标制度不断完善，进入法制轨道的同时，施工造价编制与投标报价方式，已逐步实现了市场化运作。由于建设项目的公共投资仍占主导，国家与地方尚须加强宏观控制与指导，出台了一些工程计价的政策性法规，以维护市场秩序，规范计价行为，促进建设市场健康发展。

为适应市场经济条件下建设工程计价模式不断深入改革的新形势，贯彻执行新的计价计量规范，推行计价标准（计价表），及时满足安装工程造价编审和专业教学的业务需要，作者在本书第三版原稿的基础上，修订和删补了若干内容，作为第四版出书。第四版补充了新的计价、计量规范的基本内容和执行规定，在保留 2000 年版《全国统一安装工程预算定额》基本内容的基础上，对"定额计价"与"清单计价"两种计价方式，作了全面介绍。本书第四版仍然以实用性为宗旨，进一步发挥其概念性、系统性、知识性和可操作性等特点，为广大读者、特别是初学者服务。

本书在修订和编写过程中，参照和选录了国家、江苏省和南京市的有关规定和资料，并参考引用了有关著作和教材的图例和资料。第四版书稿承南京水利科学研究院高级工程师唐式民同志校核和审稿，南京诚明建设咨询有限公司总工、国家注册造价师、高级工程师李强同志，高级工程师朱琪同志，国家注册造价师、高级工程师徐美霞同志等参加了本书的审稿，国家注册造价师贺丽工程师对本书进行校核。惠蕙、顾景文、马靓等同志参与本书的校对和资料整理工作。南京诚明建设咨询有限公司工程造价部对本书第四版的出版给予了很多帮助和支持。在此一并致谢。限于作者水平有限，书中差错难免，恳请各位读者不吝赐教。

2013 年 12 月

第 三 版 前 言

为贯彻《建设工程工程量清单计价规范》(GB 50500—2003),执行新的"预算费用划分"规定,本书第三版是在 2003 年第二版的基础上,着重修编"预算项目费用组成"等内容,补充《建设工程工程量清单计价规范》和地方"计价表"的基本理论及其应用方面的知识,以适应新的计价体系的建立和完善,并满足安装工程造价编审和专业教学的业务需要。

第三版书稿仍然选录了国家和江苏省的现行政策以及有关专著、资料。原第二版的审校人员参与了本书的校核和审稿,并由吴坤、孔超、张爽等同志进行校对和资料整理工作。在此一并致谢。限于作者水平有限,书中差错难免,恳请读者赐教。

2006 年 12 月

第 二 版 前 言

　　《水电安装工程预算与定额》的第一版于 1997 年 1 月出版以来，蒙广大读者厚爱，已多次印刷。原书是以 1986 年版十六册《全国统一安装工程预算定额》为标准，参照当时执行的相关规定撰写，主要是供从事安装工程造价编审人员参考，并作为学校与培训班的教材使用。随着 2000 年版十二册《全国统一安装工程预算定额》的发布，有些地区也相继出台了相应的"单位估价表"及配套的"费用定额"，在定额规定、专业划分、费用内容、计费基础及计算费率等方面，已作了不少变更与调整。同时，建设项目招标投标制度已进入法制轨道，施工图预算与投标报价之间出现了新的微妙关系，工程施工造价编制与投标报价方式之间又有了新的模式。

　　为适应市场经济条件下建筑业改革不断深入的新形势，贯彻执行新的定额标准及其相关规定，及时满足安装工程造价编审和专业教学的业务需要，作者在本书第一版原稿的基础上，修订和补充了新的定额标准和费用规定，增加了定额基价调整、自编定额单价、工程造价审核、工程招标投标、综合单价编制等内容，同时，对 2000 年版的十二个分册不同专业"安装定额"，作了较详细的介绍，重新修订后纳入本书第二版。本书第二版仍然以实用性为宗旨，进一步发挥其概念性、系统性、知识性和可操作性等特点，为广大读者、特别是初学者服务。

　　本书在修订编写过程中，参照和选录了国家、江苏省和南京市的有关规定和资料，并参考引用了有关著作和教材的图例与资料。第二版书稿承南京第一建设事务所高级工程师丁邦锡、王文君及南京水利科学研究院高级工程师唐式民同志，分别进行了校核；丁邦锡、王文君、唐式民和江苏省建筑职工大学高级讲师李效忍等同志参加了本书的审稿，提供了不少宝贵的建议和帮助；南京第一建设事务所工程师马敏、吴坤、苏荣华等同志参与了本书的校对和资料整理工作；南京第一建设事务所造价部和江苏省建筑职工大学培训处，对本书的出版给予了很多帮助和支持。在此一并致谢。限于作者水平有限，书中差错难免，恳请各位读者不吝赐教。

2003 年 6 月

第 一 版 前 言

建筑安装工程施工图预算的编制工作，涉及的因素很多，是一项技术性、政策性很强的工作。安装工程预算与土建工程预算，其基本理论和编制方法有许多相似之处。但是，安装工程的专业性较强，内容分支较多，其预算定额和预算费用的计算规定，与土建工程是不同的。建筑安装工程规模、工程内容、专业性质、时间地点、施工条件等因素的变化，都将直接影响到预算项目组成和预算价值。

为适应建筑业改革的形势，提高企业管理人员的专业素质，拓宽建筑学校的教学和培训内容，作者于1991年编写出版了《水电安装工程预算》一书。随着经济改革的不断深入，预算费用的某些计算规定有所变动。在岗位培训、中等专业学校教学及读者自学过程中，尚需具备一定的技术定额基础知识。因此，编著者在《水电安装工程预算》原书及授课讲稿的基础上，根据相应"教学大纲"的要求，补充建设工程概念和技术定额知识，并按现行规定和读者意见，编写成《水电安装工程预算与定额》一书。

本书在编写过程中，参照和选录了国家、江苏省和南京市的有关规定及资料，并参考引用了有关著作和教材的例图与资料。本书稿承南京市建筑设计院蒋中琪高级工程师校核，补充的章节承南京水利科学研究院高级工程师唐式民同志校核。江苏省建筑职工大学高级讲师李效忍、南京市建筑工程学校高级讲师杭有声、讲师黄祥富、南京出版社周承鼎等同志参加了本书的审稿，提供了不少宝贵的建议和帮助。在此一并致谢。由于编者水平有限，差错难免，恳请读者批评指正。

1997 年 1 月

目　　录

绪　论

工程建设是固定资产的形成过程。随着我国社会生产力的不断发展，"改革开放"政策的进一步深入，工程建设的基本范畴及涵盖内容也有所变化。依据相关规定，工程建设划分为基本建设项目和更新改造项目两大体系，基本建设又分为新建项目、扩（续）建项目、迁建项目和恢复项目等四类，而更新改造项目则是以工业项目的设备更新和技术改造为主体内容来确定其建设性质的。基本建设项目与更新改造项目都是国家工程建设的重要组成部分，是形成固定资产，提供扩大再生产，造福于人类的重要手段。因此，它在国民经济发展中，具有十分重要的地位。

建筑安装工程是工程建设的重要内容。由于工程内容和技术专业的不同，建筑安装工程一般可分为建筑（土建）工程和（设备）安装工程两个系列。土建工程的产品有建筑物和构筑物两类；安装工程的产品是形成生产能力或使用功效的各种设备与设施，包括建筑设备和工业设备两类。这些产品都必须耗费一定数量的资金（投资）才能实现。在建设工程中，除工程施工投资外，设备购置与准备工作等投资均占有一定的比重。因此，国家规定建设项目投资由建筑安装工程投资、设备与工器具购置、其他工程与项目投资三个部分组成。

一般工业与民用建筑工程除土建工程外，还包括电气、给水排水、采暖、通风、燃气等建筑设备安装工程内容。尽管不同性质的工程，因使用要求不同而有不同的安装内容。但是电气和给水排水安装工程则具有普遍性，几乎贯穿在所有的建筑工程中。所以，熟悉水电安装工程预算编制的基本原理和方法，对加强建设项目的管理和掌握安装工程预算规律，具有一定的意义。

为了全面、系统地掌握编制水电安装工程预算的基本原理和基本方法，满足初学者的自学需要，有必要首先介绍基本建设、安装工程、建设工程定额、施工图预算等方面的基础知识和概念，以达到掌握基本理论、学会使用定额、正确编制清单、能够独立编制预算的目的。

一、基本建设及其程序

基本建设是指通过人们的生产活动，将一定的物质转化为固定资产的过程。只有具备一定规模和条件的建设工程，方可称为基本建设工程。它以扩大再生产、造福于人类为目的，其主要效益是增加物质基础和改善物质条件。

基本建设工程由建筑工程、安装工程、设备购置和其他工程四部分内容所组成。其主要特点是具备一定规模、施工任务大、施工工期长、耗费的投资多。对于建设工程项目的确立，国家不但要求从社会效益和经济效益两个方面给予充分论证、综合评价，而且要求在项目实施的全过程中，加强程序管理，严格控制"三算"（概算、预算、决算），以保证投资效益的充分发挥。为此，国家规定凡建设项目必须按照"建设程序"办理。

建设程序是指国家对建设项目的实施步骤和审批手续所作的各项规定。具体表现为建设工程在实施过程中，各项工作所必须遵循的先后顺序。建设程序的内容，概括起来可分为决策、设计、施工、验收四个阶段及其相应包含的八个步骤（可行性研究、计划任务书、勘测设计、建设准备、计划安排、工程施工、生产准备、验收交付）。各个阶段都有明确的内容和相应的投资文书，见表 0-1。各阶段的具体步骤相互间存在一定的制约关系，如图 0-1 所示。

建设程序概况 表 0-1

阶段	项目		主要内容	文件	投资	备注
决策	规划		规划缘由、建设目的、布局、地点、项目、环评、投资、效益、三材、条件、安排等	计划（设计）任务书、平面布局图、选址报告	估算	批准文件、红线图、规划许可
设计	初步设计	扩初设计	(1)基础资料、勘察、测量 (2)方案比较、论证 (3)建筑物、构筑物设计 (4)材料、设备	设计图、设计说明书（设计计算书）	概算	批准文件
	技术设计					
	施工图设计		建筑、结构、电气、给水排水、设备安装、暖通……	施工图	施工图预算	施工执照施工合同
施工			场地、进度、质量、安全、计量、设计、变更、隐蔽工程、施工管理……	施工组织设计	施工预算	开工报告、验灰线、施工许可
验收			验收、试运转、交接手续、财产清理、结算支付	竣工图	决算	竣工报告验收文件

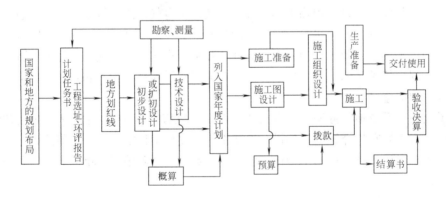

图 0-1 建设程序示意图

1. 决策阶段

决策阶段也称计划阶段，由工程可行性研究和计划任务书两个步骤组成。根据国民经济发展的长远规划和布局，经过可行性研究、论证，提出"工程建设建议书"。"建议书"批准后，通过调查勘察，结合近期发展要求，在充分考虑投资来源的基础上，编制"计划任务书"（也称设计任务书）。

计划任务书是呈报主管机关审批（立项）的文件，是确定建设项目规模、编制设计文件的依据，也是建设项目列入国家建设计划的原始文书。计划任务书应包括规划依据、建设缘由、条件分析、工程规模、地址选择、环境保护、主要项目、平面布局、设计要求、资源工期、投资筹措、工程效益、组织管理等项主要内容。大中型重点工程，还应在充分论证的基础上，呈报单独的选址和环评报批文件。

依据批准后的计划任务书（含选址报告）及批文，经地方规划部门允许（划红线）后，方可进行勘测设计。

2. 设计阶段

设计阶段包括勘测设计、建设准备和计划安排三个步骤。

勘测设计是指按照批准的计划任务书内容，以及经现场详细勘测所获的地形、地质、水文、环境、交通、能源、气象等资料，分阶段进行设计的工作。设计一般分为三个阶段，即初步设计、技术设计和施工图设计。一般小型工程可直接做施工图设计；大中型工程分扩大初步设计（初步设计与技术设计合并进行）和施工图设计两个阶段；重大建设项目和特殊项目的设计，则要求分初步设计、技术设计和施工图设计三个阶段进行。

初步设计（或扩初设计）的内容应包括设计说明书、设计图纸、工程概算书。初步设计（或扩初设计）须经主管部门组织审批后，方可将建设项目列入国家年度建设计划。

建设准备工作是指初步设计批准后，建设单位（业主）所进行的设备订货及施工前期准备（筹资、征地、拆迁、咨询、招投标……）等工作。

计划安排主要指分年度投资、项目实施及保证措施等全面计划的编制与落实。

3. 施工阶段

工程施工阶段也称项目实施阶段，由工程施工和生产准备两个步骤组成。

当初步设计（或扩初设计）及其概算被批准，在确定了投资总额，落实了资金来源以后，即可进行施工准备工作（技术、组织、现场等方面）和施工图设计。施工图设计完成后，即可进行委托监理、施工招标、移交场地等工作。施工准备工作就绪、施工条件成熟后，报批开工报告及验灰线。一旦破土动工，就标志着该工程正式进入施工阶段。施工阶段一般分基础施工、结构施工、装饰施工和设备安装四个分阶段。在施工中建设单位（业主）与监理主要进行"质量、进度、投资"的目标控制（即"三控制"），业主承担外部协调职责，监理负责场内协调和安全监管的同时，应进行合同管理和信息管理（即"两管理"）。施工单位实行项目施工管理制度，确保"质量、进度、成本、安全、现场"五大目标的实现。

生产准备是指建设单位根据建设项目的特点与功能，在工程施工期间同步进行的各项投产前的准备工作。例如：机构设置、组织编制、人员培训、管理制度、原材料进场、产品输出等等。

4. 验收阶段

验收阶段是建设程序的最后阶段，也是最后一个步骤。按设计内容所有项目建成后，首先进行初步验收和试运行。对漏项、不合格等遗留问题，应限期解决。然后，施工单位提出竣工报告，由主管部门根据"验收规范"的要求，组织各有关单位（设计、施工、建设、监理、建管、质监……）参加正式验收，并办理交付使用手续（竣工图、工程决算、技术资料、财产清理等）。工业建设项目的试生产期间，仍属于验收阶段的试运行内容。建设工程经过验收正式投入使用后，即成为建设单位（业主）的固定资产。

二、基本建设工程的项目划分

基本建设工程的项目，按其规模及组成，一般划分为建设项目、单项工程、单位工程、分部工程和分项工程五级。分项工程按操作工艺可划分为施工过程、工序和动作等；按预算定额的计价要求，分项工程又可划分为若干细目及不同步距。

1. 建设项目

建设项目是一个具体的基建工程的总和，一般是指按总体设计进行施工，经济上实行统一核算，行政上为独立组织形式的建设单位。建设项目多数是新建、开发项目，如新增的工业企业、住宅区、综合性文化福利设施等的建筑群体。

2. 单项工程

单项工程是建设项目的组成部分，具有独立的设计文件，竣工后可独立发挥效益。如独立的生产车间、办公楼、住宅楼、教学楼、综合楼等，是一个包含土建、水电、暖通、设备等专业施工内容的复杂综合体。

3. 单位工程

单位工程是单项工程的组成部分，它具有独立的施工条件，但不能独立发挥效益。例如土建工程、水卫、暖通、电气、设备安装、工业管道等，均可分别称为单位工程。因此，单位工程实质上是以技术专业划分的。

4. 分部工程

分部工程是单位工程的组成部分，是以部位、材料、工种等不同来划分的。例如土建工程的基础、墙体、梁柱、门窗、装饰等，以及土石方、砖石砌体、木结构、金属结构、钢筋混凝土等，都可属于某个分部工程。电气设备安装中的导线敷设、盘柜配电、照明器具、变压器、防雷接地、架空线路等，给水排水工程中的管道敷设、栓阀控制、卫生洁具等，也都可分别列为分部工程。

5. 分项工程

根据施工方法、材料规格、质量要求等的不同，分部工程又可划分为许多分项工程。例如砖墙的实砌、空斗、内墙、外墙、清水、混水、一砖、半砖等；导线敷设中穿管配线、瓷瓶（绝缘子）配线、夹板配线、钢索配线、架空配线等；管道安装中室内、室外、镀锌管丝接、铸铁管（上水、下水）承插等。分项工程及其不同细目、步距，实际上是预算中的最基本计价项目和单元。

必须指出，基本建设项目层层划分的目的，在于通过对庞大、复杂工程项目的解剖，找出规律，分析比较，以实现对工程建设的有效控制（进度、质量、投资）；特别在正确编审工程概、预算方面，提供了计价手段，具有十分重要的意义；还可指导和规范基本建设工程的计划、统计、财务、供应等方面的管理工作。同时应该认识到，项目划分也是由于建筑产品所特有的固定性、多样性、庞大性所决定的。

三、设备安装工程概念

设备安装工程是指根据（施工图）设计的要求，遵照有关规范、规程，将设备、装置及管线等安置固定在指定位置上的全部工作。它是建设工程的重要实施（施工）内容之一，是使设备及主体材料形成效能，并转化为固定资产的重要手段。

设备安装工程总体上可分为建筑设备安装和工业设备安装两大类。由于具体内容和专业工艺上的差别，又可划分为机械设备安装、电气设备安装和管道工程三类。

工业设备是指机械、热力、锅炉、化工、国防等生产型设备，其预算项目有设备主体、基础设施、动力、管线、附件、操作和控制系统等项安装内容。

建筑设备是指房屋工程中，配套的电气、给排水、采暖、通风、空调、燃气等民用设备安装项目，其预算计价项目主要由设备主体、配套装置和管线系统三部分内容组成。

电气设备有通用电气和专业电气之分。动力照明、供电线路、变电配电等，属于通用电气设备。输变电、通信、广播电视、发电厂（站）、自动控制、计算机及仪表等为专业电气设备。因电压及功能差异，有强电、弱电之分。电气设备及其安装工程的预算项目较多，但综合归纳起来也只有设备主体、线路敷设、辅助设施等内容。

管道工程的范围较广，由于技术专业、管道用途、输送介质、归口管理等不同而有许多类型。管道安装定额中有给水排水工程（室内、室外）、采暖、通风、空调、燃气、工业管道、长输管道、市政管道等各种管道工程。其预算项目均以管道敷设为主体，另有管道制作、管接头、阀门、专用设备、辅助设施、各种附件等安装内容。

不同技术专业的设备安装工程，随设计要求和技术标准的不同，应采取不同的施工工艺。但是，就施工程序而言，一般都是按以下施工步骤进行的：

（1）主体设备与材料的检查验收：凡不合格产品一律不得使用，以保证安装工程质量。

（2）非标准设备及装置的制作：按图纸要求提前加工制作无定型产品的设备、装置及附件等，是现场安装顺利进行的重要保证。

（3）固定装置的预埋与留洞：设备安装中的大量预埋件和管线穿跨，是与土建工程相交叉的施工内容。一般应随土建工程施工进度，配合土建施工提前做好预埋和留洞工作，以减少安装中的打凿工程量，且有利于保证安装质量。

（4）管线敷设：设备、装置及附件等相互间都是由各种管、线相连通的，因此，管线是安装工程中的网络系统。管线敷设的施工一般由测线定位、配管配线、固定敷设、检查测试等工序所组成。

（5）主体设备、装置与附件的就位、固定：主要包括平面就位、标高校核、设备固定、管线连接等工作内容。

（6）系统调试与表面装饰：本专业安装工程完工后，根据设计图纸与规范要求，应进行本系统的全面检查与调试（监理、建设单位派员参加）。完全合格后，即可进行表面装饰、封闭工作，并准备接受竣工验收。

工业建设项目的设备安装工程施工图设计，往往是由多种技术专业联合设计才能完成，主要包括生产工艺设计、动力能源、电气照明、给水排水、建筑结构、通风空调等。而在安装工程施工中，是按专业分别进行。所以，各个技术专业之间的协调与配合，在设计与施工中都是十分重要的。

四、定额与预算在建设工程中的地位

建筑业的主要任务是通过施工（活劳动与物化劳动）创造出建筑产品（建筑物、构筑物及形成生产能力的设备）。由于建筑产品所具有的个别性特点，其形式、结构、尺寸、规格、标准等并不一致，因而所消耗的资源（人力、物力）也不相同。而且，由于建筑产品所具有的固定性，致使工程地点、施工条件、施工周期、投资效果等因素变化极大。因此，不可能用一种简单、统一的价格，对这些产品进行精确的核算。

但是，建筑产品经过层层分解后，都具有许多共同的特征。例如，房屋工程都是由基础、墙体、门窗、屋面等组成，建筑构件的材料不外乎有砖、石、木材、钢材、钢筋混凝土等；建筑装饰的做法可分为各种抹灰、块料贴面、喷涂油漆、镶拼装配、裱糊等方式；设备安装也可根据不同施工条件，按专业及设备品种、型号、规格等加以分类。因而，可以按照同等或相近的条件，确定单位分项工程（单位产品）的人工、材料、施工机械台班等消耗指标（即定额），再根据具体工程设计图、施工条件的实际情况所确定的分项工程量，按规定逐项核算，求其价值量（即预算）。

由此可见，定额是计算建设工程价值的标准，而预算是对具体工程项目进行核算得出的价值量。在建设工程中，定额与预算是确定工程投资的依据，是控制工程建设规模、考核设计标准、进行方案比较的依据，也是评价工程效益、促进技术进步的依据。对于建筑安装企业来讲，定额与预算是加强施工管理、实行经济核算、考核工程成本的基础，也是编制工程预（结）算、投标报价和承接施工任务的依据。定额与预算是建设工程中一项十分重要的基础性管理工作。

五、本书主要内容及学习要点

本书在介绍设备安装工程定额应用和预算编制基本概念的基础上，着重论述在一般工业与民用建筑工程中，编制电气安装和给水排水工程施工图预算的基本原理和基本方法。同时，阐述了其他专业安装工程的预算编制要点，以及投标报价、计价体系、工程量清单、计价表等方面的基本概念及其应用知识。

为了保持预算理论的连贯性和系统性，书中简要介绍了一些基本建设、建设工程定额、安装材料与设备、施工图识读等方面的基本知识。

由于工程预算是属于经济管理范畴的学科，预算编制人员应具备建筑与结构、设备与安装、设计与施工、社会经济等方面的广泛知识，并具备一定的理论与实践水平，才能搞好工程预算的编制工作。对于定额与预算的学习，首先必须掌握其基本原理和基本概念，这是学习的重点。尽管各个时期的定额指标、基价及费用计算规定可能有所变化，但定额和预算的基本原理、基本方法不会改变。这样，即使改变定额和规定，只要稍加学习，就能很快掌握具体的预算编制方法。其次，学习中要弄懂现行定额的使用方法和预算编制的各种规定，以及由此引申出的编制程序及其计算通式。只有这样，才能独立而准确地完成专业设备安装工程预算的编制工作。

当然，仅仅停留在理论条文的学习是远远不够的，关键还在于加强实践锻炼。只有结合具体工程多编、多练，从中悟出规律，才能真正地掌握和理解这门学科。

复 习 思 考 题

1. 何谓基本建设、建设程序？它们各包含哪些主要内容？

2. 为什么要对基本建设工程分级划分项目？划分为哪五级项目？它们之间有何关系和差别？

3. 简述定额、预算在工程建设中的意义。它们相互之间有何关系？

第一章 建设工程定额概论

定额是一种标准,即规定的额度。其内容十分广泛,建设工程定额只是其中的一个类型。建设工程定额由土建工程定额和安装工程定额两大类型构成,它是编制预算和确定工程造价的标准,是判断和比较经济效益的尺度。因此,要学好做好预算,必须具备一定的定额知识。

本章将介绍有关定额的意义、性质、作用、分类、内容等方面的概念,以及预算定额和单位估价表、计价表等方面的基础知识。最后,重点阐述 2000 年版《全国统一安装工程预算定额》和"工程量清单"计价项目(2013 年)的内容、指标、基价及其应用方法。

第一节 概 述

定额是指在一定时期内的生产、技术、管理水平条件下,对于在生产过程中,为完成单位合格产品所需消耗的各种人工、材料、机械台班数量及其价值量,由国家或地方权力机关所确定的标准数值(标准数额)。设备安装工程定额就是完成每一单位设备安装工程项目,所消耗的各种人工、材料、施工机械台班数量及其基价的标准数值。

由此可见,定额是代表了一定时期的生产水平、技术水平和管理水平的,是衡量劳动生产率的标准。随着生产技术的发展,机械化施工水平的提高,新技术、新工艺、新材料的应用推广,定额的项目和标准也必须适应新形势而变化。这就是定额所具有的时间性特点。为使定额发挥促进生产的作用,定额水平应符合先进合理的原则。就是说,定额应达到中等偏上的水平,成为平均先进定额。同时,定额必须贯彻相对稳定、简明适用的原则,其内容应具有多方面的适用性,便于应用。另外,定额只能由国家或地方的授权主管机关制定、颁发与解释,任何企、事业单位均无权变更,也不允许任意解释。所以,定额具有时间性、先进性、科学性、综合性、统一性、稳定性、通用性、法令性等特点。

由于我国幅员辽阔,各地生产水平和施工条件不一,而且各种资源价格在地区和时间上都存有差异,因此,各地主管部门可以根据本地区实际情况,依照定额指标编制本地区的"单位估价表"、计价表和地区补充定额。也可在不同时期,随市场价格的波动而作出价差调整的政策规定。这就体现了定额的某种灵活性特点和实事求是的原则。

建设工程定额是计算和确定工程投资的标准,是进行设计方案经济比较的尺度,是组织施工和编制计划的基础资料,也是施工企业加强管理、提高劳动生产率的工具。因此,定额在工程建设中所起的作用,是不可低估的。

定额是社会生产实践的产物。它和一切事物一样,也是经过由生产实践中来,再回到生产实践中去接受检验的反复过程,不断完善和发展起来的。因此,制定定额的唯一源泉是生产实践。

定额制定的方法，一般有经验估计法、统计分析法、比较类推法、技术测定法等多种。经验估计法是指依据有实践经验的工人、技术人员和各种管理人员，在长期的工作实践过程中所积累的经验、资料，通过座谈讨论、分析研究来拟定试行定额的一种方法。统计分析法是指利用生产过程中的统计资料（任务单、日报表、领料卡、作业记录、考勤表等），通过分析、整理、计算而确定定额的方法。比较类推法是以现有类似定额项目及其指标为依据，按照不同条件进行比较分析、推算调整来制定新的定额的方法。技术测定法（记实法）是指依据对现场作业各工序的全部（或局部）过程，通过记时、记量等实测，将所获得的资料（时间、地点、内容、人员、耗料、机械、完成量等），经过科学分析、整理而制定定额的方法。

当然，上述这些工作都必须经过大量的、多次的、反复的进行，才能得到比较可靠、相对准确的资料，以使制定的定额符合先进合理的原则。

第二节 建设工程定额的分类及意义

定额的种类很多，有各式各样的分类方法，各种分类方法均有其特定内涵。建设工程定额一般可按下列方法进行分类。

一、按生产要素分

1. 劳动定额

劳动定额是指完成单位合格产品所需消耗劳动量（工人的劳动时间）的标准数值。它是表示工人劳动生产效率的实物指标，也是编制施工作业计划、签发施工任务单的依据。劳动定额可用时间定额和产量定额两种形式表示。

时间定额是指在正常作业条件（正常施工水平和合理劳动组合）下，工人为完成单位合格产品（单位工程量）所需要的劳动时间，以"工日"或"工时"加以计量。即：

$$时间定额 = \frac{班组成员劳动时间总和（工日）}{班组完成的产品总数} \quad （工日/单位产品）$$

产量定额是指在正常作业条件下，工人在单位时间（工日）内完成单位合格产品（工程量）的数量，以产品（工程量）的计量单位表示。即：

$$产量定额 = \frac{班组完成的产品总数}{班组成员劳动时间总和（工日）} \quad （产品数/工日）$$

由上述公式不难看出，时间定额与产量定额在数值上互为倒数关系。即：

$$时间定额 = \frac{1}{产量定额}$$

$$时间定额 \times 产量定额 = 1$$

2. 材料消耗定额

材料消耗定额是指在节约与合理使用材料的条件下，完成单位合格产品（单位工程量）所必须消耗的各种材料、成品、半成品、构件、配件及动力等的标准数值，以材料各自规定的计量单位分别表示。即：

$$材料消耗定额＝\frac{某种材料的耗量总数}{产品总数}\quad（材料耗量/单位产品）$$

材料消耗定额的指标由直接消耗的净用量和不可避免的施工操作、场内运输与现场堆放损耗量两部分组成，而损耗量是用材料的规定损耗率（%）来计算的。即：

$$材料消耗定额指标＝净用量＋损耗量$$
$$＝净用量×（1＋损耗率）$$

式中　材料损耗率（%）$=\dfrac{材料损耗量}{材料净用量}×100\%$

材料损耗率（%）是编制材料消耗定额的重要依据之一。不同材料的损耗率不同，相同材料因施工做法不同，其损耗率也不相同。一般来讲，定额中对材料损耗率是统一规定的（表3-28、表4-27），施工定额的材料损耗率要比预算定额的材料损耗率小。

材料消耗定额是分析计算材料耗量、编制材料计划、签发限额领料的依据。

3. 施工机械使用定额

机械使用定额是指在正常施工条件和合理组织条件下，完成单位合格产品，必须消耗的各种施工机械设备作业时间（台班量）的标准数值。它是表示机械设备生产效率的指标，也是编制机械调度、使用计划的依据。施工机械使用定额也可用机械时间定额和机械产量定额两种形式表示。

机械时间定额是指施工机械在正常运转和合理使用的条件下，完成单位合格产品（工程量）所需消耗的机械作业时间，以"台班"（一台机械工作八小时为一个台班）或"台时"表示。即：

$$机械时间定额＝\frac{机械消耗的台班量总数}{机械完成的产品总数（工程量）}\quad（台班/单位产品）$$

机械产量定额是指施工机械在正常运转和合理使用的条件下，单位作业时间内应完成的合格产品（工程量）的标准数量，以工程量计量单位表示。即：

$$机械产量定额＝\frac{机械完成的产品总数（工程量）}{机械消耗的台班量总数}\quad（单位产品/台班）$$

同样，机械时间定额与机械产量定额，在数值上也是互为倒数关系的。即：

$$机械时间定额＝\frac{1}{机械产量定额}$$
$$机械时间定额×机械产量定额＝1$$

由于施工机械在生产作业时，都必须配备一定数量的操作人员（机械定员班组），因此，机械作业所完成的产量应体现随机工人的劳动生产率。在定额换算中，可用以下公式计算：

$$单位产品时间定额＝\frac{班组人数（工日数）}{一个台班机械产量}\quad（工日/单位产品）$$

$$机械工人产量定额＝\frac{一个台班机械产量}{班组人数（工日数）}\quad（产品数/工日）$$

二、按定额在基建程序中的作用分

1. 概算指标

以单项工程的规模为基准，在一定范围内搜集和综合了大量具体工程的技术经济资料的基础上，而编制的一种不同类型工程的单位规模〔建筑物一般按平方米（m²）建筑面积或万元投资、构筑物以座或容量等〕所消耗的人工、材料、造价及主要分项实物量等参考指标数额，称为概算指标。它是概算定额的综合和扩大，是设计概算资料的分析和概括，也是典型工程统计资料的计算成果。

概算指标的主要编制依据有：标准设计和典型工程图纸、现行概算定额、现行规范规程、已完工程预（结）算资料、典型工程设计概算书等资料。概算指标的编制工作，一般是由主管部门或设计单位，按统一规定组织进行，其中心工作是搜集资料和统计分析。

部门汇编的概算指标，应包括编制说明、结构特征、各种工程指标与经济指标等内容；设计单位编制的典型工程统计表，则应列出工程规模、主体结构、单位造价及工料消耗指标等内容。概算指标在表现形式上有综合指标与单项指标两种。

概算指标是基本建设决策阶段编制"计划任务书"的依据，对于编制有关计划、核定工程投资、审批设计方案等，都有一定的参考价值。

2. 概算定额

概算定额是指以单位分部工程为基准，完成单位分部工程或扩大构件的综合项目，所需人工、材料、机械台班、价值等的指标数。它是在预算定额的基础上，以分部工程的主体项目为主，合并相关的附属项目，按其含量综合制定的一种估价定额。概算定额具有以下主要特点：

（1）以分部工程或扩大构件为计价项目。

（2）按组成的各分项工程（预算定额计价项目）含量，运用现行预算定额（或单位估价表）综合扩大核定其指标。

（3）由于口径统一、不留活口，计价项目较少，故而工程量计算及套价比较简便。

（4）概算定额仅为编制设计概算的依据，故其法律效力不强。

概算定额是初步设计或扩初设计阶段，设计单位编制设计概算的依据，也是粗略计算各种消耗、评价设计标准和方案经济比较的依据。概算定额在工程建设中发挥决策性的作用。其主要作用表现在以下五个方面：

（1）概算定额是初步设计（或扩初设计）阶段编制设计概算和技术设计阶段编制修正概算的主要依据。

（2）概算定额是计算和核定工程建设投资、材料耗量的依据。

（3）概算定额是进行设计方案经济比较的依据。

（4）概算定额是扩大项目综合单价的编制依据。

（5）概算定额是编制概算指标的依据。

概算定额一般由地方主管部门组织编制。主要编制依据有：现行预算定额及施工定额；原有概算定额；现行的设计标准、设计规范、通用图集、标准定型图集、施工验收规范、典型工程设计图等资料；现行预算工资标准、材料预算价格和机械台班单价等；有代表性的建设工程施工图预算、竣工结算书等资料。

概算定额的内容，一般包括总说明、分部说明、概算项目表及附录等四个部分。总说明主要是介绍编制依据、主要作用、适用范围、有关规定等内容；各章分部说明主要是对本章定额运用、界限划分、工程量计算规则、调整换算规定等内容进行说明；概算项目表是以表格形式表示项目划分、包含内容、定额编号、计量单位、概算基价及工料指标等内容；附录部分为材料配比、预算价格等资料。

概算定额的编制应满足设计概算的精度要求。具体要求是：深度上与初设精度一致；广度上要求项目少而内容多（即"少而全"），并符合生产实际；尽量不留或少留"活口"，减少调整换算；表格内容上要简明、易懂、方便、适用；指标数值要比预算定额略大，留有一定幅度差（一般控制在5％内）。

3. 预算定额

预算定额是指以分项工程为基准，完成单位分项工程所消耗的各种人工、材料、机械台班、基价等标准指标数额。它是将"三大要素"排列在一起，实行统一计价的综合形式，如表1-1～表1-6。预算定额在施工图设计和施工准备阶段，是编制施工图预算、签订承建协议、实施工程拨款的依据；在施工实施阶段，是施工企业编制和考核施工计划、进行材料调拨和施工机械调度的依据；在工程竣工阶段，是编制竣工结算的依据。同时，预算定额是编制概算定额的基础资料。

有关预算定额的基本理论及其编制，在本章第三节作为专题阐述。以预算定额内容及其指标为依据，而编制的单位估价表、单位估价汇总表、预算价目表、项目计价表等，都是建立在本地区现行"要素"单价基础上的地方"基价"，本章第四、五、六节也将作概念性专题介绍。

木槽板配线（砖、混凝土结构） 表 1-1

工作内容：测位、画线、打眼、埋螺钉、下过墙管、断料、做角弯、装盒子、配线、焊接包头。计量单位：100m

定 额 编 号				2-1297	2-1298	2-1299	2-1300
项 目				导线截面(mm² 以内)			
				二 线			
				2.5	6	16	35
名 称		单位	单价(元)	数 量			
人工	综 合 工 日	工日	23.22	14.910	15.270	17.300	20.510
材料	绝缘导线	m	—	(226.000)	(212.760)	(208.690)	(206.650)
	木槽板38～76	m	—	(105.000)	(105.000)	(105.000)	(105.000)
	木接线盒65×65	个	1.000	11.000	6.000	3.000	2.000
	直瓷管 φ9～15×305	根	0.300	20.600	20.600	20.600	20.600
	木螺钉 φ4×65 以下	10 个	0.130	72.800	73.216	73.216	73.216
	冲击钻头 φ6～12	个	3.660	1.940	1.940	1.940	1.940
	塑料胀管 φ6～8	个	0.080	294.000	294.000	294.000	294.000
	塑料软管 φ6	m	2.640	1.400	—	—	—
	塑料软管 φ10	m	3.110	—	1.700	0.900	0.400
	其他材料费	元	1.000	1.829	1.728	1.564	1.487
基 价(元)				409.00	413.90	455.39	527.29
其中	人 工 费(元)			346.21	354.57	401.71	476.24
	材 料 费(元)			62.79	59.33	53.68	51.05
	机 械 费(元)			—	—	—	—

定 额 编 号				2-1301	2-1302	2-1303	2-1304
项 目				导线截面(mm² 以内)			
				三 线			
				2.5	6	16	35
名 称		单位	单价(元)	数 量			
人工	综 合 工 日	工日	23.22	17.490	21.990	24.120	29.090
材 料	绝缘导线	m	—	(335.940)	(316.600)	(312.530)	(310.490)
	木槽板 38~76	m	—	(105.000)	(105.000)	(105.000)	(105.000)
	木接线盒 65×65	个	1.000	11.000	6.000	3.000	2.000
	直瓷管 φ9~15×305	根	0.300	35.020	24.720	24.720	24.720
	木螺钉 φ4×65 以下	10 个	0.130	117.312	146.432	146.432	146.432
	冲击钻头 φ6~12	个	3.660	1.940	3.880	3.880	3.880
	塑料胀管 φ6~8	个	0.080	294.000	588.000	588.000	588.000
	塑料软管 φ6	m	2.640	1.500	—	—	—
	塑料软管 φ10	m	3.110	—	2.100	1.300	0.800
	其他材料费	元	1.000	2.140	3.007	2.842	2.765
基 价(元)				479.60	613.84	657.65	770.42
其中	人 工 费(元)			406.12	510.61	560.07	675.47
	材 料 费(元)			73.48	103.23	97.58	94.95
	机 械 费(元)			—	—	—	—

塑料护套线明敷设（砖、混凝土结构） 表 1-2

工作内容：测位、画线、打眼、埋螺钉、下过墙管、上卡子、装盒子、配线、焊接包头。 计量单位：100m

定 额 编 号				2-1319	2-1320	2-1321	2-1322	2-1323	2-1324
项 目				导线截面(mm² 以内)					
				二芯 2.5	二芯 6	二芯 10	三芯 2.5	三芯 6	三芯 10
名 称		单位	单价(元)	数 量					
人工	综 合 工 日	工日	23.22	10.540	10.740	12.290	11.100	11.300	12.850
材 料	塑料护套线	m	—	(110.960)	(104.850)	(104.850)	(110.960)	(104.850)	(104.850)
	接线盒 50~70×50~70×25	个	1.440	10.000	8.000	5.000	10.000	8.000	5.000
	直瓷管 φ9~15×305	根	0.300	15.450	12.360	12.360	18.540	—	—
	直瓷管 φ19~25×300	根	0.450	—	—	—	—	12.360	12.360
	钢精轧头 1 号~5 号	包	2.300	7.300	7.300	7.300	7.300	7.300	7.300
	鞋钉 20	kg	4.250	0.210	0.210	0.210	0.210	0.210	0.210
	木螺钉 φ4×65 以下	10 个	0.130	2.100	1.700	1.000	2.100	1.700	1.000
	普通硅酸盐水泥强度等级 32.5	kg	0.300	5.000	5.000	5.000	6.000	6.000	6.000
	其他材料费	元	1.000	1.155	1.039	0.907	1.192	1.104	0.971
基 价(元)				284.39	285.05	316.50	298.65	300.28	331.73
其中	人 工 费(元)			244.74	249.38	285.37	257.74	262.39	298.38
	材 料 费(元)			39.65	35.67	31.13	40.91	37.89	33.35
	机 械 费(元)			—	—	—	—	—	—

工作内容:测位、画线、打眼、缠埋螺栓、清扫盒子、上木台、缠钢丝弹簧垫、装开关和按钮、接线、装盖。　计量单位:10 套

定　额　编　号			2-1635	2-1636	2-1637	2-1638	2-1639	2-1640
项　　　目			拉线开关	扳把开关明装	扳式暗开关(单控)			
					单联	双联	三联	四联
名　　　称	单位	单价(元)	数　　　量					
人工　综 合 工 日	工日	23.22	0.830	0.830	0.850	0.890	0.930	0.980
材料　照明开关	只	—	(10.200)	(10.200)	(10.200)	(10.200)	(10.200)	(10.200)
圆木台 63~138×22	块	1.220	10.500	10.500	—	—	—	—
塑料绝缘线 BV-2.5mm²	m	1.080	3.050	3.050	3.050	4.580	6.110	7.640
木螺钉 φ2~4×6~65	10 个	0.130	4.160	4.160	2.080	2.080	2.080	2.080
镀锌钢丝 18 号~22 号	kg	7.800	0.100	0.100	0.100	0.100	0.100	0.100
其他材料费	元	1.000	0.523	0.523	0.130	0.180	0.229	0.279
基　　价(元)			37.22	37.22	24.21	26.85	29.47	32.34
其中　人 工 费(元)			19.27	19.27	19.74	20.67	21.59	22.76
材 料 费(元)			17.95	17.95	4.47	6.18	7.88	9.58
机 械 费(元)			—	—	—	—	—	—

定　额　编　号			2-1641	2-1642	2-1643	2-1644	2-1645	2-1646
项　　　目			扳式暗开关(单控)		扳式暗开关(双控)			
			五联	六联	单联	双联	三联	四联
名　　　称	单位	单价(元)	数　　　量					
人工　综 合 工 日	工日	23.22	1.030	1.080	0.850	0.890	0.930	0.980
材料　照明开关	只	—	(10.200)	(10.200)	(10.200)	(10.200)	(10.200)	(10.200)
塑料绝缘线 BV-2.5mm²	m	1.080	9.550	11.460	4.060	5.730	7.130	8.730
木螺钉 φ2~4×6~65	10 个	0.130	2.080	2.080	2.080	2.080	2.080	2.080
镀锌钢丝 18 号~22 号	kg	7.800	0.100	0.100	0.100	0.100	0.100	0.100
其他材料费	元	1.000	0.341	0.403	0.163	0.217	0.263	0.314
基　　价(元)			35.63	38.91	25.34	28.13	30.60	33.55
其中　人 工 费(元)			23.92	25.08	19.74	20.67	21.59	22.76
材 料 费(元)			11.71	13.83	5.60	7.46	9.01	10.79
机 械 费(元)			—	—	—	—	—	—

插座安装（暗装）　　　　　　　　　　　　　　　　　　　　　　　　　　表 1-4

计量单位：10 套

定 额 编 号			2-1667	2-1668	2-1669	2-1670	2-1671	2-1672
项 目			单相暗插座 15A					
			2孔	3孔	4孔	5孔	6孔	7孔
名 称	单位	单价(元)	数 量					
人工	综 合 工 日	工日	23.22	0.830	0.910	1.000	1.100	1.210	1.330
材料	成套插座	套	—	(10.200)	(10.200)	(10.200)	(10.200)	(10.200)	(10.200)
	塑料绝缘线 BV-2.5mm²	m	1.080	3.050	4.580	6.100	7.630	9.150	10.680
	木螺钉 $\phi2 \sim 4 \times 6 \sim 65$	10 个	0.130	2.080	2.080	2.080	2.080	2.080	2.080
	木螺钉 $\phi4.5 \sim 6 \times 15 \sim 100$	10 个	0.130	2.080	2.080	2.080	2.080	2.080	2.080
	镀锌钢丝 18 号～22 号	kg	7.800	0.100	0.100	0.100	0.100	0.100	0.100
	其他材料费	元	1.000	0.138	0.188	0.237	0.287	0.336	0.386
基 价(元)				24.02	27.59	31.37	35.39	39.64	44.12
其中	人 工 费(元)			19.27	21.13	23.22	25.54	28.10	30.88
	材 料 费(元)			4.75	6.46	8.15	9.85	11.54	13.24
	机 械 费(元)			—	—	—	—	—	—

定 额 编 号			2-1673	2-1674	2-1675	2-1676	2-1677
项 目			单相暗插座 15A				
			8孔	9孔	10孔	11孔	12孔
名 称	单位	单价(元)	数 量				
人工	综 合 工 日	工日	23.22	1.460	1.610	1.770	1.950	2.150
材料	成套插座	套	—	(10.200)	(10.200)	(10.200)	(10.200)	(10.200)
	塑料绝缘线 BV-2.5mm²	m	1.080	12.200	13.730	15.250	16.780	18.300
	木螺钉 $\phi2 \sim 4 \times 6 \sim 65$	10 个	0.130	2.080	2.080	2.080	2.080	2.080
	木螺钉 $\phi4.5 \sim 6 \times 15 \sim 100$	10 个	0.130	2.080	2.080	2.080	2.080	2.080
	镀锌钢丝 18 号～22 号	kg	7.800	0.100	0.100	0.100	0.100	0.100
	其他材料费	元	1.000	0.435	0.484	0.534	0.583	0.633
基 价(元)				48.83	54.01	59.42	65.31	71.64
其中	人 工 费(元)			33.90	37.38	41.10	45.28	49.92
	材 料 费(元)			14.93	16.63	18.32	20.03	21.72
	机 械 费(元)			—	—	—	—	—

定 额 编 号			2-1678	2-1679	2-1680	2-1681
项 目			单相暗插座 30A		三相暗插座	
			2孔	3孔	15A4孔	30A4孔
名 称	单位	单价(元)	数 量			
人工	综 合 工 日	工日	23.22	0.870	1.080	1.080	1.180
材料	成套插座	套	—	(10.200)	(10.200)	(10.200)	(10.200)
	塑料绝缘线 BV-2.5mm²	m	1.080	—	—	6.100	—
	塑料绝缘线 BV-4.0mm²	m	0.750	3.050	4.580	—	6.100
	木螺钉 $\phi2 \sim 4 \times 6 \sim 65$	10 个	0.130	2.080	2.080	2.080	2.080
	木螺钉 $\phi4.5 \sim 6 \times 15 \sim 100$	10 个	0.130	2.080	2.080	2.080	2.080
	镀锌钢丝 18 号～22 号	kg	7.800	0.100	0.100	0.100	0.100
	其他材料费	元	1.000	0.108	0.143	0.237	0.177
基 价(元)				23.92	29.98	33.23	33.47
其中	人 工 费(元)			20.20	25.08	25.08	27.40
	材 料 费(元)			3.72	4.90	8.15	6.07
	机 械 费(元)			—	—	—	—

水龙头安装

表 1-5

工作内容：上水嘴、试水。

计量单位：10 个

定 额 编 号				8-438	8-439	8-440
项 目				公称直径(mm 以内)		
				15	20	25
名 称		单位	单价(元)	数 量		
人工	综 合 工 日	工日	23.22	0.280	0.280	0.370
材 料	铜水嘴	个	—	(10.100)	(10.100)	(10.100)
	铅油	kg	8.770	0.100	0.100	0.100
	线麻	kg	10.400	0.010	0.010	0.010
基 价(元)				7.48	7.48	9.57
其中	人 工 费(元)			6.50	6.50	8.59
	材 料 费(元)			0.98	0.98	0.98
	机 械 费(元)			—	—	—

小便槽冲洗管制作、安装

表 1-6

工作内容：切管、套螺纹、钻眼、上零件、裁管卡、试水。

计量单位：10m

定 额 编 号				8-456	8-457	8-458
项 目				公称直径(mm 以内)		
				15	20	25
名 称		单位	单价(元)	数 量		
人工	综 合 工 日	工日	23.22	6.490	6.490	7.280
材 料	镀锌钢管 DN15	m	6.310	10.200	—	—
	镀锌钢管 DN20	m	8.590	—	10.200	—
	镀锌钢管 DN25	m	12.500	—	—	10.200
	镀锌三通 DN15	个	1.050	3.000	—	—
	镀锌三通 DN20	个	1.610	—	3.000	—
	镀锌三通 DN25	个	2.660	—	—	3.000
	镀锌管箍 DN15	个	0.640	6.000	—	—
	镀锌管箍 DN20	个	0.820	—	6.000	—
	镀锌管箍 DN25	个	1.300	—	—	6.000
	镀锌丝堵(堵头)DN15	个	0.420	6.000	—	—
	镀锌丝堵(堵头)DN20	个	0.540	—	6.000	—
	镀锌丝堵(堵头)DN25	个	0.930	—	—	6.000
	管卡子(单立管)DN25	个	1.340	6.000	6.000	6.000
	铅油	kg	8.770	0.060	0.080	0.100
	线麻	kg	10.400	0.030	0.030	0.040
	钢锯条	根	0.620	0.500	0.500	0.500
机械	立式钻床 φ25	台班	24.960	0.500	0.500	0.600
基 价(元)				246.24	273.15	342.52
其中	人 工 费(元)			150.70	150.70	169.04
	材 料 费(元)			83.06	109.97	158.50
	机 械 费(元)			12.48	12.48	14.98

4. 施工定额

施工定额是指以组成分项工程的施工过程、专业工种为基准，完成单位合格工程量所需消耗的人工、材料、机械台班的数额。施工定额是在工程施工阶段，企业为指导施工和加强管理而制定的一种供企业内部使用的定额。因此，施工定额只在企业内部使用，对外不具备法规性质。其主要作用表现在以下四个方面：

（1）施工定额是编制企业内部施工预算的主要依据。

（2）施工定额是施工企业加强计划管理的工具（编制计划、下达任务、核定消耗、考核班组等）。

（3）施工定额是加强企业经济成本核算的基础。

（4）施工定额是编制预算定额和衡量劳动生产率的基本资料。

施工定额的内容一般是按生产要素分别编制的，由施工劳动定额、施工材料消耗定额和施工机械台班消耗定额等三个相对独立的内容所组成。

目前，全国尚无统一的施工定额。国家于 1978 年、1985 年、1994 年、2009 年发布的《全国建筑安装工程统一劳动定额》，是具有施工定额性质的单项定额。有些地区、企业在此定额基础上，结合自身状况（人员素质、技术水平、机械装备、习惯做法、施工条件等）和现行规范、规程，参照有关消耗指标及资料，进行调整、补充而编制出本地区、本企业或本工程范围内使用的单项消耗定额，都属于施工定额。

5. 工序定额

工序是指劳动者、劳动工具和劳动对象均不改变的条件下所完成的独立作业过程。工序是由若干操作、动作构成的。而若干个工序可组成一个施工过程，若干施工过程则可构成一个分项工程。

工序定额是指以施工作业中的工序为对象，完成单位工序产品（实物量）所需消耗的劳动量（工日、工时）数额。工序定额是劳动定额的最基本形式，是制定施工劳动定额的基础资料。在企业内部的劳动管理中，工序定额可作为相应工种技术等级考核的标准之一。

根据上述内容不难看出：定额是编制预算（广义含意）的依据，而预算是以定额为准绳的；不同的基本建设阶段，应编制不同深度的预算，同时必须采用不同细度的定额。

三、按技术专业分类

定额按技术专业来分类，可分为土建工程定额和安装工程定额两大类。而预算定额在各类定额中又可划分出许多不同专业的专用定额。

1. 土建工程定额类

土建工程包括一般建筑工程和各种构筑物工程。由于专业分工和技术工艺的不同，除了一般工业与民用建筑工程广泛使用的建筑工程定额以外，还有房屋修缮工程定额、市政工程定额、建筑装饰工程定额、仿古建筑及园林工程定额、房屋加固工程定额、地下人防工程定额、地下铁路交通工程定额、水利水电工程定额、水运工程定额、公路桥涵工程定额、铁路桥梁工程定额等等。

2. 安装工程定额类

设备安装工程一般包括机械设备安装工程、电气设备安装工程和管道安装工程三大类。2000 年的《全国统一安装工程预算定额》按技术专业划分（表 1-17），各册均规定了具体的专业内容和相应的适用范围，不仅有归口管理的规定，套价后的费用计算和调价规定也不一致（见本章第五节）。

四、其他方法分类

定额还可按其他不同的内容、方式，进行分类。

按费用性质可分为直接费定额和间接费定额两类；按主编单位和执行区域可分为全国统一定额、主管部颁定额、地区统一定额和企业（或工地）定额四类。就定额的广泛含意而论，还有一些具有特定用途的专用定额，诸如施工工期定额、设计周期定额等。

第三节　预算定额

一、预算定额的意义和作用

预算定额是指完成一定计量单位的分项工程量（单位合格产品），所消耗的人工、材料、机械台班及其基价的综合标准数值。它是建设工程定额中一种法规性极强的实用定额。预算定额以分项工程划分项目，各种"要素"的耗量用"综合指标"的形式表示。例如：定额中的"综合工"不分工种、级别，而以统一的"平均级别"（一般为四级）的工日数表示；材料只列主要品种及耗量，耗量中综合了损耗，零星材料则以货币量价格综合；施工机械指主要机械及其常规型号，台班费用为两类综合价等。这些都体现了预算定额的综合性。

预算定额是在施工图设计和工程施工阶段，编制施工图预算和竣工结算时使用的定额，是确定各分项工程人工、材料、机械台班消耗量的标准，从而直接影响到建设单位（业主）与承建企业（承包商）之间的工程款项往来数额。因此，预算定额受到工程建设有关各方的普遍重视。预算定额除了具备工程建设定额的一般特性外，尤其突出的是它特有的计价性和法规性，所以，预算定额在工程建设中发挥着极为重要的作用。

预算定额的作用，具体表现在以下五个方面：

（1）预算定额是编制施工图预算、竣工结算、确定工程施工造价的依据。

（2）预算定额是选择经济、合理的设计方案的依据。

（3）预算定额是施工企业实行经济核算、考核工程成本的依据。

（4）预算定额是工程建设承发包和决策的依据。

（5）预算定额是编制地区"单位估价表"、计价表的依据，也是编制概算定额的基础资料。

此外，在工程建设的实施过程中，预算定额在编制标底、控制价、报价、进行工料分析、实行"两算"对比、编制施工计划、施工组织设计、财务价款结算、统计资料分析、工程分包计价等具体工作方面，都发挥着重要作用。

二、预算定额的组成和内容

在建设工程的各类定额中，预算定额的内容最广、专业最全、执行最严。建设工程预算定额也分为土建工程预算定额和安装工程预算定额两大类。由于专业性质和管理权限上的差别，又有许多限定使用范围的专业预算定额（见本章第二节）。

预算定额的内容一般由目录、总说明、分部（各章）说明、工程量计算规则、定额项目表及有关附录所组成。其中，"工程量计算规则"可集中单列，也可分列在各章说明内。

1. 总说明（册说明）

主要说明该预算定额的编制原则和依据、适用范围和作用、涉及的因素与处理方法、基价的来源与定价标准、有关执行规定及增收费用等内容。

2. 各章说明

主要说明本章（分部）定额的执行规定、定额指标的可调性及换算方法、项目解释等内容。

3. 工程量计算规则

定额套价是以各分项工程的项目划分及其工程量为基础的，而定额指标及其含量的确定，是以工程量的计量单位和计算范围为依据的。因此，每部定额都有自身专用的"工程量计算规则"。工程量计算规则是指对各计价项目工程量的计量单位、计算范围、计算方法等所作的具体规定与法则。

4. 定额项目表

由项目名称、工程内容、计量单位和项目表组成。其中，项目表包括定额编号、细目与步距、子目组成、各种消耗指标、基价构成及有关附注等内容，如表 1-1～表 1-6 和表 3-18～表 3-19 及表 4-15～表 4-17。定额项目表是预算定额的主要组成部分，表内反映了完成一定计量单位的分项工程，所消耗的各种人工、材料，机械台班数额及其基价的标准数值。

例如：表 4-16 是《全国统一安装工程预算定额》第八册（给水排水、采暖、煤气工程）的室内镀锌管（丝接）安装的定额项目表。定额编号 8-91 表示完成每 10m DN40 镀锌钢管（丝接）安装的定额标准，其含义为：

（1）额定消耗的综合工为 2.62 工日，定额规定的预算工资标准 23.22 元/工日，则人工费基价为 $2.62 \times 23.22 = 60.84$（元）；

（2）额定消耗的安装材料有：DN40 管接头零件 7.16 个（预算单价 3.50 元/个）、锯条 2.67 根（0.62 元/根）、砂轮片 0.05 片（11.80 元/片）、机油 0.17kg（3.55 元/kg）、铅油 0.14kg（8.77 元/kg）、线麻 0.014kg（10.40 元/kg）、水泥 0.69kg（0.34 元/kg）、砂子 0.002m³（44.23 元/m³）、钢丝 0.01kg（6.14 元/kg）、破布 0.22kg（5.83 元/kg）、水 0.13t（1.65 元/t）。材料费基价是材料耗量指标数与预算单价的乘积之和，计为 31.38 元；

（3）额定消耗的机械台班为管子切断机 0.02 台班（单价 18.29 元/台班）、管子套丝机 0.03 台班（22.03 元/台班），则机械费基价为 1.03 元；

（4）该项定额基价为 $60.84 + 31.38 + 1.03 = 93.25$（元）；

（5）此外，主材为 DN40 镀锌管，其定额消耗指标 10.20m 在表内带括号，表示未计入材料费，可以按当地现行材料预算价格乘以定额耗量，另行计算主材费。

5. 附录

附录是指制定定额的相关资料和含量、单价取定等内容。可集中在定额的最后部分，也可放在有关定额分部内。如建筑工程预算定额中的混凝土和砂浆配合比、材料及机械台班预算单价、材料损耗率、工人等级系数等；建筑装饰工程预算定额中的门窗用料及五金配件、饰面龙骨规格及含量等；安装工程预算定额中的安装材料价格、机械台班单价、材料损耗率、零配件含量取定、定型产品型号与规格的定额分类等。附录的内容可作为定额调整换算、制定补充定额的依据。

三、预算定额各项指标的确定

1. 定额指标的意义及其计量单位

定额指标是指完成单位合格产品，所消耗的人工、材料和机械台班的实物量标准。它是定额的具体表现内容，体现定额水平的数值指标。因此，定额指标的确定是预算定额编制工作中的关键性内容，必须具有科学性、经济性和合理性。需要明确指出：经济、合理的定额指标，只能来源于生产实践，也必须经过生产实践的检验才能确定，这是一个"制定与实践"的反复过程。

预算定额的消耗指标由劳动耗量、材料耗量和施工机械台班耗量三部分组成。劳动耗量是指正常条件下的各种人工消耗指标，以综合工的"工日"计量。一名工人正常劳动八小时为一个"工日"。综合工是指不分工种，以定额平均技术级别表示的劳动者（现行预算定额以四级工表示）。材料耗量是指各种主材、辅材、周转性材料及其他零星材料的消耗指标，以材料的通用物理量或自然量计量。定额内相同品种材料的计量单位应一致，并应考虑采购、运输、储备计量的统一。对于少量零星材料及低值易耗品，预算定额通常以折算成货币单位的"元"来计量（不可调整），以使定额简化。施工机械台班耗量是指各种机械的消耗指标，以通用型号的主要机械的"台班"计量（一台机械正常运行八小时为一个"台班"）。

2. 人工消耗量指标的确定

定额人工消耗量指标是指完成一定计量的分项工程或构件（单位产品）所额定消耗的劳动量标准（用工量），以"时间定额"的形式表示。它由基本用工、辅助用工及定额幅度差额用工组成。即：

$$定额人工消耗指标＝基本用工＋辅助用工＋定额幅度差额用工$$

$$＝（基本用工＋辅助用工）×（1＋幅度差系数％）$$

基本用工是指项目主体的作业用工，或称"净用工量"，一般通过施工定额的劳动定额指标按项目组成内容综合计算求出。首先确定预算定额某项目所包括施工定额中若干项目的综合含量百分数，再计算这些施工项目的"综合取定工程量"，分别套用施工定额的用工指标，综合为预算定额的"基本用工"指标。即：

$$基本用工消耗量＝\Sigma\left(综合取定工程量×\begin{array}{c}施工定额的\\时间定额\end{array}\right)$$

辅助用工是指完成该项目施工任务时，必须消耗的材料加工、超运距搬运等辅助性劳动的用工量。它也可以通过确定"含量"，运用施工定额换算。

幅度差额用工是指施工劳动定额中没有包括，而又必须考虑的用工，以及施工定额与预算定额之间存在的定额水平差额。例如作业准备与清场扫尾、质量的自检与互检、临时性停电或停水、必要的维修与保养工作等内容，造成影响工效而增加的用工。幅度差额用工一般采用增加系数计算，人工幅度差额系数是指差额用工量占基本用工和辅助用工的百分比（％），一般取 10％～33％。江苏省土建工程统一规定取 10％。

$$人工幅度差额系数＝\frac{差额用工量}{基本用工＋辅助用工}×100％$$

式中　人工幅度差额用工量＝（基本用工＋辅助用工）×人工幅度差额系数％

3. 材料消耗量指标的确定

预算定额内所列材料，可分为主要材料（主材）、辅助材料（安装材料）、周转性材料和其他零星材料四类。各种材料的消耗指标可分别采用理论计算、现场测定、室内试验、统计分析、移植施工定额指标等方法确定。其基本公式为

$$\text{单位产品}\frac{\text{材料消耗}}{\text{定额指标}}=\frac{\text{某种材料的耗量总数}}{\text{产品总数}}\quad（\text{材料耗量/单位产品}）$$

主材和辅材是指完成某分项工程所消耗的主体材料和耗量较多的辅助性材料。应列出品种、规格及计量单位，分别确定。其材料消耗指标由直接消耗的净用量和不可避免的操作、场内运输、堆放损耗量组成。净用量决定于设计标准、施工做法，而损耗量是用材料的规定损耗率（％）来计算的。即：

$$\text{材料消耗定额指标}=\text{净用量}＋\text{损耗量}$$

$$=\text{净用量}×（1＋\text{损耗率}％）$$

式中

$$\text{材料损耗率}（％）=\frac{\text{材料损耗量}}{\text{材料净用量}}×100％$$

材料损耗率是编制材料消耗定额的重要依据之一。不同材料的损耗率不同；同种材料因施工做法不同，其损耗率也不相同；相同材料在不同定额内，损耗率也不一致。一般来讲，同一种材料在施工定额中的损耗率，应比预算定额中的损耗率要小。表 3-28 是电气安装工程预算定额中统一规定的材料损耗率；表 4-27 为给水排水工程（第八册）的材料损耗率。

周转性材料的消耗指标，按摊销量计算为

$$\text{材料摊销量}=\text{周转使用量}-\frac{\text{回收量}×\text{回收折价率}}{1＋\text{间接费率}}$$

$$=\text{一次使用量}×K_1$$

式中　周转使用量＝一次使用量×K_2

　　　K_1——周转使用系数；

　　　K_2——摊销量系数。

系数 K_1、K_2 按不同用途可通过查表求得（见有关专业教材）。当不考虑补损与回收时，可用下式计算：

$$\text{材料摊销量}=\frac{\text{一次使用量}}{\text{周转次数}}$$

其他零星材料是指耗量少、价格低、对基价影响小的低值易耗品等，定额中不列品种与耗量，而用货币计量，以"元"表示。一般采用估量计算、综合定价的方法确定。

4. 施工机械台班消耗量指标的确定

施工机械台班消耗量指标是指在正常施工条件下，完成单位分项工程或构件所额定消耗的机械工作时间（台班）。它由实际耗量和影响耗量两部分组成。实际耗量一般是根据施工定额中机械产量定额的指标换算求出的，也可通过统计分析、技术测定、理论推算等方法，分别确定。影响耗量是指考虑正常停歇、质量检测、场内转移、配套设施等合理因

素影响所增加的台班耗量，采用机械幅度差额系数（％）计算。即：

$$机械台班消耗量指标＝实际消耗量＋影响消耗量$$

$$＝实际消耗量×（1＋幅度差额系数％）$$

式中
$$机械幅度差额系数（％）＝\frac{影响消耗量}{实际消耗量}×100％$$

不同的施工机械，幅度差额系数不相同，如土方机械为 25％、吊装机械为 30％、打桩机械为 33％等，应分别确定。

四、预算定额基价的计算

工程预算的最终结果是以价值来体现的，而货币是惟一能够使定额指标统一的计量单位。同时，预算定额是建设工程施工造价的统一计价标准。因此，预算定额不仅要用"指标"表示，还必须以货币量表示。

预算定额基价是指完成单位分项工程（或构件），所必须投入的货币量的标准数值（基本价格）。根据定额"要素"的指标内容，定额基价由人工费基价、材料费基价、机械费基价三部分构成，而各项基价费用都是定额消耗指标与其预算单价的乘积。即：

$$定额基价＝人工费基价＋材料费基价＋机械费基价$$

式中　人工费基价＝∑定额人工消耗指标(工日)×预算工资标准(元/工日)；

材料费基价＝∑定额材料消耗指标×材料预算单价；

机械费基价＝∑定额机械台班消耗指标(台班)×机械台班预算单价(元/台班)。

由上可见，当定额指标确定以后，各种预算单价（人工、材料、机械台班）就成为计算定额基价的关键性基础数据。

本书表 1-1～表 1-6、表 3-18～表 3-26、表 4-15～表 4-19 都是摘自《全国统一安装工程预算定额》（第二、八册）的部分"定额项目表"，从中可以分析出定额基价的内容及计算来源。

1. 预算工资标准

我国建筑业的工资形式有计时工资、计件工资和包工工资三种，而工资制度是八级等级制（工资标准与技术等级相对应）。职工收入一般出基本工资、工资性津贴、奖金等三部分组成，其中基本工资为岗位等级工资，工资性津贴属于特殊劳动的额外补偿和地区性价差补贴等。

预算工资标准是指综合工平均等级（一般按四级）的标准日工资（元/工日）。即：

$$预算工资标准（元/工日）＝\frac{月基本工资＋工资性质津贴}{21.75}$$

式中　21.75 为国家劳动保障部最新公布的"全年月平均工作天数"，来源是：全年 365 天，扣除休息日 104 天（不扣除法定假日 11 天），除以 12 个月。2000 年 3 月原国家劳动人事部公布的 20.92 天/月〔(365－104－10)÷12〕作废。

目前，建筑业工资处在改革之中，市场经济体制下的工资标准差异极大，企业的分配形式也不统一，不同地区的工资规定也不相同。1995 年 5 月起实行每周 40 小时工作制后，相应提高了日工资标准。预算工资标准的确定，不仅是技术性工作（调查、统计、测算），而且政策性极强。随着物价指数的波动，工资标准也将受其影响而变化。所以，预算定额中采用的工资标准，应由地区主管部门在分析各种资料的基础上，统筹综合后统一规定。

江苏省实行动态管理的"双轨制"工资标准。即全省统一预算工资单价和各市人工工资指导价两个标准。预算工资单价按建设工程类型和规模（等级）不同，定期公布、全省统一，用于标底、招标控制价的编制；人工工资指导价由省组织各市定期测算，适时公布、省辖市统一，供投标报价、人工费调整参考。

2. 材料预算价格

材料预算价格是指材料由产地（或发货地点）到达工地仓库为终点所发生的一切费用的单位价格。它由原价、供销部门手续费、包装费、运杂费、采购及保管费等五个因素所组成。规定的计算式为

$$材料预算价格＝（原价＋供销部门手续费＋包装费＋运杂费）$$

$$×（1＋采购保管费率％）－包装品回收值$$

原价以材料产地（或口岸）的价格为准，按不同管理方式有出厂价、调拨价、批发价、调剂价、核定价、零售价等区分。供销部门手续费是指物资供销部门转口供货收取的费用，按以原价为基数的规定费率（％）计取，费率随材料品种及地区差异而变化。包装费指为便于运输、减少损坏（耗）所用的包装材料及包装劳动的费用。不同的包装形式、材料，其包装品残值回收率（％）不同（一般为0～50％）。运杂费包括运输部门规定的各种运输费、装卸费、堆码整理费及正常运输损耗等费用。采购保管费是指企业供应部门在组织采购和物资保管过程中所需的各种费用，其计算费率（％）按材料品种，执行各地区的规定（一般为1.5％～3％）。

需要说明以下两点：

（1）当某地区同品种材料，出现不同产地（或供货渠道）供货价格时，应根据各种供应数量的不同比例，采用加权平均计算，确定统一的预算价格。

（2）对于市场经济条件下出现的价格浮动，应进行市场调查和分析，以预算定额规定时间的平均价格，作为基价中的材料预算价格。定额执行后出现的材料价差，由地区主管部门通过测算行文调整。

3. 施工机械台班费预算价格

为改变以往建筑、安装等专业定额中"施工机械台班费用"标准不统一的状况，自1988年起，国家计委、建设部分别于1988、1994、1998、2000年颁发了《全国统一施工机械台班费用定额》，机械台班预算价格应以此定额为依据（见表1-7）。各地也应按该定额指标编制本地区的"机械台班预算价格"（表1-8、表1-9）。

机械台班费用单价由第一类费用和第二类费用两部分构成，即：

$$机械台班预算价格＝第一类费用＋第二类费用$$

第一类费用（不变费用）是根据施工机械年工作制度确定的费用，属于不受施工地点和条件限制，而需经常性固定支付的费用。第一类费用由以下八项费用组成：

（1）折旧费：机械在使用期内，逐年收回其价值的费用。

（2）大修费：按规定的大修间隔期，进行机械大修理的费用。

（3）经常修理费：指机械运行中需修理和定期保养的费用。

表 1-7

1998年《全国统一施工机械台班费用定额》(单位:元/台班)

编号	机械名称	机型	规格	型号	台班基价 元	折旧费 元	大修理费 元	经常修理费 元	安拆费及场外运费 元	燃料动力费 元	汽油 kg	柴油 kg	煤 t	电 kW·h	水 m³	木柴 kg	人工费 元	人工工日	养路费及车船使用税 元
7-55	型钢剪断机	中	剪断宽度(mm)	500	157.11	93.10	8.78	8.52		18.62				53.20			28.09	1.25	
7-56	钢材电动煨弯机	中	弯曲直径(mm)	Φ500~180	131.92	106.60	6.97	4.81	2.30	11.24				32.11					
7-57	弯管机	中	直径(mm)	Φ108	66.41	44.13	5.11	5.93		11.24				32.10					
7-58	弯管机(带胎芯空压机)	中		PB16-30	1534.36	1033.18	156.75	329.17		15.86				45.30					
7-59	液压弯管机	中	弯管能力(mm)	Φ60	89.38	43.10	2.98	3.46	2.30	9.45				27.00			28.09	1.25	
7-60	板料校平机	大	厚度×宽度(mm)	10×2000	1194.90	1051.10	58.07	30.20		27.44				78.40			28.09	1.25	
7-61		大		16×2500	1814.56	1623.68	79.33	41.25		42.21				120.60			28.09	1.25	
7-62	卷板机	中	板厚×宽度(mm)	2×1600	68.85	22.06	4.91	3.78		10.01				28.60			28.09	1.25	
7-63		中		20×2500	155.78	83.48	12.30	9.47		22.44				64.10			28.09	1.25	
7-64		大		30×2000	245.49	168.01	13.67	10.52		25.20				72.00			28.09	1.25	
7-65		大		40×3500	1054.50	840.07	58.11	44.75		83.48				238.50			28.09	1.25	
7-66		大		45×3500	1709.61	1404.51	104.20	80.23		92.58				264.50			28.09	1.25	
7-67	联合冲剪机	中	板厚(mm)	16	132.30	78.90	10.23	10.53		4.55				13.00			28.09	1.25	
7-68	折方机	中	厚度×宽度(mm)	4×2000	48.30	31.08	8.97	3.77		4.48				12.80			28.09	1.25	
7-69	刨边机	大	加工长度(mm)	9000	557.73	407.99	32.36	34.63		26.57				75.90			56.18	2.50	
7-70		大		12000	660.77	485.52	44.69	47.81		26.57				75.90			56.18	2.50	
7-71	管子切断机	小	直径(mm)	Φ60	18.29	7.25	1.86	5.20	2.30	1.68				4.80					
7-72		小		Φ150	42.48	21.76	4.50	9.40	2.30	4.52				12.90					
7-73		小		Φ250	51.30	23.72	5.63	11.77	2.30	7.88				22.50					

注:本表摘自《全国统一施工机械台班费用定额》(1993年)。

类别：加工机械

表 1-8

江苏省 2007 年施工机械台班单价表

编号	机械名称	机型	规格型号		台班单价（元）	折旧费（元）	大修理费（元）	经常修理费（元）	安拆费及场外运输费（元）	燃料费（元）	汽油（kg）	柴油（kg）	煤（t）	电（kwh）	水（m³）	木材（kg）	人工数（工日）	人工费（元）	停置台班费（元）
07069	刨边机	大	加工长度(mm)	9000	419.93	212.19	28.17	30.14		56.93				75.90			2.50	92.50	
07070	刨边机	大	加工长度(mm)	12000	463.20	246.14	32.67	34.96		56.93				75.90			2.50	92.50	
07071	管子切断机	小	直径(mm)	Φ60	15.71	4.23	1.45	4.06	2.37	3.60				4.80					
07072	管子切断机	小	直径(mm)	Φ150	38.20	12.70	4.35	9.10	2.37	9.68				12.90					
07073	管子切断机	小	直径(mm)	Φ250	47.74	13.84	4.74	9.91	2.37	16.88				22.50					
07074	切管机	中	9A151		103.10	37.23	12.76	26.66	2.37	24.08				32.11					
07075	螺栓套丝机	小	直径(mm)	Φ39	27.77	2.55	1.52	2.58	2.37	18.75				25.00					
07076	管子切断套丝机	小	直径(mm)	Φ159	18.82	4.23	2.26	7.44	2.37	2.52				3.36					
07077	咬口机	小	板厚(mm)	1.2	66.62	6.72	1.07	2.98		9.60				12.80			1.25	46.25	
07078	坡口机	小	功率(kw)	2.2	30.14	14.05	2.35	5.63	3.08	5.03				6.70					
07079	弓锯床	小	锯料直径(mm)	Φ250	24.44	12.60	2.00	3.03	3.08	3.73				4.97					
07080	法兰卷圆机	小	L40×4		30.12	10.46	1.66	5.32	3.08	9.60				12.80					
07081	摩擦压力机	中	压力(kN)	1600	185.62	44.25	6.79	10.73		31.35				41.80			2.50	92.50	
07082	摩擦压力机	中	压力(kN)	3000	316.22	108.41	16.64	26.29		72.38				96.50			2.50	92.50	

注：本表摘自《江苏省施工机械台班 2007 年单价表》。

表 1-9

江苏省 2007 年施工机械台班单价表

编号	机械名称	规格型号	台班单价 (元)	费用组成							人工及燃料动力用量				
				折旧费 (元)	大修理费 (元)	经常修理费 (元)	安拆费及场外运输费 (元)	人工费 (元)	燃料动力费 (元)	其他费用 (元)	人工 工日	汽油 (kg)	柴油 (kg)	电 (kwh)	水 (m³)
								37.00				5.70	5.30	0.75	4.10
13128	双轴式深层搅拌机		661.38	75.92	44.61	107.60		92.50	340.75		2.50			451.60	0.50
13129	单轴式深层搅拌机		349.08	50.48	28.25	67.80		92.5	110.05		2.50			144.00	0.50
13130	简易打桩机		163.60	19.48	4.96	13.25	5.41	46.25	74.25		1.25			99.00	
13131	卷扬机带塔	1t,H=40m	116.48	20.75	5.22	14.89	4.69	46.25	24.68		1.25			32.90	
13132	锯缝机(割风机)	XHQI-83-Ⅲ	86.05	2.10	0.63	1.58	2.49	46.25	33.00		1.25			44.00	
13133	混凝土抹光机	MD-800	62.91	2.30	1.20	2.58	3.98	46.25	6.60		1.25			8.80	
13134	真空吸水设备	HZX60A	135.22	5.34	1.84	3.95	7.59	92.50	24.00		2.50			32.00	
13135	手泵沥青浇油机		42.75	2.72	0.70	2.33		37.00			1.00				
13136	沥青路面铣刨机	LX50	598.91	123.94	38.89	86.25		46.25	303.58		1.25		57.28		
13137	沥青路面养护车	EJY5100	746.00	88.29	84.20	174.28		138.75	132.81	127.67	3.75	23.30			
13138	路灯高架工程车	14m	564.18	137.96	38.92	80.57		46.25	132.81	127.67	1.25	23.30			

注:摘自《江苏省施工机械台班 2007 年单价表》。

（4）替换设备及工具附具费：指保证机械正常运转，而需替换设备及随机工具、附具的台班摊销费用。

（5）润滑擦拭材料费：指机械运转及日常保养所需润滑油脂、擦拭用布、棉纱头等的台班摊销费用。

（6）安装、拆卸及辅助设施费：指施工机械进出工地所需安装、拆卸的工料机具消耗与试运转，以及辅助设施的台班摊销费用。

（7）机械进退场费：指施工机械在运距25km内的进退场运输、转移的台班摊销费用。目前，有些地区将大型施工机械进退场费用在预算内单独列支，作为独立的计价项目编制预算。

（8）机械保管费：管理部门为管理机械而消耗的费用。

上述八项费用均有具体的计算式（参见有关专著），而且都是以台班摊销的方式分摊计算的。《全国统一施工机械台班费用定额》对第一类费用已作了货币量固定值的规定。

第二类费用（可变费用）是指只在机械运转时才会发生的费用，随地区不同而变化。第二类费用由以下三项费用组成：

（1）随机人工工资：指随机操作的生产工人的工资（人工费），按机械台班定员人数乘以当地预算工资标准计算。

（2）动力燃料费：指施工机械运转每台班所需消耗的电力、柴油、汽油、煤、木柴、水等的费用。

（3）养路费及牌照税：指按当地规定对某些施工机械按月收取的养路费及牌照税等，进行台班摊销的费用。

各地区在贯彻《全国统一施工机械台班费用定额》时，主要是套用第一类费用价格和第二类费用实物量指标，按当地的人工、材料预算价格及其规定，编制本地区的"施工机械台班预算价格"，见表1-8、表1-9。随着资源单价的变化，地方主管部门可做出价格调整的规定。

施工中经常发生机械租赁，涉及到机械停置费的计算。根据规定，施工机械停置费可按下式计算

施工机械停置费＝第一类费用50％＋（随机人工工资＋养路费＋牌照税）

施工机械停置费标准，也可在地区的"机械台班预算价格"内作统一规定。而每天的机械停置台班数量（班制），随施工机械类型及作业性质而定，一般按每天停置一个台班计算。

五、预算定额的编制

预算定额的编制工作是一项政策性、技术性很强的专业工作。涉及的因素很多，影响的范围较广。预算定额编制工作应遵守以下三条原则：

1. 反映实际

预算定额是施工定额的综合与扩大，存在一定的幅度差，以抵消施工中的辅助因素和附加因素。施工定额以平均先进水平为制定标准，而预算定额通常以平均水平核定。预算定额的分项与内容、精度与广度、指标与基价，能否反映当前的施工状况和生产水平，是定额能否促进生产发展的关键。因此，预算定额的制定必须实事求是地反映生产实际水平。

2. 简明适用

在满足预算编制需要的前提下，预算定额在内容和形式上，应力求简单、明了、统一、适用。既要做到项目内容齐全、指标完整，又要做到粗细适当、步距合理。要尽可能简化工程量的计算工作，尽可能不留或少留"活口"，以减少换算。

3. 消除矛盾

在统一、归口管理的前提下，各分项工程量及子目消耗指标的计量单位，要做到统一、合理。要体现主要项目在不同条件下的指标差异，要尽量消除定额指标在纵向和横向上的矛盾，具有一定的可比性。

预算定额的主要编制依据是：

（1）现行的设计规范、施工规程、验收标准及有关规定。

（2）通用标准图集及有关新材料、新技术、新工艺的科研、实测、统计、分析的成果与资料。

（3）原有的预算定额和现行的施工定额，以及定额执行情况。

（4）现行的地区人工工资标准、材料和施工机械台班预算价格等。

预算定额的编制，应由职能机构组织一定数量的专职人员，分工负责，协调完成。在确定原则的基础上，要按制定的工作计划做大量而细致的具体工作。编制过程一般可分为以下五个阶段：

（1）审查原有定额

在编制原则的指导下，根据原有定额执行情况，进一步广泛征求意见，找出原有定额存在的问题，进行整理归纳，确定调整项目与内容。并依据生产发展情况，提出补充项目及内容清单。

（2）深入调查研究

有针对性地广泛搜集资料，深入进行现场测定和典型工程测算。

（3）综合分析拟稿

对各种资料进行综合、分析和计算，按规定的统一格式和要求，逐项核定各种指标，拟出预算定额草稿，并按分部集中统一编目、编号。同时，按新的定额指标及基价，对典型工程再次进行定额水平测算（编制预算、指标对比）。草稿内容及指标经过修正后，作为初稿打印成册。

（4）审核讨论评定

对初稿组织评议审查，进行修改补充后，要归纳、整理编制工作中的各种调查资料和计算数据，并编写"编制说明"。最后，呈文上报。

（5）批准印制颁发

经主管部门批准后，即可印制颁发执行。

六、预算定额的编排与应用

预算定额是按一定的顺序和格式编排的。在内容上一般是按颁布文件、目录、总说明、分部（章）说明、工程量计算规则、定额项目表、附录等为排列次序。其中，大量篇幅的"定额项目表"如表1-1～表1-6，具有以下共同特点：

（1）以项目名称为标题，注明"工作内容"（完成该项目所包括的施工内容）。

（2）项目表的右上角标注工程量的"计量单位"；项目横题为定额编号、项目划分

（计价的细目、步距）；项目表左侧纵列基价及其组成、各种消耗要素（子目）的名称、规格、计量及预算价格（单价）。

（3）项目表内部为各项要素的定额消耗指标数值（单位估价表增列计算的要素金额）。

（4）必要时，项目表下方加"附注"，表明未计价材料、条件改变的调整换算等内容。

预算定额是编制定额直接费的法定标准，是预（结）算编制中"套价"或"套指标"的依据。计价项目及其工程量确定以后，定额套价就成为预算编制中计算基础费用（定额直接费）的重要内容。因此，选套定额准确与否，直接影响预（结）算的精度。

选套预算定额的主要内容，包括定额编号、计量单位、主材消耗指标、基价及其中的人工费基价和机械费基价（材料费基价＝定额基价－人工费基价－机械费基价）等。选套预算定额应注意以下几点：

（1）要认真阅读定额说明，明确定额的归口及调整的可能性。

（2）设计图的项目与定额项目的内容，必须一致，方可直接套用。否则，应进行调整、换算或补充新定额。

（3）定额计量单位与工程量的计量单位必须一致。计量口径不一，不能套价。

（4）要结合施工现场条件，准确选择定额细目和步距，应"对号入座"。

（5）要仔细看清定额附注，防止漏算主材或误调。

表 3-31、表 4-28 为试套定额的例题，可自己练习查阅和对照，以加深理解。

第四节　单位估价表与价目表

预算定额所规定的各种生产要素消耗数值（定额指标），可以在较大地域内统一使用。但是，定额基价受地区、时间的影响而存在价差，难以统一执行。因此，定额基价可随地区、时间的变化而进行调整。基价的调整方法可分为两类，第一类是编制本地区的单位估价表，第二类是采用原定额基价，再乘以调整系数（统一调整系数或分项调整系数）。由于地区生产要素的价格受市场影响而经常出现波动，所以，有的地区即使有了"单位估价表"，还可能再用外加系数进行二次调整。

一、单位估价分析表

以货币形式表示预算定额中每一单位分项工程的本地区预算价值的分析计算表，称为单位估价分析表（简称单位估价表）。它是把预算定额中完成单位分项工程（合格产品）所消耗的人工、材料、机械台班的标准数值（指标），乘以当地规定的相应要素预算价格（单价），折合成统一的本地区工程预算单价，如表 1-10～表 1-15、表 3-20～表 3-26、表 4-20～表 4-24。也可以说，单位估价表是统一预算定额在本地区具体应用的现行价格新的定额基价表现形式，是本地区编制工程预（结）算的法定价格标准。

单位估价表的主要作用是：

（1）单位估价表是编制本地区单位工程预（结）算、计算工程直接费的基本标准。

（2）单位估价表是对设计方案进行经济比较的基础资料。

（3）单位估价表是企业进行经济核算和成本分析的依据。

控制台、控制箱安装（江苏省2001年"估价表"）　　　表 1-10

工作内容：开箱、检查、安装、各种电器、表计等附件的拆装、送交试验、盘内整理、一次接线。　计量单位：台

定 额 编 号			2-258	2-259	2-260	2-261
项　　目			控　制　台		集中控制台 2-4m	同期小屏控制箱
			1m以内	2m以内		
基　　价（元）			307.65	534.67	986.93	172.28
其中	人　工　费（元）		148.98	249.60	468.00	52.00
	材　料　费（元）		106.07	203.27	326.43	83.48
	机　械　费（元）		52.60	81.80	192.50	36.80
名　　称	单位	单价（元）	数　　　量			
人工 综　合　工　日	工日	26.00	5.730	9.600	18.000	2.000
材　料 棉纱头	kg	5.20	0.100	0.150	0.300	0.030
电焊条结 422ϕ3.2	kg	5.19	0.100	0.100	0.500	0.100
调和漆	kg	8.80	0.100	0.200	0.800	0.030
钢板垫板	kg	4.12	0.300	0.300	6.050	0.100
镀锌扁钢－60×6	kg	4.25	3.000	3.000	5.000	1.000
酚醛磁漆（各种颜色）	kg	18.55	0.030	0.050	0.010	0.010
塑料软管	kg	17.61	0.500	1.500	2.000	0.500
塑料带 20mm×40m	kg	13.11	0.300	0.600	1.000	0.300
胶木线夹	个	0.22	8.000	12.000	20.000	8.000
异型塑料管 ϕ2.5～5	m	11.92	6.000	12.000	18.000	5.000
镀锌精制带帽螺栓 M10×100 内2平1弹垫	10套	8.84	0.410	0.610	—	0.410
机　械 汽车式起重机 5t	台班	402.00	0.060	0.100	0.100	0.050
汽车式起重机 30t	台班	1189.00	—	—	0.100	—
载重汽车 4t	台班	246.00	0.060	0.100	0.100	0.050
交流电焊机 21kV·A	台班	88.00	0.100	0.100	—	0.050
电动卷扬机（单筒慢速）3t	台班	82.00	0.060	0.100	—	—

成套配电箱安装（江苏省2001年"估价表"）　　　表 1-11

工作内容：开箱、检查、安装、查校线、接地。　　　　　　　　　　　　　　　　　计量单位：台

定 额 编 号			2-262	2-263	2-264	2-265	2-266
项　　目			落地式	悬挂嵌入式（半周长 m）			
				0.5	1.0	1.5	2.5
基　　价（元）			189.55	66.41	77.64	93.14	113.39
其中	人　工　费（元）		94.38	39.00	46.80	59.80	72.80
	材　料　费（元）		31.41	27.41	30.84	33.34	31.79
	机　械　费（元）		63.76				8.80
名　　称	单位	单价（元）	数　　　量				
人工 综　合　工　日	工日	26.00	3.630	1.500	1.800	2.300	2.800
材　料 破布	kg	5.50	0.100	0.080	0.100	0.100	0.120
铁砂布 0号～2号	张	1.20	1.000	0.500	0.800	1.000	1.200
电焊条结 422ϕ3.2	kg	5.19	0.150	—	—	—	0.150
调合漆	kg	8.80	0.050	0.030	0.030	0.030	0.050
钢板垫板	kg	4.12	0.300	0.150	0.150	0.150	0.200
铜接线端子 DT-6mm²	个	2.50	—	2.030	—	—	—
铜接线端子 DT-10mm²	个	2.76	—	—	2.030	2.030	—
酚醛磁漆（各种颜色）	kg	18.55	0.020	0.010		0.010	0.020
裸铜线 6mm²	kg	26.23		0.170			
裸铜线 10mm²	kg	28.22			0.200	0.230	
塑料软管	kg	17.61	0.300	0.130	0.150	0.180	0.250
焊锡丝	kg	54.10	0.150	0.050	0.070	0.080	0.100
电力复合酯一级	kg	21.00	0.050	0.410	0.410	0.410	0.410
自粘性橡胶带 20mm×5m	卷	3.11	0.200	0.100	0.100	0.150	0.200
镀锌扁钢－25×4	kg	4.25	1.500				1.500
镀锌精制带帽螺栓 M10×100 内2平1弹垫	10套	8.84	0.610	0.210	0.210	0.210	0.210
机　械 汽车式起重机 5t	台班	402.00	0.100				
载重汽车 4t	台班	246.00	0.060				
交流电焊机 21kV·A	台班	88.00	0.100				0.100

注：未包括支架制作安装。

工作内容：开箱、检查、安装、接线、接地。　　　　　　　　　　　　　　　　　计量单位：个

定 额 编 号			2-267	2-268	2-269	2-270
项　　目			自动空气开关		刀型开关	
			DZ 装置式	DW 万能式	手柄式	操作机构式
基　价（元）			35.93	103.98	50.45	59.99
其中	人　工　费（元）		26.00	76.70	39.00	52.00
	材　料　费（元）		9.93	18.48	11.45	7.99
	机　械　费（元）		—	8.80		
名　　称	单位	单价（元）	数		量	
人工　综　合　工　日	工日	26.00	1.000	2.950	1.500	2.000
材料　破布	kg	5.50	0.050	0.050	0.300	0.500
铁砂布 0 号～2 号	张	1.20	0.500	0.500	0.800	1.000
电焊条结 422φ3.2	kg	5.19	—	0.100		
汽油 70 号	kg	3.05	—	0.200		
铜接线端子 DT-10mm²	个	2.76	—	2.030		
橡皮护套圈 φ6～32	个	0.80	6.000	—	6.000	
裸铜线 10mm²	kg	28.22	—	0.050		
电力复合酯一级	kg	21.00	0.030	0.050	0.020	0.020
镀锌扁钢－25×4	kg	4.25	—	0.940		
镀锌精制带帽螺栓 M10×100 内 2 平 1 弹垫	10 套	8.84	0.410	0.500	0.410	0.410
机械　交流电焊机 21kV·A	台班	88.00	—	0.100		

定 额 编 号			2-271	2-272	2-273	2-274
项　　目			刀型开关	铁壳开关	胶盖闸刀开关	
			带熔断器式		单相	三相
基　价（元）			49.37	40.88	13.90	16.23
其中	人　工　费（元）		37.18	15.60	4.16	5.72
	材　料　费（元）		12.19	20.88	9.74	10.51
	机　械　费（元）		—	4.40		
名　　称	单位	单价（元）	数		量	
人工　综　合　工　日	工日	26.00	1.430	0.600	0.160	0.220
材料　破布	kg	5.50	0.500	0.300	0.100	0.150
铁砂布 0 号～2 号	张	1.20	0.500	—		
电焊条结 422φ3.2	kg	5.19	—	0.400		
铜接线端子 DT-10mm²	个	2.76	—	2.030		
橡皮护套圈 φ6～φ32	个	0.80	6.000	6.000	6.000	6.000
裸铜线 10mm²	kg	28.22	—	0.050		
电力复合酯一级	kg	21.00	0.020	0.020	0.010	0.020
熔丝 30～40A	片	0.34	—	3.000		
熔丝 10A	轴	7.00	—	—	0.080	0.120
镀锌扁钢－25×4	kg	4.25	—	0.300		
镀锌精制带帽螺栓 M10×100 内 2 平 1 弹垫	10 套	8.84	0.410	0.510	0.410	0.410
机械　交流电焊机 21kVA	台班	88.00	—	0.050		

注：主要材料：刀开关、铁壳开关、漏电开关、接线端子（接地端子已包括在定额内）。

排水栓安装（江苏省 2001 年"估价表"）　　　　表 1-13

工作内容：切管、套丝、上零件、安装、与下水管连接、试水。　　　　计量单位：10 组

定额编号			8-441	8-442	8-443	8-444	8-445	8-446
项目			带存水弯			不带存水弯		
			32	40	50	32	40	50
基 价（元）			103.69	125.04	147.83	108.25	120.20	151.32
其中	人 工 费（元）		49.40	49.40	49.40	34.58	34.58	34.58
	材 料 费（元）		54.29	75.64	98.43	73.67	85.62	116.74
	机 械 费（元）		—	—	—	—	—	—
	名 称	单位	单价（元）			数　　　量		
人工	综 合 工 日	工日	26.00	1.900	1.900	1.900	1.330	1.330	1.330
材料	排水栓带链堵	套	—	(10.000)	(10.000)	(10.000)	(10.000)	(10.000)	(10.000)
	存水弯塑料 DN32	个	4.92	10.050	—	—	—	—	—
	存水弯塑料 S 型 DN40	个	7.00	—	10.050	—	—	—	—
	存水弯塑料 S 型 DN50	个	9.25	—	—	10.050	—	—	—
	焊接钢管 DN32	m	8.65	—	—	—	5.000	—	—
	焊接钢管 DN40	m	10.28	—	—	—	—	5.000	—
	焊接钢管 DN50	m	13.83	—	—	—	—	—	5.000
	镀锌管箍 DN32	个	2.47	—	—	—	10.100	—	—
	镀锌管箍 DN40	个	2.81	—	—	—	—	10.100	—
	镀锌管箍 DN50	个	4.09	—	—	—	—	—	10.100
	橡胶板 δ1～3	kg	7.30	0.350	0.400	0.400	0.350	0.400	0.400
	普通硅酸盐水泥强度等级 32.5	kg	0.29	4.000	4.000	4.000	4.000	4.000	4.000
	铅油	kg	8.77	—	—	—	0.100	0.100	0.100
	油灰	kg	1.73	0.650	0.700	0.800	—	—	—
	钢锯条	根	0.88	—	—	—	1.000	1.000	1.500

地漏安装（江苏省 2001 年"估价表"）　　　　表 1-14

工作内容：切管、套丝、安装、与下水管道连接。　　　　计量单位：10 个

定额编号			8-447	8-448	8-449	8-450
项目			地漏			
			50	80	100	150
基 价（元）			58.05	123.20	133.14	204.20
其中	人 工 费（元）		41.60	96.98	96.98	152.36
	材 料 费（元）		16.45	26.22	36.16	51.84
	机 械 费（元）		—	—	—	—
	名 称	单位	单价（元）		数　　　量	
人工	综 合 工 日	工日	26.00	1.600	3.730	3.730	5.860
材料	地漏 DN50	个	—	(10.000)	—	—	—
	地漏 DN80	个	—	—	(10.000)	—	—
	地漏 DN100	个	—	—	—	(10.000)	—
	地漏 DN150	个	—	—	—	—	(10.000)
	焊接钢管 DN50	m	13.83	1.000	—	—	—
	焊接钢管 DN80	m	23.02	—	1.000	—	—
	焊接钢管 DN100	m	32.38	—	—	1.000	—
	焊接钢管 DN150	m	47.47	—	—	—	1.000
	普通硅酸盐水泥强度等级 32.5	kg	0.29	6.000	6.500	7.000	7.500
	铅油	kg	8.77	0.100	0.150	0.200	0.250

工作内容：安装、与下水管连接、试水。　　　　　　　　　　　　　　　　计量单位：10 个

定 额 编 号			8-451	8-452	8-453	8-454	8-455
项　　　目			地　面　扫　除　口				
			50	80	100	125	150
基　　价(元)			20.66	26.00	26.67	32.79	32.94
其中	人　工　费(元)		19.50	24.70	25.22	31.20	31.20
	材　料　费(元)		1.16	1.30	1.45	1.59	1.74
	机　械　费(元)		—	—	—	—	—
名　称	单位	单价(元)	数　　　　　量				
人工　综合工日	工日	26.00	0.750	0.950	0.970	1.200	1.200
材料　地面扫除口 DN50	个	—	(10.000)				
地面扫除口 DN80	个	—		(10.000)			
地面扫除口 DN100	个	—			(10.000)		
地面扫除口 DN125	个	—				(10.000)	
地面扫除口 DN150	个	—					(10.000)
普通硅酸盐水泥强度等级 32.5	kg	0.29	4.000	4.500	5.000	5.500	6.000

单位估价表的内容由预算定额的指标和本地区预算价格两部分组成。预算定额的分项内容、定额编号、计量单位、各种耗量指标等，均列入单位估价表；而预算定额的基价及其来源，全部改为本地区预算价格，形成本地区编制预算的定额基价，如表 1-10～表 1-15。

单位估价表的编制依据为：

（1）现行的预算定额。

（2）地区现行的预算工资标准。

（3）地区各种材料的预算价格。

（4）地区现行的施工机械台班费用定额。

单位估价表的种类很多。除了可按预算定额分类外，还可按使用范围所规定的不同区域分类。单位估价表内，可以结合当地施工状况，编入预算定额既定项目之外的本地区"补充项目"（缺项定额的补充需报批）。目前，建筑工程系列已形成相应成套的地区单位估价表；而安装工程系列各地尚不统一，江苏地区现在已有了 2000 年版《全国统一安装工程预算定额》相应的各册 2001 年"单位估价表"。

二、单位估价汇总表

单位估价汇总表是指把单位估价表中各分项工程的主要货币指标（基价、人工费、材料费、机械费）及主要工料消耗量指标，汇总在统一格式的简明表格内，如表 1-16。其目的在于加快编制预（结）算时的套价查表速度，简化"工料分析"时的原材料换算工作。因此，单位估价汇总表是一种简明实用的定额套价（套指标）手册。

由于单位估价汇总表中资料不全，因而"汇总表"不能代替预算定额、单位估价表所起的作用。但是，"汇总表"可以把许多定额附注的内容，进行调整、换算列入表内，供直接套用；也可以把材料的半成品（如混凝土、砂浆等）直接换算为原材料消耗量指标，使"材料分析"工作更为简化。当然，"汇总表"不能超出单位估价表内容

而增添项目。

定额编号	项　　目	单位价值	人　工		材料	机械	水泥强度等级 32.5	黄砂	混凝土管 $\phi100\sim\phi500$
			(工日)	(元)	(元)	(元)	(kg)	(t)	(m)
14-32	混凝土管 承插式 水泥砂浆接口 $\phi100$ 10(m)	43.78	0.88	3.66	39.81	0.01	5	0.021	10.2
14-33	混凝土管 承插式 水泥砂浆接口 $\phi150$ 10(m)	58.26	0.91	3.79	54.46	0.01	6	0.023	10.2
14-34	混凝土管 承插式 水泥砂浆接口 $\phi230$ 10(m)	82.39	1.02	4.24	78.12	0.03	8	0.034	10.2
14-35	混凝土管 承插式 水泥砂浆接口 $\phi300$ 10(m)	122.15	1.23	5.12	117.00	0.03	11	0.043	10.2
14-36	混凝土管 承插式 水泥砂浆接口 $\phi400$ 10(m)	190.21	1.65	6.86	183.31	0.04	17	0.068	10.2
14-37	混凝土管 承插式 水泥砂浆接口 $\phi450$ 10(m)	256.85	1.99	8.28	248.51	0.06	19	0.077	10.2
14-38	混凝土管 承插式 水泥砂浆接口 $\phi500$ 10(m)	346.70	2.21	9.19	337.45	0.06	24	0.095	10.2

注：本表摘自《江苏省建筑工程单位估价汇总表》（1990 年）。

三、价目表

为了进一步简化套价和对某些主要材料（主材）进行限价，有些地区把单位估价表中货币值部分单独列出，以形成只有单位分项工程价格的"价目表"。如"江苏地区安装工程价目表"（表 3-29、表 4-25），对安装工程预算定额内部分（带括号）的未计价"主材"列出价格，进行限制。

价目表比"汇总表"更为简化，但不能用于工料分析。

第五节　安装工程预算定额

一、建设工程预算定额的现状

国家于 1962、1979、1985、1994、2009 年相继颁发了《建筑安装工程统一劳动定额》（相当于施工定额）。在发出有关定额制定及测算文件的同时，陆续颁发了一些建设工程的专业预算定额。例如：1986 年、2000 年的《全国统一安装工程预算定额》，1988 年《仿古建筑及园林工程预算定额》，1988 年、1999 年的《全国统一市政工程预算定额》，1988 年、1994 年、1998 年的《全国统一施工机械台班费用定额》，1995 年的《全国统一建筑工程基础定额》和《全国统一安装工程基础定额》，1999 年的《人防工程预算定额》等。各地方也陆续编制了本地区相应的"单位估价表"。"建筑工程预算定额"是依据国家文件的具体要求（规则），由各省、市、自治区自行组织统一重新编制的，并编制了相关的"房屋修缮"、"抗震加固"、"地下人防"等预算定额。同时，按使用地区和执行期的生产要素预算价格，编制了相应的"单位估价表"。由于社会生产力的不断发展，预算定额也在不断充实和完善之中。国家将继续分期完成建设工程定额的配套制定工作。市场经济条件下的价格波动，一方面促使一些新的"单位估价表"出台；另一方面也会不断出台"价差调整"的规定，以加强宏观控制和稳定建筑市场。随着工程量清单计价体系的建立，逐步完善"量价分离"的计价原理，必将不断出现综合单价、基础指标、价格指数等类型的实用和参考定额。

二、现行安装工程预算定额概况

设备安装工程预算定额，是指完成单位安装工程量所消耗的人工、材料、机械台班的实物量指标及其相应安装费基价的标准数值。它是编制安装工程预（结）算、计算主材及定额安装费的标准，也是各地区编制单位估价表的依据，还是编制概算定额、概算指标的基础资料。

以前，我国统一执行原国家计委于1986年颁发的《全国统一安装工程预算定额》。该定额按技术专业区分共有十六册，配有"机械台班费"和"焊接材料耗量"两册定额资料。另外，1987年以后陆续颁布了该定额的"解释汇编"两册和"工程量计算规则汇编"；1992年又颁发了"补充定额汇编"（增添定额项目）；同时，对第二册（电气设备安装）补充了"装饰灯具安装"的专项定额。在"全国定额"的十六个分册中，第三、四、五、七册（送电线路、通信设备、通信线路、长距离输送管道）为有关专业部管理，执行专业部的预算编制规定。其余十二册均按各省（市、自治区）的规定计算预算费用。

当时全国统一定额和地区估价表虽同时有效，但在实际工作中，应根据安装专业不同，分别使用。由于各种定额的价差调整系数是不同的，因此应按规定分别取定。

后来，建设部于2000年发布了新的十二册版《全国统一安装工程预算定额》及配套的"安装工程量计算规则"（表1-17）。该定额是在总结原1986年十六册"全统安装定额"执行情况的基础上，依据十多年经济发展和科学技术进步的新形势而制定的。2000年十二册版"全统安装定额"具有以下特点：

（1）以最新发布的现行相关的"规范、规程、标准、定型图"等为依据；突出定额的通用性、适用性和指导性。

（2）补充了安装工程中的新项目、新材料，新工艺、新技术、新设备等内容。

（3）调整了定额分项与专业归口范围，十二册"全统安装定额"全部由各省、市、自治区地方管理。原1986年版定额中，取消第七册"长输管道"；第二、三册合并为第二册，取消其中电力输变电专业项目；第四、五册合并为第十二册，取消其中邮电项目，增加有线电视等内容（该册尚未发布，仍执行"1986版定额"的第四、五册）；第十一、十五、十六册合并为第五册，取消专业化项目等。

（4）凡技术性较强的非通用专业安装项目，列入相关"专业部"或"行业协会"管理范畴，分别独立发布专项安装定额，在行业内部执行。例如水电站、高压输变电、化工、石油、冶金、交通、水利、铁道、煤炭、国防等，都要有本行业的专业设备安装定额，实行纵向管辖。

（5）2000年版"全统安装定额"中，新增了"消防及安全防范设备安装工程"，编为第七分册，以满足日益发展的消防及安全防范工作的需要。

（6）新定额的基价是以北京市的资源单价（1996年预算工资标准和材料预算单价、1998年施工机械台班单价）为计算依据。

2000年版12册《全国统一安装工程预算定额》发布后，各地都做了相应的技术准备和组织准备，结合本地区生产实践，陆续发布其执行规定。有些省、市已编制了本地区相应的"单位估价表"，发布其配套的"安装工程费用定额"，全面推行新定额。此举将在规范建筑市场，实施宏观调控，统一安装工程造价行为等方面，发挥重要作用。

分册	名称	标准代码	适用范围	备注	执行规定
一	机械设备安装工程	CYD-201-2000	工业与民用建筑中新建、扩建及技术改造项目的通用机械设备安装	旧设备拆除按定额（人工＋机械）×50%计算	①建设部于 2000 年 3 月 17 日发布施行
二	电气设备安装工程	CYD-202-2000	工业与民用建筑中新建、扩建工程的 10kV 以下变配电设备及线路安装,车间动力、电气照明、防雷接地、电梯电气等安装	不用于高压 10kV 以上输变电线路及发电站安装	②江苏省发布了相应各册的"单位估价表",同时发布了配套的"江苏省安装工程费用定额",于2001 年 10 月1 日起施行
三	热力设备安装工程	CYD-203-2000	新建、扩建项目中 25MW 以下汽轮发电机组、130t/h 以下锅炉设备安装		
四	炉窑砌筑工程	CYD-204-2000	新建、扩建和技改项目中,各种工业炉窑耐火及隔热砌体工程(其中蒸汽锅炉限于蒸发量 75t/h 以内中、小型),不定型面积材料内衬及炉内金具制安	不含烟道	③南京地区于 2002 年1 月 1 日起执行"江苏省安装定额"④资源价差（人工机械、辅材）暂不调整
五	静置设备与工艺金属结构制作安装工程	CYD-205-2000	金属容器、塔类、油罐、气柜及工艺结构等制作与安装	含单件重 100kg以上管道支架、平台等	
六	工业管道工程	CYD-206-2000	厂区范围内生产用(含生产与生活共用)介质输送管道,如给水、排水、蒸汽、煤气等管道安装	不含地沟、回填、砌筑等	⑤主材执行市场价或地方政府指导价
七	消防及安全防范设备安装	CYD-207-2000	工业与民用建筑中新建、扩建和整体更新改造工程的消防及安全防范设备安装	管线、电气、通用机械、金属结构、仪表等用相关分册	
八	给水排水、采暖、燃气工程	CYD-208-2000	工业与民用建筑工程中生活用给水排水、采暖、燃气项目的管道与设备安装	不含厂区外管道及厂区内生产用管道	
九	通风空调工程	CYD-209-2000	工业与民用建筑项目中的通风、空调工程		
十	自动化控制仪表安装工程	CYD-210-2000	新建、扩建项目中的自动化控制装置及仪表的安装调试,包括监控、检测、计算机、工厂通风等系统安装调试		
十一	刷油、防腐蚀、绝热工程	CYD-211-2000	设备、管道、金属结构等刷油、防腐蚀、绝热工程	安装工程的各册配套定额	
十二	通信设备及线路工程	CYD-212-2000	专业通信工程中管线、架空线、电缆、设备、共用电源等安装与调试	尚未发布	暂执行1986 年"全统定额"第四、五册及部颁规定

　　江苏省于 2001 年 5 月发布了《全国统一安装工程预算定额江苏省单位估价表》和《江苏省安装工程费用定额》,并规定于 2001 年 10 月 1 日起在全省范围内实行(南京地区定于 2002 年 1 月 1 日起实行)。江苏省"安装工程单位估价表"具有以下特点:

　　(1)全面按 2000 年版"全统安装定额"的项目划分、定额编号、工作内容、计算规则、定额指标、调整规定等基本内容进行编排;

（2）结合江苏地区工程实践及地方标准，参照了原"全统定额"、基础定额、劳动定额、典型设计及试行补充定额等资料，设"专项分部"增补了常用的计价项目；

（3）以南京地区 2000 年建筑安装工程综合工资单价（26 元/工日）、2000 年材料预算单价、1999 年江苏省"施工机械台班预算价格"（调整了工资、能源价格）和 2000 年"全国统一安装工程施工仪表台班费用定额"等为标准，核定各项目当时的"定额基价"；

（4）根据国家相关规定，按照江苏地区工程施工特点及习惯做法，制定了相配套的"江苏省安装工程费用定额"（2001 年），以满足造价文件编制的需要。

2003 年 12 月江苏省发布了 2004 年版《江苏省安装工程计价表》，并规定于 2004 年 4 月 1 日起执行，替代了 2001 年"全统定额江苏估价表"。

三、专业定额执行界限的规定

《全国统一安装工程预算定额》的各分册，均有规定的适用范围（表 1-17）。但是，由于工程内容的广泛，定额执行中难免相互交叉，因此，在区分主体与补充（附属）项目的条件下，必须划分相关的定额界限，才能实行合理调价、正确编制预算。1986 年版"全统安装定额"的 16 个分册中，专业部管理 4 个分册，其余 12 个分册归地方管理，因而定额执行界限作了明确规定。2000 年版"全统安装定额"的 12 个分册的项目多为通用安装内容，全部由地方管理，定额界限较明显，相互交叉内容较少。

为了合理区分特种专业和通用专业在定额执行中的界限，根据 2000 年版新定额的编制原则，参照 1986 年版原定额所规定的执行界限，以新定额十二分册划分为基础，对定额执行界限介绍如下，以供判定。

（1）第一册"机械设备"、第三册"热力设备"，第五册"静置设备与工艺金属结构"的设备安装定额之间，执行以下划分界限：

1）第一册适用于一般工业及民用建筑中常用的机械设备安装（通用机械）。其中风机、泵、压缩机的安装，如施工及验收技术规范要求必须解体拆装检查的，在套用安装定额时，同时执行本册拆装检查定额。化学工业工程中的通用设备可执行"第五册"，而专用设备则执行部管专项定额。各种传动设备安装，按规范要求解体拆装检查的，也可执行第一册拆装检查定额。

2）第三册中的风机和泵的安装定额，只适用于电站和热力工程，且必须按设备型号对号套用。定额的工作内容已包括解体拆装、一般缺陷修理及随机供应的配套附件安装。要求机泵整套供货。

3）第一册的安装定额已包括地脚螺栓二次灌浆。而第三册定额不包括二次灌浆，应执行第一册的二次灌浆定额。

（2）第六册"工业管道"、专业部"长输管道"、第八册"给水排水、采暖、燃气管道"及土建"市政管道"等，应执行以下划分界限：

1）对于城市或厂矿的第一个接收站的站外管道，城市或厂矿第一个贮水池界外的供水管道，应执行专业部的"长输管道"定额。

2）第六册、第八册与"市政管理"定额，均以两者碰头点分界。给水以水表井为界；排水以厂围墙外第一个污水井为界；燃气以总表为界。

3）10km 到 25km 之间的缺项定额，凡架空输送管道执行第六册；埋地输送管道执行专业部定额。管道运输执行地方规定。

4）城市供水和排水（不含住宅区）管道，城市煤气及油、气管道，执行"市政工程预算定额"。厂区内生产管道（或生产与生活共用），执行第六册定额。住宅区内的给水排水、蒸汽、燃气管道，应执行第八册定额。

5）各种管道定额的执行界限，可用图1-1示意分段说明。

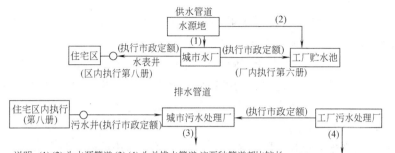

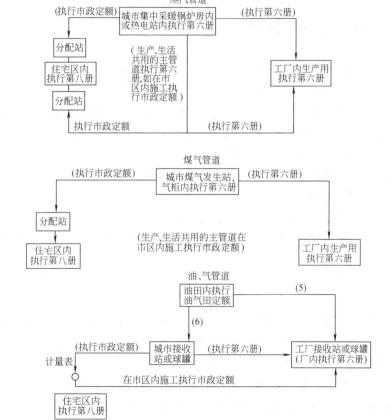

说明：(1)、(2)为水源管道；(3)、(4)为总排水管道。这两种管道都比较长。

定额规定：凡管道长度小于10km的水源管道和总排水管道，执行第六册"工艺管道"管道长度大于10km或虽不足10km但有穿跨越的管道，均执行专业部"长距离输送管道"定额（1)、(2)和(3)、(4)若为城市供、排水（住宅区小区除外）管道时，应执行"市政工程"相应定额。

图例说明：(5)、(6)为油、气源管道。

定额规定：管道长度大于25km或虽不足25km但有穿跨越的管道，执行专业部管定额；
管道长度小于25km，架空管道执行第六册；埋地管道执行专业部管定额。
(4)、(5)若为城市煤气及油、气管道执行"市政工程"相应定额（住宅小区内除外）。

图1-1 各种管道定额的执行界限

（3）安装工程定额与土建工程定额，应执行以下划分界限：

1）安装工程与土建工程是两个不同的施工专业系列，根据产品的不同（建筑物、构筑物与专用设备），执行不同的定额。

2）建筑物的附属项目，如落水管安装、室外水泥排水管敷设、金属构配件制作与安装等，应执行建筑工程定额。

3）与设备安装工程相配套的建筑物、构筑物，属于土建工程。如厂房、设备基础、贮水池、地沟、盖板等，应执行土建工程定额。

4）土建工程系列中，应按专业不同，分别执行相应定额。如桥涵、场外道路、城市下水道等，属市政工程；场内道路、场内室外排水等，为建筑工程；绿化、园林小品、园内小桥、园林道路、水榭、亭廊等，执行"仿古园林"定额；拆除工程应执行修缮定额；建筑装饰、装潢工程也有专用定额。

（4）安装工程按技术专业不同，依据定额规定的"适用范围"划分界限。

2000 年版《全国统一安装工程预算定额》的十二个分册，都分别在其"说明"中，对定额的编制依据、使用范围、基价标定、加价系数、执行规定等，作了具体说明。因此，执行定额应按表 1-17 规定的"适用范围"严格划分界限。

四、现行安装工程预算定额费用的说明

1. 人工费

（1）定额工按技术等级系数折合成四级工，不分工种以综合工日表现。

（2）定额工包括基本用工和其他用工两部分，其他用工由辅助用工（配合用工、超运距用工）和人工幅度差用工组成。其他用工还包括：工种间交叉配合穿插施工的间歇时间，临时用水、电、气源的移动用工和停歇时间，小型施工机械、工器具移位时间，配合质量、安全检查用工，其他零星用工等。

（3）定额人工费的组成内容包括：基本工资、附加工资（未冲减部分）和工资性津贴（副食补贴、煤粮差价补贴等）。

（4）凡属财政补贴及应由企业自行消化部分的工资，不得计入定额单价的人工费内。

（5）定额人工费可按地方规定统一调整为本地区现行预算人工费（调后人工费）。

2. 材料费

（1）安装工程的材料费由主材费和安装材料费两部分构成；材料费＝定额耗量×预算价格。

（2）材料的定额耗量（定额指标）由直接消耗量（净用量）和损耗量（施工操作、场内运输、现场运输、现场堆放）两部分组成；其中，损耗量＝净用量×（1＋损耗率％）；各分册安装定额分别规定了主要材料的损耗率％。

（3）施工措施性和周转性材料，按摊销量列入定额指标。

（4）主材费按定额耗量指标（不得调整）与地方现行预算价格计算。主材及其指标在定额中，有四种不同表现形式（第二章第二节），应分别计算。

（5）安装费中的材料费（不含主材）为安装材料费，按材料的品种规格以消耗数量表示；"全国定额"采用北京地区 1996 年预算价格计算基价；少数无法以数量表示的（耗量很少，对基价影响小），则按测算资料合并为"其他材料费"，以元表示；安装材料的定额指标（含量）不予调整。

（6）凡定点批量生产的安装材料，均作为成品列入，未编"制作定额"，套价不可重复。

（7）定额中的木材按一般松、杉树种考虑，若使用其他树种，其价差由地方在编制材料预算价格（实行价差调整）或单位估价表中解决。

（8）定额安装费中的安装材料，定额单价与各地预算价格之间的价差，可按地方规定进行调整；材料调差系数（%），应随市场情况而变化（各册定额的调差系数也应不同）。

（9）江苏地区规定：对于各种设备、统配材料、定额基价中材料规定以外的替换的有色金属零配件、铸铁管、消火栓、DN50 以上的法兰和阀门等，可列入主材，按采购价计算。

3. 施工机械使用费

（1）施工机械使用费＝定额耗量(台班)×台班单价（元/台班）；定额消耗指标是按正常作业组合配备、多数企业装备程度综合取定，由直接消耗和影响消耗两部分组成（见本章第三节）。

（2）单位价值 2000 元以内、使用年限 2 年以内、不构成固定资产的工具、用具、施工仪器仪表等，未列入定额指标内容，应在"安装费用定额"中考虑。

（3）现行 2000 年版"全统安装定额"的台班单价，是以 1998 年《全国统一施工机械台班费用定额》和 2000 年《全国统一施工仪器仪表台班费用定额》为标准计算的。

（4）水平运输机械、汽车式起重机、工程维修车的台班费中，不包括养路费和牌照税。凡机械台班费定额中，注有"※"标记的，按当地标准另计。

（5）部分机械台班费中（注"※"标记），未计场外运输、安装拆卸及辅助设施费，按地方规定另计。对龙门起重机和塔式起重机的台班费，只计算了辅助设施费，未计一次性的安装拆卸费，由地方补充。

（6）安装工程预算定额中的机械费（基价）是 1985 年的北京价格，各地应根据现行机械台班预算价格进行调整（指标不变）。

（7）2001 年"江苏省安装估价表"是以 1999 年"江苏省施工机械台班预算价格"为标准，调整了工资及能源单价。

4. 定额系数

（1）为了减少"活口"，安装定额中规定了一些调整系数，以增减安装费基价。定额内这类调整系数有子目系数和综合系数两类。

（2）子目系数是指只涉及定额项目自身的局部调整系数。如项目换算系数、超过规定高度以上项目的超高系数等。

（3）综合系数是指符合条件时，所有项目进行整体调整的系数。如脚手架搭拆系数、安装与生产同时进行的施工增加费系数、在有害身体健康环境中施工的增加费系数、高层建筑增加费系数等。

（4）子目系数调整值可直接进入预算项目（编号加注）；综合系数调整值应在预算表内单独列项，进入定额直接费。子目系数调整值，纳入综合系数的计算基础。综合系数的计算基础为所有定额项目的合计数，不含其他综合系数的增减值。

5. 安装脚手架

（1）脚手架搭拆的摊销费用，除部分定额项目的子目中计入外（如电气的室外架空线……），均按定额规定采用"系数"、以"定额人工费"为计算基础（含超高费的人工费、不含高层建筑增加费中的人工费）。系数的测算考虑了交叉作业、相互利用、形式简易等因素。

（2）不论工程实际是否搭拆脚手架或搭拆数量多少，均按规定计算，由施工企业包干使用。

6. 试运转费用

（1）安装定额中考虑了单位工程（专业）的系统测试（定额综合或独立项目）及验收试用内容。如电气设备通电、给水试压、排水试通等，不应另行计取费用。

（2）由于各类工业的生产工艺、产品类别、专业性质不同，对试车要求也不一致，所以安装定额中不包括有负荷的联合试运转（各专业系统联合试车）费用，可根据试运转要求另行独立计算。

7. 高层建筑增加费

（1）凡层数超过 6 层（不含 6 层）或室外地面至檐口高度超过 20m（不含 20m）的高层建筑，两个条件具备其一，可计取高层建筑增加费。

（2）单层建筑物檐高超过 20m，应按层高 3m 折算为层数，再按多层建筑计费。

（3）高层建筑增加费发生的范围是：暖气、给水排水、生活用煤气、通风空调、电气照明工程、消防及其保温、刷油等项目。费用内容包括人工降效及垂直运输、施工用水加压、工人上下等增加的机械设备台班费。

（4）高层建筑增加费以全部工程人工费（包括 6 层以下或 20m 以下工程）为计算基数，按各册定额中"高层建筑增加费用系数表"规定的相应费率（%）计算。

（5）高层建筑施工中，凡同时符合超高施工条件的，可同时计算高层建筑增加费和超高增加费。

8. 超高增加费

（1）操作物的高度（楼地面至安装物距离，或操作地点至操作物距离）超过定额规定（电气 5m 以上、给水排水 3.6m 以上），可计取超高增加费。

（2）超高增加费为超高完成各项安装工程量的定额人工费（不含规定高度以下部分），乘以各册定额规定的超高系数（见定额说明）。

9. 设备、材料二次搬运

（1）安装定额内已综合考虑了场内的水平运输。

（2）二次搬运是指遇到障碍不能一次到位，必须二次搬运的工程（如巷内工程、临街无场地、山上工程……）。其费用按地方规定作为其他直接费计算。

10. 安装与生产同时进行的施工增加费

安装与生产同时进行的施工增加费是指改扩建工程在生产车间或装置内施工，因生产操作或生产条件限制（如不准动火、停水、停电、限制操作等），干扰了安装工作正常进行而降效的增加费用。不包括为了保证安全生产和施工，所采取的措施费用。若安装工作不受干扰，则不应计取。该费用以安装人工费乘以规定费率（%）计算，在预算表内另列单项。

11. 在有害身体健康的环境中的施工增加费

该项费用是指在《民法通则》规定允许的前提下，改扩建工程由于车间、装置范围内，有害气体或高分贝噪声及其他超过国家标准规定的条件，以致影响工人身体健康而降效的增加费用。但不包括劳保条例规定应享受的工种保健费。该项增加费以安装人工费乘以规定费率（%）计算，在预算表内另列单项。

12. 特殊地区（或条件）施工增加费

2000年"全国统一安装定额"适用于海拔2000m以下，地震烈度7度以下地区，超过的由各地调整。

特殊地区（或条件）施工增加费是指在高原、山区、高寒、高温、沙漠、沼泽等地区施工，或在洞库内、水下施工等，需增加的费用。由于我国幅员辽阔，自然条件复杂，地理环境差异很大，有的还难以做出全国统一规定。因此，该项费用除定额内有规定外，均应按地方规定执行。

第六节　安装工程计价表

为贯彻实施《建设工程工程量清单计价规范》（GB50500—2003、2008、2013），合理确定"清单"计价项目的综合单价，准确核定招标工程的标底与控制价，各地以预算定额指标（资源耗量）为基础，引入综合单价组成内容（人工费、材料费、机械费、管理费、利润），形成预算定额计价项目（分项工程）的综合基价，作为"清单"项目综合单价构成的计价基础（子项）。这种预算定额分项表示综合单价的分析计算表，称为预算定额分项工程"综合单价计算表"，简称"计价表"。

因此，"计价表"是指完成单位分部分项工程项目，所需消耗的人工、材料及机械台班的实物量指标，以及构成综合单价的人工费、材料费、机械使用费、管理费和利润等各项费用标准数值的分析计算表。同样，"安装工程计价表"所表示的是完成单位安装工程项目，所规定的人工、主材、安装辅材、机械台班等资源的实物量消耗指数，以及综合单价、人工费、辅材费、机械费、管理费、利润等费用的单价标准。所以，"计价表"是分部分项工程费地方综合单价的计价标准，是扩大了费用内容的"单位估价表"。

江苏省建设厅最早于2004年发布了一套"建设工程计价表"及其配套的"工程费用计算规则"，包括建筑、装饰、安装、市政等工程类别。自2004年5月1日起在招投标建设项目中采用"计价表"，全面执行"清单计价"方式。

2004年的《江苏省安装工程计价表》是江苏省安装工程计价的定额标准，是分析安装工程资源消耗指标和计算工程费用的定额依据（表1-18～表1-21）。安装工程"计价表"，共有十二个分册，各分册顺序与2001年安装工程"江苏省估价表"对应。即第一册机械设备，第二册电气设备，第三册热力设备，第四册炉窑砌筑，第五册静置设备与金属结构，第六册工业管道，第七册消防安全，第八册给水排水、采暖、燃气，第九册通风空调，第十册自动化仪表，第十一册刷油、防腐、绝热，第十二册通信设备与线路。各分册的适用范围与2001年"江苏省估价表"等同（表1-17）。

2004版《江苏省安装工程计价表》的编制依据，主要有：

（1）现行国家规范、规程、标准及相关法律、法规；

（2）地方及行业标准与规定；

（3）正常作业条件、常规施工工艺、机械化装备现状和合理施工工期；

（4）典型工程实践及分析的相关资料；

（5）原有的预算定额及单位估价表；

（6）本地的资源价格（二类工每工日 26 元、2003 年南京地区材料预算单价、2003 年江苏施工机械台班预算价格等）及费用计算标准规定等。

《江苏省安装工程计价表》的作用，主要表现在以下四个方面：

（1）计价表是编制施工图预算和招标标底、控制价的标准；

（2）计价表是编制投标报价和结算审核的参考资料；

（3）计价表是处理造价纠纷和进行造价鉴定的依据；

（4）计价表是施工企业实行经济核算和制定企业定额的参考依据等。

控制台、控制箱安装（江苏省 2004"计价表"）　　　　　　　　表 1-18

工作内容：开箱、检查、安装、各种电器、表计等附件的拆装、送交试验、盘内整理、一次接线。

计量单位：台

定 额 编 号			单位	单价	2-258		2-259		2-260		2-261	
项 目					控制台				集中控制台 2~4m		同期小屏控制箱	
					1m 以内		2m 以内					
					数量	合价	数量	合价	数量	合价	数量	合价
综合单价			元		361.33		624.60		1136.63		186.68	
其中	人工费		元		134.08		224.64		421.20		46.80	
	材料费		元		100.47		192.98		304.89		79.12	
	机械费		元		44.99		69.95		153.61		32.21	
	管理费		元		63.02		105.58		197.96		22.00	
	利润		元		18.77		31.45		58.97		6.55	
	二类工		工日	26.00	5.157	134.08	8.640	224.64	16.200	421.20	1.800	46.80
材料	608110	棉纱头	kg	6.00	0.100	0.60	0.150	0.90	0.300	1.80	0.030	0.18
	509007	电焊条结 422φ3.2	kg	3.40	0.100	0.34	0.100	0.34	0.500	1.70	0.100	0.34
	601116	无光调合漆	kg	9.50	0.100	0.95	0.200	1.90	0.800	7.60	0.030	0.29
	503142	钢垫板	kg	3.00	0.300	0.90	0.300	0.90	6.050	18.15	0.100	0.30
	501048	镀锌扁钢—60×6	kg	4.00	3.000	12.00	3.000	12.00	5.000	20.00	1.000	4.00
	601037	酚醛磁漆（各种颜色）	kg	17.62	0.030	0.53	0.050	0.88	0.100	1.76	0.010	0.18
	605259	塑料软管	kg	16.73	0.500	8.37	1.500	25.10	2.000	33.46	0.500	8.37
	605163	塑料带 20mm×40m	kg	12.46	0.300	3.74	0.600	7.48	1.000	12.46	0.300	3.74
	705031	胶木线夹	个	0.21	8.000	1.68	12.000	2.52	20.000	4.20	8.000	1.68
	605320	异型塑料管 φ2.5~5	m	11.32	6.000	67.92	12.000	135.84	18.000	203.76	5.000	56.60
	511143	镀锌精制带帽螺栓 M10×100 内 2 平 1 弹垫	10 套	8.40	0.410	3.44	0.610	5.12			0.410	3.44
机械	03017	汽车式起重机 5t	台班	410.48	0.051	20.93	0.085	34.89	0.085	34.89	0.043	17.65
	03023	汽车式起重机 32t	台班	1058.29					0.085	89.95		
	04004	载重汽车 4t	台班	249.46	0.051	12.72	0.085	21.20	0.085	21.20	0.043	10.73
	09001	交流电焊机 21kVA	台班	89.07	0.085	7.57	0.085	7.57	0.085	7.57	0.043	3.83
	05009	电动卷扬机 单筒慢速 30kN	台班	73.95	0.051	3.77	0.085	6.29				

为加深理解、便于应用，通过"计价表"与"估价表"的对比和分析研究，对《江苏省安装工程计价表》作如下对比说明：

（1）"计价表"与"估价表"的作用是等同的，是施工造价的计价标准。

（2）"计价表"与"估价表"的分项名称、工作内容、定额编号、计量单位、计算规则、资源子目、调整规定等内容是一致的。甚至项目表的排列形式，也是相同的（对照表3-21与表1-18、表4-20与表1-20）。

（3）"计价表"与"估价表"的人工、材料、机械台班等资源消耗指标（定额指标），基本上是相同的，来源于2000年"全统定额"；少数专业定额的人工、机械指标作了适当调整（降低），依据是预算费用作了调整（措施费单列等因素）。

（4）"计价表"比"估价表"增列管理费、利润两项单价，以"综合单价"（五项费用）表示；"估价表"仅为直接费（人工、材料、机械）单价，以"基价"形式表示。

（5）"计价表"与"估价表"的资源价格不同，人工、材料、机械台班的单价因编制时间不同均已改变。

（6）"计价表"与"估价表"中安装项目的主材（带括号）均未计入单价内，同样都具有四种定额表现形式（第二章第二节），应分别计算。安装材料（辅材）指标计入了场内运输、施工操作及现场堆放等损耗，计价表内安装辅材的预算单价为2003年南京地区预算价格。材料损耗率（％）在各册计价表"附录"内，与"估价表"相同。

（7）"计价表"与"估价表"都以"综合工"表示劳力指标，包括基本用工、超运距及幅度差用工等。计价表的综合工单价划分为三类（一类28元/工日、二类26元/工日、三类24元/工日），包括基本工资、工资性津贴、流动津贴、房贴、劳保、福利等。

（8）"计价表"与"估价表"的施工机械台班消耗指标的列项是一致的，同样剔除了单价2000元、使用期二年以内不属于固定资产的设备（计入管理费）。"计价表"的台班单价采用"2003年江苏省施工机械台班预算单价"（现行2007版"机械台班单价"）。

普通灯具安装（江苏省2004"计价表"） 表 1-19

工作内容：测定、画线、打眼、埋螺栓、上木台、灯具安装、接线、接焊包头。 计量单位：10套

定额编号		单位	单价	2-1384		2-1385		2-1386	
项目				半圆球吸顶灯					
				灯罩直径(mm 以内)					
				250		300		350	
				数量	合价	数量	合价	数量	合价
综合单价		元		**137.73**		**173.11**		**196.59**	
其中	人工费	元		50.54		50.54		50.54	
	材料费	元		56.36		91.74		115.22	
	机械费	元		—		—		—	
	管理费	元		23.75		23.75		23.75	
	利润	元		7.08		7.08		7.08	
	二类工	工日	26.00	1.944	50.54	1.944	50.54	1.944	50.54
材料	704016 成套灯具	套		(10.100)		(10.100)		(10.100)	
	402008 圆木台 150～250mm	块	3.28	10.500	34.44				
	402009 圆木台 275～350mm	块	6.56			10.500	68.88		
	402010 圆木台 375～425mm	块	8.74					10.500	91.77
	702056 塑料绝缘线 BV-1.5mm²	m	0.49	7.130	3.49	7.130	3.49	7.130	3.49
	511506 伞型螺栓 M6～8×150	套	0.62	20.400	12.65	20.400	12.65	20.400	12.65
	511437 木螺栓 $\phi2～4×6～65$	10 个	0.55	4.160	2.29	4.160	2.29	4.160	2.29
	901167 其他材料费	元			3.49		4.43		5.02

室外管道：镀锌钢管（螺纹连接）（江苏省 2004 "计价表"）　　表 1-20

工作内容：切管、套丝、上零件、调直、管道安装、水压试验。　　　　　　　　　　计量单位：10m

定额编号		单位	单价	8-1		8-2		8-3		8-4	
项目				公称直径（mm 以内）							
				15		20		25		32	
				数量	合价	数量	合价	数量	合价	数量	合价
综合单价		元		**29.73**		**30.41**		**31.89**		**33.52**	
其中	人工费	元		16.90		16.90		16.90		16.90	
	材料费	元		2.52		3.20		4.14		5.59	
	机械费	元		—		—		0.54		0.72	
	管理费	元		7.94		7.94		7.94		7.94	
	利润	元		2.37		2.37		2.37		2.37	
	二类工	工日	26.00	0.650	16.90	0.650	16.90	0.650	16.90	0.650	16.90
材料	903052 镀锌钢管 DN15	m		(10.150)							
	903053 镀锌钢管 DN20	m				(10.150)					
	903054 镀锌钢管 DN25	m						(10.150)			
	903055 镀锌钢管 DN32	m								(10.150)	
	505505 室外镀锌钢管接头零件 DN15	个	0.61	1.900	1.16						
	505506 室外镀锌钢管接头零件 DN20	个	0.85			1.920	1.63				
	505508 室外镀锌钢管接头零件 DN32	个	1.85							1.920	3.55
	505507 室外镀锌钢管接头零件 DN25	个	1.25					1.920	2.40		
	510141 钢锯条	根	0.67	0.370	0.25	0.420	0.28	0.380	0.25	0.470	0.31
	208010 尼龙砂轮片 φ400	片	11.00					0.010	0.11	0.010	0.11
	603014 机油	kg	3.94	0.020	0.08	0.030	0.12	0.030	0.12	0.030	0.12
	601059 厚漆	kg	8.66	0.020	0.17	0.020	0.17	0.020	0.17	0.030	0.26
	608163 线麻	kg	7.91	0.002	0.02	0.002	0.02	0.002	0.02	0.003	0.02
	613206 水	m³	2.80	0.050	0.14	0.060	0.17	0.080	0.22	0.100	0.28
	510123 镀锌铁丝 13 号～17 号	kg	3.65	0.050	0.18	0.050	0.18	0.060	0.22	0.070	0.26
	608132 破布	kg	5.23	0.100	0.52	0.120	0.63	0.120	063	0.130	0.68
机械	07071 管子切断机 φ60～150	台班	15.72					0.010	0.16	0.010	0.16
	07076 管子切断套丝机 φ159	台班	18.82					0.020	0.38	0.030	0.56

地漏安装（江苏省 2004 "计价表"）　　表 1-21

工作内容：切管、套丝、安装、与下水管道连接。　　　　　　　　　　　　　　　　计量单位：10 个

定额编号		单位	单价	8-447		8-448		8-449		8-450	
项目				地漏							
				50		80		100		150	
				数量	合价	数量	合价	数量	合价	数量	合价
综合单价		元		**85.38**		**190.14**		**195.09**		**307.45**	
其中	人工费	元		41.60		96.98		96.98		152.36	
	材料费	元		18.41		34.00		38.95		62.15	
	机械费	元		—		—		—		—	
	管理费	元		19.55		45.58		45.58		71.61	
	利润	元		5.82		13.58		13.58		21.33	
	二类工	工日	26.00	1.600	41.60	3.730	96.98	3.730	96.98	5.860	152.36
材料	505037 地漏 DN50	个		(10.000)							
	505038 地漏 DN80	个				(10.000)					
	505039 地漏 DN100	个						(10.000)			
	505040 地漏 DN150	个								(10.000)	
	504142 焊接钢管 DN50	m	15.86	1.000	15.86						
	504145 焊接钢管 DN80	m	30.88			1.000	30.88				
	504146 焊接钢管 DN100	m	35.26					1.000	35.26		
	504148 焊接钢管 DN150	m	57.88							1.000	57.88
	301012 水泥 32.5 级	kg	0.28	6.000	1.68	6.500	1.82	7.000	1.96	7.500	2.10
	601059 厚漆	kg	8.66	0.100	0.87	0.150	1.30	0.200	1.73	0.250	2.17

根据以上对"计价表"在基本概念和分析比较内容的介绍和学习，应该具有以下几点认识：

（1）自 2003 年"清单计价规范"实施以后，在建设项目实施（施工）阶段的工程造价编制模式，出现了"定额计价"与"清单计价"两种计价方式。"定额计价"是以预算定额划分计价项目，采用定额基价为标准计算定额直接费；而"清单计价"是以"清单规范"统一列项作为计价项目，采用地方"计价表"的综合基价为标准，组成"清单项目"的综合单价，计算分部分项工程费（五项费用综合）。

（2）预算定额（单位估价表）与"计价表"是一种标准的两种单价表现形式，分别作为"定额计价"与"清单计价"的计价标准。

（3）按"预算费用组成"的最新规定（施工图预算阶段），直接采用"计价表"划分计价项目（与预算定额相同），并套价计算分部分项工程费，再按"费用定额"规定计算各项费用。这种使用"计价表"编制施工图预算的模式，可称为"计价表计价"方式，而其本质属于"定额计价"的派生计价方式。

（4）以"计价表"为基准组合形成"清单项目"综合单价，计算出的分部分项工程费（综合安装费），因市场资源价格的变动，仍将可能出现资源价差的调整。因此，要密切关注地方文件规定和资源价格信息。

第七节　定额的调整与换算

建设工程具有单件性和复杂性等特点，不能批量生产，只能是通过个别设计、个别施工来完成某一项目的建设任务。而工程施工中由于地点、规模、时期等不同所出现的情况，也是多种多样的。预算定额所表现的综合性，要求"去繁化简"，不可能涵盖工程实践中的所有条件及其项目内容。为了实事求是地合理估价，定额在执行中对某些项目的特定条件，做出了政策性的调整与换算的规定。

定额的调整与换算，是指设计与施工中出现的特定条件、内容、要求等，在定额说明和项目表内明确规定的范围内，所进行的定额指标调整和定额基价换算的取定工作。因此，定额的调整与换算实质上是修正定额项目的指标与基价。安装工程预算定额的可调整范围并不很多，一般是主材限定指标，而辅材不可变更（内容及指标），允许调整的多数是"乘系数"办法。从广义的定额应用考虑，定额的调整与换算是预算编制工作中必须掌握的基本技能，它为在政策范围内的准确估价，提供可靠的保证。

预算定额调整与换算的主要规定，归纳起来有系数调整、指标调整、子目更换、金额增减等办法。

一、系数调整

预算定额（特别是安装定额）的总说明、分章说明及项目表"附注"内，往往提供不同条件的调整系数，即子目系数与综合系数（见本书第一章第五节）。具体换算时，要分清"计算基础"的范围（如：人工费、人工加机械、定额基价、定额直接费……）。系数调整的一般计算式为

调后价格＝原价×系数＝原价＋调整子目金额×（调整系数－1）

【例 1】　320kVA 电炉变压器，在"第二册"定额内查不到该项目，但分章说明内规

定为"电炉变压器按同容量电力变压器定额乘以系数 2.0"。因此，320kVA 电炉变压器安装所套定额项目为：

定额编号改为"2-2 调"，"全国定额"基价 $=736.73 \times 2.0 = 1473.46$ 元/台，其中：定额人工费基价 $=274.92 \times 2.0 = 549.84$ 元/台，定额机械费基价 $=273.16 \times 2.0 = 546.32$ 元/台。

【例 2】 14m 长钢管电杆的组立，在第二册定额内无项目。但定额第十章说明规定"如果出现钢管杆的组立。按同高度混凝土杆组立的人工、机械乘以系数 1.4，材料不调整。"因此，可按 2-773 套价（定额编号为"2-773 调"）：

"全国定额"新基价 $=83.68 + (61.30 + 18.46) \times (1.4 - 1.0) = 115.58$ 元/根

"江苏估价表"新基价 $=95.67 + (68.04 + 24.12) \times (1.4 - 1.0) = 132.53$ 元/根

【例 3】 用微机控制的 250kW 交流同步电动机变频调速装置的系统调试，定额编号 2-946 的项目表"附注"规定为："微机控制的交流变频调速装置调试定额乘以系数 1.25。微机本身调试另计。"因此，套用"2-946 调"的新定额基价应为

"全国定额"新基价 $=9642.99$ 元/系统 $\times 1.25 = 12053.74$ 元/系统

"江苏估价表"新基价 $=10040.53$ 元/系统 $\times 1.25 = 12550.66$ 元/系统

【例 4】 某厂区室外输送压力为 0.25MPa 的 DN200 承插煤气铸铁管（柔性机械接口）安装，一般查到的定额安装费基价（"省估价表"8-586）为 307.86 元/10m。但是，第八册第七章的定额说明中第八条规定："燃气输送压力大于 0.2MPa 时，承插煤气铸铁管安装定额中人工乘以系数 1.3。"因此，准确的定额安装费基价应为

省估 8-586 调　新基价 $=307.86 + 32.92 \times 0.3 = 317.74$ 元/10m

二、指标调整

由于施工方式、设计要求、工程变更等因素的变化，对一些特定施工项目，为做到套价合理，预算定额中常明确规定对定额指标（人工、材料、机械台班的数量）进行调整，从而换算为新的定额基价。指标调整在土建定额中较多，而在安装定额中少见。定额指标调整的基本计算式为

新基价＝原基价－调整项目金额＋调整后指标×定额资源单价

＝原基价±调增(减)资源金额

【例 5】 某工程是由两种不同接口方式的给水管道敷设，中间安装一个 DN100mm 的阀门，阀门的一端为螺纹连接，另一端为焊接法兰接口，属于"一侧法兰连接"。该项目的套价基本定额应选用"法兰阀门"，但定额说明中规定："法兰阀门安装适用于各种法兰阀门的安装，如仅为一侧法兰连接时，定额中的法兰、带帽螺栓及钢垫圈数量减半。"因此，该阀门安装项目的新基价应为

国 8-261 调　新基价 $=189.26 - (1 \times 126.26 + 1.16 \times 16.48) \times 0.5 = 116.57$ 元/个

省估 8-261 调　新基价 $=204.75 - (1 \times 124.00 + 1.17 \times 16.48) \times 0.5$

$=204.75 - 71.64 = 133.11$ 元/个

【例 6】 2001 年"江苏省建筑工程单位估价表"的砖基础砌筑项目规定"砌弧形、圆形砖基础每立方米砌体增加 0.2 工日，其他不变。"又规定"有地下室的砖基础（半地下室除外）增加括号内的塔吊机械"。如果有一地下室 M10 水泥砂浆砌筑弧形砖基础项目，就不能直接套用"3-1（1）砖基础砌筑"定额基价 170.84 元/m³，而应按定额规定进行

资源指标调整。则：

估 3-1 调　新基价＝170.84＋0.2 工日×26 元/工日＋0.05 台班×273 元/台班

　　　　　　＝170.84＋5.20＋13.65＝189.69 元/m³

【例 7】　"厚 100mm 彩钢夹心板墙配装"项目，"江苏估价表"的基价为：2104.91 元/10m²（8-309）。当天沟为单层板时，不能直接套价，因定额附注中规定："定额中的铝材按做双层天沟板编制，做单层板天沟时，应扣除槽铝 1.83m、角铝 3.33m、铝柱铆钉 35 只，其他不变。"因此，板厚 100mm 单层板天沟的彩钢夹心板墙安装，其定额基价应调整为

估 8-309 调　新基价＝2104.91－1.83m×12.00 元/m－3.33m×2.80 元/m

　　　　　　　－35 只×0.035 元/只

　　　　　　＝2104.91－21.96－9.32－1.23＝2072.40 元/10m²

三、子目更换

工程实践中常出现基本工艺做法相同，而构造层次、材料品种、质量要求等某一条件有所变化，套用原价定额显然不合理。对此，有些定额项目作了明确的更换组成子目内容（一般是更换资源内容、不改变定额指标）的规定，则应按新的资源子目组成，以定额资源单价重新计算定额基价。子目更换除土建预算定额中较为普遍外，在综合预算定额、概算定额中，是最常见的一种调整换算形式。由于安装定额实行"主材单价按实计价、辅材不予调整"的原则，故而安装项目很少出现"子目更换"的调整换算方式。定额子目更换的基本计算式为

新基价＝原基价－调减项目金额＋调增项目金额

式中　调减项目金额＝定额内子目指标含量×定额资源单价；

调增项目金额＝更换的子目指标含量×定额资源单价。

【例 8】　高层建筑中现浇 C40 钢筋混凝土圆形柱施工项目，2001 年"江苏省估价表"的可查计价项目为：估 5-222 现浇 C30 圆形柱 284.05 元/m³，与设计要求的混凝土强度等级不符，而必须更换子目。定额附录中查出的质量参数相同的 C40 混凝土 222.11 元/m³，估 5-222 的混凝土数量指标为 0.985m³ 混凝土/m³ 构件。因此，更换子目（混凝土等级）后的换算基价为

估 5-222 换　新基价＝284.05－（C30混凝土）189.69元＋（C40混凝土）0.985m³

　　　　　　　　×222.11 元/m³＝284.05－189.69＋218.78＝313.14 元/m³

【例 9】　某房屋内墙表面密缝粘贴 108mm×108mm 白色瓷砖面层，该瓷砖的预算价为 0.25 元/块，定额规定的损耗率 3.5%。该项目直接在"江苏省估价表"内查不到基价，但在"估 11-97"定额项目表（基价 408.51 元/10m²）上有一条附注，即"瓷砖规格为 108mm×108mm 时，人工乘系数 1.43，瓷砖单价、数量换算，其他不变"。这样一来，就可通过子目更换来计算新基价。

根据预算定额的指标核定原理（见第一章第三节），完成计量单位每 10m² 的 108mm×100mm 瓷砖的定额耗量指标应为

108mm×108mm 瓷砖定额耗量指标＝（10m²/0.108×0.108）×（1＋3.5%）＝887.3

　　　　　　　　　　　　≈888 块/10m²

式中　10m² 为工程量，0.108×0.108 为每块瓷砖覆盖面积。因此，新的定额基价应为：

估 11-97 换　新基价＝408.51元/10m² ＋(人工)152.88×0.43－206.08元＋888×0.25

$$= 490.17 \ 元/10m^2$$

【例 10】 采用水泥浆粘贴陶瓷马赛克墙面面层的施工项目，在"江苏省土建估价表"中只有"混合砂浆粘贴"项目（11-113），而定额项目表的附注表明："如用水泥浆粘贴时，扣除定额中混合砂浆及108胶含量，采用括号内（水泥浆）用量。"因此，该项目更换子目后的新基价应为

估 11-113 调　新基价＝526.91元/10m²－(混合砂浆)6.99元/10m²－(108胶)32.78

$$元/10m^2 ＋(素水泥浆)0.039m^3×440.94元/m^3$$

$$= 504.34 \ 元/10m^2$$

【例 11】 某小区场内现浇混凝土道路的两侧铺设花岗岩石质路牙（成品长 495mm，每块 40 元），不铺路沿。该项目在套价时无直选基价，而在"江苏省土建估价表"相应项目"估 12-15"的附注中规定："路牙、路沿规格长度不同时，数量、单价均应换算，其他不变。"因此，该项目更换子目后的新基价应为

估 12-15 换　新基价＝379.44元/10m－(混凝土路牙)111.10元/10m－(混凝土路沿)

$$90.90元/10m＋(花岗岩路牙)20.2块/10m×40.00元/块$$

$$= 985.44 \ 元/10m$$

四、金额增减

为简化调整换算的计算过程，当遇到特殊施工条件或做法的个别情况，在定额制定时进行了综合，给出一个固定的增减基价金额值，套价时可直接调价，这种调整换算定额基价方式称为"金额增减"。"金额增减"的调价方式在安装定额中较少，而在土建定额中较多。广义的概念，可以认为定额直接费的调差，也属于定额基价的综合调整。实行单项调差（工资、材料、机械分别调价差）时，价差为资源的定额耗量与价差的乘积。因此，金额增减的基本计算式为

$$新基价＝原基价±调差金额(元)$$

$$调后费用＝定额费用±资源定额耗量(现行单价－定额单价)$$

【例 12】 已知某电气安装工程套 2000 年版"全国定额"的定额人工费合计 825.50元，本地文件规定预算工资标准为 26.00 元，执行"全国定额"后人工费应补价差为

人工费价差＝定额工日×(当地工资标准－定额工资标准)

$$=(定额人工费之和/定额工资标准)×(当地工资标准－定额工资标准)$$

$$=(825.50/23.22)×(26.00－23.22)＝98.83元$$

则：调后的人工费＝定额人工费＋人工费价差＝825.50＋98.83＝924.33 元

【例 13】 砖墙外墙面抹纸筋石灰砂浆，"江苏省土建估价表"的定额基价为 60.87元/10m²（11-1），项目表附注第二条说明"凡项目中列脚手材料费的，是按内墙考虑的，如用于外墙，应扣除脚手材料费 2.00 元"。则该项目定额基价应调整为

估 11-1 调　新基价＝60.87元/10m²－2.00元/10m²＝58.87元/10m²

（说明：外墙脚手统一按规定另行单项计算费用。）

【例 14】 某现浇钢筋混凝土拱形梁的 C25 混凝土浇筑项目，承包人提出混凝土配合比中增添早强剂，已得到监理和业主批准。"江苏土建估价表"的定额基价为 278.61 元/m³（5-230），不含早强剂费用。而定额分章说明中规定"现浇构件和现场预制构件未考

虑使用早强剂费用，设计需使用或建设单位认可时，其费用可按每立方米混凝土增加 4.00 元计算。"查得定额指标：完成 $1m^3$ 构件的 C25 混凝土材料指标为 $1.015m^3$，则该项目的定额基价应调整为：

估 5-230 调　新基价＝278.61＋1.015×4.00＝282.67元/m^3

【例 15】　某工程在第二层以上各层楼面上安装不锈钢卷帘门，"江苏土建估价表"的定额基价为 3885.39 元/$10m^2$（7-161），其中卷帘门主材费 3636.00 元。项目表附注第 2 条规定"当楼面上安装卷帘门、拉栅门时，每 $10m^2$ 卷帘门、拉栅门另增垂直运输费 16.38 元"。因此，该项目调整后的定额基价为

估 7-161 调　新基价＝3885.39＋16.38＝3901.77 元/$10m^2$

上述四种调整换算方式是预算定额基价调整换算的基本方法，可以独立调价计算，也可以同时进行两种以上方式的调价（例 9）。凡两种以上方式的基价调整，称为"混合调价"方式。混合调价是建立在基本方式基础上，只是同时考虑两种以上因素分别计算而已，不再举例说明。

预算定额基价的调整与换算，必须以定额规定为依据。预算定额的调价规定主要出现在各章定额说明和项目表的附注内，套价时应认真、仔细，不可忽视。定额中无明确规定时，不可擅自调价，以维护定额标准的严肃性和法规性。对于工程实践中出现一些新材料、新工艺、新设备、新标准、新设计等，无合适定额项目可查，也无调价规定时，可以根据当地预算定额或单位估价表的价格水平，通过消耗资源的分析，编制"补充定额项目"或"补充单位估价表"（自编单价）进行估价；也可参考其他专业定额或邻省、邻地区定额，进行指标调整和价格换算，以满足编制预算或报价的需要。

第八节　自编单价的基本方法

随着建筑科技的不断发展和施工实践的不断深入，以及建筑安装工程的新技术、新设备、新工艺、新材料等不断涌现，施工项目及其内容也在不断创新和发展。因而，工程建设中最广泛使用的计价性预算定额及其对应的地区单位估价表，不可能包含建设工程的所有施工项目，故缺项定额是经常发生的。为保证工程定额与施工实践的密切结合，充分发挥定额为生产实践服务的宗旨，通常可采取三种办法解决。其一，定期全面修订工程定额。定额的时期性特点是适应生产发展的需要，以新定额代替旧定额，规定定额的有效执行期，以及定额的政策性调整、调价规定等，都是生产发展水平的体现。其二，不定期发布单项补充试行定额。对于生产实践中出现的新项目，通过大量实践在取得经验和数据的基础上，由定额管理部门发布"单项试行定额"，作为配套补充项目的计价标准贯彻执行，是工程定额内容的完善措施。其三，自编个别缺项的单位估价表（自编单价）。已经出现的一些尚不带普遍性的新项目，尚在试验实践之中，可以自编单价（单价估价），在一个工地或局部范围内试行，是改变盲目估价或无依据议价的有效措施。

本节主要介绍自编单价的基本方法，这类方法是建立在"预算定额编制原理"的基础上。因此，进一步深入学习和理解本章第三节"预算定额"是十分必要的。

一、自编单价的基本原则

1. 自编单价是预算定额的补充项目

凡现行预算定额或地区单位估价表内已有项目，不能重新自编单价，否则属于篡改定额。但是，允许利用邻省、邻地区、相近专业的定额指标，作为参考依据；而资源（人工、材料、施工机械台班）单价，必须使用本地单价，方可纳入统一计算费用或调价的范畴。

2. 自编单价是预算定额的补充形式

自编单价的指标及基价构成只能由人工、材料、机械三部分组成，属定额直接费的计算标准。因此，自编单价的编制，必须按编制预算定额的相关规定分解、细化与核定，表格形式应与预算定额（或单位估价表）相一致。

3. 自编单价是预算定额的补充内容

自编单价的分部归属、项目分解、计量单位、工作内容、计算规则、计价规定等，必须与相关专业的预算定额相一致，以保持计算定额直接费的口径、水平相吻合。

4. 自编单价是预算定额的补充标准

由于缺项而自编单价，是其编制原因。自编单价一旦在施工合同中确认，或者投标单位中标后，即为某承建范围的合法计价标准。但是，自编单价在非确认范围内是无效的。因此，作为补充标准有其局限性特征，影响范围不大。对于国家重点工程或涉及范围大的项目，自编单价应通过定额管理部门审批，并限定其执行范围和有效期，重复使用必须重新报审。

二、自编单价的基本步骤

1. 搜集相关资料作为自编单价的依据

相关预算定额的说明、规则、计量、指标、损耗率、幅度差等资料，可供拟定单价子目组成时参考；当地预算工资标准、材料市场价格及机械台班单价等，是计算补充项目价格的依据；施工图及标准图集，可作为分析成品、半成品、材料、零配件等组成及其耗量的计算基础；当地政策性文件规定，为补充单价的编制提供法定依据；另外，现场调查和实测资料、产品说明书、材料手册、数学计算手册、科研及试验资料等等，都可为编制补充单价提供方便。

2. 确定缺项项目及工作内容

在施工图设计中，凡是现行预算定额或单位估价表中无对应套价项目的新项目（材料、做法、工艺……），同时又不符合定额调整换算规定（参见本章第七节），可以作为自编单价列项。依据施工工艺特征，拟定完成该项目所需的主要工作程序及作业内容。

3. 确定分部归属及计量单位

为保证与相关预算定额的一致性，应将自编单价项目纳入预算定额的相关分部，以对应分部的相关规定（计量单位、规则、调整……）为依据，确定补充单价项目的计量单位和计算规则。工程量的计量单位不外乎是物理计量（m、m^2、m^3、t）或自然计量（只、套、组、个……），计量范围是指基本尺度及其扣除、不扣除、并入、不计入的范围。

4. 自编单价"定额指标"的拟定

根据预算定额的编制原理，定额指标由人工、材料、施工机械三个部分组成，应分别进行分析、计算和拟定。详见本节专题内容。

5. 自编项目"定额基价"的计算

当定额指标确定后，套用资源的本地定额单价（有规定子目），或指导单价（政策规定），或市场单价（安装主材及可调差子目），即可分别求出自编项目的"定额基价"（参见本章第三节），其计算式为

自编项目定额基价(元/产量)=人工费基价+材料费基价+机械费基价

式中　人工费基价(元/产量)=劳动量消耗指标(工日/产量)×定额工资标准(元/工日)

材料费基价(元/产量)=∑材料消耗指标(材料量/产量)×材料预算单价(元/材料量)

机械费基价(元/产量)=∑机械消耗指标(台班/产量)×机械台班单价(元/台班)

这些价格计算的中心是确定资源单价。单价确定的原则是：

（1）凡参加统一调差的项目，应采用相关专业预算定额的资源单价；

（2）不参加统一调差的独立项目，可采用市场价或企业定价；

（3）凡政府文件有规定的，应采用地方指导价；

（4）无参考价、指导价、定额价的资源（新材料、新机械），允许按市场规律自定单价，但不纳入调差范围。

6. 自编项目单价的校核、审核与认定

自编项目属于"预算定额"缺项的补充，一般是少量的、个别的，最终应使其合法化，才有使用意义。因此，编制完成后，要经过校核、审核和审定等程序，才能使用。

（1）自编项目单价的编制、计算过程，应资料完整、可靠，每项分析计算应有依据，校核者应对原始资料、分析计算过程及其结论，进行复核和认定。

（2）由于自编项目单价属对外计价标准，编制者（报价方）应慎重，一般应由预算主管进行审定。

（3）自编项目单价将成为合同价标准的构成内容之一，出资方接收自编单价也不能盲目，应依据单价构成，参考相关资料进行审定（或委托审核）。

（4）凡属带普遍性的项目、国家投资项目，或涉及投资较大的新计划项目，必须向定额管理机构专项申报，核准后方可执行。

三、自编单价"指标"确定的基本方法

自编单价的"定额指标"是指完成自编项目单位合格分项工程（计价项目），所消耗的人工、材料、施工机械台班实物量的标准数值。人工以综合工（四级）的"工日"计量；各种材料以销售单位计量（参考预算定额规定）；施工机械以"台班"计量。各项指标数值的确定，应以可靠资料为依据，进行分析计算。

1. 综合工的消耗指标

预算定额的劳动量消耗指标是以完成单位产品消耗的"综合工"的"工日"数量表示，即"工日/单位产品"。具体分析计算的主要方法有：劳动定额换算法、技术测定法、统计分析法等。

（1）劳动定额换算法。是指完成某分项工程（计价项目）的各组成工序含量，查出相应劳动定额内平均等级的消耗"工日"（或"工时"），进行折算、综合汇总，最后计入"幅度差额用工"后的合计用工，作为补充项目的劳动量指标。由以下几个基本式表示：

某分项工程(计价项目)(工日/单位产品)劳动量消耗指标＝基本用工＋辅助用工＋幅度差额用工

基本用工＝自编单价定额计量单位(分项工程量)×平均等级的劳动定额指标(工日/产品)×工人等级折算系数

辅助用工＝∑定额含量(某工序工程量/产量)×劳动定额指标(工日/工序)(平均等级)×工人等级折算系数

式中　劳动定额指标——由现行"全国统一建安工程施工劳动定额"查出；建筑工人等级系数查表1-22。

建筑工人工资等级（系数）日工资表　　　　　　　表1-22

等级 等级系数 等级差	一	二	三	四	五	六	七	八
0.0	1.0000	1.1892	1.4054	1.6486	1.9459	2.2703	2.6216	3.0000
0.1	1.0189	1.2108	1.4297	1.6783	1.9783	2.3054	2.6594	—
0.2	1.0378	1.2324	1.4540	1.7081	2.0108	2.3406	2.6973	—
0.3	1.0568	1.2541	1.4784	1.7378	2.0432	2.3757	2.7351	—
0.4	1.0757	1.2757	1.5027	1.7675	2.0757	2.4108	2.7730	—
0.5	1.0946	1.2973	1.5270	1.7973	2.1081	2.4460	2.8108	—
0.6	1.1135	1.3189	1.5513	1.8270	2.1405	2.4811	2.8486	—
0.7	1.1324	1.3405	1.5756	1.8567	2.1730	2.5162	2.8865	—
0.8	1.1514	1.3622	1.6000	1.8864	2.2051	2.5513	2.9243	—
0.9	1.1703	1.3838	1.6243	1.9162	2.2379	2.5865	2.9622	—

注：工人等级折算系数＝实际工人平均等级系数÷综合工平均等级系数

平均等级＝∑(班组人数×级别)÷班组合计人数；

工人等级折算系数＝劳动定额平均等级系数÷综合工(四级)等级系数；

定额含量＝工序工程量÷分项计量单位　　(某工序工程量/单位产品)；

幅度差额用工＝(基本用工＋辅助用工)×(1＋幅度差系数%)；

幅度差系数——土建可取10%、安装取12%～14%。

(2)技术测定法。依据现场实测记录的资料，进行分析(正常因素保留，非正常因素剔除)、计算确定自编单价的劳动量消耗指标。基本式为

自编单价项目劳动量指标(工日/产量)＝(自编项目计量单位÷每工日平均完成产品)×(1＋幅度差系数)

式中　每工日平均完成产量是由专业测定表中分析计算求出，也应依据现场实际工人平均等级，折算为综合工的级别。

(3)统计分析表。从实际作业的统计报表、考勤记录、施工日志等资料中，进行分析计算，确定自编单价项目的劳动量消耗指标。基本式为

自编单价项目劳动量指标(工日/产量)＝施工投入总工日÷实际完成的合格工程量

式中 施工投入总工日也要进行"级别换算",完成工程量的计量单位必须与补充单价项目的计量单位相一致。

2. 材料的消耗指标

预算定额中消耗材料划分为主材、辅材（安装材）、周转材及零星材四类。主材与辅材（安装材）的定额消耗指标的基本式为

$$主材、辅材定额消耗指标(材料/产量)=净用量+损耗量$$
$$=净用量\times(1+损耗率\%)$$

周转材为摊销量,按预算定额的编制规定计算（见本章第三节）。零星材为低值易耗品及实际发生无法计算的少量材料费,常以"元"表示,可参考有关资料估算。

由于完成某计价项目所消耗的材料,一般为多品种,计量（销售单位）不同,也可能出现多种规格,因而要求在分析计算时分别进行,以便分别核定材料基价。自编单价项目的材料消耗指标的分析计算方法,通常有理论计算法、技术测定法、试验研究法、统计分析法等。

（1）理论计算法。是指依据设计资料（图示的组合、层次、厚度……），进行量化及分解计算,确定单位分项工程的理论消耗量。它包括：体积整体组合原理、面积分层统一原理、单元比例汇总原理、图示分解计量原理、物理计量换算原理等等,都是建立在数理与逻辑统一的基础上,其基本式为

$$自编项目某种材料消耗指标(材料量/产量)=(理论计算的材料总数量\div$$
$$规则核定的总工程量)\times(1+材料损耗率\%)$$
$$=理论计算的材料单位消耗量\div(1-损耗率\%)$$

式中的"材料损耗率%"可根据相同专业的预算定额规定确定;若属查不到具体等同品种的新材料,可按相似、相近材料确定。许多以"自然量"为计量单位的预算定额计价项目,是采用定型图（或标准图）进行材料分解,经理论分析计算求其材料定额的消耗指标。

（2）技术测定法。是指按施工定额现场实际测定的方法所获取的资料,经分析计算求出单位分项工程（计价项目）的材料消耗指标。基本式为

$$自编项目某种材料消耗指标(材料量/产量)=$$
$$(实测耗用总量\div总工程量)\times(1+损耗率\%)$$

式中 实测耗用总量为：测定项目的"出库量-回收量-不合理消耗量";总工程量为测定期内与测定项目计算规则和计量单位相同的实际完成工程量总和。

（3）试验研究法。是指对于一些新的半成品材料配合,通过多次实地或室内试验检测,所获取的被确认的配合比试验记录及资料,以及研究成果中推荐的配方等,所确定的完成单位分项工程所需消耗的各种材料指标。基本式为

$$自编项目某种材料消耗指标(材料量/产量)=$$
$$试验成果中单位产品材料消耗量\div(1-损耗率\%)$$

在确定这类项目材料消耗指标时,一定要区分不同的质量标准。自编单价项目的质量标准,必须与设计要求相一致,并提供相应试验资料及科研成果。

（4）统计分析法。是指利用材料台账及其报表所提供的统计资料,对照实际完成自编项目工程量,进行分析计算所确定的单位分项工程的材料消耗指标。基本式为

$$自编项目某种材料消耗指标(材料量/产量)=$$
$$某种材料的消耗总量÷实际完成的自编项目总工程量$$

统计分析法所确定的材料指标，一般偏于保守，故可不再列入"损耗量"。只有在多次、反复进行分析，在统计资料充裕、精确、合理的条件下，才有可能使其指标接近于工程实践。

3. 施工机械台班的消耗指标

预算定额的施工机械台班消耗指标（台班/产品）由"实际消耗＋影响消耗"构成。其中，实际消耗以连续运转和正常停歇完成量进行分析；影响消耗是受配合、干扰、质检、保养等不可避免的因素所造成的额外合理消耗台班；影响消耗为"实际消耗×机械幅度差系数％"，不同施工机械作业的幅度差系数不同（25％～55％），计算时可依据"每台班停歇时间/台班8小时"的比例确定。由于施工机械基价占计价项目总基价的比例很小（0～10％），分析计算的成果对自编单价的影响也不大，因此常常依据预算定额的相近项目确定。如果要精确计算，自编项目的施工机械台班消耗指标的确定，一般常用方法有：定额换算法、技术测定法、统计分析法等。

（1）定额换算法。对于施工中直接作业完成项目的施工机械，在"劳动定额"中可查出相应项目的使用机械的工人产量定额，即可换算为施工机械台班消耗指标。基本式为
$$自编项目某种机械台班消耗指标(台班/产量)=(一个自编项目计量单位÷$$
$$机械产量定额)×(1+机械幅度差系数％)$$

（2）技术测定法。运用施工定额记实测定方法，通过现场实测记录搜集资料，经分析（剔除不合理消耗）计算后确定机械台班消耗指标。基本式为
$$自编项目某种机械台班消耗指标(台班/产量)=(一个自编项目计量单位÷$$
$$测定的台班产量)×(1+机械幅度差系数％)$$

（3）统计分析法。根据机械作业台班记录，对照实际完成工程量，进行统计分析和计算后，确定自编项目某种施工机械台班消耗指标。基本式为
$$自编项目某种机械台班消耗指标(台班/产量)=实际作业总$$
$$台班量÷实际完成总工程量$$

同样，由于统计资料的粗糙，可不另加影响消耗。

四、自编单价举例

【例1】 某7层框混结构住宅楼，二至七层顶板均为预制空心板，电气设计要求在空心板内穿二芯塑料护套线暗敷布线。据测算空心板孔内穿线的有关资料为：①基本用工1.84工日/100m，辅助用工0.32工日/100m（平均等级3.2级）；②护套线每100m另加预留长度0.4m；管内穿线耗用钢丝0.12kg/100m（含损耗）；其他各种零星材料费5.60元/100m；③预算价格：综合工（四级）26.00元/工日，二芯塑料护套线（BVV—2×2.5）2.56元/m，钢丝2.80元/kg。试编制空心板孔内安装二芯护套线的补充定额单价？

（1）定额计量单位为100m单线。

（2）劳动消耗指标。无施工机械消耗；取人工幅度系数10％，查表1-19得工人等级系数：3.2级1.4540、4级1.6486。则定额劳动量指标为［(1.84＋0.32)×(1.4540÷1.6486)］×(1+10％)=2.0955≈2.10工日/100m；

（3）材料消耗指标。查表3-28护套线的定额损耗率1.8％，则：

1) BVV—2×2.5 护套线定额消耗指标为（100＋0.4）×（1＋0.018）＝102.21m/100m；

2) 钢丝 0.12kg/100m。

（4）补充定额基价计算：

1) 人工费基价＝2.10×26.00 元/工日＝54.60 元/100m；

2) 材料费基价＝102.21×2.56＋0.12×2.80＋5.60＝267.60 元/100m；

3) 机械费基价＝0；

4) 定额基价＝54.60＋267.60＋0＝322.20 元/100m。

（5）列出自编单价表（见表1-23）。

空心板孔穿二芯护套电线　　　　　　　表 1-23

计量单位：100m/二芯单线

定 额 编 号			安 2—自补 1	
项 目			BVV—2×2.5	
基 价(元)			322.20	
其中	人 工 费(元)		54.60	
	材 料 费(元)		267.60	
	机 械 费(元)		—	
名 称	单位	单价(元)	数 量	合价(元)
人工	综合工	工日	26.00	2.10	54.60
材料	BVV—2.5 护套线	m	2.56	102.21	261.66
	钢 丝	kg	2.80	0.12	0.34
	其他材料费	元	1.00	5.60	5.60

【例2】　某工程外墙面密缝粘贴新型特种薄型 PML 装饰板材，基本工艺为抹灰面上胶粘。已知测定、调研和试验的资料为：①PML 板材厚度 4mm，规格 500mm×600mm，售价 182 元/块，损耗率 1%；②完成每 10m² 的综合工（四级）基本工作时间为 4.5h、辅助工作等工作延续时间为 23%，人工幅度差系数 10%，综合工单价 26 元/工日；③每 10m² 挂贴所需辅材（已含损耗）：胶粘剂 31.2kg（单价 9.80 元/kg），腻料 2.83kg（1.92 元/kg），砂纸 0.7 张（0.25 元/张），其他材料费 1.58 元/10m²；④胶料调配特种搅拌机的统计分析消耗量 0.1 台班/10m²（58 元/台班）。试编制外墙抹灰面密缝粘贴 PML 装饰薄板块材（每 10m²）的补充定额单价。

（1）劳动量消耗指标＝[4.5÷（1－0.23）×（1＋10%）]÷8＝0.804（工日/10m²）；

（2）人工费基价＝0.804×26.00＝20.90 元/10m²；

（3）PML 装饰薄板定额消耗指标＝[10m²÷（0.5×0.6）]×（1＋0.01）

＝33.67 块/10m²；

（4）材料费基价＝33.67×182.00＋31.2×9.80＋2.83×1.92＋0.7×0.25＋1.58

＝6440.89 元/10m²；

（5）机械费基价＝0.1×58.00＝5.80 元/10m²；

(6) 自编定额基价＝20.90＋6440.89＋5.80＝6467.59 元/10m²；

(7) 列表（见表1-24）。

通过以上例题的分析计算，主要目的是深入理解自编单价的基本原理及基本方法。例题中的一些数据来源属采集方法及分析的结论，本节前述内容已扼要介绍，详细方法可参阅定额编制的有关专著。

抹灰面密缝粉贴 PML 板材　　　　　　　　　　　　表 1-24

计量单位：10m²

定 额 编 号			饰 11—自补 2	
项 目			粘贴 PML 板材（密缝）	
基 价（元）			6467.59	
其中	人 工 费（元）		20.90	
	材 料 费（元）		6440.89	
	机 械 费（元）		5.80	
名 称	单位	单价（元）	数 量	合价（元）
人工　综合工	工日	26.00	0.804	20.90
材料　PML 板材 500×600	块	182.00	33.67	6127.94
胶粘剂	kg	9.80	31.20	305.76
腻 料	kg	1.92	2.83	5.43
砂 纸	张	0.25	0.7	0.18
其他材料费	元	1.00	1.58	1.58
机械　特种搅拌机	台班	58.00	0.1	5.80

第九节　清单计价的综合单价

依据招标文件提供的"工程量清单"，采用固定"综合单价"的投标报价方式，计入各项费用后形成工程施工造价，是国际上的通用做法（FIDIC 条件）。我国自 2003 年起实施《建设工程工程量清单计价规范》GB50500 以来，在建筑、装饰、安装、市政、园林、矿山等类型的建设项目施工招投标中，已广泛采用"清单计价"方式核定工程造价。

"清单计价"体系中，有三个"要件"。即规范统一规定的"清单计价项目"、包含"五项费用"（人工、材料、机械、管理费、利润）的"清单综合单价"和地方规定的"费用定额"（计费项目、程序、标准、方法）。有关"清单项目"及"费用定额"的内容，将在第二章的专题内介绍，本节着重介绍"清单综合单价"的基本概念及其编制原理、方法。

一、基本概念

综合单价是指完成单位计价项目，所需指定组成费用总和的标准价格。由于计价项目的界定范围不同，有定额计价项目综合单价、扩大构件计价项目综合单价和"清单"计价项目综合单价的区别；因费用组成内容的不同，又可分为直接费单价（预算定额基价）、成本费单价（直接费＋间接费＋其他成本费）及完全费用单价（所有费用组合、成本加利税）。

"清单综合单价"是"清单计价规范"中特指的"分部分项工程综合单价和以量计价

的措施项目综合单价",是指完成单位"清单计价项目"所需直接费(人工、材料、机械)及管理费、利润等费用之和的标准金额。可见,"清单综合单价"是由人工费、材料费、机械费、管理费和利润等五项费用的单价组成。由于不含其他费、规费、税金等,故属于"部分费用单价"(不完全费用单价)。

综合单价的来源有多种方法,常用的有定额预算法、经验数据法、类似项目法等等。经验数据法是依据多项工程实践,取得的统计分析资料(数据、费率等),经总结评估后确定综合单价;类似项目法是指在类似工程或项目上使用的经证实符合实际的综合单价,可再次引用;定额预算法是以定额标准和费用规定为依据,通过项目含量、经分项计算编制的综合单价。

综合单价的主要编制依据是:

(1)"清单计价规范"及其配套的"工程量计算规范";

(2)施工招标文件及其"工程量清单";

(3)工程设计文件及资料;

(4)施工现场情况及其环境因素;

(5)预算定额、单位估价表、计价表、费用定额等地方计价标准;

(6)主材及各种资源(工资、材料、机械)的价格信息;

(7)本企业定额、生产成本管理状况及相关资料等。

综合单价因施工项目包含定额项目内容的不同,一般可划分为定额项目综合单价、扩大项目综合单价和工程量清单项目综合单价三类。下面分别对其编制方法进行介绍,并以江苏地区现行预算规定举例说明。

二、定额项目完全费用综合单价的编制

定额项目完全费用综合单价是指以预算定额的项目和基价作为计价项目及计费基础,按照地方现行的费用标准,逐项进行分析计算后得出的包括所有费用的单价。根据江苏省当时规定,安装工程的预算费用由主材费、定额安装费、资源价差、综合间接费、独立费、计划利润、税金等构成。因此,安装工程完全费用综合单价的费用构成,应由上述各项费用综合。定额项目综合单价的编制步骤为:

(1)依据施工图及预算定额,划分计价项目(即定额项目);

(2)分项套价,列出预算定额中对应项目的定额基价及其中人工、机械费基价;

(3)分析主材费单价,即"主材定额指标×市场单价";

(4)根据当地调价的文件规定,进行资源(工、料、机)价差的调整;

(5)按规定计算综合间接费,安装工程的综合间接费为人工费乘以综合间接费费率(%)。

(6)依据招标文件的要求,计算相关独立费;

(7)核定计划利润和计算税金;

(8)汇总所有费用金额,最终核定"综合单价"。

【例1】 江苏地区某水电安装工程的招标文件所提供的"工程量清单"(2003年以前),以定额项目划分,要求按"固定单价"进行报价。试根据现行预算规定,分析"综合单价"后,在投标文件中提出报价。

(1)选取其中6个项目为例,定额标准执行2001年《全国统一安装工程预算定额江苏省单位估价表》第二、八册;费用标准执行 2001 年《江苏省安装工程预算费用定额》。

（2）相关规定（江苏地区）及计算式：

1）主材费单价＝主材定额指标×市场单价。

2）定额安装费基价组成中的资源基价（定额耗量×定额预算单价），暂不调整；即人工费、安装辅材费、机械费基价不进行价差调整。

3）已知该建设项目为三类安装工程（包工包料），相关的取费标准为：

$$综合间接费 = 人工费 × 53\%$$

$$计划利润 = 人工费 × 14\%$$

4）依据"取费证书"核定的劳动保险费为人工费的 9%；费用定额中规定的包干费按定额人工费的 20%（包括：材料与设备的二次搬运、垃圾清理外运、临时停水停电及安全文明施工措施费用）计算；不计取赶工措施费。因此有：

$$独立费 = 人工费 × (9\% + 20\%) = 人工费 × 29\%$$

5）本工程位于市区，按江苏省南京市的现行规定，税金的计算式为

$$税金 = 不含税工程造价 × 综合税率$$

$$= (主材费 + 定额基价 + 资源价差 + 综合间接费 + 独立费 + 利润) × 3.48\%$$

（3）定额项目综合单价的分析计算示例（表 1-25）。

综合单价分析表

（2002 年 10 月　日）

表 1-25

工程名称：江苏××××【例】

共　页、第　页

定额编号		2—104	2—1171	2—1386	8—87	8—357	8—384
工 程 项 目		630kVA 带高压柜成套箱式变电站安装	BX—1.5 穿管照明线	D320 半圆球吸顶灯安装	室内 DN15 镀锌钢管（螺纹连接）安装	DN15 螺纹水表组成、安装	钢管组成冷热水洗脸盆安装
计 量 单 位		台	100m	10 套	10m	组	10 组
综 合 单 价		2388.75	112.97	738.60	168.66	65.78	4079.64
费用组成	主 材 费	甲供	116×0.40	10.1×48.00	10.2×4.50	1.0×35.00	10.1×288.00
	定额基价	1826.09	38.35	175.33	71.47	20.10	872.67
	其中　人工	(503.36)	(25.48)	(56.16)	(47.58)	(8.84)	(169.26)
	机械	(361.50)	(—)	(—)	(—)	(—)	(—)
	资源价差　人工	—	—	—	—	—	—
	辅材	—	—	—	—	—	—
	机械	—	—	—	—	—	—
	综合间接费	266.78	13.50	29.76	25.22	4.69	89.71
	独 立 费	145.97	7.39	16.29	13.80	2.56	49.09
	计 划 利 润	70.47	3.57	7.86	6.66	1.24	23.70
	税 金	79.44	3.76	24.56	5.61	2.19	135.67
备 注			单线长度				主材成套

注：吸顶灯、洗脸盆主材单价为招标文件的限价。

三、定额项目不完全费用综合单价（计价表）的编制：

GB50500"清单计价规范"规定的"清单"计价项目的综合单价，由直接费（工料机）、管理费、利润组成，属于不完全费用综合单价。

（1）采用预算定额的计价项目编制分项工程（定额计价项目）的不完全综合单价，实质是由"定额基价＋管理费单价＋利润单价"的五项费用构成的单价。

（2）江苏省以2001年"估价表"、2003年资源单价为标准，所编制形成的"五项费用"综合单价，就是2004年的计价表（本章第六节）。

（3）"计价表"的特点是：以预算定额的计价项目及其定额指标为基本参数（定额编号、项目名称、定额指标、计量单位、计量规则、工作内容等完全一致），采用现行资源单价及费用规定，表示"五项费用"组成的综合单价（表1-18～表1-21）。

（4）安装工程未计价"主材"的费用（单价）不在"计价表"内，要按规定另行计算。

（5）资源价格随市场而变动，必然出现因地域、时间的变动而波动。因此，"计价表"的综合单价也会出现"价差"的调整。

四、扩大项目完全费用综合单价的编制

扩大项目是指以主要定额计价项目及其计量单位为主体，扩充一些为完成主体项目所包含的具有辅助、连带、配合等相关的定额计价项目内容，并以其含量或系数关系核定指标，所形成的非单一定额项目内容的计价项目。也可以认为：扩大项目是若干定额项目的综合，依据工程实际及设计要求组合，不等同于"清单"计价项目。例如：埋地电缆敷设、必然包括电缆沟开挖、电缆敷设、电缆保护、回填土、地面标志等分项内容；管道安装不仅包括定额内的管件，还可扩大计入施工图示的法兰、伸缩器、土方、支架、穿墙（楼板）套管等主体单项定额中未计入的内容。

扩大项目综合单价是指完成单位扩大项目，所需直接费、间接费、独立费、利润和税金等全部费用的价格（完全费单价）。主体项目在定额基价基础上按规定计入各类费用，而扩充的附属项目，要依据相关特性分别折算其定额含量（或系数），再按定额基价计入各类费用。

扩大项目综合单价的编制步骤可归纳为：

（1）依据工程施工项目及所涵盖的内容作为扩大项目，熟悉施工图分析遗漏项目。自编扩大项目时，应依据施工图所包含定额项目内容和项目间相关关系，划定主体项目及其附属项目内容。

（2）以主体项目的一个计量单位作为扩大项目的单位产品；分析测算各相关附属项目涉及的定额含量或折算系数，作为扩大项目所含附属内容及其计量。

（3）分别选套相应预算定额项目，并进行基价及其中人工、机械基价的汇总，作为扩大项目的综合定额基价。

（4）按照现行费用定额规定（费用名目、标准及计量程序），计算各项费用（资源价差调整、综合间接费、相关独立费、利润、税金等）。

（5）汇总定额基价及各项费用，形成扩大项目完全费用综合单价。

【例2】 江苏地区某水电安装工程进行施工招标，招标文件规定的报价方式为"固定单价"，所提供的"工程量清单"为扩大项目计量，要求所报单价包括全部费用（完全费单价），并规定"施工图内明示或隐含的施工项目，计入所报的综合单价中"，并承担除不可抗力以外的所有施工风险。招标文件表示"清单为主体项目工程量，竣工结算时可按实调整，但中标综合单价不变"。

（1）选取工程设计中两个项目为例（表1-26）。

				报 价(元)		
编号	工 程 项 目	计量单位	工程量	单价	金额	备 注
电 15	BV—5×2.5G40D/A	100m	0.8			含敷钢管、管内穿线
水 4	室外埋设 φ100 铸铁上水承插管(青铅口)、厚 150mm 砂石垫层	10m	8.4			沟槽平均开挖:宽 500、深 600mm

××××工程量清单 表 1-26

(2)编制"扩大项目综合单价"的条件取定:

1)分项工程套价定额为 2001 年"全统定额江苏省估价表"。

2)安装工程费用定额为 2001 年《江苏省安装工程预算费用定额》各项费用,按"上例"相同标准取定,即:以人工费为计算基础,综合间接费 53%、独立费 29%、利润 14%、税金为总价的 3.44%。

3)江苏土建工程(三类工程)的 2001 年"费用定额"规定,资源价差不调整,各项工程费以"定额直接费"为计算基础,费率分别为:综合间接费 13.35%,独立费 3.4%(其中劳保 1.9%、包干费 1%、安全文明措施费 0.5%),计划利润 3.5%;税金为合计费用的 3.44%。

4)主材单价:BV2.5mm² 0.53 元/m,DN40 镀锌钢管 15.00 元/m,Φ100 上水铸铁承插管 40.00 元/m。

5)清单编号"电 15"的主体项目为 DN40 镀锌钢管在混凝土内暗敷设,计量单位 100m;扩大项目为管内穿线(BV2.5mm),定额计量单位 100m 单线,据施工图示:该项配线为配电盘至分线盘之间布线,应计盘上加长,折算的定额含量(系数)为 1.01。

6)清单编号"水 4"的主体项目为 Φ100 上水铸铁承插管(青铅封口)敷设,计量单位 10m;扩大项目有:沟槽开挖〔含量 0.5×0.6×10=3.0m³/10m〕

(3)列表套价,计入各种费用后的扩大项目综合单价(表 1-27)为

① 电 15 综合单价=(1855.47+772.63+275.05+150.50+72.65)×1.0344=3233.84 元/m(表 1-27)。

② 水 4 综合单价=〔400+(140.15+118.42)+(24.25+15.81)+(13.27+4.03)+(6.4+4.14)〕×1.0344=751.46 元/m(表 1-27)。

不难看出:

(1)扩大项目是依据施工图设计自行编制、综合的,突破了"清单计价规范"统一计价项目的限制,是造价人员发挥才智的产物,也是造价人员业务水平升华的体现。当然,我国造价管理尚不能完全放开,习惯于依据"标准"办事,采用"清单计价"统一项目及地方"计价表"统一价格的做法,可以促进规范化管理,有利于宏观调控。

(2)扩大项目所扩大的子项目内容是分析单价的关键。子项目的分析要解决两个问题:其一,分析项目内容,基本上要与定额项目相一致,要求编制者熟悉预算定额项目含义;其二,分析各项目的含量(或系数),应在熟悉施工图的条件下,不仅会分析计算,还要有一定的施工经验(工序划分),才能合理确定。

(3)分析计算的综合单价,一般是按定额基价和当地费用规定进行的,计算方法和费用标准基本一致。但是,这种理论计算的综合单价,并不完全等同于投标报价的综合单价。投标单价是在此(理论单价)基础上,由企业经营者决策的实际承包单价。

综合单价分析表
（2002 年 10 月 日）

表 1-27
共 页、第 页

工程名称：江苏××××××

编号	扩大项目	计量单位	综合单价	定额编号	定额项目	单位	主材费	定额基价	其中 人工	其中 机械	资源调差 人工	资源调差 辅材	资源调差 机械	综合间接费	独立费	利润	税金	备注
电15	BV—5X2.5 G40—D/A	100m	3233.84	2—1022	混凝土内暗敷 DN40钢管	100m	103×15.00	566.39	387.66	60.50	—	—	—					盘间照明线路
				2—1172	管内穿线 BV2.5	100m 单线	1.01×116× 5×0.53	5×1.01× 40.84	5×1.01× 26.00	—	—	—					
					合 计		1855.47	772.63	(518.96)	(60.50)	—	—	—	275.05	150.50	72.65	107.54	
				8—37	室外敷设 φ100上水铸铁管	10m	10×40.00	140.15	45.76	—	—	—	—					
					小 计		400.00	140.15	(45.76)	—	—	—	—	24.25	13.27	6.41		
水4	室外埋设 φ100铸铁上 水管（承 插铅封）	10m	751.47	苏1—17	人工挖地沟	10m³	含量 (3m³/10m)	3.0×13.00	3.0×13.00	—	—	—						沟槽 b截= 500mm× 600mm 厚 150mm 砂 石垫层
				苏1—96	沟槽回填	10m	含量 (2.25m³/10m)	2.25×9.19	2.25×8.06	2.25×1.13	—	—	—					
				苏2—111	基础砂石垫层	10m	含量 (0.75m³/10m)	0.75× 78.32	0.75× 18.00	0.75× 1.20	—	—	—					石垫层
					小 计		—	118.42	(70.64)	(3.44)	—	—	—	15.81	4.03	4.14		
					合 计		400.00	258.57	(116.40)	(3.44)	—	—	—	40.06	17.30	10.55	24.99	

五、"清单"项目不完全费用综合单价的编制

"清单"项目综合单价是"清单计价规范"及其配套的"计量规范"中特指的"分部分项工程综合单价"。"清单项目综合单价"是指完成单位"清单计价项目"所需直接费（人工、材料、机械）及管理费、利润等费用之和的标准金额。可见，清单的综合单价是由人工费、材料费、机械费、管理费和利润五项单价费用组成。由于不含规费和税金，故仍属于"不完全费用单价"（部分费用单价）。

以下两则实例为 2004 年采用定额预算法编制的清单项目综合单价（表 1-28、表 1-29），可供参考。

【例3】 某变电间电气安装工程，按"清单"所含内容套定额分析计算"油浸式电力变压器 SL1-1000kVA/10kV 安装"的综合单价。

通过表 1-28 的分析计算，综合单价为 8140.32 元/台。

分部分项工程量清单综合单价计算表　　　　表 1-28

工程名称：某变电间电气安装工程

项目编码：030201001001　　　　　　　　　　　　　　　　　　　　计量单位：台

项目名称：油浸式电力变压器安装 SL1-1000kVA/10kV　　　　　　　综合单价：8140.32 元/台

序号	定额编号	工程内容	单位	数量	综合单价（元）					
					人工费	材料费	机械费	管理费	利润	小计
1	2-3	油浸式电力变压器 SL1-1000kVA/10kV 安装	台	1	113.31	120.39	124.99	176.08	67.99	584.76
2	2-25	变压器干燥	台	1	109.80	414.04	14.82	170.62	65.88	775.17
3	补	干燥棚搭拆	座	1	510.0	1190.00	—	—	—	1700.00
4	2-30	绝缘油过滤	t	0.71	55.72	155.89	232.95	86.59	33.43	564.58
5	2-358	铁梯、扶手等构件制作	100kg	2.5	626.95	1025.00	103.58	974.28	376.17	3105.98
6	2-359	铁梯、扶手等构件安装	100kg	2.5	407.50	60.98	63.60	633.26	244.50	1409.84
		合　计			1823.28	2948.30	539.94	2040.83	787.97	8140.32

注：1. 该表以某地方定额及费用标准为计算依据。

　　2. 干燥棚搭拆，也可列入"措施费"项目计价。

【例4】 A 车间工业管道安装工程，分析计算"低压碳钢 $\phi219 \times 8$ 无缝钢管安装"的综合单价。

表 1-29 为该项目综合单价的分析计算表，综合单价为 244 元/m。

在招标投标工程中，按"清单"计价项目确定综合单价时，应注意以下要点：

（1）在编制标底或控制价时，选取的"综合单价"应以"定额计价"方式按规定标准计算，应符合当地预算费用计取的规定。

（2）"清单计价"在投标报价时选取的"综合单价"，应由企业自主确定；可以参考统一定额、企业定额、类似工程、统计成果等资料，进行决策。

（3）企业投标报价中选取的"综合单价"，应充分计入"价格风险因素"；例如：各种降效因素影响，资源（工、料、机）价格波动等。

（4）"综合单价"的工作内容构成是分析计算的中心，主体项目往往是计价项目的计量项目，而辅助、附属、连带等关联项目，应在"清单"中明示；因此，分析计算"综合单价"时，应特别关注"清单计价"项目界定的工作内容（表 1-28、表 1-29），掌握应用图纸计量、定额指标、经验数据等分析手段，确定其定额含量。

（5）凡"清单"描述的工作内容，投标的"综合单价"应积极响应；凡清单中未描述或遗漏的工作内容，除可向招标人"澄清"外，应仔细斟酌后才能列入"综合单价"（关注"索赔"因素）。

（6）"清单"内遗漏的计价项目，应分清后果、分别处理；属于依附于其他主体项目的工作内容，应争取"澄清"后列入综合单价；属于独立的大项目，应争取作为施工索赔因素，另案处理。

目前，执行新版"清单计价规范"GB50500—2013及配套的"计量规范"，而地方"计价表"尚未更新，且资源价格升值较高，"清单"项目的综合单价的编制，须逐项核算。相当于利用定额指数及现行资源单价，重新编制"计价表"。

分部分项工程量清单综合单价分析表（2004年）　　　　　　表1-29

工程名称：A车间工业管道安装工程

项目编码：030601004001　　　　　　　　　　　　　　　　　　计量单位：m

项目名称：低压碳钢φ219×8无缝钢管安装　　　　　　　　　　综合单价：244元/m

序号	原定额编号	工 程 内 容	单位	数量	综合单价（元）					
					人工费	材料费	机械费	管理费	利润	小计
1	6-36	管道安装	m	315	1172	504	2793			
2		无缝钢管热轧219×8,20号	m	306	—	49312				
3	6-2975	一般钢套管制作安装DN250	个	5	213	68	2			
4		无缝钢管热轧245×8	m	1.5	28	264	—			
5	6-2429	水压试验200	m	315	229	21	6			
6	6-2476	水冲洗	m	315	—	273	68			
7		水	t	138	—	128	—			
8	11-5354	管道刷防锈漆	m²	217	251	39	—			
9		醇酸防锈漆	kg	60	—	497				
10	11-2136	管道硅酸盐涂抹绝热	m²	329	2737	15	392			
11		硅酸盐涂抹料	m³	17	—	7871				
		合　计			4630	58992	3261	7195	2778	76856

注：1. 管理费＝人工费×1.554，利润＝人工费×60%（某地方规定）；
　　2. 综合单价＝76856/315＝244元/m。

【例5】某电气安装工程030412001001半圆球D350吸顶灯安装，江苏省"计价表"2-1386（表1-19），按现行单价（2013年6月），每"套"的综合单价为86.77元（表1-30）。

"清单"项目综合单价分析表　　　　　　　　　　　　　　表1-30

工程名称：某电气安装工程　　　　　　2013年7月

编　码	项目名称	特征	计量单位	综合单价	其中						备注
					主材	人工	辅材	机械	管理	利润	
030412001001	普通灯具	半圆球吸顶灯安装	套	86.77	52.52	12.25	15.50	—	4.78	1.72	D350

	定额编号	项目		单位	指标	单价	复价	说明
单价分析	2-1386	主材:灯具		套	1.01	52.00	52.52	
		人工		工日	0.1944	63.00	12.25	
		安装材料	合计				15.50	
			圆木台	块	1.05	10.50	11.03	
			电线BV1.5	m	0.713	1.22	0.87	BV-1.5塑料绝缘线
			伞形螺栓	套	2.04	1.20	2.45	M8×150
			木螺栓	个	0.416	0.75	0.31	Φ5×65
			其他	元			0.84	0.50×1.68
		机械		台班				

注：三类安装工程的管理费为人工工资×39%，利润为人工工资×14%。

练 习 题

1. 某水电安装工程（二类）施工招标采用"固定单价"招标，招标文件提供的"工程量清单"是以定额项目划分的。试按本地区安装工程"预算定额"（或单位估价表）及"费用标准"，编制下列各项目的完全费用综合单价：

(1) S-630/10 电力变压器安装（设备甲供）。

(2) 木结构上塑料夹板配线 BV-3×2.5mm²；

(3) 软线吊灯安装；

(4) L50×50×5×2500mm 接地极制作安装（坚土）；

(5) 室内给水 DN15 镀锌钢管（螺纹连接）安装；

(6) 钢管冷热水淋浴器组成、安装；

(7) 低水箱坐式大便器安装；

(8) DN50 地漏安装。

2. 某水电安装工程（二类）施工招标，采用"扩大项目综合单价"（完全费用）进行报价，摘录"工程量清单"中四个扩大项目（见表 1-31），试按本地区定额及计价规定编制控制价的综合单价。

3. 上述四个扩大项目（表 1-31）按本地现行规定编制"清单计价"的项目编码、项目名称、项目特性及其综合单价（五项费用）、项目金额。

表 1-31

| 编号 | 工程项目 | 计量单位 | 工程量 | 报价（元） || 备 注 |
				单价	金额	
电	埋地电缆线敷设（两根）2×VV₂₃XQ-3×185-1×100	100m	0.35			平均埋深 H＝0.9m，每根有两个终端电缆头，直埋，无路面，一般土沟，铺沙、砖保护，地面标志
电	室外架空线架设（四线制）BX-3×25+1×16	km	0.22			水泥电杆 @ 30m，L＝5m，横担 L 50²×5-1200mm，拉线：组/100m
水	室外 DN200 焊接钢管（焊接）自来水管埋地敷设	10m	21			沟 B・H＝700mm×800mm，C15 混凝土垫层（厚 150mm），须外防锈内涂膜处理
水	标准间内卫生洁具成套安装	间/套房	23			搪瓷浴缸 1 只，铜管淋浴喷头 1 组、鸭蛋型洗面盆 1 只、低水箱大便器一套、地漏一个

说明：主材按当地市场单价计算。

复 习 思 考 题

1. 何谓定额？定额具有哪些特性？定额的制定方法有哪几种？

2. 简述定额的分类内容。说明各种定额的含义和作用。

3. 试列表比较工序定额、施工定额、预算定额、概算定额及概算指标的意义、作用、主要内容及形式特点。

4. 时间定额和产量定额的含义是什么？两者有何关系？表现在定额的哪些要素方面？

5. 何谓材料的损耗率？它在定额编制中有何意义？

6. 试述预算定额的意义、作用及主要内容。

7. 简述预算定额的编制原则、编制依据。

8. 何谓定额指标、定额基价，两者有何区别？分别由哪些内容所组成？

9. 怎样确定人工消耗量、材料消耗量和机械台班消耗量的定额指标？人工幅度差、机械影响消耗的含义是什么？

10. 如何确定"定额工资标准"？它在定额中的作用是什么？

11. 计算材料预算价格的"五因素"是什么？试述各种因素的含义和确定方法。

12. 试述机械台班预算价格的第一类费用和第二类费用的具体含义。两者有何区别？

13. 何谓单位估价表？为什么要编制单位估价表？试述单位估价表的作用和编制依据。

14. 现行的《全国统一安装工程预算定额》由哪些专业分册所组成？本地区有哪些执行规定？

15. 怎样区分"机械设备安装"和"管道工程"的定额界限？

16. 试说明现行安装工程各项预算定额费用的含义、计算方法及执行规定。

17. 何谓定额的调整与换算？为什么会出现定额指标、定额基价的变更？

18. 预算定额调整与换算的主要方法有哪些？试分别举例说明。

19. 什么情况下需要自编单价？自编单价应遵守哪些基本原则？

20. 怎样核定自编单价的各项定额指标和计算自编定额的基价（直接费单价）？

21. 试结合实际，选定若干现行预算定额内无对应具体套价项目的施工项目，自行编制补充定额。

22. 何谓"计价表"？为什么要编制地方"计价表"？试分析："计价表"与预算定额有何相同、不同之处？

23. 目前，江苏省安装计价表由哪些专业组成（分册）？有何作用？

24. 何谓工程计价项目的"综合单价"？有哪几种类型？

25. "清单"计价项目综合单价的含义？试简述："计价表"项目、"清单"项目的综合单价（五项费用）如何分析核定？主材费在"计价表"项目和"清单"项目内的表示方法，有何不同？

26. 试仔细对应比较：表1-10与表1-18、表1-14与表1-21、表3-24与表3-28、表4-21与表4-29，分析"估价表"与"计价表"的表列内容，哪些相同？哪些不同？

27. 试总结你所在地区执行"清单计价"的计价标准和计价规定。

第二章 建设工程预算概论

建设工程预算是指在基本建设程序的各个阶段，预先计算和确定建设工程投资数额及其资源耗量的各种经济文书。它包括概算和预算两个范畴，又分土建和安装工程两个系列，涉及的因素较多，影响的范围较广。尽管由于专业性质的不同，使预算内容有所差别，而且不同建设阶段对预算的深度和广度要求也不同，但是，工程预算编制的基本原理是相同的。

为了着重讲清电气、给排水安装工程预算编制的基本原理和基本方法，本章首先介绍建设工程概算、预算方面的基本知识，重点介绍施工图预算的主要内容、计价方式、编制依据和编制程序。并在此基础上，对安装施工图、安装工程量、安装工程预算和结算编制，以及不同专业安装工程的共性问题等，作概念性的归纳，以便为深入学习编制其他各种安装工程的预算打好基础。

第一节　概　　述

根据工程实际情况（设计图、施工条件），遵照有关政策规定（费用、费率），在相同条件下，将单位产品所含的劳力、材料、机械台班的消耗量（定额），用货币形式分项核价，求出产品造价，并分析计算工料等消耗量，这种分析计算工作称为预算的编制工作。预算的货币总额叫"预算价值"（工程造价）。

因此，建设工程预算编制的基本原理，可以理解为：分项核算、综合计价。分项核算是指按照不同预算的精度要求，把建设工程内容逐步拆分为若干核价项目，将相同条件的项目合并，计算其实物量（工程量）。综合计价是指按工程项目的实物量对照单位消耗的各种综合指标，逐项计算和核定其货币价值及其资源耗量，并按综合因素和有关规定，统一调整和补充预算费用。

建筑产品不同于工业产品，不仅形式、构造不相雷同［产品的"个别性"（单体性）］，而且影响施工效果的因素（条件）很多。因此，建筑产品的计价途径，只能是分项解剖为基本相同的项目，然后分别计价，再加入必要的其他费用后汇总为总价。

一、预算编制的基本方法

建设工程预算的基本编制方法，主要有单位估价法和实物造价法两种。

单位估价法（单价法）是指以定额（或单位估价表）为标准，利用工程项目的实物量逐项套价计算工程造价的方法。首先按设计图划分计价项目，再分项计算工程量，然后按相应定额逐项计算金额及各种消耗量，汇总后根据有关文件规定统一调整、计算各种预算费用，累计形成工程造价。

实物造价法（实物法）是指以实际耗用的各种资源（工、料、机）数量为依据，运用现行的相应资源预算价格，逐项套价计算工程造价的方法。首先按设计图分项计算各项目的实物量，再以有关定额和资料分别求出劳动量、各种材料和施工机械台班耗量的总数，运用现行的资源预算价格，分别计算出人工费、材料费和机械费的总金额，汇总后按有关文件规定统一计算各种预算费用，累计形成工程造价。

单位估价法是一种综合计价法，具有统一、规范、便于控制等特点，因此，广泛用于定额比较完整的建筑安装工程概、预算编制。但是，对于一些定额中尚未编入的新材料、新工艺等工程内容，必须编制补充定额才能采用。在建设项目发承包及实施阶段确定工程施工造价，编制施工图预算或竣工结算，有"定额计价"和"清单计价"两种计价方式，已形成两套不同的计价体系及模式。实物造价法是一种按资源内容分项计价的形式，实用性较强，用于一些新增项目、特殊项目、定额不完整工程等比较方便。在建筑装潢工程中，有一定实用价值。

二、预算的分类及意义

建设工程预算根据预算内容、工程性质、资金来源、建设规模、技术专业、实施阶段等的不同，可以有许多分类方法。这里主要介绍在不同建设阶段中出现的工程预算形式。

按照基本建设阶段和编制依据的不同，建设工程投资文件可分为投资估算、设计概算、施工图预算、施工预算和竣工结算等五种形式。

1. 投资估算

根据计划（设计）任务书规划的工程规模，依照概算指标所确定的工程投资额、主要材料总数等经济指标，称为投资估算。它是工程建设决策阶段中设计（计划）任务书的主要内容之一，也是审批项目（立项）的主要依据之一。

工程规模由工程形象和特征指标两个部分构成。工程形象包括外形尺寸、层数、主体结构、分部构造、建筑组成等内容。特征指标是指体现规模的单位数量，如房屋工程以建筑面积表示等（见本节"技术经济指标"）。

投资估算的定额依据是概算指标。套用概算指标应取相同或相似的工程规模，否则只能参考其耗量指标（允许调整），特别要注意市场经济条件下的价值变化（货币量调整）。投资估算一般由建设单位编制。

2. 设计概算

设计概算是指在初步设计或扩初设计阶段，以分部工程或扩大构件为计量单元，根据设计资料、概算定额及有关规定，所编制的拟建工程建设投资的经济文书。它是设计文件的有机组成部分（由设计部门编制），也是审定工程投资的主要依据。

初步设计的概算文件称"初步设计概算"，技术设计完成后编制"技术设计修正概算"。设计概算按专业划分，可分为建筑工程概算和安装工程概算两大系列；按工程特性及规模划分，有建设项目总概算、单项工程综合概算、单位工程概算、其他工程及费用概算等四类；单位工程概算因专业不同，又可分为土建、给排水、电气、采暖、通风、煤气、机械等工程概算。

设计概算的作用，主要表现在以下四个方面：

（1）设计概算是审批和确定工程投资的依据；

（2）设计概算是编制工程计划的依据；

（3）设计概算是招标工程中，确定标底、控制价综合单价的参考依据；

（4）设计概算是评价设计方案和工程投资效益的依据。

3. 施工图预算

施工图设计完成后，施工企业在工程开工前，根据施工图和施工组织设计，按照预算定额（或单位估价表）及有关规定，逐项计算和汇总的工程经济文书，即为施工图预算。招标投标的建设项目，依据"清单规范"要求列出工程量清单，运用地方"计价表"核定综合单价（五项费用），分类分项计算出招标控制价或投标报价，是施工图预算的"清单"计价方式。

施工图预算是确定工程施工造价、编制标底报价、签订承建合同、实行经济核算、进行拨款结算、安排施工计划、核算工程成本的主要依据，也是工程施工阶段的法定经济文件。施工图预算的内容应包括单位工程总预算、分部和分项工程预算、其他项目及费用预算等三部分。

有关施工图预算的具体内容和编制方法，将在本章第三节、第四节做专题阐述。

4. 施工预算

施工预算是施工企业内部编制和使用的成本分析预算，是指工程施工阶段（或开工前），在施工图预算指标的控制和指导下，施工企业为指导施工和加强企业管理，根据施工图、施工图预算、施工定额、施工组织设计、本企业各种要素价格标准等资料，所编制的一种供内部使用的工程分析预算。它也是以单位工程为编制单元，以分项工程划分项目，但可依照施工安排分部、分层、分段编制，也可根据企业实际需要，在内容和深度上进行调整。

施工预算的主要内容由编制说明和各种表格两部分组成。编制说明应包括工程概况、施工安排、施工方法、资源调配方案、施工措施、施工重点环节与施工难点等内容。各种表格主要有工程量计算表、施工预算表、工料分析表、费用汇总表、资源指标汇总表、"两算"对比表、构配件加工表、各种配料单、运输计划表、机械及劳力调度等。

施工预算的主要作用是指导现场施工、加强企业管理。具体表现在以下四个方面：

（1）施工预算是编制施工作业计划的依据；

（2）施工预算是下达施工任务、进行劳力调配和施工机械调度的依据；

（3）施工预算是执行计划备料和班组限额领料的依据；

（4）施工预算是企业实行经济分析、"两算"对比、成本核算的依据。

"两算"对比是指同一单位工程的施工预算与施工图预算的对比。它包括各项预算费用对比和工料消耗指标对比两大内容。其目的在于预先找出差距，分析原因，以便在施工中采取必要措施，提高效益，防止亏损。

施工预算的编制，必须结合施工企业自身内部的实际情况，有的放矢地全面运筹。

5. 竣工决算

竣工决算是核定固定资产最终价值的依据，是由建设单位编制的工程全部投资的财务实际支付资金的会计报表及其相关凭证的经济文书。竣工决算的分项内容必须严格依据基本建设会计制度编制，并与设计概算相对应比较。

建设工程竣工后，由施工企业根据实际施工完成情况（竣工图表明的项目及工程量），以预算定额（或合同约定）为标准，所编制的工程施工实际造价应付费用（工程费）的经济文书，称为竣工结算。竣工结算是施工企业向建设单位进行财务价款结算、收取工程款的凭据。竣工结算须经监理审核、业主审定和中介单位审计认定后，方为有效。

有关竣工结算的编制要点和结算方式等，在本章第八节作进一步介绍。

以上五种基本建设投资文件中，设计概算、施工图预算、施工预算是"基本建设工程预算"的三个组成部分。

三、预算文件的组成

由于建设工程的规模和范围不同，按照基本建设项目划分及组成内容，预算文件分为建设项目总概算、单项工程综合概算和单位工程概（预）算三类。按照工程内容和费用性质的不同，基本建设工程的总投资，是由建筑安装工程投资（工程费）、设备与工器具购置费、其他工程与项目投资三个部分组成的。其中，建筑安装工程费由建筑工程（土建）投资和设备安装工程投资组成。建设工程的工程费是按不同专业的单位工程，分别编制预算汇总后形成。

建设工程预算文件必须根据工程规模、施工内容、费用组成、专业性质的不同，并按照不同建设阶段的预算要求，分别编制与综合。各种预算文件所包括的内容也不尽相同。

1. 总概算书

总概算书是工程建设项目全部建设费用的总文件，由各个单项工程综合概算汇总而成。其主要内容包括：

（1）编制说明：说明工程概况、建设规模、建设内容、编制依据、费用标准、投资分析、费用构成及其他有关问题等。

（2）工程费用总表：包括主要工程项目、辅助与服务性工程项目、福利性与公共建筑项目、室外工程与场外工程项目等四类，分别列出其各项费用总金额。

（3）其他费用项目表：不属于工程费内容的其他项目各种费用，分别列出费用金额。例如：征地、拆迁、赔偿、安置、科研、勘测、设计、培训、试运行等，均不在工程费内计算。

（4）附件：指构成建设项目的综合概算书、单位工程概算书，以及其他有关资料。

2. 综合概算书

综合概算书是单项工程费用的综合性经济文件，由各专业的单位工程概（预）算综合而成。主要内容包括：

（1）编制说明：主要内容为工程概况、专业组成、编制依据、费用标准及其他有关问题的说明。

（2）综合概算汇总表：将组成单项工程的各个单位工程概算价值，按技术专业（土建、电气、给排水、暖通……）进行综合汇总。

（3）单位工程概（预）算表：按组成单项工程的各个单位工程（专业），分别编制其概（预）算。计价项目的划分精度，应符合设计阶段对投资文件的要求。

（4）主要建筑材料表：指"三大材"、主材、大宗材料等，按单位工程列出，以单项工程汇总。

（5）主材及设备明细表：主要材料、特种材料、各种设备等，应按规格单列，以供备料。

（6）其他资料：工程量计算表、工料分析表等。

3. 单位工程概（预）算书

单位工程概（预）算书是单项工程综合概算书的重要组成部分，是按单位工程（专业）独立编制的概（预）算文件，它是编制综合概算的基础资料。由于单位工程是以专业

（独立施工）划分的，各种专业使用的定额及取费标准不同，因此，必须独立地编制概（预）算。

单位工程概（预）算书包括以下内容：

（1）编制说明：指工程概况、施工条件、编制依据、设计标准、主要指标（费用、工、料）、遗留问题等的归纳说明。

（2）概（预）算费用汇总表：根据工程概（预）算表的合计余额（定额直接费），按当地现行规定计算和分析各种费用（直接费调整、间接费、独立费、税金等）。

（3）主要技术经济指标：按工程特点及规模标准，列出各项指标总数（实物量与货币量），分析计算单位工程各项技术经济指标。

（4）工程概（预）算表：根据工程内容与数量，分项套价计算定额直接费。

（5）主要建筑材料表：根据工料分析表的计算成果，对主要材料、"三大材"、大宗材料等，进行汇总。

（6）主要材料、构配件、设备明细表：对主要材料、大宗材料、特殊用料、构件与配件、主体设备等，应区分型号、规格，分别列出各种数量的明细表。

（7）附件：主要包括工程量计算表、工料分析表、钢筋与钢材的配料计算与汇总、定额的调整与换算、补充的单位估价表、主材价格等有关资料。

学习上述预算文件组成内容时，应该明确：

（1）预算文件的组成内容，要结合具体工程特点及当地有关规定与要求，可以删减或补充。例如：安装工程与专业装饰工程的主材费，按现行价（或市场价）计算，可在预算内以项目计算，也可单独列表以耗量计算；编制预算时建设单位提供的主体设备，可以不列入预算，但甲方提供的材料则应按定额价列入预算；而在编制概算时，所有设备及材料都必须列入概算费用。

（2）预算文件的表格内容与格式，限于篇幅本书未一一列出，可参见有关专著。但是，表格内容与格式要因地制宜，除国家规定的定型表式（一般指总表）外，都可根据具体内容适当调整。例如：有些工程以定额人工费作为某些独立费用和工资调整的计算基础，则预算表中就要列出人工费基价与复价；有些地区对定额直接费实行单项系数调整，预算表中就必须分别计算定额材料费、定额机械费等。

（3）不同专业（单位工程）的预算文件，除了使用不同的定额套价外，其预算费用组成、计费基础与标准、调价方式与系数等，可能不尽相同。因此，预算文件的组成内容，必须符合当地规定和满足各个专业的特殊要求。例如：土建工程不独立计算主材费；安装工程一般在预算表内一次性计算主材费；而装饰工程的主材费是指单独列项计算的部分价格昂贵的材料费。

四、技术经济指标

技术经济数据的统计分析资料，是制定技术经济政策的依据。而技术经济指标是技术经济统计分析工作的具体表现形式。国家规定：设计单位应建立积累工程建设技术定额指标档案资料制度。各单位设计的建设工程应及时整理技术经济指标，进行必要的分析研究，为做好设计经济分析和概预算工作提供依据。只有具备一套比较完整的技术经济指标体系，才能对建设工程进行技术经济分析和评价。

1. 技术经济指标的计量单位

单位工程技术经济指标，应根据各类单位工程的特点，采用不同的计量单位。各类工程技术经济指标的计量单位归纳摘录如下：

（1）一般民用建筑工程：建筑面积（m^2）。

（2）旅馆、病房等服务性建筑：建筑面积（m^2）或人、座、床。

（3）工业生产车间和辅助车间：年产量（t、m^2）或设备能力。

（4）堆场、仓库、工棚：建筑面积（m^2）或储量。

（5）发电厂（站）：装机容量（kW）。

（6）变电所（站）：变压器容量（kVA）。

（7）输电线路：线路长度（km）。

（8）厂内供电（动力或照明）：设计容量（kW）。

（9）水泵房：最大供水流量（m^3/h）或电机装机容量（kW）。

（10）给水排水管遭：管道长度（m）。

（11）工业管道：线路长度（m）。

（12）锅炉房：蒸汽量（t/h）。

（13）暖气沟管道：长度（m）。

（14）煤气发生站：煤气产量（m^3/h）。

（15）压缩空气站：空气量（m^3/h）。

（16）铁路：线路长度（km）。

（17）公路：路面面积（m^2）或等级线路长度（km）。

（18）码头：停靠泊位（个）或货物年吞吐量（t）。

（19）绿化：绿化面积（m^2）。

2. 技术经济指标的内容

技术经济指标由技术指标与经济指标两类不可分割的内容组成。在工程预算范围内，主要体现在经济上每一"计量单位"的各项消耗指标。指标的内容主要是造价、材料消耗量、劳动量消耗量等三个方面，而机械台班消耗指标涉及的因素较多（型号复杂、规格不一、完好程度、作业条件等），一般不作计算。

房屋建筑工程的技术经济指标，一般是以单位建筑面积的消耗量来计算的。其主要内容是：

（1）建筑造价指标：是指组成造价（人工费、材料费、机械费、间接费、独立费、税金等）的各项费用综合性货币量指标。计算式为

$$每平方米造价 = \frac{建造造价}{建筑面积} = \frac{土建工程造价 + 安装工程造价}{建筑面积} \quad （元/m^2）$$

式中
$$每平方米安装工程造价 = \frac{安装工程造价}{建筑面积} \quad （元/m^2）$$

（2）主要材料消耗指标：是指"三材"（钢材、水泥、木材）及其他大宗材料的单位消耗量。计算式为

$$钢材 = \frac{钢材总耗量}{建筑面积} \quad （t/m^2）$$

$$水泥 = \frac{水泥总耗量}{建筑面积} \quad (t/m^2)$$

$$木材 = \frac{木材总耗量}{建筑面积} \quad (m^3/m^2)$$

$$某种材料 = \frac{总耗量}{建筑面积}$$

（3）劳动量消耗指标：是指劳动量（综合工日）的单位消耗量，它是考核劳动生产率的依据。计算式为

$$建筑安装工程劳动量指标 = \frac{总工日}{建筑面积} \quad (工日/m^2)$$

其中：

$$安装工程劳动量指标 = \frac{总安装工日}{建筑面积} \quad (工日/m^2)$$

技术经济指标在设计方案比较、制定经济政策、进行投资估算等方面，有着十分重要的作用。指标的内容除了规定项目外，可以根据工程特征适当增加。例如：各种费用占总投资的比例、每平方米建筑面积所含的主体项目工程量、万元投资的消耗指标、工程效益与投资的关系等，都可进行分析比较。

第二节　预算费用的组成

工程建设项目或单项工程的总投资（建设费用）由建筑安装工程投资（工程费）、设备与工器具购置费、其他工程与项目投资三个部分构成。其中工程费是指完成建设工程的施工费用（施工造价），它由各个单位工程（专业）的预算费用所组成。工程费是以单位工程为基本编制单元，经过分项核算、综合计价而产生的预算费用总价值（工程施工造价）。本节主要介绍单位工程预算费用的组成内容，以及各项费用的含义与计算方法。

目前，各地对预算费用的规定尚不统一，各个专业的计费办法、计费基础和调整换算标准也不一致，因此，在工程预算费用的组成内容与说法上，还存有差异。为了弄清各项费用的基本含义和计算方法，根据国家规定，按照安装工程预算特点，结合江苏省和南京地区的现行规定，分以下四个问题进行较系统的介绍。

一、国家规定建设项目总投资的组成

建设项目总投资是指从立项筹建开始至项目建成、经竣工验收能交付使用的全部投资总和。建设项目总投资由固定资产投资和流动资产投资两大部分构成（图 2-1）。固定资产投资标志着工程总造价，由设备及工器具购置费用、建筑安装工程费用、工程建设其他费用、预留费、建设期贷款利息和固定资产投资方向调节税等六项费用组成。流动资产投资的实质是项目建设中流动资金的暂时投入，除其中 30% 用于投产后使用作为铺底流动资金外，其余 70% 应在投产时收回。

设备与工器具购置费是指建设项目投产所必需的达到固定资产标准的设备及其配套的工具、器具、生产家具等购置费用。它由设备和工具、器具及生产家具两项购置费用组成。其中：设备购置费为设备原价与设备运杂费之和；工具、器具及生产家具购置费是以"设备购置费×行业定额费率%"估算的。购置费的具体计算方法，国家对国产标准设备、国产非标准设备、进口设备等分别都有明确规定。

建筑安装工程费为建设项目的施工造价，是施工图预算和竣工结算的研究专题，也是我们学习的重点。本节在后面将作全面介绍。

工程建设其他费用是指项目建设期间，除购置费、工程费以外的保证工程建设顺利进展和正常发挥效益，所发生的各项费用。按其内容可分为土地使用费、与建设有关的其他费用和与未来企业生产经营有关的其他费用等三大类。具体内容根据工程性质和规模而变化（图 2-1）。

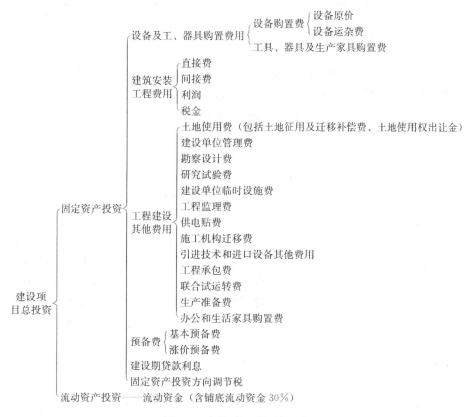

图 2-1　建设项目总投资组成

根据我国现行规定，预备费由基本预备费和涨价预备费组成。基本预备费是指工程设计和概算编制中难以预料的费用，因此，也称为不可预见费，如地基处理、工程变更、自然灾害、额外检验等等。涨价预备费是指建设期内资源价格变动或政策性调整，所引起的额外增加的支付费用。预备费实质上属于备用金，一般是以行业规定及其市场因素（价格变动指数），按比例估算的。无一定名目、未经批准，是不可随意开支的。

建设期贷款利息是依据融资方式确定的建设期利息偿还费用。固定资产投资方向调节税是国家为控制投资规模、引导投资方向、调整投资结构、加强重点建设、稳定协调发展，所作的宏观调节税务政策。依据产业政策和经济规模，实行"差别税率"（基本建设项目投资分 0％、5％、15％、30％四档，更新改造项目为 0％、10％两档）。计税基础为"购置费、工程费、其他费、预备费"之和。

二、国家规定的建筑安装工程预算费用的组成

1989 年建设部规定，建筑安装工程预算造价由直接费、间接费、计划利润和税金四

个部分组成。即

$$预算价值(元)=直接费+间接费+计划利润+税金$$

随着建筑业改革的深入，为适应社会主义市场经济的需要，转变政府职能，促进企业转换经营机制，创造公平竞争的市场环境，推行施工项目管理和经济承包责任制，1993年建设部参照新的财务制度及国际惯例，对1989年建筑安装工程费用组成的规定［建标字第248号文］，进行了调整（1993年894号文）。文件规定：建筑安装工程造价由工程直接费、间接费、计划利润和税金四部分组成。其中：工程直接费由直接费、其他直接费和现场经费组成；间接费由企业管理费、财务费和其他费用组成。即：

$$预算价值=工程直接费+间接费+计划利润+税金$$

建筑安装工程费用（工程费）是建设项目的施工费用，1993年重新调整划分项目的实质是满足实施"项目部责任制"的需要，把过去的"间接费"分为两个部分。一部分属施工现场开支（现场管理费），由施工项目经理部掌握；另一部分为企业（公司）开支的企业管理费。

为推动工程计价改革工作开展，建立新的计价体系，适应工程招标投标竞争定价的需要，建设部、财政部于2003年10月15日联合发文［建标（2003）206号］，自2004年1月1日起执行新的"工程费用项目组成"规定，调整的主要内容是：

建筑安装工程费（预算价值）由直接费、间接费、利润和税金组成。其中：直接费由直接工程费（工、料、机）、措施费组成，间接费由规费、企业管理费组成。将原其他直接费和临时设施费以及原直接费中属工程非实体消耗的费用合并为措施费；措施费可根据专业和地区的情况自行补充；将原其他直接费项下对建筑材料、构件和建筑安装物进行一般鉴定、检查所发生的检验试验费列入材料费；将原现场管理费、企业管理费、财务费和其他费用合并为间接费；根据国家建立社会保障体系的有关要求，在规费中列出社会保障相关费用；原计划利润改为利润。

为了知识的连贯，进一步了解预算费用的含义，对2003年"费用文件"的相关内容及安装工程费用特征，作如下说明：

（1）直接费：指为完成某一单位工程，直接消耗的各项费用总和。而直接工程费是直接投入工程实体的费用，由人工费、材料费和机械费组成；安装工程的主材所占费用比重较大，且价格波动，故安装材料费分为主材费和安装辅材费两项计算。以"分项工程量 x 定额基价"计算的费用为定额直接费，计入"资源价差"后的直接费为调后（现行）直接费。

（2）主材费：指安装工程中主体设备和主要材料的费用，由"安装项目工程量×主材定额耗量指标×主材现行预算单价"分项计算、汇总求得。

安装项目工程量是计算主材费和定额直接费的基础。主材定额消耗指标是指完成单位安装工程量，所需消耗的主材数量的标准数值。它已包括施工损耗量，且与安装工程量的计量单位一致，故该标准数值应为

$$主材定额耗量=安装工程量×(1+损耗率\%)$$

主材预算单价为当地按规定编制的现行统一预算价格（或市场现价）。

主材费在具体计算中，由于定额规定不同而有四种表现形式，应分别计算。

① 列入耗量在定额内带括号。该项称为未计价材料，可按"主材耗量指标×预算单

价"作为主材费基价。

② 列入耗量在定额内不带括号。该项费用已计入定额基价的材料费（安装材料）内，不再重复计算。

③ 定额内未列主材耗量，但已在定额附注中指明。该项主材应按定额规定补充确定耗量（实用量＋损耗量），另列单项计算主材费。

④ 有些主体设备、装置或材料，在定额内既无耗量指标，也无任何说明，可按工程实际情况分析，由建设单位自购提供，可不列入预算；要求施工企业代购，应按规定计算主材费，设备和装置类不计损耗量，材料应按损耗率计入损耗量。

（3）间接费：指企业为组织管理施工和经营活动所发生的后勤、辅助、服务及规定缴纳等项费用总和。间接费由规费和企业管理费两部分构成（附录一）。即：

$$间接费＝企业管理费＋规费$$

间接费的计算，通常采用"综合费率（％）"取定。其计算基础有直接费、人工费或人工费加机械费三种选择：

$$间接费＝直接费×间接费费率(％) \qquad （建筑工程）$$
$$间接费＝(人工费＋机械费)间接费费率(％)（包工不包料）$$
$$间接费＝人工费×间接费费率(％) \qquad （安装工程）$$

式中，间接费费率（％）的大小随企业性质、工程内容、工程类别、承包方式、计费基础不同而变化。应按当地规定分别取定。

2013 年 3 月 21 日住房和城乡建设部和财政部联合发布通知，公布最新修订的《建筑安装工程费用项目组成》的规定（附录一）。主要精神是：

1. 建筑安装工程费用项目的组成，由构成要素和形成顺序两种方式划分。按费用构成划分为人工费、材料费、施工机具使用费、企业管理费、利润、规费和税金七项内容（图 2-2、附录一）；按造价计算形成顺序划分为分部分项工程费、措施项目费、其他项目费、规费和税金五项内容（图 2-3、附录一）。

2. 各项费用规定了新的含义及组成内容：

（1）人工费：是指按工资总额构成规定，支付给从事建筑安装工程的生产工人和附属生产单位工人的各项费用。内容包括基本工资、奖金、津贴补贴、加班加点、其他法规性支付工资等。

（2）材料费：是指施工过程中消耗的原材料、辅助材料、构配件、零件、半成品、成品、配置固定设备等费用。内容包括原价、运杂费、运输损耗、采购及保管费等。

（3）施工机具使用费：是指施工作业所发生的施工机械、仪器仪表使用费或其租赁费。施工机械使用费由折旧费、大修理费、经常修理费、安拆费及场外运费、随机人工费、燃料动力费、税费等构成；仪器仪表使用费为摊销、维修费用。

（4）企业管理费：是指建筑安装企业组织施工生产和经营管理所需的费用。内容包括管理人员工资、办公费、差旅交通费、固定资产使用费、工具用具使用费、劳动保险及职工福利费、劳动保护费、检验试验费、工会经费、职工教育经费、财产保险费、财务费、税金及其他费。

（5）利润：是指施工企业完成所承包工程获得的盈利。

（6）规费：是指按国家法律、法规规定，由省级政府和省级有关权力部门规定必须缴

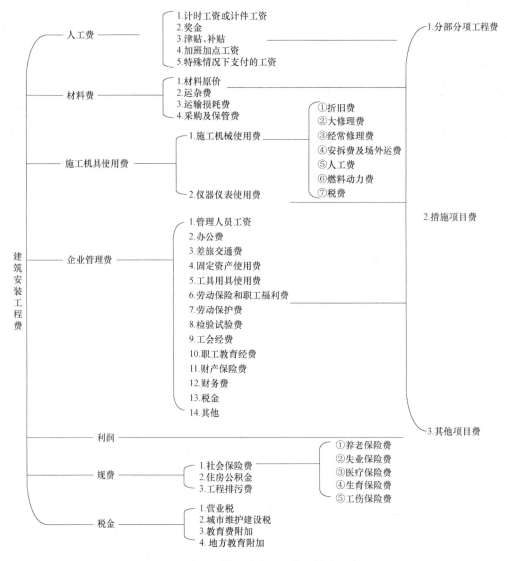

图 2-2　建筑安装工程费用组成（构成要素）

纳或计取的费用。包括社会保险费（养老、失业、医疗、生育、工伤）、住房公积金、工程排污费等内容。

（7）税金：是指按国家税法规定的应计入建筑安装工程造价的营业税、城市维护建设税、教育费附加和地方教育附加费。税金纳入工程成本，以"（工程费＋措施费＋其他费＋规费）×综合税率％"计取。南京地区综合税率为：市区 3.48％、县城镇 3.41％、其他地区 3.28％（附录一）。

（8）分部分项工程费：是指各专业（工程类别）工程的分部分项工程项目，应予列支的各项费用（人工、材料、机械、管理费、利润）。按"∑分部分项工程量×综合单价"分项计算求得，属"清单计价规范"规定的计价项目。

（9）措施项目费：是指为完成建设工程施工，发生于该工程施工前和施工过程中的技术、生活、安全、环境保护等方面的费用。内容包括安全文明施工费、夜间施工增加费、

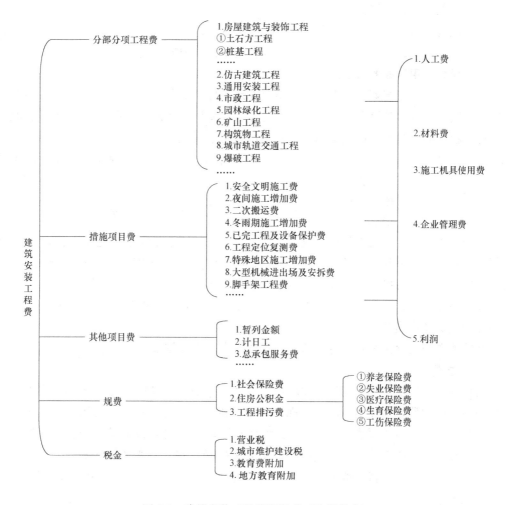

图 2-3　建筑安装工程费用组成（造价形成）

二次搬运费、冬雨期施工增加费、已完工程及设备保护费、工程定位复测费、特殊地区施工增加费、大型机械进出场及安拆费、脚手架工程费等。措施费分为普遍存在的通用措施和专业项目的特定措施两类，具有"数量×综合单价"和以项计费两种取费方式。

（10）其他项目费：是指施工中可能发生尚未预见或不能确切计量的一些费用。包括暂列金额、计日工（额外、零星项目）、总承包服务费（配合、协调、提供临设、水电接口、其他服务）等。

3. 对建筑安装工程费用的计算方法，提出了参考模式（附录一的附件3）。具体应由各地在"费用定额"中规定。

4. 规定了"建筑安装工程费用的计价程序"，分别以"示范表"（格式）表示招投标控制价、投标报价、竣工结算价的计费程序（附录一：附件4、表式略）。具体步骤为：

（1）分部分项工程费：列出"清单"、确定"综合单价"，分项计算、汇总；

（2）措施项目费：逐项列出"清单"，以量计费或以"项"取费；其中：安全文明施工费为地方标准，不可竞争；

（3）其他项目费：逐项列出"清单"计算费用；包括：暂列金额、专业工程暂估价、计日工、总承包服务费等；

（4）规费：执行地方规定、分项计算，不可竞争；

（5）税金：[（1）＋（2）＋（3）＋（4）]×综合税率％（地方规定）。

三、预算费用组成的通用式

由于各地在执行国家规定中，已经结合本地条件和沿袭习惯算法，并从经济改革的需要出发，在所规定的预算费用计算具体办法上存在差异，我们应该在考虑定额执行和费用计算现实状况的同时，尽可能做到对各种费用理解上的统一。

因此，可以认为单位工程的预算费用（预算价值、工程造价）是由直接费、间接费、独立费和税金四个部分组成。即：

$$\begin{matrix}单位工程\\预算费用\end{matrix}（元）＝直接费＋间接费＋独立费＋税金$$

这个通用式不仅适用于各种专业的单位工程，还可用于不同基本建设阶段的建筑安装工程概算和预算的编制。但必须合理地划分各部分所含的费用内容，并在费用概念上进行综合。通用式中的直接费为所有的直接消耗，安装工程相当于主材费、安装费及部分措施费之和；间接费为管理费，属于非直接消耗的工程成本，包含部分规费；独立费为单独列项的部分规费及措施费，包含利润。

有关独立费的含义及其内容，结合江苏省原有规定介绍如下。

1. 独立费

是指企业在特定条件下施工，而增加的一些没有纳入直接费、间接费内计算的独立存在的费用。独立费必须逐项列出，按规定（收费条件与标准）计算，且不计算其他费用。例如：包干费用（包干系数）、利润、定额编制管理费、文明施工措施费、技术措施费、赶工措施费、提前竣工奖、工程优质奖、交通干扰降效费、有害环境津贴（保健）、夜间施工追加费、增值税、特殊地区施工增加费、特种材料价差（不计入直接费部分）等。

2. 包干费

为了简化预、结算手续，加强企业的经济核算，对一般工业与民用建筑工程，可采取审定的施工图预算加一定系数，由企业包干使用的承包方式。用规定的包干系数计算出的费用称为包干费。江苏南京地区规定为

$$\begin{matrix}建筑\\工程\end{matrix}包干费＝\begin{matrix}2001年\\定额\end{matrix}直接费×包干系数％$$

公式中土建工程包干系数为 3％～5％。

$$\begin{matrix}安装\\工程\end{matrix}包干费＝\begin{matrix}调后\\人工费\end{matrix}×包干系数（20％～40％）$$

$$＝\frac{定额人工费合计}{定额工资标准}×现行预算工资单价×包干系数％$$

公式中，安装工程包干系数为 20％～40％（江苏省：1986 年定额 30％、2000 年定额 20％）。

包干工程应实行"四包"（包造价、包质量、包材料、包工期），但不包括超过一定限额（限额数议定）的设计变更和政策性调整。目前规定包干费为非法定取费。采用"企业自主报价"的工程，不再独立计算。

3. 技术措施费

指非正常条件、特殊需要、环保要求等（定额内未包括）需采取技术措施的费用。应根据"施工方案"的具体要求逐项计算。

4. 赶工措施费

指建设单位要求工期少于定额工期（江苏规定少于20％及以上），所采取措施支付的费用。按措施内容列项计算。

5. 提前竣工奖

指实际工期少于合同工期，根据工程承包合同奖惩条款计取的费用。凡计收赶工措施费的工程，合同工期为赶工工期。费用的多少应按当地文件和合同规定执行。

6. 工程优良优质奖

指施工单位完成的单位工程，经质监部门或行业协会鉴定颁发为优良（质）工程，按地方文件和合同规定可收取的奖励费用。

7. 交通干扰降效费

指施工中遇地下不明障碍物或铁路、航空、航运等交通干扰而发生的施工降效费用。根据干扰程度按当地文件或议定误工损失计算。

8. 施工与生产同时进行的施工增加费

指改扩建工程在生产车间或装置内施工，因生产操作或生产条件限制（如不准动火、停电、停水、限制操作等），干扰了施工正常进行而降效的增加费用。应按定额规定或议定标准计算。安装工程将该费用列入定额直接费（定额人工费×费率％），不包括为了保证安全生产和施工，所采取的措施费。如施工不受干扰，则不应计取。

9. 在有害身体健康环境中的施工增加费

指《民法通则》规定允许的前提下，改扩建工程由于车间、装置范围内有害气体、高分贝噪声、放射性物质、粉尘等，超过国家标准（见附录三）规定的条件，以致影响工人身体健康而发生降效及特殊保健津贴所增加的费用。降效费用按定额规定或议定误工计算；特殊保健津贴按当地发放标准执行，以定额工日另加10％管理人员工日计算。

10. 特殊地区（或条件）施工增加费

指在高原、山区、高寒、高温、沙漠、沼泽等地区施工，或在洞库内、水下施工，需要增加的费用。由于我国幅员辽阔，自然条件复杂，地理环境差异很大，有的还难以做出全国统一规定。因此，该费用除定额有规定外，均应按地方规定执行。

11. 特种材料价差

指地方文件中所规定的某些材料允许单独按市场价格调整价差所发生的差额（市场价与定额价之差）费用。如商品混凝土、铝合金门窗、大理石、汉白玉、装饰面砖等。以"定额耗量×（市场价—定额价）"逐项进行计算。

12. 增值税

指国家税务部门规定对预制混凝土构件、木构件、金属构件、商品混凝土等属于商品增值所收取税费，由企业代交，转入工程造价列入工程预（结）算。

必须指出：在市场经济条件下，各项独立费的内容及标准，将会受价格影响而变动。因此，预算编制要密切关注本地区的现行文件规定。

四、江苏省设备安装工程（清单计价）预算费用组成

2001 年以前，江苏省设备安装工程预算费用计算规定的主要精神是：1986 年《全国统一安装工程预算定额》及其对应的地区"单位估价表"（如南京地区 1990 年后编的一、二、六、八、九、十三分册），同时执行、同等有效，实行不同的调价系数；各册按调价规定分别调整人工费、安装材料费、机械费的定额基价；以调后人工费为基础计算综合间接费；执行"工程等级取费"办法，以简化费用计算。

自 2002 年 1 月 1 日起至 2004 年 4 月 30 日止，执行新定额"2000 年全统安装定额江苏 2001 年估价表"和配套的"2001 年江苏省安装工程费用定额"。费用计算规定的主要精神是：主材采用市场价或指导价，以定额耗用量实施分项计算主材费；安装材料（辅材）、人工、机械台班的资源价差，按过去的办法随市场价格变动，实行政策性调差；根据不同工程类别，仍采用以人工费为基础计算的"综合间接费"概念进行简化计算；对劳动保险费、其他费用（独立费）、计划利润、税金等，进行分别列项计算。

因此，江苏地区当时在"定额计价"阶段的设备安装工程预算费用，是由主材费、定额直接费、定额基价调差、综合间接费、独立费和税金等六个部分组成。可用下列各式表示：

$$设备安装工程预算价值(元) = 主材费 + 定额直接费 + 定额基价调差 + 综合间接费 + 独立费 + 税金$$

式中　主材费 = ∑定额耗量×预算单价（现行）

$$= ∑(工程量×定额指标)×预算单价$$

定额直接费 = ∑工程量×定额基价

$$= 定额人工费 + 定额辅材费 + 定额机械费$$

定额基价调差 = 人工费价差 + 辅材费价差 + 机械费价差

综合间接费 = 其他直接费 + 现场经费 + 企业管理费 + 定额编制管理费

在费用计算中，由于分类、并项上的不同，也可用下式分项计算：

$$设备安装工程预算价值(元) = 主材费 + 调后人工费 + 调后辅材费 + 调后机械费 + 综合间接费 + 独立费 + 税金$$

式中　调后人工费 = 定额人工费 + 人工费价差；

调后辅材费 = 定额辅材费 + 材料价差；

调后机械费 = 定额机械费×机械调整系数。

可见，经过调整后的"调后直接费"是由主材费、调后人工费、调后辅材费和调后机械费四部分组成。

2004 年 5 月以后，江苏省全面施行"建设工程工程量清单计价"办法，具体内容是贯彻执行本地区"计价表"和配套的"费用计算规则"，对预算费用项目内容重新划分与归并。2009 年 5 月起江苏执行新颁布的《江苏省建设工程费用定额》（2009 年版），进一步贯彻了推行新版《建设工程工程量清单计价规范》GB 50500—2008 的新规定和计价内容。因此，江苏省现行安装工程预算费用（工程量清单计价）由分部分项工程费、措施项目费、其他项目费、规费和税金等五部分组成。即：

$$设备安装工程预算价值(元) = 分部分项工程费 + 措施项目费 + 其他项目费 + 规费 + 税金$$

1. 分部分项工程费

指完成具体分部分项工程项目施工过程中，所消耗的构成工程实体项目的直接费用及

其管理费和利润。分部分项工程费是依据"清单项目及其工程量"套价（计价表）计算产生，具体包括主材费、人工费、安装辅材费、机械费、管理费和利润等六项内容。即：

$$分部分项工程费＝主材费＋人工费＋安装辅材费＋机械费＋管理费＋利润$$

$$＝主材费＋\sum 分部分项工程量\times 计价表综合单价$$

式中　主材费＝$\sum$分部分项工程量×计价表主材指标＋本地现行单价

人工费＝$\sum$分部分项工程量×计价表劳动量指标×人工单价

安装辅材费＝$\sum$分部分项工程量×计价表辅材指标×辅材单价

机械费＝$\sum$分部分项工程量×计价表机械台班指标×机械台班单价

管理费＝人工费×管理费费率％

利润＝人工费×利润率％

分部分项工程费的分项计算，应明确以下概念：

（1）各分项工程量的计算，以"清单规范"及施工图为依据，必须遵守相应专业"工程量计算规范"的规定；江苏省安装工程"2004 年计价表"与"2001 年估价表"的分项及"规则"是一致的。2013 年"计量规范"的规定，基本来源于"预算定额"的计量规则。

（2）主材费应按"计价表"规定，独立分析与计算，可参照本节"二、"中的"四种表现形式"分别计算。

（3）计价表内"人工费、材料费、机械费"的单价，属于 2003 年定额价，应执行现行的预算工资标准、辅材市场（指导）价、机械台班费新标准。因此，资源价格不能视为"永不变动单价"，要密切关注当地的调价信息（单项调价或系数调价）。

（4）计价表内计费的管理费费率 47％、利润率 14％，为现行一类工程取费标准（2009 年以前属"三类安装工程"计费）；编制施工图预算或标底时，可按实际工程类别调整基价及其综合单价；编制投标报价时，两项费率（％）均可浮动。

2. 措施项目费

省定"措施项目费"的含义与国家规定相同，但包含的具体内容更加广泛。主要内容除包含国家规定的 11 项内容外，还按本省费用内容及"工程量清单规范"（2008 版）的规定，列入通用措施项目和专业措施项目。通用措施项目包括现场安全文明施工措施费、夜间施工增加费、二次搬运、冬雨期施工增加、大型机械进退场及安拆、施工排水、施工降水、成品保护、设备保护、临时设施（不含塔吊基础及专用预制厂）、企业检验试验费、赶工措施费、工程按质论价、特殊条件增加（地下障碍、交通干扰等）等 14 项费用。安装工程的专业措施项目有：组装平台、安全防护、检验检测、施工大棚、烘炉、洞内施工（通风照明供水供气通讯）、施工围挡、构架、脚手、支架、分户验收等。

分析、计算"措施项目费"时，应注意以下几点：

（1）措施项目费应单独列表、逐项计算、统一汇总；应根据工程量清单计价规范、计量规范、施工图、施工组织设计、计价表及费用计算规则等规定，确定措施项目的具体内容。

（2）2009 年《江苏省建设工程费用定额》对各措施项目费的计算标准，均作了明确规定（附录六）；大体有费率（％）计取、分项工程量套价（计价表）列计、按实分析计算、合同约定（包干费用）等四种计费方式。

（3）江苏省规定：现场安全文明施工措施费、工程排污费、建筑安全监督管理费、社会保障费、税金、有权部门批准的其他费用等费用为不可竞争费用；这些费用在编制标底、控制价或投标报价时均应按规定计算，不得让利或随意调整计算标准。

（4）除不可竞争费用必须按规定计算外，其余措施费均属参考标准（编制施工图预算或标底、控制价，应按规定）。

3. 其他项目费

指未列入直接工程费、施工措施费内取费的总承包服务费、暂估价、零星项目计日工、暂列金额等费用。其他项目费应根据拟建工程设计和施工预计情况，具体列出清单、逐项分析计算。主要内容包括业主工程变更预留金、甲供材料购置费、总承包服务费、总分包配合费、零星工作项目费等，其中零星工作项目应详细列出资源（工、料、机）细目及其数量。

实施招标投标的建设工程，其他项目费需以"招标文件"的清单为依据。预留金与购料款为招标人核定，投标人不得变更；总承包服务费和总分包配合费由投标人自主申报；零星工作项目费以"招标文件清单"报价，投标人能否补充，应以"招标文件"的约定为依据。

4. 规费

江苏省现行的规费是指政府有权部门现定必须缴纳的费用。包含工程排污费、建筑安全监督管理费、住房公积金、社会保险费等四项内容（附录一）。目前取费的计算规定为：

工程排污费＝［分部分项工程费＋措施费＋其他项目费］×1‰

建筑安全监督管理费＝［分部分项工程费＋措施费＋

其他项目费］×0.19%…【2012年2月1日起取消】

社会保险费＝［分部分项工程费＋措施费＋其他项目费］×2.2%

住房公积金＝［分部分项工程费＋措施费＋其他项目费］×0.38%

综上所述，预算费用的组成在理论和实用方面，有三种（国家、通用、地区）表示内容。学习中应着重理解其含义及各项费用包含内容，而具体的计算方法与费率，应按各地有关规定执行。而且必须注意，随着经济改革的不断深入，可能会出现一些新的费种和简化计算方法。"政府宏观控制、清单综合计价、市场调节资源、企业自主报价"的量价分离计价体系，必将在我国深入发展。

随着经济改革的不断深入，预算费用的具体内容及组成仍处于变革之中，地方的执行规定也不尽相同。因此，经常发生取消旧费用、增设新费种的规定。目前推行的"工程量清单计价"方式，是费用重新归并后的新概念，各地在具体实施的做法上也存有差异。由于2013年3月21日最新"建筑安装工程费用项目组成"通知的下达，各地将会响应及时出台新的"费用规定"贯彻实施，学习中应密切关注。

第三节　施工图预算与定额计价

设备安装工程预算是建筑安装工程施工图预算的组成部分，施工图预算是工程建设施工阶段核定工程施工造价的重要经济文件。在基本建设的各个阶段中，分别都有深度不同的预算文书。其中施工图预算涉及建设单位和施工企业双方的切身利益，也直接影响到工程建设实际投资的多少。因此，施工图预算的编制是一项政策性和技术性很强的经济工作。

掌握施工图预算编制的基本原理和基本方法，对于系统学习、理解和掌握设计概算、施工预算的编制理论和方法，有着十分重要的承前启后的作用。

一、施工图预算基本概念

施工图预算是指建设工程开工前，根据施工图、预算定额、现场条件及有关规定，所编制的一种确定工程建设施工造价的经济文书。它是以单位工程为编制单元，以分项工程划分项目，按相应专业定额及其项目为计价单元的综合性预算。

施工图预算的主要作用是：

（1）施工图预算是控制工程建设投资的依据；

（2）施工图预算是确定工程施工造价的依据；

（3）施工图预算是签订承建合同的依据；

（4）施工图预算是编制标底、控制价和报价的依据；

（5）施工图预算是办理拨款、结算的依据；

（6）施工图预算是实施经济核算的依据；

（7）施工图预算是考核工程成本的依据；

（8）施工图预算是编制基建计划的依据；

（9）施工图预算是比较单项设计方案的依据；

（10）施工图预算是施工组织设计的依据。

由此可见，施工图预算在工程建设中，有着广泛的实用意义。

施工图预算的主要内容为：

（1）编制说明：包括工程概况、施工条件分析、编制依据、主要指标及其他有关问题说明等内容；

（2）主要技术经济指标；

（3）预算费用计算表（各项费用计算式及成果）；

（4）工程项目预算表（安装工程包含主材费的计算）；

（5）主要材料汇总表、构配件清单、甲方（业主）供料清单等；

（6）附件：①工程量计算表；②工料分析表；③其他资料。

施工图预算的具体内容，应根据实际工程特点、预算的专业要求、当地文件规定的不同，而适当增减。各种表格的格式与内容，也可适当调整。

如果要对定额内资源实施价差调整，必然要在预算表内列出定额人工费、定额辅材费、定额机械费等栏目，以按当地规定进行单项计算与价差调整。

二、施工图预算的编制依据

由于施工图预算所处的重要地位，受到各个方面的重视，对其审核也较严格。施工图预算的编制，要本着实事求是的精神，认真、仔细地逐项计算。各种计算列式必须符合当地现行规定，要查有所据。

施工图预算的编制依据，主要包括：

1. 工程施工图及标准图集

这些资料是划分定额计价项目、计算分项工程量和分析施工条件的基础资料。

2. 现行预算定额或地区单位估价表、地区计价表

用于套算主材耗量、定额直接费基价（或定额综合单价）及其组成的人工费、材料费、机械费基价等，也是工料分析的标准。

3. 当地工资标准、材料和机械台班预算价格

作为制定与补充单位估价表和确定部分主材价格的根据，也是确定各项资源调整价差的依据。

4. 主体设备和主要材料的采购价格和市场价格及其运费

为确定设备、主材预算单价提供依据。

5. 现行费率及有关文件规定

这些政策性规定是计算间接费、独立费、资源价差、税金等预算费用的依据。

6. 其他资料

如现场调查资料、五金手册、产品目录、数学手册等等，都可为编制预算提供方便。

上述资料在具体工程中，要与预算编制对象相对应。作为预算人员要善于搜集和整理与编制预算有关的各方面资料。

三、施工图预算的编制程序

1. 搜集基本资料

预算编制中，基本资料是重要依据。主要内容包括以下五个方面：

（1）施工图、设计文件、设计变更、图纸会审记录、有关的标准图集；

（2）现行预算定额、单位估价表、价目表、计价表、间接费定额、预算费用定额、当地有关文件和执行规定；

（3）设备和材料预算价格、市场价格资料、现行运输费用标准；

（4）预算手册、材料手册、有关设备产品说明、常用计算公式及数据；

（5）施工现场调查资料、其他有关资料等。

2. 熟悉施工图和现场情况

必须了解有关专业设计图的图例、标注、代号、画法等含义，从而能迅速识读预算编制对象的工程施工图及套用的标准图集。要了解设计意图和工程全貌（土建、安装、装饰之间的关系）；要深入现场，分析施工条件，善于发现问题，确定施工技术措施；要逐条核对设计变更与图纸会审记录的内容，在施工图上作出标记。

3. 划分计价项目，分项计算工程量

工程量是计算直接费的基础，而直接费则是确定工程造价的基数。因此，按照有关计算规则，依据施工图正确计算工程量，是预算编制的中心环节。预算编制中，工程量计算的工作量较大，耗时较多，也容易出现差错。所以，必须按定额分清项目，写出算式，注明来源，列出表格（如表 2-1），以便核查，防止重项和漏项。通过仔细复核，做到计算准确。

4. 定额套价，计算定额直接费或分部分项工程费

根据划分计价项目的具体内容，列出定额计价工程预算项目及其对应的工程量，查出预算定额（或单位估价表、计价表）内相应项目的定额编号、主材耗量、基价及其组成（其中所含人工费、机械费基价），从而计算出各项目的定额直接费或分部分项工程费、措施费。主材费的计算单价为定额耗量与现行预算价格的乘积（见本章第二节），安装工程在预算表（表2-2）内直接计算，装饰工程可另行列表计算。最后，对单位工程的主材费、定额直接费及其组成的人工费、机械费进行汇总，成为该工程的套价费用。直接费的计算应列表进行（表2-2），要做到项目、规格、型号、工作内容、施工方法、质量要求、计量单位、定额基价等全部一致。

5. 工料分析与构配件计算

在施工图预算编制中，必须对单位工程用工、用料的定额耗量进行分析计算，并对消耗的构件、配件列出清单。工料分析是按工程预算项目列表进行分析计算（工程量×定额消耗指标），分析内容应以综合劳力、主要材料、大宗材料和特殊材料为主，目的在于核定技术经济指标，提出甲方（建设单位）供料清单和企业自备材料清单（工料分析具体方法，可参见土建预算教材）。工程中所需的建筑构件、配件及主体设备、装置等成品与半成品，应根据施工图进行统计分析，分清型号、规格，列出明细表，以供采购、加工及安排运输。

6. 计算各项预算费用

由于地区价差的存在，首先应按规定调整定额直接费（综合调整或分项调差）。以调整后的直接费为基础，计算间接费、独立费和税金等各项预算费用，汇总的金额为工程造价。费用的计算应列式进行，以备复核。

7. 经济指标分析，编写编制说明，进行整理装订

工程预算费用经复核无误后，可进行技术经济指标分析（本章第一节），包括费用、劳力、材料等单项指标内容。同时，应编写"编制说明"（主要内容为工程概况、施工条件、承包方式、编制依据、主要成果等简要文字介绍），作为预算书的首页内容。预算编制中的各种计算表格经整理后，加上封面装订成册。

以上介绍的只是施工图预算的广义概念。由于不同专业施工图预算的计算规则、计算内容、计费规定、定额运用等不尽相同。而且存在"定额计价"和"清单计价"两种不同计价方式。因此，建设工程实施阶段施工造价的具体编制方法（施工图预算、招标控制价等），必须结合专业要求及当地规定进行，才能全面掌握。

四、建设工程实施阶段的计价体系与"定额计价方式"

建设工程造价的编制模式，几十年来一直沿袭采用"以设计图为依据、以定额为标准、以直接费为基数、以地方规定为准绳"的计价方式，即"定额计价"方式及其形成的体系，构成一整套的费用组成、定额标准、专业界定、调价规定、计算程序、取费方法等政策性法规。

随着经济体制改革的不断深入，社会主义市场经济体制逐步完善，按照我国工程造价深化改革的要求，实现"国家宏观调控、市场形成价格、招标控制范围、企业自主报价、风险合理分担、社会全面监督"的计价宗旨，建设部自2003年开始，连续发布了三个版本的《建设工程工程量清单计价规范》GB 50500—2003、GB 50500—2008、GB 50500—2013，推行和完善建设工程招投标及实施阶段的"清单计价"方式，为进一步建立由市场形成工程造价机制，奠定坚实基础。

因此，建设工程实施阶段已经形成了"定额计价"和"清单计价"两种计价方式。本节上述的施工图预算编制模式，是典型的"定额计价"方式的具体内容和方法。有关"清单计价"的理论和应用知识，将在本章第四节专题介绍。

建设工程造价的计价方式是指工程造价编制必须遵循的编制依据、计价程序、取费标准、计算规则和计费方法等既定系统性法规的具体应用模式。"定额计价"是以专业预算定额为标准、按地方"费用定额"的规定编制工程施工造价的计价模式。归纳起来，"定额计价"具有以下特点：

（1）以施工图及现场条件为计价对象。工程施工图标定了施工内容及质量要求，而现场条件表明了造价的影响因素，为造价编制提供了针对性对象；

（2）以预算定额为计价项目和计价标准。采用预算定额项目（分项工程）为计价单元划分子目，并以定额基价作为分项计算定额直接费的标准单价，是工程造价形成的基础；

（3）以预算定额各计价项目的"工程量计算规则"为计量守则。工程量的计算范围、计量单位、计算方法为"规则"的基本内容，且因工程类别、技术专业的不同而变化，在工程计价中是工程计量的依据和法规；

（4）以直接费为其他各项预算费用的计算基础。首先计算定额直接费，经调整形成现行价格的调后直接费，以此为基础计算间接费、独立费和税金等，汇总为工程施工总造价（预算价值），是"定额计价"的既定计费程序；

（5）以当地各项政策规定为编制准绳。各地单位估价表、资源调价规定、费用定额标准等相关工程计价文件，是工程计价的地方法规，在工程造价编审业务中不可违反，也不可随意变更或调整。

因此，工程造价的"定额计价"是规范化的计价模式，具有严格的计价依据、程序、标准和方法。

第四节　工程量清单计价与招标控制价

贯彻推行《建设工程工程量清单计价规范》（GB 50500—2003、GB 50500—2008、GB 50500—2013），重新调整"建设工程预算费用项目"，是深化改革工程造价管理的重要内容，是规范建筑市场经济秩序的重要措施，也是建设工程计价体系由"量价合一"向"量价分离"过渡的必由之路。

"清单规范"实施以来，历经两个版本不断改进和完善，新的"工程计价体系"的建立，受到工程建设领域和建筑行业的广泛关注。阐述"清单规范"基本理论和具体应用方面的专著和论文，及时而丰富地出现在读者面前，为广大工程造价编审人员调整思路、建立新的计价理念和拓宽业务范畴，创造了有利条件。

本节在简要介绍"清单规范"基本概念及其应用的基础上，将重点阐述"清单计价"的基本原理及其应用规定，并对"清单计价"编制招标"控制价"的业务作归纳和引导。

一、工程量清单

"工程量清单"是指招标人依据国家统一规定和招标项目实际情况，为规范投标人分项报价，在招标文件中所提供的施工（计价）项目及其工程数量的明细表。而"工程量清单计价"是指招标人与投标人共同在中标的"工程量清单"所列项目、综合单价及其合同条款制约下，遵照国家相关法律、法规所进行的一种建设工程造价计算制度。因此，"清单计价"是一种固定单价的招投标项目计价方法和计价体系，充分体现了自主报价、市场调节、低价中标、风险分担等计价原则。

最新"清单计价规范"GB 50500—2013 的术语中指出：工程量清单是指载明建设工程分部分项工程项目、措施项目、其他项目的名称和相应数量以及规费、税金项目等内容的明细清单。工程量清单由清单说明和规定格式的表格组成。建设工程招投标及实施阶段的工程量清单，有招标工程量清单与已标价工程量清单之分。招标工程量清单是招标文件的重要内容，是投标报价分项计价的依据；已标价工程量清单是承建合同的组成部分，是工程价款核定与支付的依据。

依据建筑安装工程预算费用组成的划分内容，建设工程"工程量清单"由分部分项工程项目清单、措施项目清单、其他项目清单、规费项目清单和税费项目清单五个部分内容构成。而"工程量清单"明细应由项目编码、项目名称、项目特征、计量单位和工程数量等五个要件（要素）所表示（界定）；项目特征和工作内容是计价项目核定综合单价的依据，列入综合单价计算出项目费用，则为"清单计价"的成果。

（1）分部分项工程量清单。"计价规范"统一规定的计价项目、计量单位和给定的工程数量等，属于不可调整的闭口清单，投标人不得变更；表式应包含序号、项目编码、项目名称、项目特性、工作内容、计量单位、工程数量、综合单价、工程费用、备注等栏目（其中综合单价、工程费用由投标人报价）。

（2）措施项目清单。按工程设计要求和工地状况，招标人按"规范"规定拟定通用与特殊的施工措施项目清单（可列出数量按综合单价计费、没有数量则以"项"表示），由投标人按项目报价，属于可调整清单；除不可竞争费用项目外，投标人可增加或减少（优惠）措施项目及其报价（不免责）。

（3）其他项目清单。包括招标人确定的暂列金额、暂估价、计日工、总承包服务费，以及地方规定的其他一些独立费用等内容。暂列金额属"不可预见费"，不可调整；暂估价也属招标人预估费用或单价；计日工为零星工作项目，综合单价由投标人自主报价；总承包服务费应明示服务内容，参考地方规定费率％自主报价。

（4）规费项目清单。包括列入"措施费"的"安全文明施工措施费"在内，所有规费，均为不可竞争费用，执行地方规定不可调整。"计价规范"内所列规费包括社会保险费（养老、失业、医疗、工伤、生育）、住房公积金、工程排污费及其他地方规定的政策性取费。

（5）税金项目清单。2013版"计价规范"新增"地方教育附加税"，故由营业税、城市维护建设费、教育费附加、地方教育附加四项税费组成。采用统一的综合税率％一次计取。

"工程量清单"须由具备造价编审资质的专业人员编制，其所在部门须具备资质且承担责任。

"计价规范"明确规定，工程量清单的编制依据是：

（1）《建设工程工程量清单计价规范》GB 50500—2013 及配套专业的九册"工程量计算规范"GB 50854 至 GB 50862；

（2）国家及地方的计价办法、计价定额和相关规定；

（3）施工图设计图纸及设计文件与资料；

（4）与建设项目相关的标准、规范、技术资料；

（5）招标文件；

（6）工程特点、施工现场条件、工程地质勘察资料、常规施工方案与做法；

（7）其他相关文件、资料等。

"工程量清单"的编制要求，主要有以下几点：

（1）"清单计价项目"与"计价规范"的规定一致，做到"四个统一"。即"清单计价项目"的项目编码、项目名称、计量单位、计量规则是统一的，符合"规范"的规定要求；计价项目的名称，要与"计量规范"称呼一致，且排列有序、所指明确；

（2）"清单计价项目"的12位数字"五级编码"中，前9位数字 标志的"四级编码"与"计量规范"的规定一致，符合"一个项目只有一个编码"的要求。第一、二位数字表示工程类别（01建筑与装饰、02仿古建筑、03通用安装工程、04市政工程、05园林绿化、06矿山、07构筑物、08城市轨道交通、09爆破工程），第三、四位数字表示技术专业（如安装工程的01机械设备、03电器设备、10给排水采暖煤气等），第五、六位数字表示分部工程，第七、八、九位数字表示分项工程（计价项目）。第十、十一、十二位数字为第五级，表示计价项目的细化、延伸（种类、规格、标准、型号等特征差异），属同项稍异、不同价的项目编码，由"清单"编制人员自行设置（从尾数001开始）；

（3）"清单计价项目"的"项目特征"，须依据设计要求及工程特点，描述清楚，尽量不留"活口"。"项目特征"的描述，不仅涉及工程计量，且关系综合单价的准确核定，"清单"编制时，务必给予足够的关注。

（4）"清单计价项目"的计量单位与计量规则，与"计量规范"的规定一致，相互匹配。凡同一"计价项目"有两个及以上的计量单位，须根据工程特点及合理定价要求，选其一种计量单位；同一工程的同类计价项目，计量单位应一致，且符合相应"计量规则"的规定；

（5）"清单计价项目"的工程数量，尽量计（估）算准确，且做到列式列表，以备核查。当施工中实际计量与"清单数量"相差大于15％时，规范规定须调整"综合单价"，将引起合同价款调整的事件发生；

（6）"清单计价项目"的用表格式，必须符合"计价规范"的统一规定及地方"招投标示范用表"的要求。实践中，应以地方规定为执行范本；

（7）"清单计价项目"的内容，须包含全部设计要求及所有施工项目，尽量不留死角。对于"计价规范"中未列入的"清单计价项目"，应按"近项挂靠、编码定位、规范排序、完善内容"的要求，进行补充和调项。

工程量清单的编制，可按以下步骤进行：

（1）收集资料、熟悉图纸、勘察施工现场。应尽量完整地收集"清单编制依据"中所列各项资料，熟悉设计资料，深入施工现场，掌握工程特点及施工条件，为"清单"编制做好充分准备；

（2）分解分部、分项工程，逐项列出"清单计价项目"的基本内容。按"四个统一、五级编码"要求，列表分别填写项目编码、项目名称、项目特性、计量单位及工作内容等资料，按序整理分部分项工程的编码排序；

（3）分项计算"清单计价项目"的工程量。以施工图设计为依据，以"工程量计算规则"为标准，分别计算各计价项目的工程数量，且与"计量单位"相匹配；工程量的计算应列表、列式、逐项进行，以备核查。

（4）检查完善"清单计价项目"的各项内容与资料。在完成"分部分项工程清单"基础上，完善措施费清单、其他项目清单、规费清单及税金计算等项目与内容。

需要指出：招标文件的"工程量清单"及其控制价，一般由招标代理机构负责编制，须建立一套编制、校对、审定、批准的业务程序，还必须及时与业主沟通和协调。工程量清单及其招标控制价，应在当地"造价行业管理机构"备案；当控制价超过原概算（工程费）时，应由原概算批准部门重新审批。

二、清单计价规范

《建设工程工程量清单计价规范》GB 50500 的发布，是工程造价体制深入改革的产物。自 2003 年实施"清单计价"方式以来，已陆续发布 2003、2008、2013 年三个版本的"计价规范"，在规范"计价行为"、统一"计价方法"，以及推进经济改革、促进建筑市场健康发展等方面，发挥了积极作用。

GB 50500—2003 为初版"清单计价规范"，包含总则、术语、编制、计价、格式、附录六部分内容，共有 32 条规定及若干表式，作为国家标准全面推行。因此，不仅具备法规性和强制性，还具有统一性、通用性和实用性等特性。2003 版"清单规范"在附录规定的工程类别（建筑、装饰、安装、市政、园林、矿山）内，统一了计价项目名称、编码、计量单位、计量规则等内容，充分体现了"政府调控、自主报价、市场平衡、社会监督"的计价原则。

GB 50500—2008 为第二版"清单计价规范"，是在 2003 版基础上，通过工程计价实践，认真总结经验，扩充若干计价活动内容而形成。在充分考虑市场、体现国情的原则下，增加了施工计量、过程计价、签证索赔、结算定价等法规性条款，力求实现"市场调节价、监管不越位、调控不缺位、规费不竞价"的管理模式。2008 版"清单计价规范"的条文细化，做到"依法定规、有规可依、有章可循"，充实了不少与工程价款相关的合同类制约条款。2008 版"规范"全面引用了 2003 版"清单计价清单"附录中六个工程类别的"清单计价项目"的明细内容。即"清单计价项目"的名称、编码、特征、单位、规则、工程内容等是相同的，2008 版本仅在条文上修订、充实。

最近发布的 GB 50500—2013 及九册"工程量计算规范"，属最新版本"清单计价规范"（表 2-1），是在 2003 年版、2008 年版"规范"基础上，认真总结实践经验、广泛征求实施意见后修订而成。它的意义是：深入推行工程量清单计价，为建立市场形成工程量造价机制奠定坚实基础，在维护建设市场秩序、规范承发包计价行为、促进建筑市场健康发展方面，发挥重要作用。GB 50500—2013 为母规范，由十七个部分（总则、术语、一般规定、工程量清单编制、招标控制价、投标报价、合同价款约定、工程计量、合同价款调整、价款期中支付、竣工结算与支付、合同解除的价款结算与支付、合同价款争议、工程造价鉴定、工程计价资料与档案、工程计价表格、附录示范格式等）组成，总共 16 章 54 节 329 条（比 2008 版规范增加 11 章、37 节、192 条）。配套的九册"工程量计算规范"是在原规范"附录"内容上充实后形成的相对独立法规，原"规范"附录的六个工程类别是建筑、装饰、安装、市政、园林、矿山，新增了仿古建筑、构筑物、爆破工程三个专项。

规范代码	规范名称	附录:清单项目 (分部工程或专业)	统一计价项目总数	备注
GB 50854—2013	房屋建筑与装饰工程	土石方、地基处理与边坡支护、桩基、砌筑、混凝土与钢筋混凝土、金属结构、木结构、门窗、屋面及防水、保温隔热防腐、楼地面装饰、墙柱面装饰与隔断幕墙、天棚、油漆涂料裱糊、其他装饰、拆除、措施(17个分部)	561	房屋建筑统一计价项目
GB 50855—2013	仿古建筑工程	砖作、石作、琉璃砌筑、混凝土及钢筋混凝土、木作、屋面、地面、抹灰、油漆彩画、措施(计10部分)	566	专项资质
GB 50856—2013	通用安装工程	机械设备、热力设备、静置设备与工艺金属结构、电气设备、建筑智能化、自动化控制与仪表、通风空调、工业管道、消防、给排水采暖燃气、通信设备及线路、刷油防腐蚀绝热、措施(计13专项)	1151	按技术专业划分
GB 50857—2013	市政工程	土石方、道路、桥涵、隧道、管网、水处理、生活垃圾处理、路灯、钢筋、拆除、措施(11个部分)	564	通用项目与工业工程相结合
GB 50858—2013	园林绿化工程	绿化、园路园桥、园林景观、措施(4个部分)	141	
GB 50859—2013	矿山工程	露天、井巷、措施(3个部分)	157	
GB 50860—2013	构筑物工程	混凝土构筑物、砌体构筑物、措施(3个部分)	98	仅适用于构筑物工程量清单
GB 50861—2013	城市轨道交通工程	路基维护结构、高架桥、地下区间、地下结构、轨道、通信、信号、供电、智能与控制系统、机电设备安装、车辆基地工艺设备、拆除、措施(13个专业类别)	620	
GB 50862—2013	爆破工程	露天爆破、地下爆破、硐室爆破、拆除爆破、水下爆破、挖装运、措施(7个部分)	68	

为全面理解 2013 年版"清单计价规范"及其配套的九册"工程量计算规范"的规定,应对以下几点深入学习:

(1) 新规范以 GB 50500—2013 为母本,对"清单计价"方式及计价行为作了强制规定。而 GB 50854 至 GB 50862 是对九类工程的计价项目及其工程量计算规则,所作的统一规定。因此,采用"清单计价"方式编制工程造价,要求配套使用相关法规。

(2) 采用"清单计价"方式及其体系编制工程施工造价,已明确在建设工程发承包及实施阶段采用,直接为施工造价控制与监管服务。这就意味着在建设项目决策与设计阶段,仍可采用"定额计价"方式编制建设项目投资结算与设计概算。

(3) GB 50500—2013 增加了工程计量、价款调整、期中支付、解约支付、造价鉴定、资料档案等合同条件类法规内容。因此,形成了完整的计价标准体系,扩大了计价计量范围,注重与施工合同的衔接,规范了计量支付形式,统一了合同价款调整因素,确定了计价结算原则。从而在深化工程造价机制改革方面,将会进一步发挥积极作用。

(4) 在九册"工程量计算规范"中,填补了若干新的"计价项目";充实完善和归并了"项目特性"的内容,突出描述影响造价大的因素;出现了同一计价项目有两个或以上的"计量单位",体现按实选择的灵活性;"坚持统一、方便计量、规定严密、唯一数值"是确定"计量规则"的原则,明确计量界限,防止计价混乱,新规范的多数"工程量计算规则及子目分类"与相应预算定额的规定一致；为保持施工完整性，计价项目的"工作内容"更加 完全、合理，属于构配件成品的取消"制作"；措施项目充实内容后，列在"清单计价项目"的最后，按工程实际及设计要求选列。

（5）《通用安装工程工程量计算规范》GB 50856—2013 由十三个部分组成（表 2-2），除十二个安装专业外，最后集中编列了"措施项目"（表 2-3）。

《通用安装工程工程量计算规范》GB 50856—2013 清单项目一览表　　表 2-2

附录名称	编码	分部 项目	清单项目数	使用范围
A 机械设备	0301-	切削、锻压、铸造、轨道、输送、电梯、风机、泵类、压缩机、工业炉、煤气发生、其他机械	122	工业与民用建筑中的常见机械设备安装
B 热力设备	0302-	中压锅炉(本体及各种配套装置)、汽轮发电机、煤场设备、冲刷、除灰、补水、水处理、脱硫、低压锅炉	98	新建、扩建项目中 25MW 以下汽轮发电机组，中压与低压锅炉安装
C 静置与结构	0303-	静置设备、工业炉、油罐、气柜、金属结构、非金属设备、撬块、检验	49	金属管器、罐柜及加工结构
D 电气设备	0304-	变压器、配电装置、母线、控制设备、蓄电池、电机、滑触线、电缆、防雷与接地、10kV 以下架空线、配管配线、照明器具、附属工程、电气调整	148	10kV 以下变配电工程、车间动力、电气照明、防雷接地、供配电线路等
E 建筑智能化	0305-	计算机、网络、布线、自动化、信息、有线电视、卫星接收、音频、视频、安全防范	96	弱电系统
F 自动化仪表	0306-	各类仪表、分析检测、模拟试验、监测报警、仪表管路、工业计算机、盘箱柜及附件	52	自动化控制装置及仪表
G 通风空调	0307-	通风及空调设备、风管、部件、检测调试	52	工业与民用建筑中的通风与空调工程
H 工业管道	0308-	低、中、高压管道及管件阀门法兰、卷板管及管件、管件与管架、无损探伤、热处理	129	各类生产用(含生产生活共用)管路系统安装
J 消防工程	0309-	水灭火、气体灭火、泡沫灭火、火灾报警、系统调试	52	消防与安全防范设备及系统
K 给排水采暖燃气	0310-	管道、支架、附件、卫生器具、供暖器具、给排水采暖设备、燃气器具、医疗气体设备、系统调试	101	工业与民用建筑工程中，生活用给水、排水、采暖、燃气设备及管路系统
L 通信设备与线路	0311-	通信设备、移动通信、通信线路	168	专业通信设备与线路安装
M 刷油防腐绝热	0312-	刷油、防腐涂料、糊衬玻璃钢、橡胶板、衬铅搪铅、喷镀涂、耐酸砖（板）衬、绝热、管道补口、阴极保护与牺牲阳极	59	各类安装工程的配套项目
N 措施项目	0313-	专业措施、安全文明施工、其他措施	25	措施费"清单"计价项目

注：本表为 GB 50856—2013 的清单计价项目明细汇总。

通用安装工程"措施项目清单"明细表

表 2-3

措施分类	项目编号	项目名称	包含范围及内容	备注
N1 专 业 措 施 项 目	031301001	吊装加固	行东梁、桥吊及设备整体吊装的临时加固设施安拆清理	①质量验证性检测,列入管理费;国家法规性强制检测,列入概算由业主支付;设备功能属经营服务性检测,属独立项目,执行规定; ②大型机械进退场及安拆费用,应独立列项目计算费用; ③其他项目,应分项目描述工作内容及包含范围
	031301002	金属抱杆安拆移	抱杆按拆移及吊耳制安、拖拉、坑挖埋	
	031301003	平台铺设、拆除	场地平整、基础及支墩、支架及平台、搭铺与拆除清理	
	031301004	顶升、提升装置	安装、拆除、清场	
	031301005	大型设备专用机具	安装、拆除、清场	
	031301006	焊接工艺评定	焊接、试验、评定	
	031301007	胎(模)具制安拆	制作、安装、拆除	
	031301008	防护棚制安拆	制作、安装、拆除	
	031301009	特殊地区施工增加	高原、高寒、多地震地域(地方规定)	
	031301010	安装与施工同时进行	施工增加量(定额规定):火灾防护、噪声保护	
	031301011	有害健康环境中施工	有毒化合物、粉尘、有害气体、浓氧:保护、保健(地方规定)	
	031301012	工程系统检测检验	起重、锅炉、高压容器等技监检测(国家及地方规定)	
	031301013	设备管道施工保护	施工安全、防冻、焊接保护	
	031301014	焦炉烘炉热态工程	烘炉安拆运、热态作业劳保	
	031301015	管道施工充气保护	充气作业设施安拆及作业费用	
	031301016	隧道内施工设施	通风、供水、供气、供电、照明、通信等设施安拆(分开单列)	
	031301017	脚手架搭拆	备料、运输、搭拆、堆放、清理(分别列项目清单)	
	031301018	其他措施	保护正常施工、工地现场条件、专业施工特定	
N2 安 全 文 明 施 工 及 其 他	031302001	安全文明施工	环境保护、文明施工、安全施工、临时设施	①执行地方法规及定额规定,单列"清单项"; ②凡规费及安全文明施工费为不可竞争费,应独立设置; ③超高费按专业规定单列
	031302002	夜间施工增加	照明、警示、耗电、降效、津贴	
	031302003	非夜间施工增加	地下、管内:照明、通风、耗电、降效、警示	
	031302004	二次搬运	无通路、山上、巷内、无堆场:材料、半成品、构配件等转运	
	031302005	冬雨季施工增加	保温、防雨、防风、防寒、防滑、降效、劳保、排水等	
	031302006	已完工程及设备保护	覆盖、包裹、封闭、隔离、值班	
	031302007	高层施工增加	沿高 20m 以上:降效、提升、通信、供水、垃圾	

说明:本表摘自《通用安装工程工程量计算规范》GB 50856—2013 附录 N 措施项目所列的"清单计价项目"内容。编制"造价文件"应依据工程设计及现场实际,有所取舍及补充。

三、清单计价方式

在"招标文件"中明确提供"工程量清单"及相关费用，且公开招标工程控制价，投标人在投标文件中的自主报价和投标承诺，将作为中标后合同签约和工程计价的依据。这种通过"清单"项目限制而固定单价的计价模式，称为"清单计价"方式。而包含"计价规范"在内的一系列工程计价法规及地方政策，所形成的工程计价依据、程序、标准、方法等成套系统，称为工程计价体系。

"清单计价"是事先约定单价、事后计量结算，体现了风险均摊原则。发包者承担设计、规划（项目、数量）风险，承包者承担资源、市场（单价、工艺）风险。因此，"清单计价"方式具有以下特点：

（1）以工程设计及施工现场条件为编制计价项目、计算项目数量的依据；

（2）以"清单计价"规范为计价法规，开展计价活动，规范计价行为；

（3）以"工程量计算规范"规定的统一计价项目为准则，编制"计价项目"工程量清单；

（4）以"综合单价"为标准，计算分部分项工程费、措施费、其他项目费等费用；

（5）以地方法规为准则，计算各项规费和税金。

由此可见，"清单计价"方式是全面执行"工程量清单计价规范"及"工程量计算规范"的工程计价模式。

为贯彻执行"清单计价规范"及预算费用调整规定，满足编制"综合单价"的业务需要，作为标底或招标控制价的计价标准，某些省、市编制了配套的地方"计价表"（第一章第六节）。即将原预算定额或单位估价表，以现行资源单价及五项费用内容为依据，改编为直接套用"综合单价"的新计价定额标准。

"计价表"可以作为"清单项目"综合单价的编制基础，也是组成"清单项目"综合单价的基本单元（第一章第九节）。如果利用"计价表"直接列出计价项目（定额项目、综合单价），按"清单计价"程序编制工程造价，可以理解为"计价表计价"的计价方式。

至此，通过以上内容的学习，在概念上已经形成了"定额计价、清单计价和计价表计价"三种计价方式。不过，直接采用"计价表计价"方式编制工程造价，只在少数特定专业的预算编制中采用（地方规定）。

四、招标控制价

2008 年版和 2013 年版"清单计价规范"均已明确规定：建设工程实行工程量清单招标，应编制招标控制价，随招标文件向投标人公开。同时规定：投标人的投标报价高于招标控制价属废标，投标应予以拒绝。

招标控制价是招标人根据国家或省级、行业建设主管部门颁发的有关计价依据和办法，以及拟定的招标文件和招标工程量清单、结合工程具体情况编制的招标工程的最高投标限价。

招标控制价的编制依据是：

（1）"清单计价规范"GB 50500—2013 及相应专业"工程量计算规范"；

（2）国家或省级、行业建设主管部门颁发的计价定额和计价办法；

（3）建设工程设计文件及相关资料；

（4）拟定的招标文件及招标工作量清单；

（5）与建设项目相关的标准、规范、技术资料；

（6）施工现场情况、工程特点及常规施工方案；

（7）工程造价管理机构发布的工程造价信息，当工程造价信息没有发布时，参照市场价；

（8）其他相关资料。

招标控制价的编制和公布，应遵循下列主要规定：

（1）编制及复核者，须具备造价资质；编制的成果应在规定部门备案；当招标控制价超概算时，应报原概算审批部门重新审批；招标控制价随招标文件向投标人公布；

（2）招标控制价的编制须执行地方规定和计价标准，不应上调或下浮；

（3）工程量清单的内容（名称、编码、特征、单位、规则、内容），须符合"规范"规定和工程实际；综合单价符合地方计价标准；造价组成符合"清单计价"相关法规；

（4）向投标人公布的"招标控制价"不符合相关规定，遇到书面实名投诉时，应由工程造价管理机构组织核查，查实后限期处理（价差±3％以上应改正），重新公布"招标控制价"。

招标控制价的编制审批、发布程序，可按下列步骤进行：

（1）按规定编制"招标工程量清单"（本节前述）；

（2）列表编制"清单计价项目"的综合单价（第一章第九节）；

（3）按"规范"及地方"计费规定"，计算各项"清单费用"：

① 分部分项清单费用＝∑"清单"工程量×综合单价；

② 措施清单费用：∑措施项目数量×综合单价

∑措施项目单项计费（执行地方标准）

③ 其他项目清单费用：暂列金额（地方规定估算）

计日工（暂列估计、地方工资综合单价）

总承包服务费（估计专业分包、地方计价费率％）

④ 规费清单费用：社会保险费（养老、失业、医疗、工伤、生育）

住房公积金

工程排污费

｝地方规定

⑤ 税金：［①＋②＋③＋④］×地方综合税率％

（4）"清单计价"编制说明及示范格式（填表）、装订成册；

（5）编制、校核、审定、批准（审批程序），盖章、备案、公布等。

第五节　安装工程施工图

设备安装工程施工图是工程建设施工图设计阶段的安装工程设计图。它是编制预算、组织施工、审查设计、工程验收等的重要依据和基础资料。

一、安装工程施工图的内容

安装工程施工图由基本图和详图两个部分组成。基本图包括设计（施工）说明、总平面图、平（立）面图、系统图和原理（工艺流程）图等内容；详图包括局部详图、部件详图和材料表等内容。

1. 设计说明

指在设计图的首页（或图幅内）对设计依据、安装要求、质量标准、材料规格、施工做法等方面内容的文字说明。

2. 总平面（布置）图

表示室外部分管线及设备的平面位置及其相互关系的水平投影总体布置图。如电气外线总平面图（图 3-3）、给水总平面图（图 4-8）、排水总平面图（图 4-9）等。

3. 平（立）面图

表示室内设备及管线的平面位置（各层）、立面标高、安装方式、材料做法等内容（图 3-5、图 3-6、图 4-10、图 4-13）。

4. 系统图

表示管线的进出、连接、分支、分段及其与各种设备联结关系的系统网络图形。系统图中应标注管线规格、设备型号、标高及流向等内容（图 3-4、图 4-12、图 4-15）。

5. 原理图（工艺流程图）

表示生产过程及生产条件的原理示意图，重点表示生产工艺流程和设备运用原理，属于总图中的工艺设计内容。

6. 局部详图

表示设备总装配合、位置尺寸、安装方式的标准图和非标准设计图。如设备基础图、装配图、标准图（国标、部标、省标等）等。

7. 部件详图

表示安装工程中所需的非标准部件、零件、配件等内容的加工图，用以配料和制作。

8. 材料表

各种设备的安装工程施工图，都应在图纸上列表，以表示完成该项工程所需设备和主要材料的名称、规格（型号）、数量、安装图号、备注等项内容。这种表格称为材料表（或设备清单）。

二、安装工程施工图的特点及识读要点

由于安装工程的内容、规模不同，施工图的表现形式也不尽相同。但是，各种专业的安装工程施工图，都具有以下共同特点：

（1）安装工程与土建工程的关系密切，相互配合，相互依托。安装图中标明的设备及管线位置，总是以土建图尺寸为基准的，因此，识读安装工程施工图，必须同时对照土建施工图。

（2）安装工程的专业性较强。设计、施工由专业人员、专门队伍进行，而且不同的安装工程内容，应由相应专业安装施工图表示。

（3）安装工程有专业差别，各专业施工图所用的代号、标准、图例、画法等各不相同。在识读安装图、编制安装工程预算时，应具备一定的专业知识。

（4）作为工程语言的施工图，都是根据投影原理和工程制图标准绘制的。识读安装图应具备工程制图和机械制图的知识。

在编制预算时，为了按计算规则准确地计算安装工程量，必须学会识图。有关安装施工图的识读方法，将在以后章节按专业分别叙述，本节不再赘述。识读安装工程施工图，应注意以下几点：

（1）首先必须熟悉和掌握该专业安装工程施工图所采用的统一符号、代号、图例、标注和画法，弄清其含意。

（2）系统图和原理图是安装施工图的指南，反映了设备之间的相互关系。识图要以此为方向，按流程方向逐项识读，以此建立系统概念。

（3）识图前要仔细阅读"设计（施工）说明"，了解设计意图、施工要求等，这将有利于识图分析。

（4）识图要"三对照"，即安装图与土建图对照，系统图与平面图对照，总图与详图对照，这有利于逐段理解，建立整体概念。

（5）识图要勤于记录和在图上标记，防止遗忘，这将有利于思维条理化。

（6）要充分利用安装图上的材料表和设备清单，为工程量计算提供数据。识图时一定要核对数量及其分布。

以上几点可在今后的具体专业安装图识读中，结合实际加深理解。

第六节　安装工程量的计算

工程量是衡量工程建设规模的实物量，是计算定额直接费的基础，也是预算编制的原始数据。工程量的多少，将直接影响到工程造价的高低，所以，工程量计算的精度与合理性，将直接影响到预算编制的准确性。

准确地识读工程图，具备一定的专业知识，掌握专业定额的"计算规则"，并有一定的数学计算基础和综合归纳的统筹技巧，是准确计算工程量的基本功。工程量计算历来是学习预算编制方法的难点，应引起足够的重视。

一、工程量的意义

工程量是指以物理计量单位或自然计量单位，所表示的建筑安装工程各项目的实物量。工程量是工程建设规模的客观反映，也是预算编制中分项计价的具体内容。

工程量的计量单位有物理计量单位和自然计量单位两类。物理计量单位是指法定的计量单位，它包括长度、面积、体积和重量等四种计量单位。

（1）长度（m）：一般指"延长米"。例如：导线敷设长度、管道安装长度等，均以长度计量。

（2）面积（m²）：指外围或表面范围的"平方米"。有外围面积、净（实）面积、展开面积等区别。安装工程多以展开面积计算，例如：通风管路、刷油防腐等工程。

（3）体积（m³）：指空间范围或建筑实体的"立方米"。有外围体积与实体积之分。如管道的保温绝热、设备基础等。

（4）重量（t）：指统一的重力计量。如金属构件、配件及一些制成品等。

自然计量单位是指建筑成品表现在自然状态下的简单点数计量。汉语中的自然计量单位，因物而异，称呼不同。台、套、组、个、只、系统、块等，都属自然计量单位。设备安装工程中，大量地使用自然计量单位。例如：配电柜（盘）、灯具、插座、阀门、卫生洁具、散热器等安装项目，都采用自然计量。

建设工程预算价值是以直接费为基础计算的（施工图预算中，直接费占预算总价的70%～90%）而直接费是各个项目工程量与定额基价的乘积之和。定额基价在一定时期和地区内是个不变数，而工程量是根据具体工程的内容、特点及其规模而变化的。可见，工程造价是由直接费决定的，也是由工程量控制的。因此，工程量的计算是编制工程建设预算书的重要环节，也是编制预算的关键性内容。

二、工程量的计算原则

由于工程量在预算编制中的特殊重要地位，以及工程量计算的繁杂性，因而历来为预算人员所重视。实践表明：同一套图纸的单位工程，不同人员编出的预算价值不同，甚至同一个人在不同时间计算的结果也会不一致。究其原因，是由于工程量的计算及项目划分的不一致。而根本的原因除了不熟悉图纸外，主要是不掌握"计算规则"，不懂得和不遵照工程量计算的基本原则和要求。

工程量计算规则是指定额中对各计价项目工程量的计算范围和计量单位，所作的统一执行规定。它是工程量计算的标准和依据，也是定额执行的法定内容。

要正确计算各项目的工程量，除了加强识图锻炼和弄清"计算规则"外，必须掌握工程量计算的规律和原则。工程量的计算原则，归纳起来有以下五条。

1. 必须按《工程量计算规则》计算工程量

"计算规则"是制定定额的基础，是综合和确定定额内计价项目各项消耗指标（标准数值）的依据，也是具体工程测算和分析资料的准绳。

2. 必须按与专业定额相一致的《工程量计算规则》计算工程量

每一部定额都有自身的"计算规则"，不同的专业定额，其"计算规则"内容不同。计算分项工程量所遵循的"规则"，必须是所选用的某部定额套价项目或清单计价项目的"计算规则"。

3. 必须按定额套价项目分别计算工程量

工程量计算的目的，在于分项套价。一个项目应有一项工程量，套一项定额；不同的项目要分别计算工程量（"一数多用"也应分项照列），才能分别套价。若定额的编号和基价不同，就标志着计价项目不同，必须分项计算工程量。还必须明确：深度不同的预（概）算，采用的定额不同，其项目划分内容也不同。

4. 必须按一定的精度要求计算工程量

工程量的计算精度涉及直接费精度，影响预算价值的精度。分项计算安装工程量时，应取法定基本单位的小数点后一位；汇总量可取整数。自然计量一律是个位的整数。这种计算精度的概念，与定额中扩大计量单位（10m、100m、10m^2、100kg……）不可混同。

5. 必须按规定的计量单位计算工程量

定额中各个计价项目都有规定的计量单位（表3-17、表3-51、表4-14、表4-35），只有建立"不同定额有不同的计量单位"的概念，才能符合定额套价的要求。工程量的计量单位与定额项目的计量单位不一致，是绝对不能套价的。否则，将成为错误的直接费。

上述基本原则，在工程量计算中尤为重要，也适用于预算编制。

三、工程量的计算方法

编制施工图预算，所计算的工程量是指各个计价项目（分项工程）的工程实物量。在划分项目的基础上，一般采用"按图列式、逐项计算、全面核对"的方法，分项逐条地求出。

工程量计算方法的要点是：

（1）工程量计算的主要依据是施工图和预算定额。施工图是工程内容、做法和数量的表现形式，而定额是预算的标准。

（2）必须掌握识读工程图的基本技术，能较熟练地看懂施工图，只有弄清施工图的内容及其尺寸，才能准确地计算各个项目的工程量。

（3）必须熟悉有关专业的预算定额，要明确定额的分项内容和相应的"计算规则"。这是防止重复计算或漏项的关键，也是准确套价的基础。

（4）计算中对几何公式的运用是工程量计算的基础。要善于捕捉施工图中规律性的图形及其尺寸，运用相应的几何公式来简化计算。

（5）在大量施工图和众多定额计价项目中，如何选择工程量的合理计算顺序，是确保工程量计算做到内容全面、便捷明了、列式系统、一式多用的关键。常用的工程量计算顺序有按图纸顺序（编号、轴线、层段、上下、左右、内外、总详等）、按施工顺序（基础、结构、装修、安装）、按系统顺序（管线、干支、进出、编码、型规等）和按定额顺序（编号）等多种。对于初学者，建议采用按定额编号顺序计算工程量。这不仅可以熟悉定额，而且可以防止漏项。

（6）列表（见表2-4）、列式是计算工程量的基本要求之一。表格内应分别写明项目名称、序号、算式及结果，以供在"一式多用"或"一数多用"时直接引用。计算式中，应在数字的上方标注来源或含义，以有利于复核。同一定额计价项目涉及众多部位时，尽可能按部位不同分别单列算式与计算，再进行汇总，以供套价。

工程量计算表

表 2-4

工程名称_____

共__页　第__页

顺序号	分项工程名称 （或编号）	计算公式 （或说明）	计量单位	数　量	备　注

校核者_____　计算者_____

（7）分项计算工程量的目的，在于定额套价求出直接费。工程量计算的计量单位，必须与相应定额项目一致。考虑到物理量 m、m^2、m^3 三者之间的转换关系，而某些工程量在尺寸上有一定的内在联系，因此，在工程量计算中，第一次出现的数据应逐项、分层次地列出，以便引用。

四、设备安装工程量的计算特点

土建工程量大多以物理量（m、m^2、m^3、t）为计量单位，遵照定额的"计算规则"，按图示尺寸分部逐项计算，较为繁杂。而安装工程施工图中，一般不标明具体尺寸，只表示管线系统联络和设备位置，同时，安装定额中计量简单、分项单一（设备、管线），因此，设备安装工程量的计算，比土建工程量的计算要简单得多。

安装工程的工程量计算，具有以下主要特点：

（1）计量单位简单。除管线按不同规格、敷设方式，以长度（m）计量外，设备装置多以自然单位（台、个、套、组……）计量。只有极少数项目才涉及其他物理单位。如通风管按展开面积（m²）、金属构配件加工按重量（kg）等。

（2）计算方法简单。各种设备、装置等的安装，工程量为在施工图上直接点数的自然计量，计数比较方便。安装工程中的管线敷设，以长度计量，工程量为水平长度与垂直高度之和。管线水平长度可用平面图上的尺寸进行推算，也可用比例尺直接量取；垂直长度（高度）一般采用图上标高的高差求得。

（3）可利用材料表或设备清单。设备安装工程施工图一般附有"材料表"或"设备清单"，表内列出的主体设备、材料的规格、数量，在工程量计算中可以利用和参考，从而进一步简化了计算工作。但是还应在施工图上逐项核对，特别是管线敷设表所列长度不大精确，最好分项计算后再核对。

（4）安装图要与土建施工图对照。受安装工程施工图表示内容的限制，细部尺寸及基层状况不大清楚，因而在工程量计算时，要对照土建工程施工图进行分析，方能做到分项合理、计量准确。

根据以上特点不难看出，在工程量计算中，安装工程与土建工程有着明显的差别。为了避免重项与漏项，减少重复计算和差错，安装工程量的计算应注意以下几点：

（1）熟悉定额分项及其内容，是防止重项与漏项的关键。要把套价与工程量计算结合进行。首先根据施工图内容，对照相应的安装定额确定主要预算项目，找出相应定额编号，然后再逐项计算工程量。

（2）对管线部分，一定要看懂系统图和原理图，根据由进至出、从干到支、从低到高、先外后内的顺序，按不同敷设方式，分规格逐段计算其长度。管线计算应按定额规定加入"余量"。

（3）设备及仪器、仪表等，要区分成套或单件，按不同规格型号在施工图上点清数目，与材料表（或设备清单）对照后，最后确定预算工程量。多层建筑要逐层有序地清点，并对照其在系统图中的位置。

（4）凡以物理计量单位（m、m²、m³、t）确定安装工程量的设备、管道及零部件等，其工程量的计算，有的可查表（重量），有的先定长度再计算（风管要用展开面积m²），有的用几何尺寸和公式计算，这些方法都应以有关定额说明为依据。

（5）安装工程量的计算应列表进行（表 2-2），并有计算式。主要尺寸的来源应标注清楚，管线应标注代号及方向（→、←、↑、↓），以利检查复核。

以上是安装工程量计算的一般原则和方法。有关工程量的"计算规则"，将根据专业在以后各章内介绍。

第七节　安装工程预算的编制

按照基本建设项目的划分原则，一个建设（开发）项目的总投资，是由若干单项工程的投资所组成。而单项工程投资，是由若干单位工程投资所组成。由于单位工程具有独立的施工条件和专业特性，所以，单位工程是预算编制的基本单元。

单位工程实施阶段编制施工图预算（定额计价）或招标控制价（清单计价），包括土建工程和设备安装工程两大系列。房屋建筑工程造价编制（单项工程），包括一般建筑工程（土建）及建筑设备安装（配套的水卫、电气、暖通、燃气、电梯等）两类内容。

安装工程施工图预算、招标控制价的编制依据和编制程序，与一般通用要求基本相同（本章第三、四节），只是技术专业和具体资料内容上的差异。

根据安装工程特点及其预算编制要求，结合江苏省及南京地区相关文件规定，安装工程预算编制中需注意以下共同性问题。

（1）不同安装专业，分别编制预算。专业不同标志为不同的单位工程，而单位工程是预算编制基本单元，故要分别编制预算。设备安装工程技术专业划分较细，具有不同的施工特性，因而不能将不同专业的项目，混在一起编制预算。

（2）不同安装专业，使用不同定额。"全国统一安装工程预算定额"是按技术专业不同，划分为12个分册，各个分册均有其适用范围（表1-17、表1-18）。各地颁布施行的"单位估价表"、"价目表"、"计价表"等地方定额，在技术专业、分册排序、定额编号及分项内容等方面，也与"全统定额"保持一致。所以，套价计算直接费或组合"综合单价"时，应采用相匹配的专业定额。

（3）清单计价的《通用安装工程工程量计算规范》GB 50856—2013，附录的清单计价项目由十三类（十二类技术专业及措施项目）计1151个项目组成（表2-2），与"预算定额"的项目划分基本类似。预算定额的计价项目是以分项工程及其子目、步距划分的，项目划分较细；而清单计价项目是以"综合项目"表示的，项目划分较粗，应用时要以描述的"项目特性"加以区分、定价。

（4）不同安装专业，设计图纸不同。各个专业的设计图，在投影图原理相同的条件下，都有自身专业特点的一套图例、标注、代号和画法。必须了解其含义，才能识读有关专业的安装工程施工图，从而正确地计算工程量。

（5）安装工程的定额直接费，按组成内容分别计算。按照预算费用的组成内容（本章第二节），定额直接费在安装工程中以定额安装费（工程量×定额安装费基价）表示，其组成内容为定额人工费、安装辅材费和定额机械费三项。由于调整价差与计算间接费的需要，"安装工程预算表"（表2-5）的形式与土建工程不同，必须计算出"人工费"与"机械费"。

×××设备安装公司   表 2-5

安装工程预算表   图纸依据_____

建设单位_____   工程编号_____

单位工程_____   编制日期：199　年　月　日   第___页　共___页

定额编号	项目	数量	单位	单价（元）		其　中		合　计		其　中	
				设备主材	安装费	工资	机械费	设备主材	安装费	工资	机械费

主管_____   审核_____   估算_____   制表_____

（6）安装工程的材料费，划分为主材费与安装材料（辅材）费。设备安装工程的预算价值多少，往往是主体设备与主要材料的费用占主宰地位。对于预算的材料价格，主材以现行价单项核价；安装材料以定额中材料费基价为单价，按地方规定进行综合调整价差后核定。

（7）安装工程的预算费用，执行地方文件规定。在统一执行"全国定额"（或以该定额编制的单位估价表）和"清单计价规范"项目的前提下，有关预算费用的构成、计算式等，均应执行所在地区的现行文件规定。江苏南京地区的规定，参见附录六。

上述几点说明，可以理解为安装工程预算编制的规律和注意事项。各个具体专业的施工图预算编制方法及其费用计算，将在以后各章内分别介绍。

第八节　建设工程竣工结算

建设工程竣工验收后，应及时办理"竣工结算"和"价款结算"。竣工结算意味着承、发包双方经济关系的最后结束，也标志着基本建设的终止和建设工程转换为固定资产。

竣工结算是指建设工程经验收合格后，施工企业所编制的一种确定工程实际施工造价的经济文书。竣工结算经审定后，双方财务部门方可办理工程价款结算事宜。主要包括器材划价、预付款和进度款冲账、各种财务往来、尾款结算等内容。

竣工结算是提交的"工程竣工"文件之一，反映了工程实际造价（工程费）。竣工结算是工程实际施工造价的依据，是甲、乙双方财务结算的凭证，也是核定所形成的固定资产价值和企业经济效益的基本资料。因此，竣工结算是建设单位编制"竣工决算"会计报告的组成文件之一。

随着建筑安装企业改革的不断深入，目前在工程建设承包方式上，出现了多种形式。除了常规的包工包料、包工不包料和点工三种合同制承包方式外，还有施工图预算加包干系数、招标投标等方式。由于承包方式的不同，其结算方式也不同。

招标投标承包制工程，总价招标一般不留"活口"，中标报价即为结算费用，可不编制"竣工结算书"，只依据合同进行财务上的"价款结算"（预付款、进度款、甲方供料价款等）。对于施工中出现的合同外项目，可作为"补充协议"处理（签证、索赔）。现在全面推行《建设工程工程量清单计价规范》及新的预算费用项目划分规定，中标报价的综合单价及明示的独立费（措施、规费、其他）是包死不变的，而清单项目的工程量可按实计量支付，施工中出现的工程变更以"签证支付"形式纳入结算。因此，工程竣工后应依据招投标文件及合同约定，编制竣工结算。

施工图预算加包干系数的承包方式，基本上是包"死"的。但是，对设计变更超过一定限额（双方商定）的项目，其超过的部分可按实增减，也可不编制结算书，而根据设计部门的变更图纸或通知书，编制"设计变更增（减）项目预算表"或"预算内费用签证单"（表2-6），纳入结算。然后，双方财务部门进行正常的价款结算。

执行承包合同制的工程，应按施工图预算的编制规定，编制"竣工结算书"。竣工结算与施工图预算，在项目划分、工程量计算规则、定额使用、费用计算规定、表格形式等方面，都是相同的。所不同的地方有：

（1）施工图预算在工程开工前编制，而竣工结算是在施工完成后编制的；

工程名称：　　　　　　　　　　　　年　月　日　　　　　　　　　第　页　共　页

签证编号	项目内容	单位	单　价(元)		增加部分			减少部分			备　注
			合计	其中工资	数量	合　价		数量	合　价		
						合计	其中工资		合计	其中工资	
1	2	3	4	5	6	7	8	9	10	11	12
建设单位	施工单位				增加			减少			增减相抵

（2）施工图预算依照施工图，而竣工结算依照竣工图；

（3）施工图预算的工程量是图上计算的，而竣工结算的工程量是指实际完成的数量；

（4）施工图预算一般不考虑施工中的意外情况，而竣工结算则可能增加一些预算外施工签证（如停水停电、停工待料、夜间施工、交叉施工干扰、施工条件变化等）的费用如表 2-7；

工程名称　　　　　　　　　　　　年　月　日　　　　　　　　　第　页　共　页

工证编号	项　目	单　位	数　量	单　价	金　额	原　因
1	2	3	4	5	6	7
签证意见		签证单位：			施工单位： 经办人：	负责人：

（5）施工图预算要求的指标内容比较完整，而竣工结算以货币量为主体，一般不进行工料分析、计算经济指标、列材料清单等工作，但要补充一些竣工验收中必需的有关资料。

竣工结算书由文书、结算表、附件等组成。竣工结算的主要编制依据是：

（1）竣工验收报告单、设计变更及竣工资料（竣工图、质量检查报告、隐蔽工程验收记录、施工记录、收方单等）；

（2）承包合同、施工图预算书；

（3）完成实物工程量（工程量）及增减情况；

（4）各种施工签证、拨款账单、建设单位（甲方）供料清单等。

竣工结算的编制方法与施工图预算基本相同，采用的计价方式完全一致。可以参考预算，按实际完成的工程量逐项编制计价。也可对照预算，剔出增减项目，提出预、结算差额。但是，都要遵守"项目内调整（设计变更、数量增减、单价变化、项目更改等）纳入直接费"和"项目外变动（各种费用签证等）纳入其他费（独立费）"等原则。也必须贯彻实事求是的精神，严格执行地方有关规定和双方签订的协议，以保证施工图预算和竣工结算的统一。

必须明确：国家对工程建设竣工验收有严格的规定，竣工结算是竣工验收的重要组成内容之一，竣工结算是核定固定资产价值，进行工程项目移交、投产使用的必备条件。对于国家重点工程和大中型建设项目，竣工结算文件中还必须包含竣工工程概况表、竣工交付使用财产表（总表与明细表）、竣工财务结算表等内容。对于跨年度的工程，出现的政策性预算价差部分，既要按当地文件规定处理，也要符合具有法律效力的承建协议条款。

最后需要指出：竣工结算与财务上价款结算的含义相同，而竣工决算与价款结算是不同含义的两个概念。价款结算是在"竣工结算书"所确认的工程施工造价基础上，建设单位与施工企业（简称甲、乙方）之间所进行的工程财务价款结账工作。而竣工决算是建设项目财务全部实际支付的分析核算报表。竣工决算是确定工程总投资、考核设计概算、核定项目价值的依据，有利于分析工程建设投资效益和工程建设成本。

第九节　施工图预算与竣工结算的审核

施工图预算与竣工结算都是表示建设工程施工造价（工程费）的经济文书，是施工单位向建设单位索取工程款的重要依据和标准。因此，加强对施工图预算与竣工结算的审核，不仅是工程预算编制业务的需要，也是建设工程投资控制程序的需要。工程造价审核工作，在严格执行国家和地方经济政策，提高造价编制准确性，合理核定和控制工程建设费用，贯彻执行招投标及施工合同的协议条款，强化建设资金和价款结算的管理，积累和分析技术经济指标，以及不断提高工程设计水平等方面，都具有十分重要的现实意义。

在工程预、结算的具体编制业务中，已经建立的"编制、校核、审定"的流水程序及其责任制度，为造价编制的准确性和合法性提供了一定的保证。在竣工结算的编审过程中，通过最终的审计制度，为建设资金的合理支付进行了有效控制。

施工图预算与竣工结算编制完成后，如何抓住重点对其进行审核认定，准确地发现和纠正出现的重大偏差，而不是简单的重复再编，历来是广大造价编审人员不断探索和经验总结的课题。本节作为基本知识，重点介绍一些施工图预算与竣工结算（简称：施工造价）的主要审核内容、基本审核方法和审核工作要点。

一、施工造价的审核依据

对施工图预算的审核依据，主要是：

（1）施工图设计图纸及资料、设计变更文件。主要用于核定项目划分、工程量计算、质量标准及用料等，并可判断施工措施及方案的合理性，以及独立费的必要性；

（2）现行预算定额或单位估价表、计价表。这是套价计算直接费的标准，也是分析资源定额耗量的依据；而人工、材料及机械台班的定额耗量，是资源价差调整的数量基础；

（3）当地的材料指导价和市场价，现行的机械台班单价和预算工资标准。用于调整资源差价，即调整资源的"现行价与定额价"的差额；

（4）当地"预算费用定额"、"费用计算规则"及现行国家、地方相关文件规定。作为核定其他直接费、措施费、现场经费、其他项目费、间接费、独立费、利润、税金等的计费依据和标准；

（5）施工现场条件及其他相关预算资料等

审核竣工结算时，除上述资料外，尚需补充招标文件及控制价、投标文件及报价、施工承建合同、计量支付证书、签证支付资料、竣工验收资料等有效文件及原始资料，以便核定竣工工程量、中标价目及签证增减费用等合法性。

二、施工造价的主要审核内容

施工造价文书（施工图预算、清单控制价、竣工结算）的审核，必须突出重点，不一定要按编制程序全面进行。"抓西瓜、不抓芝麻"是审核工作的基本原则，即查大数、不查小数，以实现造价审核的意义。因此，要求审核中"一丝不差"是不现实的，也是不可能的。但是，通过审核的造价文书中还有重大问题未发现纠正，就会以"合法"形式造成不利影响，这是审核工作的失误。所以，造价审核不能成为形式，必须实实在在地做好审核工作。审核者的经验、水平和责任心是十分重要的。由此可见，学会和掌握造价文件编制，有一定的造价编制经历，是造价审核的必备条件和基本功。

施工图预算和竣工结算的审核重点，应放在项目符合性、计量准确性、计价合法性等三个方面。具体的主要审核内容为：

（1）计价项目的划分应符合设计内容与标准。预（结）算的各计价项目应属施工图所要求的施工分项工程，并应符合所属专业预算定额的分项规定，工程量清单项目及其编码应符合"规范"的规定。在熟读施工图的基础上，主要审查各计价项目是否符合预算规定，重点核查有无重复列项或遗漏列项，漏项内容是否属于特种作业的分包项目，以此判定计价文件在项目上的规范性。

（2）工程量计算的数值和单位应符合"计算规则"（计量规范）的规定。工程量的计量单位和计算范围，必须符合相关专业预算定额、"清单规范"中"工程量计算规则"的规定，满足"单位一致、计算准确"的要求。"清单计价"的结算项目及其工程量，必须符合招投标文件及承建合同的约定，结算工程量应具备"计量证书"的认定；对不符合客观规律的工程数量，审核时应予澄清。

（3）计价项目的单价应符合定额计价项目的基（单）价标准或中标综合单价。定额的套价应"对号入座"，即计价项目、工作内容、计量单位、定额编号、基价标准等，必须准确、一致；"清单计价"的结算单价，必须与招投标文件、承建合同约定的综合单价一致；核对其吻合性。审核中要特别复核由于质量标准、材料价格、工程细目等的差异，编制者对定额基价进行调整换算的准确性及合法性，更要注意判定"自编缺项单价"的合理性。

（4）工程费用的计算应符合"费用定额"及相关文件的规定。在复核"工程量×定额基价"，所得各项定额直接费及其合计金额准确无误的基础上，依照费用计算规定，审核资源价差调整、其他直接费、现场经费、间接费、独立费、利润、税金等各项费用的计算，认定其符合性、准确性和合法性。

对于专项委托的施工图预算与竣工结算审核，除上述四条主要内容外，还应审核造价文件的完备性和编制手续的合法性。例如：编制单位及编制人员要有资格印鉴；自编单价要有认定凭据；结算计量或签证要有工地监理的认定等。

三、施工造价审核的基本方法

施工图预算与竣工结算的审核，是凭借具体审核人员的预算水平、实践经验和认真负责精神所完成的。通过大量的审核实践，广大预算编审人员在不断总结经验、提高水平的基础上，创造了许许多多的审核方法和审核技巧。主要的造价审核方法，可归纳为全面审核法、筛选审核法、重点抽查法、对比审核法、逻辑推导法等基本方法。

（1）全面审核法。全面审核即按编制程序及内容逐项审核校对，相当于重新编制造价文书，无疑审核工作量大，所费时间多，但审核的精度高、数据可靠。全面审核主要用于不十分熟悉的特殊专业施工项目，也可用于工程分项少、工艺简单的工程项目。对于初学人员所编制的造价文书，采用全面审核法，在找出问题、精确审定的同时，可帮助初学人员提高编制水平。

（2）筛选审核法。筛选法是统筹（网络）法的应用，主要用于分项计价工程量的核定。通过大量的统计分析及建筑工程技术经济指标的研究，参考概算指标的含量指数，审核人员可建立一套不同工程及结构形式的工程量含量、主要技术经济指标及其变化范围。例如：单方建筑面积的主体工程量、用工、材料等指标数；砖混结构中"三线一面"统筹推导公式的估算工程量指标等。审核人员在对审核工程（对象）进行必要数据分析后，对照同类工程指标（过筛），选出差距较大的项目，进行专项复算与审核，从而认定其准确程度。

（3）重点抽查法。由于各计价项目的工程量及价值量不同，对整个工程造价的影响程度也不同。审核者可抓住重点项目，即抽取影响程度大的或价值地位特殊的项目进行专项审查。重点项目一般表现分别是工程量大、单价高、特殊结构、特种材料、补充单价等独立项目，可抽取出来进行复核计算，重点纠偏订正。这种方法的优点是重点突出、费时少，审核订正后不会出现大的偏差。其缺点是要求审核者有相当的分析问题能力，选取重点项目要准确。

（4）对比审查法。指同类待审工程与已审工程（或已建工程与未建工程）的造价项目、数量、费用及指标参数等进行对比，找出差距大的项目进行审核。同一施工图的两个工程，上部相同设计可全面对比审核；下部基础不同时，可对不同项目进行计算，找出差距后再实行对比。当设计相同而规模（建筑面积）不同，可用单方面积指标进行对比审核。完全不同的工程，也可通过分解后，找出其共同点再进行对比。

（5）逻辑推导法。任何事物的发展受其主观、客观条件的影响而变化，而一旦条件限定，其发展变化必有规律性。审核人员在长期的工程造价编制、审核工作中，要善于发现和总结这些规律，并加以利用。例如：不同结构形式的单方指标变动范围；概算指标的统计资料（基建年报）；标准（定型）设计图的造价指标分析及列表；常用构件的预算手册；分项工程量之间数理关系（统筹法"三线一面"推导的计算关系式）等。

上述几种造价审核方法，只能作为"入门"参考，具体的应用必须通过大量的工作实践，不断体验和充实提高，才能形成自己的风格和做法。

四、施工造价审核的基本步骤

根据许多造价编审人员的习惯做法，大体可按以下步骤进行施工图预算与竣工结算的复核或审核。

（1）清点造价文书及其必备的附件资料的完整性及合法性。预（结）算文书主要包括封面（有签章）、编制说明、费用计算及汇总表、预算表、工料分析、价差分析计算等内容，附件应包括施工图或竣工图、设计变更、工程量计算书、签证及计量单、招投标文件及施工合同、补充单价及调整换算、设备购货合同等资料；

（2）搜集资料、熟悉图纸及视察施工现场。审核人员应对工程情况进行深入了解，掌握工程内容及施工条件，熟悉设计图纸及预算定额，搜集及掌握地方造价文件及规定等；

（3）审核工程计价项目的划分及其工程量的符合性。施工项目应与设计要求相符合，工程量应与设计图示或实际完成的尺度相符合。选择某些审核方法，进行具体复核验证后，给予逐项认定；

（4）审核套价的合理性及直接费计算的精确性。对项目的套价进行抽查复核，对自编单价或调整换算基价的复核认定，对"工程量×单价"的直接费分项验算认定及合计金额的复核审定；

（5）审核"工料分析"的准确性及资源调价的合法性。资源（工、料、机）数量是资源调价的依据，资源价差要执行当地相关文件的规定。因此，在对资源分析资料进行审核认定后，要对价差是否符合文件规定的合法性进行审核认定，最后是对各项资源差价金额及合计费用进行复核计算和确认；

（6）审核和认定各项工程费用及工程总价。各项费用的计算是以当地"费用定额"及相关文件规定为依据的，应逐项审核其计算式合法性及金额准确性，并最终给予认定；

（7）整理审核资料和初步审核意见。所有审核过程中的计算、分析、换算、调整、订正、认定的资料，均应整理、装订成册，以备查询。审核意见应包括总体看法，存在问题、调整范围、订正意见、最终结论等内容，并应拟稿成文；

（8）征求造价文书编制人员及其编制单位的意见。施工图预算与竣工结算的初步审核意见及结论，应向编制人员及所在单位口头交底，说明修正理由，并征求意见。如发现误审项目，应予更正；出现实际情况的差异，应由编制人员提供进一步的资料或证据，可按新情况修正审核意见及结论；

（9）正式提交最终的造价审核结论性文件。尽量与编制单位达成共识后，发出最终审核意见的结论性文件。审核单位应盖公章，审核人应盖"资格章"。

五、几点说明

施工图预算与竣工结算的审核，是一项很严肃的政策性很强的复核认定工作，又是一项技术性较强的业务管理内容，其目的是实事求是、合理定价，防止巧立名目、有意扩价。在造价审核中常有以下情况，顺便提一下，以引起审核人员的关注。

（1）凡初学的编制人员往往漏项，以致造价偏低。对此，不能简单以"让利"、"奉献"为借口，而不调整。特别是遗漏的大项目，要向编制人员提出，给予调整。尽量要防止造价总额低于企业成本，这是从我国国情和企业实际考虑的。

（2）有些老的编制人员往往是拆开项目、巧立名目、扩大造价，甚至工程量也会多处膨胀。对这些，审核者必须认真对待，仔细核查，找出依据，加以订正，并要找出充分理由说服编制者自我整改。

（3）施工图预算的总价不属于实际支付款项，多为控制指标。审核时可用筛选、重点抽查方法，不一定要全面审核。施工图预算造价往往偏低，原因是有些编制者识图不全面，以及施工中意外情况未计入，因而审核时不一定要削减太多，提倡不违反原则下的宽松指标。

（4）竣工结算的总价为实际工程款支付总金额，审核时尽量采用全面审核法，力求精确、合法合理。竣工结算造价往往偏高，原因是多方面的，有合理的，也有不合理的，必须逐项分析校对，调减是必然的。很少发生结算审核未核减造价的情况，一般也不会发生结算审核反而增加的反常现象。

（5）造价审核的"合法性"认定，是不允许出差错的。重点是抓住项目套价、资源调差、费用计算及合同制约等四个方面，必须有定额及文件依据。

（6）国家"财建〔2004〕369号"文件规定了竣工结算的审核期限：造价500万元以内审核期为20天，500万～2000万元审核期为30天，2000万～5000万元审核期为45天，5000万元以上审核期为60天。

复 习 思 考 题

1. 简述建设工程预算的意义及预算编制的基本原理。在不同的建设阶段，工程预算有哪五种形式？

2. 预算编制的基本方法有哪些？何谓单位估价法、实物造价法？两者有何区别？

3. 试列表比较投资估算、设计概算、施工图预算、施工预算和竣工结算的定义、作用、编制依据、主要内容和适用条件。

4. 试述总概算、综合概算、单位工程概（预）算的编制对象和主要内容。它们之间有何关系？

5. 何谓技术经济指标？试述技术经济指标的实用意义和主要内容。建筑安装工程采用哪些计量单位？

6. 试述下列各项预算费用的含义及其计算式：

（1）直接费、定额直接费、调后直接费　　（11）住房公积金、社会保障费

（2）间接费、综合间接费、其他间接费　　（12）临时设施费

（3）独立费、其他直接费、直接工程费　　（13）安全文明施工费、工程排污费

（4）税金、规费、预备金　　　　　　　　（14）计日工、暂列金额

（5）企业管理费　　　　　　　　　　　　（15）特殊条件下作业（施工）增加费

（6）主材费　　　　　　　　　　　　　　（16）高层建筑增加费、超高费

（7）辅助材料费（安装材料费）　　　　　（17）夜间施工增加费

（8）调后人工费、调后辅材费、调后机械费（18）措施费、其他项目费

（9）材料价差、人工费价差、机械费价差　（19）综合调整系数

（10）利润、包干费　　　　　　　　　　　（20）子目调整系数

7. 列出预算费用组成的计算式。设备安装工程预算在本地区是由哪些费用组成的？

8. 主材费在定额中有哪四种表现形式？分别如何计算？

9. 预算费用为什么要进行地方性调整？一般有哪几种调整方法？

10. 何谓施工图预算？试述施工图预算的作用和主要内容。

11. 简述施工图预算的编制依据和编制程序。

12. 施工预算的实用意义如何？它与施工图预算有何不同？

13. 何谓"两算对比"？简述其对比内容和实用意义。

14. 何谓工程量清单？简述工程量清单的编制依据、编制内容、编制要求、编制步骤。

15. 何谓工程量清单计价？现行2013版"清单计价"、"工程量计算"规范由哪些主要纲目组成？有何特点？

16. 试分析比较：定额计价、计价表计价、清单计价的相同与不同特性。

17. 试述招标控制价（清单计价）的编制依据、编制步骤。

18. 试分析比较：标底、招标控制价、投标报价、合同承包价、竣工结算价的特点与区别。

19. 安装工程施工图一般由哪些内容组成？安装图与土建图有何区别？安装工程施工图的识读要点有哪些？

20. 何谓工程量？工程量有哪几种计量单位？

21. 工程量的计算原则有哪些？何谓"工程量计算规则"？工程量计算方法的要点是什么？安装工程量的计算有何特点？

22. 工程量的计算，在编制工程预算中有何重要意义？安装工程量与土建工程量，在计量单位和计算方法上有何不同？计算安装工程量应注意哪些问题？

23. 试述编制安装工程施工图预算的方法和步骤（编制程序）。

24. 什么叫竣工结算？它与"价款结算"有何不同？竣工结算有哪几种结算方式？

25. 试比较竣工结算与施工图预算的相同处和不同处。

26. 施工造价审核的主要依据有哪些？审核与审计有何不同？

27. 工程造价审核有哪些基本方法？分别适用于何种工程？

28. 简述施工造价审核的基本步骤。结合实际归纳工程造价审核中常见的"通病"有哪些？

第三章　电气安装工程预算

电气安装工程是建设项目的重要组成部分，是建筑工程中安装工程内容之一。电气安装工程包括由发电设备、控制装置、输变电线路、配电设施和用电设备等构成的整个电力系统。

本章所涉及的电气安装工程，是指 10kV 以下的变配电装置、线路工程、控制保护、动力照明等安装项目。即《全国统一安装工程预算定额》第二册"电气设备安装工程"中所包括的通用电气安装内容。

第一节　电气安装工程概念

自然界中的非电形式的能源，大都可通过发电厂（站）转换为电能。按利用能源的不同，有火力发电、水力发电、原子能发电、风力发电、潮汐发电等多种形式。

由发电厂（站）发出的电力，往往距离用电地区较远。为减少输电损耗、节省线路投资和满足工作电压要求，首先要经变电所升压，高压电通过输电线路到达用电地区后，再经过分级变电降压，低压电通过送电线路经配电线路，最后进入用户（图 3-1）。由发电厂、电力网及用电设备组成的系统，称为电力系统。而电力网是指升压变电站、输电线路及降压变电所的组合。

图 3-1　电能输送示意图

大中型发电机发出的电压通常为 6kV、10kV，升压变电的输电电压等级为 35kV、110kV、220kV、500kV 等。降压后厂区送电电压为 6~10kV，至用户的配电电压为 380/220V。一般把超过 1kV 的电能称为高压电，1kV 以下称为低压电，而 36V 以下叫安全电压。

输送和分配电能的电路系统和设施称为供电线路工程。由于线路电压不同，有高压线路和低压线路之分；根据线路位置区分，有外线工程和内线工程；而依照用电对象的不同，又可分为电气照明、动力设备等供电线路。

发电机发出的电能一般为三相交流电，到达用户的低压供电线路工程多采用三相四线制，即三根相线（火线，以 A、B、C 表示）和一根零线（以 O 表示）。动力用电为三相电（四线），相线与相线间电压为 380V；照明用电为单相电（二线），相线与零线间电压为 220V。

为了保证电能在输送、分配、使用中的安全可靠，在电力系统中要设置一系列的操作、保护、控制、信号、计量、仪表等电器和电气装置，并通过不同的导线连接。对于用电设备也应根据其性能和使用要求的不同，设置必要的电气装置（起动、控制、开关、保护等等）。

电气设备安装是指依照施工图上的电气设计内容，将规定的线路材料、电气装置和电气设备等，按规范规定安装到指定位置上，并经检测、调试、验收合格的全部工作。电气安装必须遵守安全、可靠、便利、经济、美观的工作原则，其施工方法以现场安装为主，而且多数工序是手工性质的专业劳动。

电气安装工程的预算编制，在具体内容上是有分工界限的。电厂设备、输变电工程执行专业部管定额及计费规定，由国家专业队伍施工；送变电工程及配电工程，执行地方管理的规定，其中城市与区域性送电、配电线路及其变电所，归地方供电部门管理；而对于厂区、小区内及用户的供电工程，属于建设单位投资和管理，可由符合资质的一般水电队伍进行施工。

第二节　常用电工材料和电气设备

电气安装工程可以理解为一系列电工材料和电气设备的有机结合。因此，掌握常用电工材料和电气设备的性能、规格、用途等基本常识，对于熟悉电气专业基础知识，正确编制电气安装工程预算，具有十分重要的意义。

下面简单介绍电气安装工程中，常用的电工材料和电气设备。

1. 导线

导线是传送电能的金属材料，有裸线与绝缘线（绝缘材料为橡胶、聚氯乙烯）两类。一般室内外配线有铜芯、铝芯两种。铝芯导线比铜芯导线电阻大、强度低，但价廉、质轻。常用配电导线型号、用途见表 3-1。

常用导线的型号和应用范围 表 3-1

型　号	名　称	用　途
BLX	棉纱编织的铝芯橡皮线	500V，户内和户外固定敷设用
BX	棉纱编织的铜芯橡皮线	500V，户内和户外固定敷设用
BBLX	玻璃丝编织的铝芯橡皮线	500V，户内和户外固定敷设用
BBX	玻璃丝编织的铜芯橡皮线	500V，户内和户外固定敷设用
BLV	铝芯塑料线	500V，户内固定敷设用
BV	铜芯塑料线	500V，户内固定敷设用
BLVV	铝芯塑料护套线	500V，户内固定敷设用
BVV	铜芯塑料护套线	500V，户内固定敷设用
BVR	铜芯塑料软线	500V，要求比较柔软时用
BVRP	平行塑料绝缘软线	550V，户内连接小型电器在移动或平移动时敷设用

单根导线的截面等级为 1.5、2.5、4、6、10、16、25、35、50、70、95、120mm² 等。导线在户外的走线一般是架空在电杆或外墙预埋铁横担上的；室内的导线敷设有明敷、暗敷两类，具体做法有穿管、瓷柱、夹板（瓷、塑料）、槽板（木、塑料）、铝片卡等

多种方式。

2. 电缆线

将一根或数根绞合而成的线芯，裹以相应的绝缘层，外面包上密封包皮，这种单股导线称为电缆线。按导电材料分，有铜芯、铝芯两种；按绝缘材料分为纸绝缘、塑料绝缘、橡胶绝缘等；按用途分有电力电缆（高压、低压）和控制电缆两类。还可以按股数多少分为多种。常用电力电缆的型号见表 3-2。

常用电缆主要型号及用途 表 3-2

型 号	名 称		规 格	主 要 用 途
YHQ	橡套电缆	软型橡套电缆		交流 250V 以下移动式用电装置，能承受较小机械力
YHZ		中型橡套电缆		交流 500V 以下移动式用电装置，能承受相当的机械外力
YHC		重型橡套电缆		交流 500V 以下移动用电装置，能承受较大机械外力
铜芯 VV29 铝芯 VLV29	电力电缆	聚氯乙烯绝缘，聚氯乙烯护套铠装电力电缆	1～6kV 一芯 10～800mm²、二芯 4～150、三芯 4～300、四芯 4～185mm²	敷设于地下，能承受机械外力作用，但不能承受大的拉力
铜芯 KVV 铝芯 KLVV	控制电缆	聚氯乙烯绝缘，聚氯乙烯护套控制电缆	500V 以下，KVV-4-37 芯/0.75 -10mm²、KLVV-4-37/1.5～10mm²	敷设于室内、沟内或支架上

我国电缆产品的型号采用汉语拼音字母组成，有外护层时则在字母后加两个数字。字母含义及排列次序见表 3-3；外护层的两个数字中，前一个数字表示铠装结构，后一个数字表示外护层结构，数字代号的含义见表 3-4。目前电缆生产仍有不少用老的代号，代号新旧对照见表 3-5。

电缆型号中字母含义及排列次序 表 3-3

类 别	绝缘种类	线芯材料	内护层	其他特征	外护层
电力电缆(不表示) K—控制电缆 P—信号电缆 Y—移动式软电缆 H—市内电话电缆	Z—纸绝缘 X—橡皮绝缘 V—聚氯乙烯 Y—聚乙烯 YJ—交联聚乙烯	T—铜 （一般不表示） L—铝	Q—铅包 L—铝包 H—橡套 V—聚氯乙烯套 Y—聚乙烯套	D—不滴流 F—分相护套 P—屏蔽 C—重型	2 个数字（见表 3-4）

电缆外护层代号的含义 表 3-4

第一个数字		第二个数字	
代 号	铠装层类型	代 号	外被层类型
0	无	0	无
1	—	1	纤维绕包
2	双钢带	2	聚氯乙烯护套
3	细圆钢丝	3	聚乙烯护套
4	粗圆钢丝	4	—

新 代 号	旧 代 号	新 代 号	旧 代 号
02,03	1,11	(31)	3,13
20	20,120	32,33	23,39
(21)	2,12	(40)	50,150
22,23	22,29	41	5,25
30	30,130	(42,43)	59,15

注：表内括号中数字的外护层结构不推荐使用。

电缆的敷设有土中直埋、地下穿管、沟内架空等方式。电缆的终端接头和中间接头称为电缆头，有多种形式，采用专门的制作工艺。

3. 绝缘材料

绝缘材料是保证用电安全的基本材料，总的可分为无机材料（云母、石棉、瓷、玻璃、大理石……）、有机材料（橡胶、树脂、棉纱、纸、麻……）和混合材料（有机、无机混合制品）三大类。

线路工程中，普遍用于架线的是瓷质绝缘子（成品），如瓷夹板、瓷柱（炮丈白料）、针式、蝴蝶形以及各种悬挂式绝缘子。电工胶带是最常见的接线包裹绝缘材料。

4. 电线管材

电线管是导线敷设中常用的暗敷材料。直径有 10mm、15mm、20mm、25mm、32mm、40mm、50mm 等规格，因材料不同，常用以下几种：

（1）焊接钢管（镀锌管、黑铁管），用于受力环境中较安全；

（2）电线管（涂漆薄型管），用于干燥环境中；

（3）硬塑料管（聚氯乙烯管），耐腐蚀；

（4）金属软管（蛇皮管），用于移动场所；

（5）瓷短管，用于导线穿墙、穿楼板或导线交叉。

5. 电气仪表

为了量测电气线路及电气装置、设备的电工指标，根据电气原理（电磁、电动、感应等）而有许多种电气仪表。例如电压表、电流表、功率表、电度表、功率因素 $\cos\phi$ 表、万用表、电阻摇表等等。测量方法有直读式和比较式两类，各种仪表在量测精度上也有具体等级规定。

6. 变压器

变压器是根据电磁感应原理制成的一种静止电器，用来把交流电由一种等级的电压与电流变换为同频率的另一种等级的电压与电流。按绕组与铁芯的装置位置，可分为芯式和壳式两种，电力变压器都是采用芯式的。变压器运行时因铁损和铜耗而发热，故需采取冷却措施。一般小型变压器采用空气自冷；较大变压器为油浸式冷却；大型变压器采用吹风和强迫油循环冷却。

变压器的结构形式和产品规格是用两个字母和一个分数表示的。第一个字母表示变压器相数（三相 S、单相 D），第二个字母为绕组导线材质（铝 L、铜不表示），必要时在两个字母之间插入绝缘介质（空气为 G、油浸式新型号不表示、旧型号为 J）、冷却方式（风冷 F、自然冷却不表示），横线后的分数式，分子表示额定容量（kVA），分母为高压绕组的电压等级（kV）。如"SL1—50/10"表示的变压器是油浸自冷式铝线三相变压器，容量 50kVA，高压绕组电压 10kV。

变压器的主要指标是：额定容量（kVA）、额定电压（V）、额定电流（A），此外产品标牌上还标注效率、温升、相数、运行方式、冷却方式、重量、外形尺寸等数据。

7. 互感器

互感器是一种特种变压器，专供测量仪表和继电保护配用，应用电磁感应原理，主要起隔离高压电路或扩大量测范围的作用。按用途不同有电压互感器和电流互感器两种。它作为电器，常与一些电气仪表一起装配在配电柜（盘）上。

8. 高压断路器

高压断路器是电力系统中最重要的控制电器，能在任何状态下（空载、负载、短路）安全、可靠地接通或断开电路。按安装地点不同有户内、户外两种形式，按灭弧原理分有油断路器（多油、少油）、气吹断路器、真空断路器、磁吹断路器等。

9. 高压隔离开关

高压隔离开关主要用来隔离高压电源，以保证其他的电气设备的安全检修。因无灭弧装置，故不能带负荷操作。由于有明显的断开间隙，所以，更加安全可靠。

10. 高压负荷开关

高压负荷开关专门用于高压装置中通断负荷电流。有灭弧装置，但限制负荷电流值（短路电流靠熔断器保护）。它与隔离开关有原则区别（隔离开关为无负荷操作）。

11. 熔断器

熔断器是最简单的一种保护电器，它串联在电路中，利用热熔断路原理，防止过载、短路电流通过电路，以保护电器装置和线路的安全。常用的高压熔断器有 RN1、RN2 型户内式，RW4 型户外跌落式等；低压熔断器有瓷插式、螺塞式、密闭管式（RM10 常用）、填料式（RTO 常用）等。

12. 自动空气开关

自动空气开关是广泛用于 500V 以下的交直流低压配电装置中的保护性开关电器。当电路中出现过载、短路、降压、失压时，自动开关能自动切断电源。自动开关分塑料外壳（装置式）和框架式（敞开式）两大类。由于自动开关具有较完善的灭弧罩，因此，不仅能通断负荷电流，也能通断短路电流，还可以通过脱钩器自动跳闸。但跳闸后必须手动合闸，方可恢复电路运行。

13. 低压开关

在低压电路中，开关被用于直接断通电路。开关的形式和种类很多，常用低压开关有：

（1）闸刀开关。用于小电流低压配电系统中，不频繁断通电路。有胶盖、铁盖两种，并有单相、三相之分。如 3P—30A 表示三相闸刀开关、额定电流 30A。

（2）灯具开关。有翘板开关、拉线开关等品种。

（3）其他开关。限位开关用于设备限位操纵；按钮为短时断通电路，用于二次线路中作起动和控制电气设备。

14. 插座

插座是移动式电气设备（台灯、收音机、电视机、电扇……）的供电点。动力电用三相四眼插座，单相电气设备用单相三眼（有机壳接零）或单相二眼插座。插座有明装、暗装两种安装方式。

15. 配电箱

配电箱是接受和分配电能的电气装置，它由电源系统中的开关、仪表、保护等电器组合而成。用于低压电量小的建筑物内，一般控制供电半径 30m 左右，支线 6～9 个回路。有总配电箱与分配电箱（各层）之分。

图 3-2 为某建筑物的室内照明供电系统，虚线范围为配电箱的电器及接线。总配电箱包括进线的四根一组进户线和两条干线（各四根）的出线，出线分别通向两个分配电盘。而分配电盘各有三组支线（每组二根）出线，出线向电器供电。

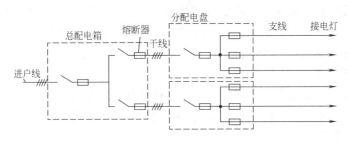

图 3-2　照明供电系统单线图例

在变电所内，根据配电设备及回路要求，而设置高压开关柜、电容补偿柜、低压开关柜（屏）等，主要起控制、保护作用。

16. 用电设备

常用的电气设备可分为以下几类：

（1）照明设备——普通灯具（白炽灯、荧光灯、水银灯、碘钨灯）、装饰灯具、各种开关、特殊灯具（防水、防爆型）等；

（2）家用电器——电扇、电铃、电视机、收音机、电冰箱、空调机、洗衣机等；

（3）电热设备——烘箱、烤箱、电热炉、电热毯、电熨斗、电吹风等；

（4）动力设备——电机（马达）、水泵、电梯等；

（5）弱电设备——电话、有线广播、有线电视、宽带网、对讲、报警、防盗、监控、信号等；

（6）防雷接地——避雷针、避雷网、接地装置等；

（7）装饰用电——记分牌、彩灯、霓虹灯等。

以上介绍的只是一些常用材料和电器的用途、品种等基本概念，而其规格型号因受篇幅限制未予详述，在预算编制中可参见有关资料。需要指出的是：低压电器的规格中，要特别注意额定功率、额定电压和额定电流三个指标。而在额定电压（低压 500/250V）固定的情况下，额定电流是电器选择的主要指标。一般额定电流分为 5A、10A、15A、30A、60A、100A、200A 等级别，电器的级别也以此为依据。

第三节　电气施工图的识读

电气施工图是表示电力系统中的电气线路及各种电气设备、元器件、电气装置的规格、型号、位置、数量、装配方式及其相互关系和连接的安装工程设计图。它是指导施工、编制预算的主要依据。

为了正确、全面、简明地表达电气设计内容，有利于提高图纸设计速度，电气施工图根据专业特点，制定了一整套电气设计的图例、符号、标注的规定。常用制图符号规定见下列各表（见表 3-6～表 3-16）。编制电气安装工程预算，首先要看懂电气施工图。而识读电气施工图，就必须弄清各表所列各种符号、图例、标注的含义。

电动机变压器等图例　　　　　　　　　　　　　表 3-6

图　例	名　称	图　例	名　称
○	电动机的一般符号	△	变电所
◎	发电机的一般符号	▲	杆上变电所
○○	变压器	▲	移动式变电所
⊠	配电所		

配电箱（屏）控制台图例　　　　　　　　　　　表 3-7

图　例	名　称	图　例	名　称
▬	电力或照明的配电箱(屏)	▭	控制屏(台、箱)
▬	移动用电设备的配电箱(屏)	◣	多种电源配电箱
▬	工作照明分配电箱	⊡	电表

起动控制及信号设备图例　　　　　　　　　　　表 3-8

图　例	名　称	图　例	名　称
▭	启动箱	▭	熔断器
▭	变阻器		自动空气断路器
▭	电阻箱		

图 例	名 称	图 例	名 称
	高压启动箱		跌开式熔断器
	双线引线穿线盒		
	三向引线穿线盒		刀开关
	分线盒		刀开关(三级)
	按 钮		高压熔断器

用电设备图例 表 3-9

图 例	名 称	图 例	名 称
	电阻加热炉		交流电焊机
	直流电焊机		X 光机

灯具、开关、插销等图例 表 3-10

图 例	名 称	图 例	名 称
	各种灯具的一般符号		顶棚灯座
	防水防尘灯		墙上座灯
	壁 灯		顶棚吸顶灯
	乳白玻璃球形灯		荧光灯

图 例	名 称 和 说 明
	吊式风扇

图　例	名　称　和　说　明
	轴流风扇
 (1)　(2)　(3)	单相插座(1)一般;(2)保护式;(3)暗装
 (1)　(2)　(3)	单相插座带接地插孔 (1)一般;(2)保护或封闭;(3)暗装
 (1)　(2)　(3)	三相插座带接地插孔 (1)一般;(2)保护或封闭;(3)暗装
 (1)　(2)　(3)	单极开关　(1)明装;(2)暗装;(3)保护或封闭
 (1)　(2)　(3)	双极开关　(1)明装;(2)暗装;(3)保护或封闭
 (1)　(2)	拉线开关　(1)一般;(2)防水
 (1)　(2)	双控开关　(1)明装;(2)暗装

电气线路图例　　　　　　　　　　　　　　　　　　表 3-11

图　例	名　　称
	配电线路的一般符号
	电杆架空线路
	架空线表示电压等级的
	移动式软导线(或电箱)
	母线和干线的一般符号
	滑触线

图　例	名　称
—／—·—／—·—／—·—／—	接地或接零线路
———————◆———————	导线相交连接
—————————┃—————————	导线相交但不连接
(1)　　　(2)	(1)导线引上去;(2)导线引下去
(1)　　　(2)	(1)导线由上引来;(2)导线由下引来
	导线引上并引下
(1)　　　(2)	(1)导线由上引来并引下;(2)由下引来并引上
——————→——————	电源引入标志
—×——————×—	避雷线(网)
	接地标志
——————／——————	单根导线的标志
——————//——————	2根导线的标志
——————///——————	3根导线的标志
——————////——————	4根导线的标志
——————／n——————	n根导线的标志

图　　例	名　　称
○ ab/c	一般电杆的标志　a—编号;b—杆型;c—杆高
○ ab/cAd	带照明的电杆 a、b、c 同上,A—连接顺序;d—容量
○————⊣	带拉线的电杆
→←	阀型避雷器
●	避雷针(平面投影标志)

电力和照明导线型号　　　　　　　　　　　　　　　表 3-12

名　　称	型　　号	名　　称	型　　号
铜芯橡皮绝缘线	BX	铝芯橡皮绝缘线	BLX
铜芯塑料绝缘线	BV	铝芯塑料绝缘线	BLV
铜芯塑料绝缘护套线	BVV	铝芯塑料绝缘护套线	BLVV
铜母线	TMY	裸铝线	LI
铝母线	LMY	铁质线	TI

文字符号表　　　　　　　　　　　　　　　表 3-13

名　　称	符　　号	说　　明
电源	m,f,u	交流电,m 为相数,f 为频率,u 为电压
相序	A B C N	A 相(第一相)涂黄色油漆 B 相(第二相)涂绿色油漆 C 相(第三相)涂红色油漆 中性线(零线)涂黑色或白色油漆
用电设备标注法	$\dfrac{a}{b}$ 或 $\dfrac{a}{c}\Big|b$	a—设计编号;b—容量;c—电流(A);d—标高(m)
电力或照明配电设备	$a\dfrac{b}{c}$	a—编号;b—型号;c—容量(kW)
开关及熔断器	$a\dfrac{b}{c/d}$ 或 $a-b-c/I$	a—编号;b—型号;c—电流;d—线规格;I—熔断电流
变电器	$a/b-c$	a——次电压;b—二次电压;c—额定电压
配电线路	$a(b\times c)d-e$	a—导线型号;b—导线根数;c—导线截面;d—敷设方式及穿管管径;e—敷设部位
照明灯具标注法	$a-b\dfrac{c\times d}{e}f$	a—灯具数量;b—型号;c—每盏灯的灯泡数或灯管数;d—灯泡容量(W);e—安装高度;f—安装方式

名　　称	符　　号	说　　明
需标注引入线的规格时标注法	$a\dfrac{b-c}{d(e\times f)-g}$	a—设备编号；b—型号；c—容量；d—导线牌号；e—导线根数；f—导线截面；g—敷设方式
线路敷设方式	M A S CP CJ QD CB G DN VG	明敷 暗敷 用钢索敷设 用瓷瓶或瓷柱敷设 用瓷夹或瓷卡敷设 用卡钉敷设 用木槽板或金属槽板敷设 穿焊接钢管敷设 穿电线管敷设 穿硬塑料管敷设(软塑料管 RVG)
线路敷设部位	L Z Q P D	沿梁下或屋架下敷设 沿柱 沿墙 沿天棚 沿地板
常用照明灯具	J T W P S	水晶底罩灯 圆筒形罩灯 碗型罩灯 乳白玻璃平盘罩灯 搪瓷伞形罩灯
灯具安装方式	X X_1 X_2 X_3 L G B D R	自在器吊线灯 固定吊线灯 防水吊线灯 人字吊线灯 链吊灯 吊杆灯 壁灯 吸顶灯 嵌入灯
计算负荷的标注	P_H K_X P_{is} $\cos\phi$ I_{js}	电气设备安装总容量 需要系数 计算容量 功率因素 计算电流
线路图上一般常用编号	①②③ ⊖⊖⊖ Ⅰ Ⅱ Ⅲ (带圈) (带圈电铃符) (带圈广播符) N_1、N_2、N_3…	照明编号 动力编号 电热编号 电铃 广播 支路(回路编号)

120

其他符号的含义　　　　　　　　　　　　　　　　　　表 3-14

文 字 符 号	说 明 的 意 义
HK	代表开启式负荷开关(瓷底,胶盖闸刀)
HH	代表铁壳开关,亦称系列负荷开关
DZ	代表自动开关
JR	代表系列热继电器
QX_1、QJ_3	代表系列启动电器
RCLA	代表瓷插式熔断器
RM	代表系列无填料密闭管式塑料管熔断器

低压电器产品型号类组代号表　　　　　　　　　　　表 3-15

代号	名称	A	C	D	G	H	J	K	L	M	P	R	S	T	U	W	X	Y	Z
H	刀开关和转换开关			刀开关		封闭式负荷开关		开启式负荷开关			熔断器式刀开关		刀型转换开关				其他		组合开关
R	熔断器		插入式		汇流排式				螺旋式	密闭管式			快速				限流	其他	
D	自动开关						照明	灭磁					快速			框架式	限流	其他	塑料外壳式
C	接触器			高压		交流			中频			时间						其他	直流
Q	启动器	按钮式	磁力			减压						手动		油浸		星三角	其他	综合	
J	控制继电器						电流			热		时间	通用		温度			其他	中间
L	主令电器	按钮				接近开关	主令控制器					主令开关	足踏开关	旋钮	万能转换开关	行程开关	其他		

加注通用派生字母对照表　　　　　　　　　　　　　表 3-16

派 生 字 母	代 表 意 义
A,B,C,D…	结构设计稍有改进或变化
J	交流,防溅式
Z	直流,自动复位,防震
W	无灭弧装置
N	可逆
S	有锁住机构,手动复位,防水式,三相,三个电源,双线圈
P	电磁复位,防滴式,单相,两个电源,电压
K	开启式
H	保护式,带缓冲装置
M	密封式,灭磁
Q	防尘式,手车式
L	电流
F	高返回,带分励脱扣
T	按(湿热带)临时措施制造
TH	湿热带　　　　}此项派生字母加注在全型号之后
TA	干热带

在供电系统中，一般工作用电分为三相动力电（380V）和单相照明电（220V）两类。电气安装工程中，室外工程主要包括线路架（敷）设和电气设备安装；而室内工程由进户线开始，包括各种配电盘（柜）、线路敷设、用电设备、电气装置等全部安装内容。

电气安装施工图的主要内容如下：

1. 首页

主要内容包括图纸目录、设计（施工）说明和特定图例等。图纸目录应有编号、图纸名称、图幅、张数、引用标准图代码、备注等内容，列表表示；而施工说明应有供电方式（电源）、负荷等级、导线材料、敷设方式、防雷构造、接地要求、主要设备、施工注意等内容（见图 3-4）。

2. 外线总平面图

表示变电所、线路走向（架空或埋缆）、电杆、进户线、路灯等内容的平面布置图。该图用于小区内供电设计，而对于一般工业与民用建筑单项工程设计可省略。

图 3-3 为一个住宅区的电气外线总平面图。该图表明：电源由大门东侧引入，通过传达室（室内配电板），经电杆 1 到电杆 2（有路灯），用铝芯橡皮绝缘线三相四线制（截面 $3\times25\text{mm}^2+1\times16\text{mm}^2$），由电杆 2 经墙上支架（距地 6.25m）引入室内（$3\times10\text{mm}^2+1\times6\text{mm}^2$）。

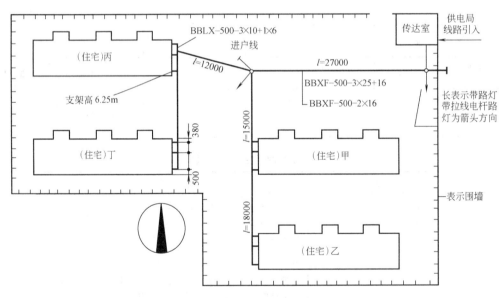

图 3-3　××住宅供电外线图

3. 电气平面图

电气平面图是表示电气设计各项内容的平面布置图，根据使用要求不同，有电气照明平面图、动力平面图、弱电（电话、广播）平面图、防雷平面图等。电气平面图主要表示配电表盘、电线走向、灯具电器、用电设备、电气装置等在平面上的位置，同时标注其线规线数、设备型号、安装方式及标高等内容。因此，它是电气施工中的主要图纸。

多层建筑应每层有一张平面图，相同布置可用一张"标准层"代替。照明、动力等应分别出图。

设计说明（图3-4～图3-7）：

电源从2层进户，电压为380/220V，负荷为三相平衡分配，接地电阻为4Ω。

本工程各楼层为预制钢筋混凝土空心板，采用板孔穿线，5层屋顶为现浇板，采用钢管暗设，墙体为红砖砌筑，沿墙配线采用乙烯软塑管穿线，电源进线和各层配电盘之间的电源导线采用钢管穿线暗设。外墙厚370mm、内墙厚240mm，板开关距地面1.4m，插座距地面1.8m。

（1）笙罩壁灯，BSZ—1/40—1高330mm，60W，安装高度2.5m。

（2）防潮式吊线灯，60W，安装高度2.5m。

（3）半圆罩吸顶灯，φ200，60W。

（4）塑料大口碗罩灯，φ200，60W。

⊨⊨⊨吊链简易开启荧光灯，YJQ—1/40—140W，安装高度2.5m。

■■■配电箱安装高度1.6m，配电箱分支回路采用BLV—500V—2.5。

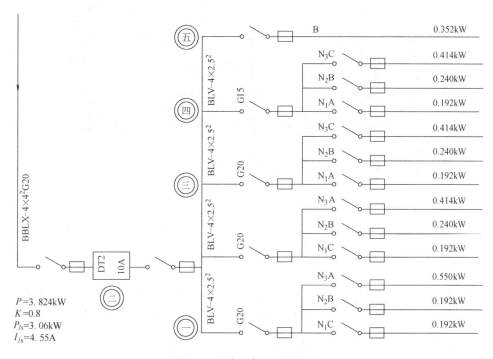

图3-4 室内电气照明系统图

图3-5为某集体宿舍底层电气照明平面图。电源由上层引入，经配电箱分三条支路，N_1、N_2通向卧室，N_3为走廊、盥洗室、楼梯间供电回路。各种灯具开关、型号见设计说明。

图3-6为该集体宿舍2、3、4层电气照明平面图。电源由2层引入经配电箱，除2层三路支线外，由四路干线通向底层和3、4、5层。从2层起门厅改为房间并布置照明外，其他布置与底层基本相同。图3-7为第5层电气照明平面图，图中导线由4层引来，楼梯灯移位，大房间装了三盏荧光灯及一个暗插座。

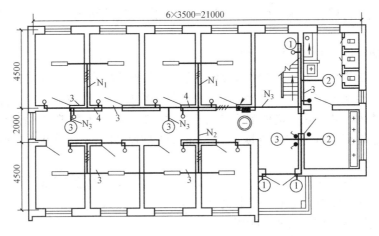

图 3-5 底层电气照明平面图

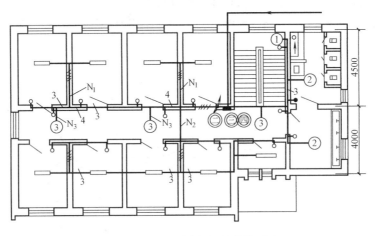

图 3-6 2、3、4层电气照明平面图

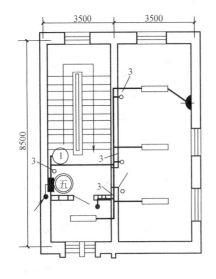

图 3-7 5层电气照明平面图

图 3-12 表示某车间动力平面图。照明动力分线引入，动力为 380V，用 3 根 75mm² 铝芯橡皮线，进入总配电箱后，分三路支线通往 10 个分配电箱，每个分配电箱供给 2~3 台设备用电。图中方框为设备型号、编号、容量及接地线路（配合图 3-13 系统图①盘识读）。

4. 电气系统图

电气系统图是由图例、符号、线路组成的网络联结示意图，见图 3-13。可表示电源引入线、干线和支线的线规和线型、相数及线路编号、设备型号及容量等内容。有电气照明和动力系统之分。

图 3-4 是某 5 层集体宿舍楼的电气照明系统图。电源引入线 BBLX—4×4G20 表示四根截面为

$4mm^2$ 的铝芯玻璃丝编织橡皮线，穿直径 20mm 的钢管引入。由 2 层进户，经配电箱引向本层，并引向底层和 3、4、5 层（配电箱一、三、四、五），5 层为单相电，其余均为三相电。配电箱上有闸刀开关 3P—30A（三相额定电流 30A），各配电箱的尺寸见图 3-8（详图）。系统图上表示了导线线规、计算容量（P_{js}）、计算电流（I_{js}）等。

5. 电气详图

电气详图一般包括盘面布置图和安装详图两部分。盘面布置图指设计尺寸盘面上的闸刀、电度表、接线柱等安装位置（见图 3-8、图 3-9）；安装详图指电气件的安装做法大样图（见图 3-10、图 3-11）。

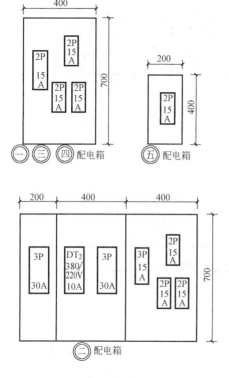

图 3-8　盘面布置（一）

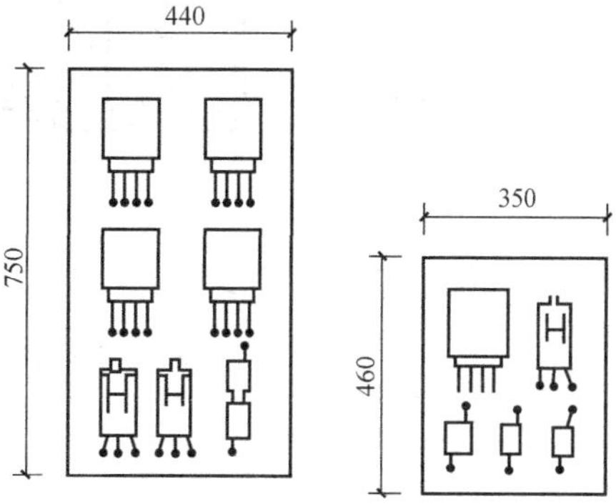

图 3-9　盘面布置（二）

图 3-10　绝缘线穿墙套管详图

电气详图大多采用标准图集，如适用于一般工业与民用建筑的配电图集国家标准图 D366 和 D464，车间常用配电设备的国家标准图 D367 等。安装详图一般都按"电气施工安装图册"绘制，它是电气安装的施工依据。

6. 电气控制原理图

电气设备中控制台、配电屏等内部二次接线图，主要表示电气控制与保护装置的原理及其安装接线系统等内容，叫做电气控制原理图。该图只是在电气自动控制、变电所柜盘等独立设计中才见到。而一般建筑工程中电气设备多用成套定型产品，

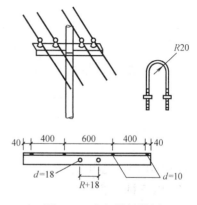

图 3-11　电杆横担详图

125

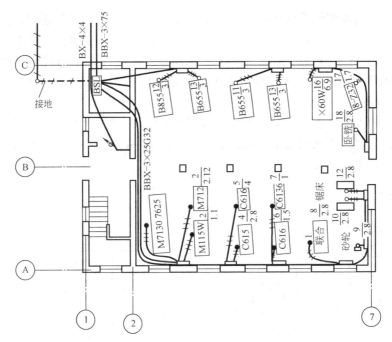

图 3-12 某车间动力平面图

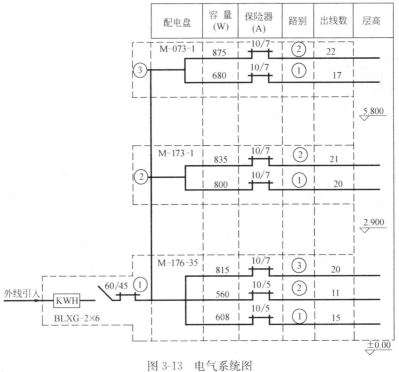

图 3-13 电气系统图

原理图附在产品说明书内。

7. 电气材料表

在电气安装工程中，所用的电气设备、装置、主要材料等，一般均列出表格作为设计资料，有的独立列表，有的将表格画在设计图上。电气材料表应包括：名称、规格型号、单位、数量、备注（厂家）等内容。

电气安装施工图的识读，应根据上述内容、逐项进行。一般可按以下步骤：

（1）首先按目录核对图纸数量，查出涉及的标准图；

（2）仔细阅读设计（施工）说明，了解材料表内容及电气设备型号含意；

（3）从总平面图上，分析电源进线；

（4）由电气平面图上，识读电气设备布置，线路编号及走向，导线规格、根数及敷设方式；

（5）查看系统图（或原理图），对照平面图，分析上下、内外、干支线的关系，明确配电箱包含的电气件内容；

（6）对照详图、标准图，了解施工做法。

图 3-4～图 3-8 是一套简单的电气照明施工图（缺材料表），对照上述图纸内容并分析，然后仔细识读。

熟悉和识读电气施工图，应注意以下几点：

（1）必须熟悉电气图的图例、符号、标注及画法；

（2）要有电气应用的基本知识和安装施工概念；

（3）要具备投影制图知识，建立空间思维，分析正确的走线方向；

（4）电气图与土建图，必须对照识读，以了解基层结构和相关尺寸；

（5）一定要掌握比例尺的应用方法；

（6）需要明确预算识图的目的，在于计算工程量和定额套价；

（7）识图应开动脑筋，善于发现图中错误（矛盾），要善于动手在图纸上作标记。

只要做到以上几点，就能很快掌握电气图的规律。结合实际工作，加强识读电气图的练习，是电气识图的根本途径。

第四节　电气安装工程预算定额的使用

一般工业与民用建筑工程的电气安装工程，执行《全国统一安装工程预算定额》的第二册"电气设备安装工程"的标准。1986 年版"全统定额"已不再执行。现行 2000 年十二册版"全统定额"的第二册（电气设备安装工程）的主要内容和适用范围是：工业与民用新建、扩建工程中 10kV 以下变配电设备及线路安装工程、车间动力电气设备及电气照明器具、防雷及接地装置安装、配管配线、电梯电气装置、电气调整试验等安装工程。

江苏省 2001 年版《全国统一安装工程预算定额江苏省单位估价表》（南京地区自 2002 年 1 月 1 日起执行）的分项内容、计算规则、计量单位、定额指标、调整规定等，与"全统定额"完全一致。所不同的是：采用南京地区当时资源（工资、材料、机械）单价重新计算定额基价；有些分册最后补充了江苏地区近期常用的"定额项目及基价"（以"省补××"编号）；颁布了相配套的 2001 年版《江苏省安装工程费用定额》，作为预算编制的"费用"法规。

为了推行"工程量清单计价"办法及新的预算费用划分内容规定（2003 年），江苏省于 2003 年 12 月颁布了 2004 年版《江苏省安装工程计价表》及配套的"预算费用计算规则"，并于 2004 年 5 月 1 日起替代"估价表"在全省执行。该"计价表"的分册划分、分项内容、定额编号、计算规则、计量单位、调整规定等，与"2001年江苏省估价表"完全一致（仅个别指标调整），所不同的是：以"综合单价"（资源基价加管理费、利润）替代"基价"（资源），并以最新资源单价定价。

1. 预算定额的项目划分

预算定额的项目及其以品种、规格、步距等划分出的细目、子目，就是预算编制的计价项目，也是工程量计算归口合计数的计量单元。因此，项目的多少不仅涉及预算编制的工作量，还影响到预算价值的精确度及经济核算。为此，预算项目的划分应遵守以下原则：

（1）在施工中能独立作业；

（2）与有关规范、规程的工艺要求相统一；

（3）能分清品种、安装方式的差别；

（4）便于经济核算；

（5）可区别一般情况和特殊情况；

（6）尽可能简明、适用。

2000年版"全统定额第二册"电气设备安装工程预算定额，共分十四章，计1861个定额计价项目（或细目）。熟悉定额项目的划分，对于确定预算项目、分项计算工程量、套价等都具有十分重要的意义，它可以减少重项、漏项，提高预算准确性，加快预算编制速度。表3-17为现行安装定额第二册的定额项目划分表，表内对项目划分、工作内容、计量单位、执行规定等，作了概括归纳。

电气设备安装工程预算项目划分［2000年版全统定额第二册］ 表3-17

分部（章）	定额编号	项目		细目、子目、步距	计量单位	工作内容	说明
一、变压器	2-1～2-30	油浸电力变压器安装		250、500、1000、2000、4000、8000、10000kVA以下	台	检查就位、附件检查、清洗、安装、垫铁及止轮器安制、注油与密封、接地、补漆	（1）自耦式、带负荷调压变压器执行"油浸变压器"安装定额 （2）电炉变压器、整流变压器按同容量、同电压定额乘系数 （3）4000kVA以上吊芯检查，定额机械费×2.0 （4）本章定额不包括：干燥棚、滤油棚、铁梯和母线铁架、端子箱、油样试验等
		干式变压器安装		100、250、500、800、1000、2000、2500kVA以下			
		10kV以下消弧线圈安装		100、200、300、400、600、800、1600、2000kVA以下			
		电力变压器干燥		250、500、1000、2000、4000、8000、10000kVA以下		准备、干燥、维护、记录、清理、注油	
		变压器油过滤			t	准备、过滤、清理	
二、配电装置	2-31～2-76	油断路器安装		1000、3000、8000、1200A以下	台	检查、安装、调整、干燥、注油、接地、清理、配管	（1）本章主要用于高压配电、送电 （2）本章不包括端子箱安装，支架制安、油过滤、基础型钢 （3）地脚螺栓、二次灌浆为土建 （4）集装箱式多台低压配电屏的低压配电室，列入第四章
		真空断路器支装		2000、4000A以下			
		SF₆断路器安装					
		大型空气断路器安装		12000、18000、22000、25000A以下		检查、安装、调整、接地	
		真空接触器安装		1140/630、6300/630V/A以下			
		隔离开关安装 负荷开关	户内	600、2000、4000、8000、15000A以下	组	检查、配制、安装、调整、接地	
				另加：二段传动、带接地开关			
			户外	1000A以下			

分部 (章)	定额 编号	项 目		细目、子目、步距		计量 单位	工作内容	说 明
二、配电装置	2-31 ～ 2-76	互感器 安装	电压互感器			台	检查、安装、接地	(1)本章主要用于高压配电、送电 (2)本章不包括端子箱安装,支架制安、油过滤、基础型钢 (3)地脚螺栓、二次灌浆为土建 (4)集装箱式多台低压配电屏的低压配电室,列入第四章
			电流互感器	2000、8000、15000A 户外式				
		熔断器安装				组		
		避雷器安装		1、10kV 以下				
		电抗器 安装	干式电抗器	1.5、4.5、7.5、10t/组以下				
			油浸电抗器	100、500、1000、3150kVA/台以下		台		
		电抗器 干燥	干式电抗器	1.5、4.5、7.5、10t/组以下		组	准备、干燥、检测、清理	
			油浸电抗器	100、500、1000、3150kVA/台以下		台		
	2-77 ～ 2-106	电力 电容器	移相式串联	30、60、120、200kg 以下		个	检查、安装、接地	
			集合式并联	2、5、10t 以下				
		并联补偿电容器组架 (TBB 系列)		单列两层、单列三层、双列两层、双列三层、小型组合				
		交流滤波装置组架 (TJL 系列)		电抗组架、放电组架、连线组架		台		
		高压成套 配电柜	单母线柜	断路器柜	母线桥(组)		检查、调整、安装、注油、附件拆装、接地	
			双母线柜	互感器柜、电容器柜及其他柜				
		组合型成套箱式变电站安装	不带高压开关柜	100、315、630kVA 以下				
			带高压开关柜	100、315、630、1000、1600kVA 以下				
三、母线绝缘子	2-107 ～ 2-113	绝缘子 安装 (10kV 以下)	悬式绝缘子串			10 串	检查、清扫、测试、安装、接地、刷漆	
			户内支持绝缘子	1、2、4 孔		10 个		
			户外支持绝缘子					
	2-114 ～ 2-177	穿墙导管安装 (10kV 以下)				个	检查、安装、刷漆、接地	(1)户内绝缘子综合考虑不同结构基层 (2)组合软母线在不同跨距下,不作调整 (3)支架制作另计 (4)软母线安装采用双串绝缘子,人工×1.08 (5)带形钢母线执行铜母线定额 (6)封闭式母线槽在竖井内安装,(人工+机械)×2.0
		软母线 安装	单根	主线	导线截面 150、240、400mm² 以下	跨/三相	检查、下料、压接、组装、固定、调整	
				引下线、跳线、连线		组/三相		
			组合软母线	每组 2、3、10、14、18、26 根				
		带形母线安装	主线	铜母线	每相一片	截面 360、800、1000、1250mm² 以下	10m/单相	下料、煨弯、安装、调整、接头、刷漆	
				铝母线	每相二片				
			引下线	铜母线	每相三片	截面 1000、1250mm² 以下			
				铝母线	每相四片				
		带形母线接头	伸缩	铜母线	每相 1、2、3、4、8 片		个	钻眼、锉面、(挂锡)安装	
			接头	铝母线					
			铜过滤板			块		

分部(章)	定额编号	项目			细目、子目、步距	计量单位	工作内容	说明
三、母线绝缘子	2-178～2-235	槽形母线安装		主线		10m/单相	下料、整形、煨弯、钻孔、焊接、安装、刷漆	(1)户内绝缘子综合考虑不同结构基层 (2)组合软母线在不同跨距下，不作调整 (3)支架制作另计 (4)软母线安装采用双串绝缘子，人工×1.08 (5)带形钢母线执行铜母线定额 (6)封闭式母线槽在竖井内安装，(人工＋机械)×2.0
			设备连接线	发电机(6个头)	规格 2(100×45×5)以下 2(150×65×7)以下 2(200×90×12)以下 2(250×115×12.5)以下	台		
				变压器(3个头)				
				断路器(3个头)		组		
				隔离开关(3个头)				
		共箱母线安装(6～10kV)		铜母线	箱体/导体 900×500/3×(120×10) 1000×550/3×2(120×10) 1100×600/3×3(120×10) 1200×650/3×4(120×10)	10m	埋件、检查、吊装、接线、接地、刷漆、测试	
				铝母线				
		低压封闭式母线槽安装		插接	每箱400、800、1250、2000、4000A以下	10m	检查、测试、吊装、接线、接地	
				分线箱	电流100、300、600、1000A以下	台		
		重型母线安装	主线	铜	截面2500、3500、5000、7500mm²以下	t	下料、整形、煨弯、钻孔、焊接、组合、安装	
				铝	铝电解、镁电解、石墨化电解(不分规格)			
			伸缩器制安	铜	3000、5000、7500mm²以内	个		
				铝	10000mm²以下			
			导板制安	铜	阳极、阴极	束		
				铝				
		铝母线接触面加工			170×160、350×35、350×40、400×40、350×140、550×180	片/单相	加工	
四、控制设备及低压电器	2-236～2-242	控制设备安装	控制屏			台	检查、装配、测试、接线、安装	(1)本章主要用于低压送电、配电的电气设备安装 (2)不包括：电器和设备干燥、二次喷漆、设备基础及基座、端子排外部接线等
			继电、信号屏					
			模拟屏		宽1.2m内			
			配电(电源)屏		低压开关柜			
			弱电控制返回屏					
			集装箱式配电室			t		
	2-243～2-287	硅整流柜安装			100、500、1000、3000、600A以内	台	检查、安装、接线、接地	
		可控硅柜安装			100、800、2000kW以内			
		低压电容器柜安装						
		电气屏(柜)安装	自动调节励磁屏			台	检查、安装、拆配、测试、接线	
			励磁灭磁屏					
			蓄电池屏(柜)					
			直流馈电屏					
			事故照明切换屏					
			屏边					

分部 (章)	定额 编号	项目		细目、子目、步距	计量 单位	工作内容	说明
四、控制设备及低压电器	2-243 ～ 2-287	控制台 (箱) 安装	控制台	1、2m 以内	台	检查、安装、拆配、测试、接线	
			集中控制台	2～4m			
			同期小屏控制箱				
		成套电箱安装	落地式			检查、安装、接线、接地	
			悬挂嵌入式	半周长 0.5、1、1.5、2.5m 以内			
		控制开关安装	自动空气开关	DZ 装置式、DW 万能式	个		
			刀型开关	手柄式、操作机构式、带熔断器			
			铁壳开关				
			胶盖闸刀开关	单相、三相			
			组合控制开关	普通型、防爆型			
			万能转换开关				
			漏电保护开关	单式	单极、三极、四极			
				组合式	10、20 个回路以下			
		熔断器安装		瓷插螺旋式、管式、防爆式			
		限位开关安装		普通式、防爆式、			
	2-288 ～ 2-323	起动控制电器安装	控制器	主令、鼓型(凸轮)	台	检查、安装、调整(注油)、接线、接地(刷油)	(1)本章主要用于低压送电、配电的电气设备安装 (2)不包括:电器和设备干燥,二次喷漆,设备基础及基座,端子排外部接线等
			接触器、磁力起动器				
			Y-△ 自耦减压起动器				
			电磁铁(电磁制动器)				
			快速自动开关	1000、2000、4000A 以内			
			电阻器	一箱、每加一箱	箱		
			油浸频敏变阻器		台		
			按钮		个		
			电笛	普通型、防爆型			
			电铃				
			水位电气信号装置	机械式、电子式、液位式	套		
		电器仪表与配线	测量表计		个	检查、下料、钻眼、安装、接线、卡牢	
			继电器				
			电磁锁				
			屏上辅助设备				
			小母线		10m		
			辅助电压互感器		个		
			分流器安装	150、750、1500、6000A 以内			
			盘柜配线	导线截面 2.5、6、10、25、50、95、150mm² 以内	10m		

分部（章）	定额编号	项目			细目、子目、步距	计量单位	工作内容	说明
四、控制设备及低压电器	2-324～2-378	端子及接线	端子箱安装		户外、户内	台	检查、安装、接线、测试、绝缘	(1)本章主要用于低压送电、配电的电气设备安装 (2)不包括：电器和设备干燥，二次喷漆，设备基础及基座，端子排外部接线等
			端子板安装			组		
			外部接线	无端子	导线截面2.5、6mm²以内	10个		
				有端子				
			接线端子	焊铜	导线截面16、35、70、120、185、240mm²以内			
				压铜	导线截面16、35、70、120、185、240、300、400mm²以内			
				压铝	导线截面16、35、70、120、240、300、400mm²以内			
		穿通板制作、安装			石棉水泥板、塑料板、电木或树脂板、钢板	块	下料、整形、制作、安装、接地、油漆	
		基础型钢安装			槽钢、角钢	10m		
		金属制品制作、安装	一般铁构件		制作、安装	100kg		
			轻型铁构件					
			箱盒制作					
			网门制安			m²		
		二次喷漆					洁面、喷漆	
		木配电箱制作	木板配电箱		半周长0.6、1、1.5、2m以内	套	加工制作、拼装、油漆、安装、接线、接地	
			墙洞配电箱		半周长0.6、1、2.5m以内			
		配电板制作安装	配电板制作		木板、塑料板、胶木板	m²		
			木板包铁皮					
			配电板安装		半周长1、1.5、2.5m以内	块		
五、蓄电池	2-379～2-426	防震支架安装	单层		单排、双排（成品支架）	10m	组装、固定	(1)适用220V以下各种固定型蓄电池 (2)不包括抽头连接用管线安装
			双层					
		蓄电池安装	碱性		容量40、80、100、150、250、300、500A·h以下	个	检查、安装、注液测试、标识	
			固定密闭式铅酸		容量100、200、300、400、600、800、1000、1200、1400、1600、1800、2000、2500、3000A·h以下			
			免维护铅酸		电压/容量12/100、12/200、12/290、6/390、12/500、12/570、6/820、6/980、6/1070VA·h以下	组	查线、充电、放电测试	
		蓄电池充放电（220V以下）			容量100、200、300、400、600、800、1000、1200、1400、1600、1800、2000、2500、3000A·h以下			
六、电机	2-427～2-481	检查接线	空冷式发电机、调相机		容量1500、3000、6000、12000、25000kW以下	台	检查、调整、接线、接地、绝缘、空转	(1)电机本体安装用第一册（机械）定额 (2)单台重30吨以上为大型电机 (3)接线主材可按实调整，但人工、机械不变
			励磁电阻器（综合）					
			小型直流电机		功率3、13、30、100、200kW以下			

分部(章)	定额编号	项 目		细目、子目、步距	计量单位	工作内容	说 明
六、电机	2-427～2-481	检查接线	小型交流异步电机	功率3、13、30、100、220kW以下	台	检查、调整、接线、接地、绝缘、空转	(1)电机本体安装用第一册(机械)定额 (2)单台重30吨以上为大型电机 (3)接线主材可按实调整,但人工、机械不变
			小型交流同步电机	功率3、13、30、100、200kW以下			
			小型防爆式电机				
			小型立式电机	功率30、60、100、200kW以下			
			中型电机	重量5、10、20、30t/台以下			
			大型电机		t		
			微型电机		台		
			变频机组	4、8、15、20kW以下			
			电磁调速电动机	功率2.2、10、15、30、45kW以下	台	准备、干燥、检查、绝缘	
		电机干燥	小型	功率3、13、30、100、220kW以下			
			中型	重量5、10、20、30t/台以下			
			大型		t		
七、滑触线装置	2-482～2-520	滑触线安装	轻型	铜质Ⅰ型、铜钢组合、沟型	100m/单相	检查、装配、安装、调整	(1)支架基础为土建预埋 (2)软电缆不含轨道安装及滑轮制作 (3)铁构件制作执行第四章定额
			安全节能型	电流100、200、320、500、800、1250A以下			
			角钢	40×4、50×5、63×6、75×8			
			扁钢	40×4、50×5、60×6			
			圆钢	φ8、φ12			
			工字钢、轻轨	10、12、14、16kg/m以内			
		滑触线支架安装	3横架式	螺栓固定、焊接固定	10副		
			6横架式				
			指示灯		套		
			工字钢、轻轨		10副		
		滑触拉紧装置制作安装		扁钢、圆钢、软滑线	套	下料、加工、组配、安装、刷油	
		挂式支持器制作安装			10套		
		移动软电缆安装	沿钢索	长10、20、30m以内	套	配套、敷设、接线	
			沿轨道	截面16.35、70、120mm²以内	100m		
八、电缆	2-521～2-592	电缆沟挖填		一般土沟、建筑垃圾土、泥水土冻土、石方	m³	挖掘、夯填清理	(1)适用于10kV以下电力电缆和控制电缆敷设 (2)大型土石方用建筑定额 (3)电缆在山区、丘陵地区敷设人工×1.30,加固材料另计 (4)电力电缆敷设以三芯考虑,5芯用定额×1.3,6芯用定额×1.6,每加一芯定额加30% (5)铜芯电缆头,按定额×1.2 (6)电缆预留、波形加长另计
		开挖路面(厚度)		混凝土(150、250mm)、沥青(250mm)、砂石(250mm内)	m²		
		电缆沟	铺砂盖砖	1-2根,每增加一根电缆	100m	整缆、铺砂、埋设、盖揭	
			铺砂盖保护板				
			揭(盖)盖板	板长500、1000、1500mm以下			
		电缆保护管敷设	混凝土管、石棉水泥管	φ100、φ200以下	10m	下料、敷设、接口	
			铸铁管	φ150以下			
			钢管	φ100～150以下			

分部(章)	定额编号	项 目			细目、子目、步距	计量单位	工作内容	说 明
八、电缆	2-521～2-592		顶管(ϕ100mm)		长 10、20m/根以下	根	准备、顶(接)管、清理	(1)适用于10kV以下电力电缆和控制电缆敷设 (2)大型土石方用建筑定额 (3)电缆在山区、丘陵地区敷设人工×1.30,加固材料另计 (4)电力电缆敷设以三芯考虑,5芯用定额×1.3,6芯用定额×1.6,每加一芯定额加30% (5)铜芯电缆头,按定额×1.2 (6)电缆预留、波形加长另计
		桥架安装	钢制	槽式	高＋宽: 150、400、600、800、1000、1200、1500mm 以下	10m	组对、安装、连接、隔板、附件	
				梯式	高＋宽: 200、500、800、1000、1200、1500mm 以下			
				托盘式	高＋宽: 100、150、400、600、800、1000、1200、1500mm 以下			
			玻璃钢	槽式	高＋宽: 200、400、600、800、1000mm 以下			
				梯式	高＋宽: 200、400、600、800、1000mm 以下			
				托盘式	高＋宽: 300、500、800、1000mm 以下			
			铝合金	槽式	高＋宽: 100、200、350、550、800、1000mm 以下			
				梯式	高＋宽: 320、500、800、1000mm 以下			
				托盘式	高＋宽: 320、520、800、1000mm 以下			
			组合式桥架			100 片		
			桥架支撑架			100kg		
	2-593～2-609	电缆槽安装	小型塑料槽		b50mm 以下～盘后、墙上	10m	定位、安装、接口	
			加强塑料槽		b100mm 以下			
			混凝土电缆槽		宽 100、200、430mm 以下			
		电缆防护	防火堵洞		防火门、盘柜F、电缆隧道、保护管	处	清扫、封闭、处理、加工	
			防火隔板			m²		
			防火涂料			10kg		
			防燃槽盒			10m		
			防腐					
			缠石棉绳					
			刷漆					
			剥皮					
	2-610～2-687	电力电缆敷设	铝芯	普通	截面 35、120、240、400mm² 以下	100m	检查、敷设、固定、测试、封头、挂牌	
				竖井				
			铜芯	普通				
				竖井				

分部(章)	定额编号	项　目			细目、子目、步距	计量单位	工作内容	说　明
八、电缆	2-610～2-687	电力电缆头制作安装	户内	干包式 终端	1kV内	个	锯切、压焊、装盒、绝缘、安装固定	(1)适用于10kV以下电力电缆和控制电缆敷设 (2)大型土石方用建筑定额 (3)电缆在山区、丘陵地区敷设人工×1.30,加固材料另计 (4)电力电缆敷设以三芯考虑,5芯用定额×1.3,6芯用定额×1.6,每加一芯定额加30% (5)铜芯电缆头,按定额×1.2 (6)电缆预留、波形加长另计
				干包式 中间	1kV内			
				浇注式 终端头	1kV 10kV内			
				热缩式	截面35、120、240、400mm²以下			
			户外	热缩式 终端头	10kV内			
				浇注式	10kV内			
				浇注式 中间头	1kV内 10kV内			
				热缩式				
		控制电缆敷设		一般敷设	6、14、24、37、48芯/根以下	100m	检查、敷设、固定、测试封头、挂牌	
				竖井敷设	14、37、48芯/根			
		控制电缆头制作安装		终端	6、14、24、37、48芯以下	个	锯切、加工、绝缘	
				中间	14、37、48芯以下			
九、防雷及接地装置	2-688～2-703	接地极制作安装		钢管	普通土、坚土	根	加工、(打)埋设、焊接	
				角钢				
				圆钢				
		接地极板制作安装		铜板、钢板		块		
		接地母线敷设		户内		10m	加工、埋设、刷漆、焊接、土方	
				户外	截面200、600mm²以内			
				铜接地绞线	截面150、250mm²以内			
		接地跨接线安装			跨接线接地、构架接地、钢铝窗接地	10处		
	2-704～2-743	避雷针	制作	钢管	长2、5、7、10、12、14m内	根	加工、挂钩、组焊、刷漆、底座	(1)避雷针安装已考虑高空作业 (2)配管、穿线(铜绞线)执行本册十二章定额 (3)已含土方,石方、矿渣、积水、障碍物可另计 (4)独立避雷针加工执行本册"一般铁件"制作定额
				圆钢	2m内			
			安装	附着	烟囱上	安装高度25、50、75、100、150、2504m以内	根	埋件、组装、吊装、焊接、补漆
					平屋面上	针高2、5、7、10、12、14m以内		
					拉线	3根一组	组	
					墙上	针高2、5、7、10、12、14m以内	根	
					金属容器	顶、壁~针长3、7m以内		
					构筑物	木杆、水泥杆、金属构架		
			独立避雷针		高18、24、30、40m以内	基		
		半导体少长针消雷装置安装			高60、100、150m以内	套		
	2-744～2-752	避雷引下线敷设		金属构架引下		10m	下料、埋卡、焊接、固定、刷漆	
				沿建筑、构筑物				
				利用建筑物主筋				
				断接卡子制安		10套		

分部 (章)	定额 编号	项	目	细目、子目、步距	计量 单位	工作内容	说 明
九、防雷及接地装置	2-744 ～ 2-752	避雷网安装	沿混凝土块		10m	下料、埋卡、焊接、固定、刷漆	(1)避雷针安装已考虑高空作业 (2)配管、穿线(铜绞线)执行本册十二章定额 (3)已含土方、石方、矿渣、积水、障碍物可另计 (4)独立避雷针加工执行本册"一般铁件"制作定额
			沿折板支架				
			混凝土块制作		10块		
			均压环QL筋		10m		
			柱主筋与QL焊接		10处		
十、10kV以下架空配电线路	2-753 ～ 2-787	工地运输	人力	平均运距200m内、200m以上(10t)	10t·km	检查、绑扎、运输、装卸	(1)特殊地形施工:(工+机)×系数;丘陵1.2,山地及泥沼1.6 (2)线路施工一次少于5根电杆,(工+机)×1.3 (3)钢管电杆组立、套混凝土杆,(工+机)×1.4 (4)跨越间距每50m按一处计 (5)杆上变压器安装,另计调试、抽芯、干燥
			汽车	装卸(10t)、运输(10t·km)			
		土石方工程		普通土、坚土、松砂石、泥水坑、流砂坑、岩石	10m³	挖填、支护、排水	
		安装	底盘		块	修坑、移运、安装、紧固	
			卡盘				
			拉盘				
		木杆根部防腐				烧焦、涂油	
		电杆组立	单杆 木杆	长9、11、13m以内	根	组对、立杆、找正、固定、夯实	
			单杆 混凝土杆	长9、11、13、15m以内			
			接腿杆 单腿	长9、11、13m以内			
			接腿杆 双腿	15m以内			
			接腿杆 混合				
			撑杆 木	长9、11、13m以内			
			撑杆 混凝土				
			钢圈焊接	(1个焊口)	个	对口、焊接	
	2-788 ～ 2-837	横担安装	10kV以下 铁木横担	单根、双根	组	定位、固定、装瓷瓶	
			10kV以下 瓷横担	直线杆、承立杆			
			1kV以下 二线				
			1kV以下 四线	单根、双根			
			1kV以下 六线				
			1kV以下 瓷横担				
		进户线	一端埋设		根		
			两端埋设	二线、四线、六线			
		接线 制作安装	普通拉线	截面35、70、120mm²以内	根	放线、安装、紧固	
			水平及弓形				
		导线架设	裸铝绞线	截面35、95、150、240mm²以下	1km/单线	放线、架线、连接、紧固	
			钢芯铝绞线				
			绝缘铝芯线				

分部 （章）	定额 编号	项　　目		细目、子目、步距	计量 单位	工作内容	说　明
十、10kV以下架空配电线路	2-788 ～ 2-837	导线跨越		电力、公路、通信、铁路、河流	处	跨越架搭拆	（1）特殊地形施工：（工＋机）×系数；丘陵1.2，山地及泥沼1.6 （2）线路施工一次少于5根电杆，（工＋机）×1.3 （3）钢管电杆组立、套混凝土杆（工＋机）×1.4 （4）跨越间距每50m按一处计 （5）杆上变压器安装，另计调试、抽芯、干燥
		进户线架设		截面35、95、150、240mm²以内	100m/ 单线	架线、紧固、瓷瓶	
		杆上	变压器安装	50、100、180、320kVA以下	台	支架、组装、注油、配线、接地	
			配电设备安装	跌落式熔断器、避雷器、隔离开关、油开关、配电箱	组、 台		
十一、电气调整试验	2-838 ～ 2-879	系统调试	发电机、调相机	功率500、1500、3000、12000、25000kW以下	系统	一、二次回路调试，空投测试	
			电力变压器	560、2000、4000、8000、20000、40000kVA以下			
			送配电装置　1kV以下交流	供电（综合）			
			送配电装置　10kV以下交流供电	负荷隔离开关、熔断器、带电抗线路			
			送配电装置　直流供电	500、1650V以下			
			特殊保护装置调试	距离保护、高频保护、失灵保护、电机失磁、变压器断线、小电流接地、电机转子接地、打印机	套、 台	装置本体及二次回路调试	（1）仅限于设备或装置本系统调试，不包括机电联合运转 （2）不包括烘干、抽芯、更换元件及设备修理 （3）旧设备调试：定额×1.1 （4）应提交记录及报告
			自动投入装置调试	备用电源、备用电机、线路自动合闸、综合重合闸、自动调频、同期装置（自动、手动）	系统、 套		
		其他系统	中央信号	变电所、配电室	系统		
			直流盘监视		台		
			变送器屏				
			事故照明切换				
			不间断电源	100、300、600kVA以下	套		
			减负荷装置				
	2-880 ～ 2-899	其他设备与装置调试	母线系统	1、10kV以下	段	装置本体及一、二次回路	
			避雷器	10kV以下	组		
			电容器	1、10kV以下			
			独立接地装置	（6根地极以内）	组		
			接地网				
			电抗器、消弧线圈	干式、油浸式	台		
			电除尘器	60、100、200m²以下			
			一般硅整流器	36、220V以下	台		
			电解硅整流	1000、6000V以下			
			晶闸管整流	100、500、1000、2000A以下	台		

分部(章)	定额编号	项目		细目、子目、步距	计量单位	工作内容	说明
十一、电气调整试验	2-900～2-966	电动机调试	普通小型直流电动机	13、30、100、200、300kW以下	台	电机、装置及系统本体、一次和二次回路	(1)仅限于设备或装置本系统调试,不包括机电联合运转 (2)不包括烘干、抽芯、更换元件及设备修理 (3)旧设备调试:定额×1.1 (4)应提交记录及报告
			一般晶闸管调速电机	50、100、250、500、1000、2000、3500、5000kW以下	系统		
			全数字式晶闸管调速电机				
			普通交流同步电机 直接起动	(10kV以下)500、1000、4000kW以下	台		
			普通交流同步电机 降压起动	(10kV以下)1000、2000、4000kW以下			
			380V电机	直接启动、降压启动			
			低压变流异步电动机 笼型电动机(控制保护类)	刀开关控制、电磁控制、非电量连锁、带过流保护			
			低压变流异步电动机 绕线型电动机(控制保护类)	电磁控制、速断及过流保护、反时限过流保护			
			高压变流异步电动机 10kV以下一次设备	350、780、1600、4000、6300、8000kW以下			
			高压变流异步电动机 二次设备回路	差动过流保护、反时限过流保护、速断保护			
			交流变频调速电动机 同步	200、500、1000、3000、5000、10000、30000、50000kW以下	系统		
			交流变频调速电动机 异步	50、150、500、1000、2000、3000kW以下			
			微型电机(综合)		台		
			电加热器				
			50kW以下电动机组	两台、两台以上			
			电动机连锁装置	3、4～8、9～12台	组		
			备用励磁机组				
	2-967～2-974	电气试验	悬式绝缘子	70-160型、210-300型	10件		
			支持绝缘子	1、10kV以下			
			绝缘套管		只		
			绝缘油		一试样		
			电缆试验	故障点(点)、泄漏(根次)	点、次		
十二、配管、配线	2-975～2-1039	电线管	砖、混凝土结构 明配	DN15、20、25、32、40、50	100m	加工、配管、安装、接地、刷漆	(1)本章用于低压用电 (2)设备预留长度按规定另加。灯具和开关不加预留长度 (3)支架制作、安装、接线箱(盒)另计
			砖、混凝土结构 暗配				
			钢结构支架				
			钢索				
		钢管	砖、混凝土结构 明配	DN15、20、25、32、40、50、70、80、100、125、150			
			砖、混凝土结构 暗配				
			钢模板暗配	DN15、20、25、32、40、50			
			钢结构支架	DN15、20、25、32、40、50、70、80、100、125、150			
			钢索	DN15、20、25、32			

138

分部(章)	定额编号	项目			细目、子目、步距	计量单位	工作内容	说明
十二、配管、配线	2-1040～2-1168	防爆钢管	砖、混凝土结构	明配	DN15、20、25、32、40、50、70、80、100	100m	加工、配管、安装、接地、刷漆	
				暗配				
			钢结构支架					
			塔器照明配管		DN15、20、25			
		可挠金属套管	砖、混凝土结构暗敷		10号、12号、15号、17号、24号、30号、38号、50号、63号、76号、83号、101号		加工、配管、安装、接地、清理	
			顶棚内暗敷		10号、12号、15号、17号、24号、30号			
		塑料管	硬质聚氯乙烯管	砖、混凝土 明配	DN15、20、25、32、40、50、70、80、100		加工、煨弯、配管、安装	
				暗配				
				钢索配管	DN15、20、25、32			
			刚性阻燃管	砖、混凝土 明配	DN15、20、25、32、50、70			
				暗配				
				顶棚内				
			半硬质阻燃管	砖、混凝土暗配	DN15、20、25、32、40、50			
				钢模暗配				
				埋地	DN15、20、25、32、40、50、70、80			
		金属软管敷设			DN15、20、25、32、40、50～长0.5、1m内、1m以上	10m	加工、接头、固定	(1)本章用于低压用电 (2)设备预留长度按规定另加。灯具和开关不加预留长度 (3)支架制作、安装、接线箱(盒)另计
	2-1169～2-1250	管内穿线	单芯	照明	铝2.5、4铜1.5、2.5、4mm²以内	100m/单线	清管、引线、穿线、包头	
				动力	铝芯2.5～240mm²以内 铜芯0.2～240mm²以内			
			多芯软导线		双芯、四芯、八芯～0.75、1、15、25mm²以内，十六芯0.75、1、1.5mm²以内			
		瓷夹板配线	木结构		二线、三线～2.5、6、16mm²以内	100m线路	定位、穿墙、上夹、配线、包头	
			砖、混凝土结构					
			砖混凝土粘接		二线、三线～2.5、6mm²以内			
		塑料夹板配线	木结构		二线、三线～2.5、4mm²以内			
			砖混凝土结构					
	2-1251～2-1288	鼓形绝缘子配线	木结构		导线截面2.5、6mm²以内	100m/单线	定位、穿墙、上绝缘子、配线、包头	
			顶棚内					
			砖混凝土结构					
			钢支架					
			钢索					

分部(章)	定额编号	项 目			细目、子目、步距	计量单位	工作内容	说 明
十二、配管、配线	2-1251～2-1288	针式绝缘子配线	沿屋架、梁、柱、墙		导线截面6、16、35、70、120、185、240mm²以内	100m/单线	定位、穿墙、上绝缘子、配线、包头	(1)本章用于低压用电 (2)设备预留长度按规定另加。灯具和开关不加预留长度 (3)支架制作、安装、接线箱(盒)另计
			跨屋架、梁、柱					
		蝶式绝缘子配线	沿屋架、梁、柱、墙					
			跨屋架、梁、柱					
	2-1289～2-1353	木槽板配线	木结构		二线、三线～2.5、6、16、35mm²以内	100m	定位、穿墙、装板、配线、包头	
			砖、混凝土结构					
		塑料槽板配线	木结构					
			砖、混凝土结构					
		塑料护套线明敷设	木结构		二芯2.5、6、10mm²以内 三芯2.5、6、10mm²以内		定位、穿墙、装卡、配线、包头	
			砖、混凝土结构					
			沿钢索					
			砖、混凝土粘接					
		线槽配线			2.5～240mm²以内(8步)	100m/单线	清理、放线、焊包	
		钢索架设			圆钢、钢绞绳～φ6、9mm以内	100m	整形、架设、拉紧、刷漆	
		母线拉紧装置制安			母线500、1200mm²以内	10套	加工、组装、固定、刷漆	
		钢索拉紧装置制安			花篮螺栓φ12、16、20mm			
	2-1354～2-1381	车间带形母线安装	沿屋架、梁、柱、墙	铝母线	250、500、800、1200mm²以内	100m	支架装配、母线加工架设、夹具制安、刷漆分相	
				钢母线	100、250、500mm²以内			
			跨屋架、梁、柱	铝母线	250、500、800、1200mm²以内			
				钢母线	100、250、500mm²以内			
		动力配管混凝土地面刨沟			DN20、32、50、70、100以内	10m	定位、刨沟、清理、填补	
		接线箱安装			明、暗～半周长0.7、1.5m内		定位、开孔、刷漆、固定	
		接线盒安装	暗装		接线盒、开关盒	10个	定位、固定、修孔	
			明装		普通、防爆接线盒			
			钢索上接线盒					

分部(章)	定额编号	项 目			细目、子目、步距	计量单位	工作内容	说 明
十三、照明器具	2-1382~2-1396	普通灯具安装	吸顶	圆球吸顶灯	直径 250、300mm 以内	10 套	定位、组装、接线、包头	(1)灯具安装已考虑高空作业。其他器具超过 5m,可另计超高费 (2)定额包括摇测绝缘和试亮工作,但不含调试 (3)灯具引线,不作换算 (4)装饰灯具与本册示意彩图配套使用
				半圆球吸顶灯	直径 250、300、350mm 以内			
				方形吸顶灯	矩形罩、大口方罩			
				其他普通灯具	软线吊线灯、吊链灯、防水吊灯、一般弯脖灯、一般壁灯、防水灯头、节能座灯头、座灯头			
	2-1397~2-1523	装饰灯具安装	吊式艺术灯	蜡烛灯	D300~1400mm 内、杆 500~1400mm 内			
				挂片灯	D350~900mm 内、杆 350~1100mm 内			
				串珠(穗)、串棒灯	D600~2000mm 内、杆 650~3500mm 内			
				吊杆组合灯	D500~3000mm 内、杆 1750~4200mm 内			
				玻璃罩灯(带装饰)	D900~2000mm 内、杆 500~1100mm 内			
			吸顶式艺术灯	圆形串珠(穗)、吊棒	D400~5000mm 内、H800~7500mm 内			
				圆形挂片灯	D400~800mm 内、H500mm 内			
				圆形挂碗、蝶灯	D300~800mm 内、H500mm 内			
				矩形串珠(穗)、吊棒	D1600~5500mm 内、H1500~3000mm 内			
				矩形挂片灯	D800~1600mm 内、H1500~3000mm 内			
				圆形挂碗、蝶灯	D800~2000mm 内、H500mm 内			
				玻璃罩灯(带装饰)	D1500~3000mm 内、H400~1600mm 内			
			荧光艺术灯	组合光带	吊杆、吸顶、嵌入~单、双、三、四管	10m		
				内藏组合	方形、日形、田字、六边、锥形、双管、圆管光带			
				发光棚灯		10m²		
				立体广告灯箱		10m		
				荧光灯光沿				
	2-1524~2-1580			几何体组合艺术灯	繁星六火、十六火、四十火、一百火、钻石五火、星形双火、礼花灯组、钢架组合、凸片单火、凸片四火、十八火、二十八火、反射灯、筒灯、U 形、弧形灯	10 套		
				标志诱导灯	吸顶、吊杆、墙壁、嵌入			
				水下艺术灯	简易彩灯、密封彩灯、喷水池灯、幻光灯			

分部(章)	定额编号	项 目			细目、子目、步距	计量单位	工作内容	说 明
十三、照明器具	2-1524~2-1580	装饰灯具安装	点光源艺术灯	灯具	吸顶、嵌入(D150~350mm)、射灯(吸顶、滑轨)	10套	定位、组装、接线、包头	(1)灯具安装已考虑高空作业。其他器具超过5m,可另计超高费 (2)定额包括摇测绝缘和试亮工作,但不含调试 (3)灯具引线,不作换算 (4)装饰灯具与本册示意彩图配套使用
				滑轨		10m		
			草坪灯具		立柱式、墙壁式			
			歌舞厅灯具		变色转盘灯、雷达射灯、十二头幻影旋转彩灯、维纳斯旋转彩灯、卫星旋转效果灯、飞碟旋转效果灯、八头转灯、十八头转灯、滚筒灯、频闪灯、太阳灯、雨灯、歌星灯、边界灯、射灯、泡泡发生灯、迷你满天星彩灯、迷你单立盘彩灯、宇宙灯(单、双排)、镜面球灯、蛇光管(10m)、满天星彩灯(10m)、彩控器(台)	10套		
	2-1581~2-1626		荧光灯具安装	组装型	吊链、吸顶~单、双、三管			
				电容器				
				成套型	吊链、吊管、吸顶~单、双、三管			
			工厂罩灯		吊管、吊链、吸顶、弯杆、悬挂			
			防水防尘灯		直杆、弯杆、吸顶			
			工厂、其他灯	工厂灯	防潮灯、腰形船顶灯、碘钨灯、管形氙气灯、投光灯	10个		
				高压水银灯镇流器				
				混光灯	吊杆式、吊链式、嵌入式			
				烟囱、水塔、塔架标志灯	高30、50、100、120、150、200m以内			
				密闭灯具	安全灯、防爆灯、高压水银防爆灯、防爆荧光灯			
	2-1627~2-1710		医院灯具		病房指示灯、暗脚灯、紫外线灯、无影灯	10套		
			路灯安装		大马路弯灯(L=1.2m)、庭院路灯(三火、七火以下)			
			开关按钮		拉线、板把(明)、板式(暗:单~六联)、按钮、密闭开关			
			插座		明、暗~2~12孔~(电流)~单、三相~防爆型			
			电器		安全变压器(容量)	台		
					电铃、电铃号牌箱、门铃	套、10个		
					吊风扇、壁扇、轴流排气扇	台		
					盘管风机三速开关、请勿打扰灯、须刨插座、钥匙取电器、红外线浴霸	10套		

分部（章）	定额编号	项目		细目、子目、步距	计量单位	工作内容	说明
十四、电梯电气装置	2-1711～2-1857	电梯电气安装	交流手动、半自动电梯	2～20层(19步)	部	检查、装配、管线、接线、接地、绝缘	(1)项目以《电梯系列型谱》为依据 (2)每层一门，层高4m，超过调整 (3)二部或二部以上同时安装，定额乘系数 (4)安装主材为设备带有 (5)基础型钢、电动机组、电源及控制另计
			交流自动电梯	2～50层(33步)			
			直流自动快速电梯	5～60层(32步)			
			直流自动高速电梯	8～120层(41步)			
		小型杂物电梯电气安装		2～20层(19步)			
		电厂专用电梯电气安装		配合锅炉容量 (400、670、1000t/h)			
	2-1858～2-1861	增加	厅门	交直流电梯，小型杂物电梯	个	配管接线，零部件装配	
			自动轿厢门				
			增加提升高度	层高＞4m	m		
十五、江苏省补充	2-省补1～2-省补10	成套型嵌入式日光灯		单、双、三管	10套	定位、组装、接线、包头	
		金属软管(灯具用)		每根长 500、1000mm 以内	10m	配管、接头、固定	
		地面插座			10套	定位、安装、接线	
		面板(盖板)		接线盒面板	10套	接线、安装	
		风机盘管检查接线			台	检查、接线、固定、接地、绝缘、测试	

2. 预算定额工作内容

各预算定额项目所包括的主要工作内容，都在定额表上作了摘要规定（见安装定额和表3-17）。需要指出的是：各定额项目的工作内容是综合规定的，除主要操作内容外，还应包括施工前准备工作，设备和材料的领取，定额范围内的搬运，质量检查，施工结尾清理，配合交工验收等全部工作内容。执行中除规定增加费用的内容外，一律不应增加计费内容和项目。

3. 预算定额的指标

依照"定额是完成单位合格产品，所需消耗劳力、材料、机械台班的标准数值"的概念，预算定额主要规定的是标准数值（定额指标）。而定额基价是执行地方预算价格后的货币计量。全国定额上的"基价"是以北京地区当时的工资标准（23.22 元/工日）、1996年材料预算价格，以及1998年新制定机械台班费定额计算的（表3-18、表3-19）。江苏地区"估价表、价目表"的单价，是以2001年定额标准工资（26元/工日）、2000年材料预算价格和1999年机械台班江苏预算价格计算的（表3-20至表3-26）。

2004 年《江苏省安装工程计价表》中综合单价的价格（表1-18至表1-21、表3-27、表3-28），来源于当时全省统一综合工工资标准（水电分册为二类工 26 元/工日）、2003

年南京地区材料预算价格、2003 年“全统机械台班费用定额江苏预算价格”和 2000 年“全统安装仪表台班单价”等标准。

各地方在编制安装工程预算时，实际应采用的定额基价有两种方法：

（1）依照定额指标和地方预算价格，编制本地区的“单位估价表”；

（2）执行北京基价，运用系数折算成地方基价。

“电气设备安装工程”预算定额的指标，包括以下内容：

（1）主材用量：主材在定额内有四种表现形式（见第二章第二节），应分别计数。其中定额内“带括弧”的消耗量项目较多，该消耗量与地方预算单价的乘积，构成主材消耗价值。

例如：管内穿照明 BLX—500V2.5mm^2 铝芯绝缘导线，定额（编号 2-1169）规定每 100m 线路（表 3-19）的主材（导线）为 116.00m（带括弧），如果该导线预算价格为 0.32 元/m，则每 100m 线路的主材（导线）价值为：0.32×116=37.12 元/100m。

定额内未计价的材料（主材）损耗率按表 3-28 执行，进行换算。

例如：定额 2-108 单孔户内式支持绝缘子安装（表 3-18），每完成 10 个绝缘子安装工程量，需主材（绝缘子）为 10×(1+2%)=10.2 个（损耗率查表 3-30），如果预算价格为 1.10 元/个，则 10 个绝缘子价值为：1.10×10×(1+2%)=11.22 元。

绝缘子安装（2000 版全国定额）　　　　**表 3-18**

工作内容：开箱、检查、清扫、绝缘摇测、组合安装、固定、接地、刷漆。　　　　计量单位：10 串（10 个）

定额编号				2-107	2-108	2-109	2-110	2-111	2-112	2-113
项目				10kV以下	10kV以下					
					户内式支持绝缘子			户外式支持绝缘子		
				悬式绝缘子串	1孔	2孔	4孔	1孔	2孔	4孔
	名称	单位	单价(元)	数量						
人工	综合工日	工日	23.22	1.470	0.850	2.070	2.660	0.670	1.660	2.110
材料	棉纱头	kg	5.830	0.400	—	—	—	0.100	0.300	0.300
	破布	kg	5.830	—	0.100	0.200	0.300	—	—	—
	电焊条结 422ϕ3.2	kg	5.410	—	0.280	0.280	0.280	0.200	0.300	0.300
	汽油 70#	kg	2.900	0.200	0.100	0.200	0.200	0.100	0.150	0.200
	调合漆	kg	16.720	—	0.030	0.030	0.030	0.120	0.120	0.120
	钢锯条	根	0.620	—	—	—	—	2.000	2.000	2.000
	镀锌扁钢—40×4	kg	4.300	—	12.600	12.600	12.600	15.500	15.500	15.500
	镀锌精制带帽螺栓 M12×100 以内 2 平 1 弹垫	10 套	13.360	—	1.020	—	—	—	—	—
	镀锌精制带帽螺栓 M14×100 以内 2 平 1 弹垫	10 套	15.360	—	—	2.040	4.080	1.020	2.040	4.120
	合金钢钻头 ϕ16	个	17.000	—	0.200	0.400	0.800	—	—	—
机械	交流电焊机 21kV·A	台班	35.670	—	0.150	0.150	0.150	0.200	0.200	0.200
基价(元)				37.04	99.19	149.50	201.91	110.21	150.72	193.25
其中	人工费(元)			34.13	19.74	48.07	61.77	15.56	38.55	48.99
	材料费(元)			2.91	74.10	96.08	134.79	87.52	105.04	137.13
	机械费(元)			—	5.35	5.35	5.35	7.13	7.13	7.13

注：主要材料：绝缘子、金具、线夹。

（2）综合工日：综合工日是不分工种，且以四级工为标准的定额指标数，乘定额标准工资等于定额人工费（元）。

例如：定额 2-1171（表 3-19）中，表示完成 100m 线路的管内穿线（铜芯截面 1.5mm^2）

工作内容：穿引线、扫管、涂滑石粉、穿线、编号、接焊包头。 计量单位：100m 单线

定 额 编 号			2-1169	2-1170	2-1171	2-1172	2-1173
项 目			照 明 线 路				
			导线截面(mm² 以内)				
			铝芯 2.5	铝芯 4	铜芯 1.5	铜芯 2.5	铜芯 4
名 称	单位	单价(元)	数 量				
人工	综 合 工 日	工日	23.22	1.000	0.700	0.980	1.000	0.700
材料	绝缘导线	m	—	(116.000)	(110.000)	(116.000)	(116.000)	(110.000)
	钢丝 φ1.6	kg	7.670	0.090	0.090	0.090	0.090	0.130
	棉纱头	kg	5.830	0.200	0.200	0.200	0.200	0.200
	铝压接管 φ4	个	0.140	16.240	—	—	—	—
	铝压接管 φ6	个	0.210	—	7.110	—	—	—
	焊锡	kg	54.100	—	—	0.150	0.200	0.200
	焊锡膏瓶装 50g	kg	66.600	—	—	0.010	0.010	0.010
	汽油 70 号	kg	2.900	—	—	0.500	0.500	0.500
	塑料胶布带 25mm×10m	卷	10.000	0.250	0.200	0.250	0.250	0.200
	其他材料费	元	1.000	0.199	0.160	0.438	0.519	0.513
基 价(元)				30.05	21.76	37.79	41.03	33.86
其中	人 工 费(元)			23.22	16.25	22.76	23.22	16.25
	材 料 费(元)			6.83	5.51	15.03	17.81	17.61
	机 械 费(元)			—	—	—	—	—

定 额 编 号			2-1174	2-1175	2-1176	2-1177	2-1178	2-1179
项 目			动力线路(铝芯)					
			导线截面(mm² 以内)					
			2.5	4	6	10	16	25
名 称	单位	单价(元)	数 量					
人工	综 合 工 日	工日	23.22	0.660	0.700	0.800	0.990	1.100	1.280
材料	绝缘导线	m	—	(105.000)	(105.000)	(105.000)	(105.000)	(105.000)	(105.000)
	钢丝 φ1.6	kg	7.670	0.100	0.100	0.100	0.130	0.130	0.140
	棉纱头	kg	5.830	0.200	0.300	0.300	0.400	0.400	0.500
	铝压接管 φ4	个	0.140	5.070	—	—	—	—	—
	铝压接管 φ6	个	0.210	—	4.060	—	—	—	—
	铝压接管 φ10	个	1.140	—	—	3.050	—	—	—
	钳接管 QL-10	个	2.360	—	—	—	3.050	—	—
	钳接管 QL-16	个	2.360	—	—	—	—	3.050	—
	钳接管 QL-25	个	2.360	—	—	—	—	—	3.050
	塑料胶布带 25mm×10m	卷	10.000	0.160	0.160	0.170	0.200	0.220	0.250
	其他材料费	元	1.000	0.127	0.149	0.231	0.376	0.382	0.411
基 价(元)				19.70	21.37	26.50	35.89	38.65	43.82
其中	人 工 费(元)			15.33	16.25	18.58	22.99	25.54	29.72
	材 料 费(元)			4.37	5.12	7.92	12.90	13.11	14.10
	机 械 费(元)			—	—	—	—	—	—

定 额 编 号			2-1180	2-1181	2-1182	2-1183	2-1184	2-1185
项 目			动力线路(铝芯)					
			导线截面(mm² 以内)					
			35	50	70	95	120	150
名 称	单位	单价(元)	数 量					
人工 综 合 工 日	工日	23.22	1.460	2.000	2.900	3.320	3.600	5.000
材料 绝缘导线	m	—	(105.000)	(105.000)	(105.000)	(104.000)	(104.000)	(104.000)
钢丝 φ1.6	kg	7.670	0.140	0.240	0.240	0.250	0.250	0.300
棉纱头	kg	5.830	0.500	0.600	0.600	0.700	0.700	0.800
钳接管 JT-35L(QL-35)	只	4.280	3.050	—	—	—	—	—
钳接管 QL-50	个	4.930	—	2.030	—	—	—	—
塑料胶布带 25mm×10m	卷	10.000	0.270	0.500	0.700	0.800	1.000	1.200
钳接管 QL-70	个	4.930	—	—	2.030	—	—	—
钳接管 JT-95L(QL-95)	只	6.420	—	—	—	2.030	—	—
钳接管 QL-120	个	15.230	—	—	—	—	1.020	—
钳接管 JT-150L(QL-150)	只	8.560	—	—	—	—	—	1.020
其他材料费	元	1.000	0.592	0.610	0.670	0.811	0.946	0.831
基 价(元)			54.23	67.40	90.36	104.93	116.07	144.63
其中 人 工 费(元)			33.90	46.44	67.34	77.09	83.59	116.10
材 料 费(元)			20.33	20.96	23.02	27.84	32.48	28.53
机 械 费(元)			—	—	—	—	—	—

的定额工日为 0.98 工日。按北京地区综合工 23.22 元/工日计算，则其定额人工费（基价）为

$$23.22 \text{元/工日} \times 0.98 \text{工日} = 22.76 \text{元}$$

（3）安装材料：安装材料在定额内是按不同品种、规格，列出定额指标，少量难以计数的材料以"其他材料费"（元）表示。定额的安装材料指标，已包含施工损耗量，且不允许调整（不管是否采用）。

例如：定额 2-107（表 3-18），每完成 10 串 10kV 以下悬式绝缘子安装，需要消耗的安装材料（辅材）有：棉纱头 0.4kg、70 号汽油 0.2kg（绝缘子、金具、线夹为主材另计）；定额 2-1175（表 3-19），每完成单线 100m 动力配线铝芯 4mm² 穿管敷设，需要安装材料（辅材）为 φ1.6 钢丝 0.1kg、棉纱头 0.3kg、φ6 铝压接管 4.06 个、25mm×10m 塑料胶布带（绝缘胶带）0.16 卷、其他材料费 0.149 元。

安装材料的定额耗量与预算价格的乘积，为该材料预算价值，各种材料预算价值之和（含其他材料费）为定额的安装材料费基价。

（4）施工机械台班：施工机械的定额消耗台班指标，是按施工中主要机械的代表型号分别表示的。定额规定的机械型号及其台班指标不可调整。定额基价中机械使用费为台班单价与定额台班数的乘积。凡两种以上机械，机械使用费则为各种机械的台班费之和。

例如：定额 2-276（表 3-22），每安装一个防爆型组合控制开关，需要消耗 21kVA 交流电焊机 0.02 台班（定额机械台班指标），该机台班费单价为 88.00 元/台班，则该项目

施工机械使用费定额基价为 88.00 元/台班×0.02 台班＝1.76 元/个。定额 2-620（表 3-23），每敷设 100m 截面 240mm² 铜芯电力电缆线，需要消耗的施工机械台班定额指标是：5t 载重汽车 0.28 台班（单价 277.00 元/台班）、10t 汽车式起重机 0.28 台班（单价 623.00 元/台班），则该项目施工机械台班的定额基价为 277.00 元/台班×0.28 台班＋623.00 元/台班×0.28 台班＝252.00 元/100m。

表 1-1～表 1-4、表 3-18 和表 3-19 为 2000 年版"全统定额"第二册的举例，表 3-20～表 3-26 为现行"全国定额"江苏省 2001 年"估价表"的举例，表 3-27、表 3-28 为 2004 年江苏"计价表"举例，都可用于熟悉定额"项目表内容"和练习套价。表 3-29 为 1991 年"南京地区价目表"举例，以供了解定额价目的一种表现形式。

油浸电力变压器安装（江苏省 2001 年"估价表"） 表 3-20

工作内容：开箱、检查、本体就位、器身检查、套管、油枕及散热器清洗、油柱试验、风扇油泵电动机解体检查接线、附件安装、垫铁止轮器制作、安装、补充注油及安装后整体密封试验、接地、补漆、配合电气试验。

计量单位：台

定 额 编 号				2-1	2-2	2-3	2-4	2-5	2-6	2-7
项 目				10kV/容量(kVA 以下)						
				250	500	1000	2000	4000	8000	10000
基 价(元)				723.30	847.70	1234.84	1530.81	2373.50	4384.54	4982.22
其中	人 工 费(元)			239.98	307.84	527.02	682.76	1230.06	1803.88	2164.76
	材 料 费(元)			146.77	176.15	226.20	278.19	400.81	1127.56	1235.06
	机 械 费(元)			336.55	363.71	481.62	569.86	742.63	1453.10	1582.40
名 称		单位	单价(元)	数 量						
人工	综 合 工 日	工日	26.00	9.230	11.840	20.270	26.260	47.310	69.380	82.260
材料	变压器油	kg	5.50	7.000	10.000	13.000	16.000	30.000	50.000	60.000
	乙炔气	kg	14.12	—	—	0.340	0.340	0.520	0.650	0.700
	氧气	m³	2.60	—	—	0.800	0.800	1.200	1.500	1.600
	棉纱头	kg	5.20	0.400	0.500	0.600	0.800	1.200	1.500	1.500
	铁砂布 0 号～2 号	张	1.20	0.250	0.500	0.500	0.500	0.750	0.750	1.000
	塑料布聚乙烯 0.05	m²	0.48	1.500	1.500	3.000	3.000	6.000	6.000	7.000
	电焊条结 422φ3.2	kg	5.19	0.300	0.300	0.300	0.400	0.400	0.400	0.500
	汽油 70 号	kg	3.05	0.300	0.400	0.600	1.000	1.500	2.500	3.600
	镀锌铁丝 8 号～12 号	kg	5.84	1.000	1.000	1.000	2.500	2.500	4.000	4.000
	白布	m	3.60	0.450	0.450	0.540	0.630	0.900	1.080	1.300
	滤油纸 300mm×300mm	张	0.50	20.000	30.000	50.000	70.000	100.000	140.000	170.000
	黄干油	kg	9.21	—	—	—	—	—	—	1.500
	调合漆	kg	8.80	1.000	1.200	1.800	2.500	3.000	6.000	6.500
	防锈漆 C53-1	kg	7.50	0.600	0.900	1.300	1.600	2.200	4.800	5.000
	钢板垫板	kg	4.12	5.000	5.000	6.000	6.000	8.000	8.000	9.000
	钢锯条	根	0.88	—	—	—	—	—	—	2.000
	酚醛磁漆（各种颜色）	kg	18.55	0.200	0.200	0.200	0.300	0.300	0.400	0.400
	电力复合酯一级	kg	21.00	0.050	0.050	0.050	0.050	0.050	0.050	0.050
	枕木 2500mm×200mm×160mm	根	78.00	—	—	—	—	—	4.800	4.800
	白纱带 20mm×20m	卷	5.50	1.000	1.500	1.500	2.000	2.000	2.500	2.500
	橡胶带 δ0.8	m²	14.11	—	—	—	—	—	—	0.050
	镀锌扁钢－40×4	kg	4.25	4.500	4.500	4.500	4.500	4.500	4.500	5.000

定额编号			2-1	2-2	2-3	2-4	2-5	2-6	2-7
项 目			10kV/容量(kVA以下)						
			250	500	1000	2000	4000	8000	10000
名 称	单位	单价(元)	数 量						
材料 青壳纸 δ0.1~1	kg	41.90	0.150	0.150	0.200	0.200	0.300	0.400	0.500
木材(方材、板材)	m³	1250.00	—	—	—	—	—	0.090	0.090
镀锌精制带帽螺栓 M18×100内2平1弹垫	10套	38.22	0.410	0.410	0.410	0.410	0.410	0.410	0.410
扒钉	kg	3.70	—	—	—	—	—	10.000	10.000
机械 汽车式起重机5t	台班	402.00	0.600	0.640	0.200	0.260	0.480	1.400	1.600
汽车式起重机8t	台班	551.00	—	—	0.500	0.510	0.520	1.000	1.000
载重汽车5t	台班	277.00	0.100	0.140	0.160	—	—	0.200	0.200
载重汽车8t	台班	397.00	—	—	—	0.190	0.250	—	—
交流电焊机21kVA	台班	88.00	0.300	0.300	0.300	0.300	0.300	0.300	0.350
电动卷扬机(单筒慢速)3t	台班	82.00	—	—	—	—	—	0.500	0.500
滤油机	台班	55.00	0.750	0.750	1.000	1.500	2.500	3.500	4.200
液压千斤顶100t	台班	12.00	—	—	—	—	—	2.000	2.500

控制台、控制箱安装（江苏省 2001 年"估价表"）　　　　表 3-21

工作内容：开箱、检查、安装、各种电器、表计等附件的拆装、送交试验、盘内整理、一次接线。计量单位：台

定额编号			2-258	2-259	2-260	2-261
项 目			控 制 台		集中控制台 2~4m	同期小屏控制箱
			1m以内	2m以内		
基 价(元)			307.65	534.67	986.93	172.28
其中 人 工 费(元)			148.98	249.60	468.00	52.00
材 料 费(元)			106.07	203.27	326.43	83.48
机 械 费(元)			52.60	81.80	192.50	36.80
名 称	单位	单价(元)	数 量			
人工 综合工日	工日	26.00	5.730	9.600	18.000	2.000
材料 棉纱头	kg	5.20	0.100	0.150	0.300	0.030
电焊条结 422φ3.2	kg	5.19	0.100	0.100	0.500	0.100
调合漆	kg	8.80	0.100	0.200	0.800	0.030
钢板垫板	kg	4.12	0.300	0.300	6.050	0.100
镀锌扁钢—60×6	kg	4.25	3.000	3.000	5.000	1.000
酚醛磁漆(各种颜色)	kg	18.55	0.030	0.050	0.100	0.010
塑料软管	kg	17.61	0.500	1.500	2.000	0.500
塑料带 20mm×40m	kg	13.11	0.300	0.600	1.000	0.300
胶木线夹	个	0.22	8.000	12.000	20.000	8.000
异型塑料管 φ2.5~φ5	m	11.92	6.000	12.000	18.000	5.000
镀锌精制带帽螺栓 M10×100内2平1弹垫	10套	8.84	0.410	0.610	—	0.410
机械 汽车式起重机5t	台班	402.00	0.060	0.100	0.100	0.050
汽车式起重机30t	台班	1189.00	—	—	0.100	—
载重汽车4t	台班	246.00	0.060	0.100	0.100	0.050
交流电焊机21kVA	台班	88.00	0.100	0.100	0.100	0.050
电动卷扬机(单筒慢速)3t	台班	82.00	0.060	0.100	—	—

工作内容：开箱、检查、安装、接线、接地。　　　　　　　　　　　　　　　　计量单位：个

定 额 编 号				2-275	2-276	2-277
项　　目				组合控制开关		万能转换开关
				普通型	防爆型	
基　　价（元）				10.44	25.37	25.30
其中	人　工　费（元）			7.80	11.70	20.80
	材　料　费（元）			2.64	11.91	4.50
	机　械　费（元）			—	1.76	—
名　　称		单位	单价（元）	数　　量		
人工	综 合 工 日	工日	26.00	0.300	0.450	0.800
材料	破布	kg	5.50	0.050	0.100	0.050
	铁砂布 0 号～2 号	张	1.20	0.500	0.500	0.500
	电焊条结 422φ3.2	kg	5.19	—	0.050	—
	铜接线端子 DT-6mm²	个	2.50	—	2.030	—
	裸铜线 6mm²	kg	26.23	—	0.020	—
	镀锌扁钢－25×4	kg	4.25	—	0.300	—
	镀锌精制带帽螺栓 M10×100 内 2 平 1 弹垫	10 套	8.84	0.200	0.410	0.410
机械	交流电焊机 21kVA	台班	88.00	—	0.020	—

定 额 编 号				2-278	2-279	2-280	2-281	2-282
项　　目				漏电保护开关				
				单式			组合式（单相回路"个"以下）	
				单极	三极	四极	10	20
基　　价（元）				20.24	24.65	31.77	58.08	75.79
其中	人　工　费（元）			10.14	14.30	20.02	42.90	57.20
	材　料　费（元）			10.10	10.35	11.75	15.18	18.59
	机　械　费（元）							
名　　称		单位	单价（元）	数　　量				
人工	综 合 工 日	工日	26.00	0.390	0.550	0.770	1.650	2.200
材料	破布	kg	5.50	0.050	0.060	0.070	0.080	0.100
	铁砂布 0 号～2 号	张	1.20	0.500	0.500	0.800	1.000	1.000
	钢锯条	根	0.88	0.050	0.080	1.000	1.000	1.200
	塑料软管	kg	17.61	0.020	0.030	0.040	0.070	0.100
	镀锌精制带帽螺栓 M10×100 内 2 平 1 弹垫	10 套	8.84	0.410	0.410	0.410	0.410	0.410
	导轨 20～30cm	根	5.20	1.000	1.000	1.000	1.500	2.000

铜芯电力电缆敷设（江苏省 2001 年"估价表"）　表 3-23

工作内容：开盘、检查、架盘、敷设、锯断、排列、整理、固定、收盘、临时封头、挂牌。　计量单位：100m

定　额　编　号			2-618	2-619	2-620	2-621
项　　目			电缆（截面 mm² 以下）			
			35	120	240	400
基　　价（元）			350.62	630.20	1065.94	1833.98
其中	人　工　费（元）		182.78	329.42	464.36	715.26
	材　料　费（元）		161.05	253.25	349.58	488.72
	机　械　费（元）		6.79	47.53	252.00	630.00
名　称	单位	单价（元）	数　　　量			
人工	综　合　工　日	工日	26.00	7.030	12.670	17.860	27.510
材料	破布	kg	5.50	0.500	0.600	0.800	1.000
	汽油 70 号	kg	3.05	0.750	0.950	1.040	1.460
	镀锌铁丝 13 号～17 号	kg	5.60	0.320	0.450	0.480	0.670
	镀锌电缆卡子 2×35	套	1.47	23.400	—		
	标志牌	个	0.20	6.000	6.000	6.000	8.400
	封铅含铅 65％含锡 35％	kg	6.90	1.020	1.550	2.020	2.830
	沥青绝缘漆	kg	7.50	0.100	0.150	0.200	0.280
	硬脂酸一级	kg	8.47	0.050	0.080	0.100	0.130
	镀锌精制带帽螺栓 M8×100 内 2 平 1 弹垫	10 套	5.40	3.060	3.060	—	
	镀锌精制带帽螺栓 M10×100 内 2 平 1 弹垫	10 套	8.84	—	—	4.280	6.000
	橡胶垫 δ2	m²	14.11	0.070	0.070	0.070	0.100
	膨胀螺栓 M10	10 套	13.80	1.620	1.400	—	
	镀锌电缆卡子 3×35	套	5.57	—	22.300	—	
	镀锌电缆卡子 3×100	套	9.78	—	—	21.400	29.960
	电缆吊挂 3×50	套	9.02	7.110	6.700	—	
	电缆吊挂 3×100	套	10.11	—	—	6.210	8.690
	合金钢钻头 φ10	个	10.20	0.160	0.140	—	
	其他材料费	元	1.00	4.778	7.930	10.938	15.292
机械	汽车式起重机 5t	台班	402.00	0.010	0.070	—	
	载重汽车 5t	台班	277.00	0.010	0.070	0.280	0.700
	汽车式起重机 10t	台班	623.00	—	—	0.280	0.700

注：厂外电缆（包括进厂部分）敷设，另计工地运输。未计材料：电缆。

塑料管敷设（江苏省 2001 年"估价表"）　表 3-24

工作内容：测位、划线、打眼、埋螺栓、锯管、煨弯、接管、配管。　计量单位：100m

定　额　编　号			2-1097	2-1098	2-1099	2-1100	2-1101	2-1102
项　　目			砖、混凝土结构暗配					
			硬质聚氯乙烯管公称口径（mm 以内）					
			15	20	25	32	40	50
基　　价（元）			156.47	163.93	232.74	243.75	288.10	302.43
其中	人　工　费（元）		116.74	124.02	174.98	185.90	228.28	242.32
	材　料　费（元）		4.23	4.41	4.51	4.60	6.57	6.86
	机　械　费（元）		35.50	35.50	53.25	53.25	53.25	53.25
名　称	单位	单价（元）	数　　　量					
人工	综　合　工　日	工日	26.00	4.490	4.770	6.730	7.150	8.780	9.320
材料	塑料管	m	—	(106.070)	(106.070)	(106.420)	(106.420)	(107.360)	(107.360)
	塑料焊条 φ2.5	kg	9.14	0.200	0.220	0.230	0.240	0.450	0.480
	镀锌铁丝 13 号～17 号	kg	5.60	0.250	0.250	0.250	0.250	0.250	0.250
	锯条（各种规格）	根	0.88	1.000	1.000	1.000	1.000	1.000	1.000
	其他材料费	元	1.00	0.118	0.123	0.125	0.128	0.180	0.188
机械	空气压缩机 0.6 m³/min	台班	71.00	0.500	0.500	0.750	0.750	0.750	0.750

吸顶灯具安装 [江苏省 2001 年"估价表"]

表 3-25

工作内容：测定、划线、打眼、埋螺栓、上木台、灯具安装、接线、接焊包头。

计量单位：10 套

定　额　编　号			2-1382	2-1383	2-1384	2-1385	2-1386	2-1387	2-1388
项　　　目			圆球吸顶灯		半圆球吸顶灯			方形吸顶灯	
			灯罩直径(mm 以内)					矩形罩	大口方罩
			250	300	250	300	350		
基　　价(元)			75.10	76.04	77.21	78.14	78.73	77.37	86.53
其中	人　工　费(元)		56.16	56.16	56.16	56.16	56.16	56.16	65.26
	材　料　费(元)		18.94	19.88	21.05	21.98	22.57	21.21	21.27
	机　械　费(元)		—	—	—	—	—	—	—
名　　称	单位	单价(元)	数　　量						
人工	综 合 工 日	工日	26.00	2.160	2.160	2.160	2.160	2.160	2.160	2.510
材料	成套灯具	套	—	(10.100)	(10.100)	(10.100)	(10.100)	(10.100)	(10.100)	(10.100)
	圆木台 150～250mm	块	3.45	(10.500)	—	(10.500)	—	—	—	—
	圆木台 275～350mm	块	6.90	—	(10.500)	—	(10.500)	—	—	—
	圆木台 375～425mm	块	9.20	—	—	—	—	(10.500)	—	—
	方木台 200mm×350mm	个	1.50	—	—	—	—	—	(10.500)	—
	方木台 400mm×400mm	个	3.04	—	—	—	—	—	—	(10.500)
	塑料绝缘线 BV-1.5mm²	m	0.52	3.050	3.050	7.130	7.130	7.130	7.130	7.130
	伞形螺栓 M6～8×150	套	0.65	20.400	20.400	20.400	20.400	20.400	—	—
	膨胀螺栓 M6	套	0.50	—	—	—	—	—	20.400	20.400
	木螺钉 $\phi2～4×6～65$	10 个	0.14	5.200	5.200	4.160	4.160	4.160	4.160	4.160
	冲击钻头 $\phi6～12$	个	4.10	—	—	—	—	—	0.140	0.140
	瓷接头(双)	个	0.48	—	—	—	—	—	10.300	10.300
	其他材料费	元	1.00	3.362	4.301	3.490	4.429	5.024	1.203	1.257

其他普通灯具安装 [江苏省 2001 年"估价表"]

表 3-26

工作内容：测定、划线、打眼、埋螺栓、上木台、支架安装、灯具组装、上绝缘子、保险器、吊链加工、接线、焊接包头。

计量单位：10 套

定　额　编　号			2-1389	2-1390	2-1391	2-1392	2-1393
项　　　目			软线吊灯	吊链灯	防水吊灯	一般弯脖灯	一般壁灯
基　　价(元)			65.46	87.78	53.08	111.48	99.99
其中	人　工　费(元)		24.44	52.52	24.44	52.52	52.52
	材　料　费(元)		41.02	35.26	28.64	58.96	47.47
	机　械　费(元)		—	—	—	—	—
名　　称	单位	单价(元)	数　　量				
人工	综 合 工 日	工日	26.00	0.940	2.020	0.940	2.020	2.020
材料	成套灯具	套	—	(10.100)	(10.100)	(10.100)	(10.100)	(10.100)
	塑料圆台	块	0.80	10.500	10.500	10.500	—	—
	圆木台 150～250mm	块	3.45	—	—	—	10.500	10.500
	塑料绝缘线 BV-1.5mm²	m	0.52	3.050	3.050	23.410	13.230	3.050
	花线 2×23/0.15	m	1.10	20.360	15.270	—	—	—
	伞形螺栓 M6～8×150	套	0.65	10.200	10.200	10.200	—	—
	木螺钉 $\phi2～4×6～65$	10 个	0.14	2.080	3.120	2.080	12.320	8.320
	塑料胀管 $\phi6～\phi8$	个	0.10	—	—	—	82.600	42.100
	冲击钻头 $\phi6～\phi12$	个	4.10	—	—	—	0.550	0.280
	其他材料费	元	1.00	1.714	1.411	1.146	3.611	3.139

控制开关安装（江苏省 2004 年"计价表"）　　　　　表 3-27

工作内容：开箱、检查、安装、接线、接地。　　　　　　　　　　计量单位：个

定 额 编 号			单位	单价	2-275		2-276		2-277	
					组合控制开关				万能转换开关	
项　　目					普通型		防爆型			
					数量	合价	数量	合价	数量	合价
综合单价			元		**13.81**		**29.69**		**34.41**	
其中	人工费		元		7.02		10.53		18.72	
	材料费		元		2.51		11.23		4.27	
	机械费		元		—		1.51		—	
	管理费		元		3.30		4.95		8.80	
	利润		元		0.98		1.47		2.62	
二类工			工日	26.00	0.270	7.02	0.405	10.53	0.720	18.72
材料	608132	破布	kg	5.23	0.050	0.26	0.100	0.52	0.050	0.26
	608154	铁砂布 2 号	张	1.14	0.500	0.57	0.500	0.57	0.500	0.57
	509007	电焊条结 422ϕ3.2	kg	3.40			0.050	0.17		
	707085	铜接线端子 DT-6mm²	个	2.38			2.030	4.83		
	702044	裸铜线 6mm²	kg	24.92			0.020	0.50		
	501046	镀锌扁钢－25×4	kg	4.00			0.300	1.20		
	511143	镀锌精制带帽螺栓 M10×100 内 2 平 1 弹垫	10 套	8.40	0.200	1.68	0.410	3.44	0.410	3.44
机械	09001	交流电焊机 21kVA	台班	89.07			0.017	1.51		

塑料管敷设（江苏省 2004 年"计价表"）　　　　　表 3-28

工作内容：测位、划线、打眼、埋螺栓、锯管、煨弯、接管、配管。　　　　计量单位：100m

定 额 编 号			单位	单价	2-1097		2-1098		2-1099	
					砖、混凝土结构暗配					
项　　目					硬质聚氯乙烯管公称口径（mm 以内）					
					15		20		25	
					数量	合价	数量	合价	数量	合价
综合单价			元		**200.67**		**211.39**		**299.31**	
其中	人工费		元		105.07		111.62		157.48	
	材料费		元		3.61		3.78		3.88	
	机械费		元		27.90		27.90		41.88	
	管理费		元		49.38		52.46		74.02	
	利润		元		14.71		15.63		22.05	
二类工			工日	26.00	4.041	105.07	4.293	111.62	6.057	157.48
材料	903001	塑料管	m		(106.070)		(106.070)		(106.420)	
	605199	塑料焊条 ϕ2.5	kg	8.68	0.200	1.74	0.220	1.91	0.230	2.00
	510123	镀锌铁丝 13 号～17 号	kg	3.65	0.250	0.91	0.250	0.91	0.250	0.91
	510206	锯条（各种规格）	根	0.84	1.000	0.84	1.000	0.84	1.000	0.84
	901167	其他材料费	元			0.12		0.12		0.13
机械	10011	空气压缩机 0.6m³/min	台班	65.64	0.425	27.90	0.425	27.90	0.638	41.88

一、电线管敷设

工作内容：测位、划线、打眼、上卡子、安装支架、埋螺栓、锯管、套丝、煨弯、配管、接地、刷漆。

定额编号	项 目 名 称	单位	单位价值（元）	其 中		安 装 费 中		
				主材	安装费	工资	材料	机械
2-700	砖、混凝土结构明配 20mm 以内	100m			150.69	45.88	95.81	9.00
2-700-1	电管 DN15	100m	242.36	91.67	150.69	45.88	95.81	9.00
2-700-2	电管 DN20	100m	272.23	121.54	150.69	45.88	95.81	9.00
2-700-3	镀锌电管 DN15	100m	324.76	174.07	150.69	45.88	95.81	9.00
2-700-4	镀锌电管 DN20	100m	384.50	233.81	150.69	45.88	95.81	9.00
2-701	砖、混凝土结构明配 32mm 以内	100m			154.25	49.30	94.53	10.42
2-701-1	电管 DN25	100m	313.90	159.65	154.25	49.30	94.53	10.42
2-701-2	电管 DN32	100m	342.74	188.49	154.25	49.30	94.53	10.42
2-701-3	镀锌电管 DN25	100m	465.31	311.06	154.25	49.30	94.53	10.42
2-701-4	镀锌电管 DN32	100m	538.44	384.19	154.25	49.30	94.53	10.42
2-702	砖、混凝土结构明配 50mm 以内	100m			253.11	55.24	178.09	19.78
2-702-1	电管 DN40	100m	480.74	227.63	253.11	55.24	178.09	19.78
2-702-2	电管 DN50	100m	589.92	336.81	253.11	55.24	178.09	19.78
2-702-3	镀锌电管 DN40	100m	716.61	463.50	253.11	55.24	178.09	19.78
2-702-4	镀锌电管 DN50	100m	942.18	689.07	253.11	55.24	178.09	19.78
2-703	砖、混凝土结构暗配 20mm 以内	100m			49.74	21.84	17.90	10.00
2-703-1	电管 DN15	100m	141.41	91.67	49.74	21.84	17.90	10.00
2-703-2	电管 DN20	100m	171.28	121.54	49.74	21.84	17.90	10.00
2-703-3	镀锌电管 DN15	100m	223.81	174.07	49.74	21.84	17.90	10.00
2-703-4	镀锌电管 DN20	100m	283.55	233.81	49.74	21.84	17.90	10.00
2-704	砖、混凝土结构暗配 32mm 以内	100m			77.52	34.07	33.03	10.42
2-704-1	电管 DN25	100m	237.17	159.65	77.52	34.07	33.03	10.42
2-704-2	电管 DN32	100m	266.01	188.49	77.52	34.07	33.03	10.42
2-704-3	镀锌电管 DN25	100m	388.58	311.06	77.52	34.07	33.03	10.42
2-704-4	镀锌电管 DN32	100m	461.71	384.19	77.52	34.07	33.03	10.42
2-705	砖、混凝土结构暗配 50mm 以内	100m			163.89	46.47	97.04	20.38
2-705-1	电管 DN40	100m	391.52	227.63	163.89	46.47	97.04	20.38
2-705-2	电管 DN50	100m	500.70	336.81	163.89	46.47	97.04	20.38
2-705-3	镀锌电管 DN40	100m	627.39	463.50	163.89	46.47	97.04	20.38
2-705-4	镀锌电管 DN50	100m	852.96	689.07	163.89	46.47	97.04	20.38
2-706	钢结构支架配管 20mm 以内	100m			123.84	31.99	82.55	9.00
2-706-1	电管 DN15	100m	215.51	91.67	123.84	31.99	82.85	9.00
2-706-2	电管 DN20	100m	245.38	121.51	123.84	31.99	82.85	9.00
2-706-3	镀锌电管 DN15	100m	297.91	174.07	123.84	31.99	82.85	9.00
2-706-4	镀锌电管 DN20	100m	357.65	233.81	123.84	31.99	82.85	9.00
2-707	钢结构支架配管 32mm 以内	100m			148.53	46.22	91.89	10.42
2-707-1	电管 DN25	100m	308.18	159.65	148.53	46.22	91.89	10.42
2-707-2	电管 DN32	100m	337.02	188.49	148.53	46.22	91.89	10.42
2-707-3	镀锌电管 DN25	100m	459.59	311.06	148.53	46.22	91.89	10.42
2-707-4	镀锌电管 DN32	100m	532.72	387.19	148.53	46.22	91.89	10.42
2-708	钢结构支架配管 50mm 以内	100m			238.89	57.74	161.37	19.78
2-708-1	电管 DN40	100m	466.52	227.63	238.89	57.74	161.37	19.78
2-708-2	电管 DN50	100m	575.70	336.81	238.89	57.74	161.37	19.78
2-708-3	镀锌电管 DN40	100m	702.39	463.50	238.89	57.74	161.37	19.78
2-708-4	镀锌电管 DN50	100m	927.96	689.07	238.89	57.74	161.37	19.78
2-709	钢索配管 20mm 以内	100m			118.86	45.64	64.22	9.00
2-709-1	电管 DN15	100m	210.53	91.67	118.86	45.64	64.22	9.00
2-709-2	电管 DN20	100m	240.40	121.54	118.86	45.64	61.22	9.00
2-709-3	镀锌电管 DN15	100m	292.93	174.07	118.86	45.64	64.22	9.00
2-709-4	镀锌电管 DN20	100m	352.67	233.81	118.86	45.64	64.22	9.00
2-710	钢索配管 32mm 以内	100m			149.05	56.66	81.97	10.42

序号	主 材 名 称	损耗率（%）	序号	主 材 名 称	损耗率（%）
1	裸软导线(包括铜、铝、钢线、钢芯铝线)	1.3	10	木螺栓、圆钉	4.0
2	绝缘导线(包括橡皮铜、塑料铅皮、软花)	1.8	11	绝缘子类	2.0
			12	照明灯具及辅助器具(成套灯具、镇流器、电容器)	1.0
3	电力电缆	1.0	13	荧光灯、高压水银、氙气灯等	1.5
4	控制电缆、拉线材料(包括钢绞线、镀锌铁线)	1.5	14	白炽灯泡、胶木开关、灯头、插销等、低压电瓷制品(包括鼓型绝缘子、瓷夹板、瓷管)	3.0
5	硬母线(包括钢、铝、铜、带型、管型、棒型、槽型)	2.3	15	木杆材料(包括木杆、横担、横木、桩木等)、铁壳开关、低压保险器、瓷闸盒、胶盖闸	1.0
6	管材、管件(包括无缝、焊接钢管及电线管)、管体(包括管箍、护口、锁紧螺母、管卡子等)	3.0			
7	板材(包括钢板、镀锌薄钢板)、型钢、玻璃灯罩、塑料制品(包括塑料槽板、塑料板、塑料管)、木槽板、木护圈、方圆木台、各种木材(木料)	5.0	16	混凝土制品(包括电杆、底盘、卡盘等)	0.5
			17	石棉水泥板及制品、砂、石料	8.0
			18	油类	1.8
8	金具(包括耐张、悬垂、并沟、吊接等线夹及连板)	1.0	19	砖、水泥、硫酸	4.0
			20	砂浆、橡皮垫	3.0
9	紧固件(包括螺栓、螺母、垫圈、弹簧垫圈)	2.0	21	蒸馏水	10.0

注：1. 绝缘导线、电缆、硬母线和用于母线的裸软导线，其损耗率中不包括为连接电气设备、器具而预留的长度，也不包括因各种弯曲（包括弧度）而增加的长度。这些长度均应计算在工程量的基本长度中。

　　2. 用于 10kV 以下架空线路中的裸软导线的损耗率中已包括因弧垂及杆件位高低差而增加的长度。

　　3. 拉线用的镀锌铁线损耗率中不包括为制作上、中、下把所需的预留长度。计算用线量的基本长度时，应以全根拉线的展开长度为准。

4. 电气安装预算定额执行说明

第一，定额执行界限的规定如下：

（1）电气设备指变压器、配电装置、动力控制设备、照明控制设备等。电气设备安装除电气设备本体外，还包括线槽、配管、配线、电线敷设、电机检查接线、照明装置、风扇、控制信号装置等安装和调试。

（2）电梯的轿厢、配重、厅门、轨道、底座、支架等安装，属于机械设备，应执行第一册（机械设备安装工程）。

（3）自动化控制装置工程中的一般电气盘箱及其他电气设备安装，执行本定额（第二册）；而自动控制装置中的专用盘箱安装，应执行第十册安装定额。

（4）第二册（电气设备安装）定额只包括 10kV 以下变配电设备，将 50MW 以上发电机组电气设备、35kV 至 500kV 变配电设备，另行列入电力行业定额。

（5）一般工业与民用建筑中的场内运输已综合在定额内。但 10kV 以下架空线路和厂外电缆敷设定额中，不包括工地运输，其运输费用应执行本册第十章"工地运输"定额。

（6）电缆沟挖填土、人工开挖路面执行本册第八章（电缆）专项定额（旧定额在第

三、五分册）。

（7）架空线路中挖土石方已列专项定额（旧定额在第三分册）。

（8）变压器安装所用金属件一般不需要试验和检验，如属于安装构件的无损探伤检验，定额内未考虑，发生时，可按第五册"工艺金属结构工程"无损探伤检验定额执行。变压器水冷系统以冷却器为界，冷却器及外部管路，套用第六册（工业管道）定额。

（9）厂外电缆和厂内电缆的划分。厂内外电缆的划分原则为以厂区的围墙为界，没有围墙的以设计的全厂平面范围来确定。厂外电缆由于距离较远，需要另计工地运输，执行第十章"工地运输"定额（旧定额为第三分册）。

第二，定额执行内容的规定如下：

（1）油浸电力变压器安装定额，同样适用于自耦式变压器、带负荷调压变压器及并联电抗器的安装。电炉变压器安装按同容量电力变压器定额乘以系数 2.0，整流变压器执行同容量电力变压器安装定额乘以系数 1.6。

（2）整流变压器、消弧线圈、并联电抗器的干燥，可按同电压、同容量的变压器干燥定额执行（但电炉变压器应按定额规定乘系数 2.0）。

（3）变压器的油过滤如果采用循环过滤，就无法计算几次，定额是按几种过滤方法综合考虑的。不论过滤次数，直至过滤合格为止；变压器油的注、放、过滤使用的油罐，已摊入油过滤定额。

（4）定额内未考虑变压器油的耐压试验、混合化验等内容。如需要，不论施工单位自检，还是委托电力试验研究部门代验，均按实际发生计算；变压器油为设备带有，定额已含损耗。

（5）变压器安装定额中，不包括干燥棚搭拆（按实另计）和铁梯、母线铁构件、二次喷漆（另套定额）。

（6）软母线按单串绝缘子考虑采用双串绝缘子，其人工乘以系数 1.08；软母线不再区分引下线、跳线和设备连线，按导线截面执行同一定额；组合软导线的支持跨距是按标准跨距综合的，实际跨距不同不作换算（铁构件、瓷瓶、带形母线另套定额）。

（7）带形钢母线安装执行铜母线定额；带形母线的伸缩节头和铜过渡板为成品，只计安装；高压共箱母线和低压封闭式插接母线槽均为定型成品安装；母线槽在竖井内安装，人工和机械乘以系数 2.0。

（8）高压开关柜、低压配电屏等电器设备的安装固定方式，不论其与基础连接采用螺栓还是焊接形式，均不作调整（基础型钢另计）；屏柜上辅助设备安装，包括标签框、光字牌、信号灯、附加电阻、连接片等，但不包括屏框上开孔工作（另计）。

（9）电气控制设备和低压电器的安装定额中，二次喷漆及喷字、设备干燥、焊压接成端子、端子外部接线、支架制作安装等，另列单项计算。

（10）铁构件制作定额中，不包括镀锌、镀锡、镀铬、喷塑等金属防护费用，但包括油漆防护。

（11）电机（发电机和电动机的统称）电气安装不分交直流，除以功率区分外，一律按重量划分（单机 3t 以下为小型、3～30t 为中型、30t 以上为大型），0.75kW 以下执行微型电机定额；电机本体安装执行第一册（机械设备）定额。

（12）起重机的电气装置安装一般由供货厂商负责（合同确认），当厂家不承担时，可按分项工程列项编制预算；滑触线及其支架安装包括伸缩器、绝缘子支持器安装，支架铁件制作执行本册第四章相应定额。

（13）电力电缆敷设定额的截面按电缆的单芯截面计算并套用相应定额。不得将三芯和零线截面相加计算。电缆头制作安装定额亦与此相同，单芯电缆敷设可按同截面的三芯电缆敷设定额基价，乘以 0.67 系数计算（五芯电缆乘以系数 1.3、六芯 1.6、每加一芯定额增加 30%）。

（14）避雷器安装定额不包括放电记录和固定支架制作。放电记录和固定支架制作可另套用第十一章"电气调整"的避雷器调试定额和第四章控制设备及低压电器的"铁构件"定额。

（15）单独的电气仪表、继电器安装，执行本册定额第四章"仪表、电器、小母线安装定额"的相应项目。单独的仪表调试不另取费，所有表计试验均已包括在系统调试内。有些不作系统调试的一次仪表，只收校验费。校验费的标准，可按校验单位的收费标准计算。

（16）电缆敷设定额按平原地区施工条件编制；在山地、丘陵地区敷设电缆，其人工乘以系数 1.3（加固桩，夹具按实另计）。

（17）电缆桥架安装定额综合了运输、组合、加工、防腐、开孔、附件等各项内容，固定方式（螺栓、焊接、膨胀螺栓）不作调整；不锈钢桥架按钢制桥架定额乘以系数 1.1；当钢制桥架主结构设计厚度大于 3mm 时，定额人工、机械乘以系数 1.2。

（18）10kV 以下架空配电线路定额以平地施工条件考虑；市区或丘陵地区施工，人工和机械乘以系数 1.20；一般山地或泥沼地带施工，人工和机械乘以系数 1.60；当每次施工电杆为 5 根以内的线路，定额人工和机械乘以系数 1.30；对于钢管杆的组立，接同高度水泥杆定额人工和机械乘以系数 1.4（材料不变）执行。

（19）电气调整试验指电气设备的本体试验和主要设备的分系统调试，而整套机电设备的起动调试、联合试运转等，应按专业定额另行计算；电气调试定额以新的合格设备考虑，低劣产品修整另行计算，旧设备调试按定额乘以系数 1.10 执行。

（20）电气配管定额已综合考虑了配合土建施工的因素，包括捣混凝土时的护管工作内容及打孔的工作内容。因此，沿空心板缝配管时，不再另计打孔用工。配管也不再另计护管用工；沿天棚内配管，除有专项定额外，一律执行明敷设定额。

（21）灯具安装包括引线、摇测、试亮等工作，但不含系统调试；装饰灯具安装应依据定额附录示意图选定项目，定额内已含超高作业和脚手架费用。

第三，定额中部分名词解释如下：

（1）柜、屏、箱通常可根据以下解释，选用定额：

柜：尺寸较大，四面封闭（背面有网栅），一般用于高压；

屏：尺寸小于柜，正面安装设备，背后敞开，一般用于低压及直流控制保护；

箱：尺寸小于柜，四面封闭，一般用途单一，易于维护。

至于操作台和控制台，是同一个概念。通常用于电站的热力设备称"操作"，用于电气设备称"控制"。

（2）接地装置调试问题，接地极和接地网的试验定额应分不同情况按试验次数计算：

1）接地极不论是由一根或二根以上组成的，均作一次试验（以组计量，每组 6 根以内）；如果接地电阻达不到要求时，再打一根地极，重作试验，则另计一次试验费。

2）接地网是由多根接地极连成的，只套接地网试验定额（以系统计量），包括其中的接地极；如果接地网是由若干组构成的大接地网，则按分网计算接地试验。一般分网（一个系统）由 10～20 根接地极构成。如果分网计算困难，可按网长每 50m 为一个试验单位（系统），不足 50m 也按一个网计算。设计有规定的，可按设计数量计算。

第四，定额中增加收费的规定如下：

（1）周转性材料在定额中按摊销量计算，不作调整。如：枕木、变压器干燥用的绝缘导线、脚手架等。

脚手架费用在定额中除有说明者外，均未计入基价，如施工需要搭设脚手架（规定 5m 以上）时，应按现行预算定额中脚手架计算办法的规定计算。

10kV 以下电气安装（不含架空线）脚手架的取费标准，是统一按工程全部人工费（含 5m 内动力和照明）的 4％计算，其中人工工资占 25％（原定额按操作高度不同分别计算）。脚手架费用包干使用，不作调整；工程高度离楼地面 5m 以下，一律不计取脚手架费用。

（2）10kV 以下架空线路安装，不另计算脚手架费。因为定额内已考虑高空作业，摊入了脚手架费用。

（3）超高增加系数：定额中的操作高度，除各章另有说明者外，均按 5m 以内施工条件考虑的，如果是操作物高度离楼地面 5m 以上、20m 以下的电气安装工程，按超高部分人工费的 33％计算工程超高增加费（其中人工费占 100％），纳入直接费；超过 20m 者另行计算。

（4）6 层或 20m 以上（不含 6 层、20m）房屋建筑，收取高层建筑增加费，执行以定额人工费为基础的系数规定（见第二册定额说明五、3）。该项费用的执行解释，详见本书第一章第五节；

"全统定额" 2001 年江苏省 "单位估价表" 中，对高层建筑增加费的计算规定见表 3-31。

江苏省 "高层建筑增加费" 计算规定（第二册）　　　　表 3-31

	9 层以下(30m)	12 层以下(40m)	15 层以下(50m)	18 层以下(60m)	21 层以下(70m)	24 层以下(80m)	27 层以下(90m)	30 层以下(100m)	33 层以下(110m)	36 层以下(120m)	40 层以下
按人工费的%	6	9	12	15	19	23	26	30	34	37	43
其中:人工工资费占%	17	22	33	40	42	43	50	53	56	59	58
机械费占%	83	78	67	60	58	57	50	47	44	41	42

注：为高层建筑供电的变电所和供水等动力工程，如装在高层建筑的底层或地下室的，均不计取高层建筑增加费，装在 6 层以上的变配电工程和动力工程则同样计取高层建筑增加费。

（5）安装和生产同时进行，增加费用按总人工费的 10％计算，全部为人工工资。

（6）在有害身体健康的环境中施工，增加费用按总人工费的 10％计算，全部为人工工资。

第五，电气预算定额的其他规定如下：

（1）定额中凡注明具体设备型号的，只适用于该种型号；凡未注明型号的项目，则普遍适用于该类设备的安装。

（2）定额中不包括电气设备（如电动机等）配合机械设备进行单体试运转和联合试运转工作。发生时，另行计算。

（3）电气设备安装工程中，经常出现旧电气及其线路的拆除工程。对此，现行定额虽未具体规定，但可选套当地"修缮定额"。也可采用以往计算方法，即电气设备、装置、线路的拆除费用，可按下式计算。

$$拆除费＝（相应项目的基价－其中材料费）×拆除系数$$

式中　拆除系数见表 3-32。

电气工程拆除系数

表 3-32

序　　号	名　　　　称	拆除系数
1	3～10kV 变压器及配电装置	0.5
2	母线及绝缘子	0.5
3	整流器	0.4
4	蓄电池	0.4
5	控制屏台、操作台、配电盘(箱)及端子箱	0.5
6	接地网及避雷装置	0.7
7	电机(不包括干燥)	0.3
8	起重传输设备电气设置	0.3
9	开关及控制装置	0.3
10	照明器具	0.4
11	10kV 以下电力电缆(不包括挖土)	0.5
12	室内低压导线	0.4
13	控制电缆	0.5
14	10kV 以下架空线路	0.7
15	工矿企业运输用电机车滑触线路	0.6

5. 预算定额的使用

电气安装工程预算定额是编制通用电气安装工程预算的主要依据之一。根据电气安装的内容，列出预算定额项目，并计算出相应安装工程量之后编制电气安装工程预算。预算编制的主要任务就是选用合适的定额基价及其指标，以便正确计算定额直接费。所以，定额套价的关键，在于掌握预算定额的使用。而预算定额使用的主要目的是：检验定额分项、确定主材指标、套用安装费基价及其中的人工费、机械费指标。

要做到定额项目套用的合理，必须注意以下几点：

（1）熟悉定额项目的划分（表 3-17），注意工程内容与定额项目的一致；

（2）了解电气设备的型号、规格，注意工程范围与定额细目、步距相符合；

（3）看清定额说明及分部规则，注意定额运用条件及增减收费；

（4）注意定额中"附注"，防止主材漏项；

（5）分析"可换算"与"不可换算"规定及有关解释，注意费用的调整。

以上只是一些提示，套价中应结合实际工作，不断总结经验和提高熟练程度。常用的定额项目的主材指标及基价（如配线、配管、灯具、开关、插座等安装），可抄列出简表或加强记忆，以加快套价速度。

表 3-33 是列举几则定额套价的例子，可自查对照。

选套预算定额（第二册）例题　　　　　　　表 3-33

序号	工程项目	计量单位	主材及指标	2000 年"全国定额"				2001 年"江苏省估价表"			
				定额编号	定额安装费（元）			定额编号	定额安装费（元）		
					基价	其　中			基价	其　中	
						人工	机械			人工	机械
1	10kV～630kVA 油浸电力变压器安装	台	变压器 1 台	2-3	1064.54	470.67	348.44	2-3	1234.84	527.02	481.62
2	低压电源配电屏(柜)安装	台	配电屏 1 台	2-240	273.57	109.83	46.25	2-240	301.47	122.98	63.76
3	∟50×5 角钢滑触线安装	100m/单相	∟50×5 100×1.05	2-492	723.05	534.06	39.24	2-492	821.14	598.00	96.80
4	3×35+1×16 铜芯电力电缆敷设	100m	3×35+1×16 铜芯电缆 100×1.01	2-618	332.42	163.24	5.15	2-618	350.62	182.78	6.79
5	DN20 硬塑料管砖墙内暗敷设	100m	DN20 聚氯乙烯管 100×1.05	2-1098	144.40	110.76	29.43	2-1098	163.93	124.02	35.50
6	BX-2.5 管内穿线	100m/单线	BX-2.5 导线 116m	2-1172	41.03	23.22	/	2-1172	40.84	26.00	/
7	φ320mm 半圆球吸顶灯安装	10 套	成套灯具 10.1 套	2-1386	222.67	50.16	/	2-1386	175.33	56.16	/

序号	工程项目	计量单位	主材及指标	2004 年江苏省安装工程计价表						
				定额编号	定额分部分项工程费					
					综合单价	其　中				
						人工	材料	机械	管理	利润
1	10kV～630kVA 油浸电力变压器安装	台	变压器 1 台	2-3	1414.53	474.32	221.00	429.88	222.93	66.40
2	低压电源配电屏(柜)安装	台	配电屏 1 台	2-240	342.09	110.68	108.71	55.18	52.02	15.50
3	∟50×5 角钢滑触线安装	100m/单相	∟50×5 100×1.05	2-492	1088.27	538.20	138.49	83.28	525.95	75.35
4	3×35+1×16 铜芯电力电缆敷设	100m	3×35+1×16 铜芯电缆 100×1.01	2-618	420.08	164.50	149.03	6.20	77.32	23.03
5	DN20 硬塑料管砖墙内暗敷设	100m	DN20 聚氯乙烯管 100×1.05	2-1098	211.39	111.62	3.78	27.90	52.46	15.63
6	BX-2.5 管内穿线	100m/单线	BX-2.5 导线 116m	2-1172	51.59	23.40	13.91	/	11.00	3.28
7	φ320mm 半圆球吸顶灯安装	10 套	成套灯具 10.1 套	2-1386	196.59	50.54	111.22	/	23.75	7.08

需要特别说明以下几点：

（1）以上对"电气安装工程预算定额"的介绍，只适用于"定额计价"方式，在工程发承包及实施阶段的造价编制中，已不再采用。但是，在"设计概算"编制中，仍可作为工程费的计价标准（尚无相应的"概算定额"）。

（2）工程招投标及实施阶段的施工造价编制，"国资项目"必须采用"工程量清单计价"方式。其中"综合单价"的核定，是依据"清单"的项目特性和工作内容，以预算定额计价项目为标准，由若干"计价项目"组价而成（第一章第九节）。因此，定额计价项目是构成"清单综合单价"的基本单元。

（3）地方"计价表"来源于预算定额（或单位估价表）的基本要素，只是由定额基价转换为"综合单价"（五项费用）。同时，2013 版"清单计价规范"的配套"计量规范"，所采用的"工程量计算规则"沿袭了相关专业"预算定额"的内容，许多计量中"附加值"规定完全相同。

（4）因此，全面研究 2000 版"安装定额"的内容及规定，对学习和应用"清单计价"方式编制工程造价，有着十分重要的现实意义。

第五节　电气安装定额项目工程量的计算

设备安装工程量的计算方法和特点，在第二章第六节已经介绍，这些共同性的计算原理，同样适用于电气安装工程量的计算。但是，由于电气安装工程中，设备、材料的品种、型号、规格较多，且受电工指标（电压、电流、容量等）、安装方式、安装位置和施工条件等影响，因而定额分项也较多，这无疑增加了工程量计算的分项数目。为便于综合，电气安装定额项目工程量的计算，一般分线路敷设和电气设备、电气装置两部分进行，然后按定额顺序逐项整理。

电气安装定额项目工程量的计算依据，主要是电气施工图和预算定额。电气施工图表明了电气设备和线路工程的型号、规格、安装方式和位置，可按比例计算线路长度及在图上清点电气设备数量；而预算定额的项目划分和计算规则，为工程量的分项与计算提供了根据。

"电气设备安装工程预算定额"中，对电气安装工程量的计算，按分部分项规定了具体的"计算规则"和"套价规定"。下面结合有关的解释，就主要内容归纳介绍如下。

1. 变压器

（1）变压器安装以台为计量单位，10kV 以下按不同容量分别列项，容量在子目两者之间套用上限。一般变压器（油浸式、自耦、带负荷调压、并联电抗器）直接套用定额；特种变压器按同电压、同容量定额乘系数（电炉变压器系数为 2.0，整流变压器为 1.6）。4000kVA 以上变压器如需吊芯检查，定额机械台班应乘系数 2.0。

（2）变压器的补充注油为设备附带，施工过滤损耗已计入定额，不再单独计算。

（3）变压器干燥以台为计量单位，任务是干燥后换油，容量不同，做法也不同。

（4）变压器的油过滤以吨为计量单位，变压器、油断路器及其他充油设备的油过滤数量＝设备油重×(1＋损耗率)。不包括油样的试验、化验和色谱分析。

2. 配电装置

（1）断路器、互感器、高压配电柜、电容柜、电力电容器等配电装置和电器的安装，按不同规格均以"台"、"个"等单位计量。不包括抱箍、支架、绝缘台及设备对外配线等。

（2）隔离开关、负荷开关、熔断器、避雷器、干式电抗器的安装，以"组"为计量单位，每组按三相计算。

（3）交流滤波装置的安装以"台"计量，每套滤波装置包括三台组架安装，不包括设备本体及铜母线安装（另列项目套价）。

（4）高压成套配电柜和箱式变电站的安装，以"台"为计量单位，定额内不含基础槽钢、母线及引下线的配置安装（另列项目套价）；箱式变电站为集高压配电、变压和低压供电设备为一体的小型户外式变电所，变压比一般为 10kV/0.4kV，多采用电缆进出线，可直接供电。

（5）绝缘油、液压油、六氟化硫气体，均列入设备带有，不作为材料费。

（6）端子箱支架的制作和安装、电器的吊芯和油过滤、配电柜的基础设施和二次灌浆、母线配置等，另列单项计算。

3. 母线、绝缘子

（1）母线是变配电装置之间连接的大截面导线。根据母线电压、截面形式、材料的不同，分项计算工程量。母线工程量主要视电气详图来计算。三相软母线按"跨"数计量；三相组合软母线按"跨/组"计量（三相为一组，水平悬挂部分与两端引下线之和为一跨，每跨系以 45m 以内为准，超过按比例加材料费，人工、机械不调）；带形、槽形、管形截面母线按单根每"10m"长度计量；重型母线按重量"吨"计量；母线安装工程量应增加预留长度（表 3-34、表 3-35）。

软母线安装预留长度（单位：m/根） 表 3-34

电压等级(kV)	耐　张	跳　线	引下线、设备连接线
10	2.5	0.8	0.6
35	3.0	1.0	0.8
110	3.0	1.5	1.0
220	2.0	1.1	1.1
330	1.5	1.0	1.2
500	1.0	0.8	1.3

硬母线配制安装预留长度（单位：m/根） 表 3-35

序号	项　　目	预留长度	说　　明
1	带形、槽形母线终端	0.3	从最后一个支持点算起
2	带形、槽形母线与分支线连接	0.5	分支线预留
3	带形母线与设备连接	0.5	从设备端子接口算起
4	多片重形母线与设备连接	1.0	从设备端子接口算起
5	槽形、管形母线与设备连接	0.5	从设备端子接口算起
6	管形母线终端	0.5	从最后一个支持点算起
7	管形母线与分支连接	0.8	分支线预留

（2）母线安装中不包括固定金具、母线主材、伸缩接头（成品）及线夹、均压环、间隔棒等，按主材另计；设备支架另列单项计算；铜质、铝质、钢质母线，分别计量；钢质母线执行铜质母线安装定额。

（3）悬式绝缘子按每"串"计量；支持式绝缘子以户内、户外、单孔、双孔、四孔固定，分别按每"10个"计量；绝缘子、金具、线夹按主材另计，安装构架另列单项计算。

（4）穿墙套管安装不分水平、垂直，均以"个"数为计量单位。套管列入主材。

4. 控制设备及低压电器

（1）穿墙板（穿墙通板、穿通板）的制作安装，按不同材料，分别以"块"数计量。

（2）控制屏（柜）、继电保护屏、整流柜、晶闸管柜、低压配电屏、直流屏、控制台（箱）、成套配电箱等的安装，按品种分项，以台计量；设备干燥、二次喷漆（字）、基础铁件、接线端子等，另列单项计算。

（3）电气安装配备的铁构件制作安装，均按施工详图设计尺寸，以成品重量"100kg"计量。

（4）屏上补充电气设备（成品）的安装，按设备（电器）品种分别列项，主材另计；电器、仪表、分流器等以"个"数计量，小母线以"10m"长度计量。

（5）基础型钢的加工安装，以"10m"长度计量，而钢材按不同规格列入主材。

（6）网门、保护网制作安装，按图示框外围尺寸，以"平方米"计量。

（7）低压配电板（箱）的制作与安装，以及小型配电箱和配电板，按半周长分项，均以"台、块"为计量单位，半周长指长加宽的长度，如配电箱长40cm、宽30cm，则半周长为70cm。

（8）非成品或不配套的柜、盘、箱、板、盘上电器、电气元件和仪表的安装，均应按品种单独列项，以个、只、组、套、台等单位计量。

（9）盘、柜配线（内部接线），按导线截面以"10m"长度计量；盘、柜外部接线，按每"10个头"计量，而外部配线另列单项计算，外部配线工程量应增加预留长度（表3-36）。

盘、箱、柜的外部连线预留长度（单位：m/根） 表3-36

序号	项目	预留长度	说明
1	各种箱、柜、盘、板、盒	高+宽	盘面尺寸
2	单独安装的铁壳开关、闸刀开关、自动开关、起动器、变阻器	0.5	从安装对象中心算起
3	继电器、控制开关、信号灯、按钮、熔断器等小电器	0.3	从安装对象中心算起
4	分支接头	0.2	分支线预留

滑触线安装预留长度（单位：m/根） 表3-37

序号	项目	预留长度	说明
1	圆钢、铜母线与设备连接	0.2	从设备端子接口起算
2	圆钢、铜滑触线终端	0.5	从最后一个支持点起算
3	角钢母线终端	1.0	从最后一个支持点起算
4	扁钢母线终端	1.3	从最后一个支持点起算
5	扁钢母线分支	0.5	分支线预留
6	扁钢母线与设备连接	0.5	从设备接线端子接口起算
7	轻轨母线终端	0.8	从设备接线端子接口起算
8	安全节能及其他滑触线终端	0.5	从最后一个固定点起算

（10）端子板安装以"组"计量；端子接线按端子型号、导线截面及材料不同，分别列项，以每"10个"计量。

（11）铁质箱、盘、盒的制作及安装，铁件的制作以制成品重量"100kg"计量，安装以自然数计量；木质配电箱制作和木夹板（母线夹）制作以"套"计量；木质配电板制作、包铁皮及各种柜（盘、板）的二次喷漆，均以面积（m²）计量；以上均由施工详图计算其工程量。

5. 蓄电池

（1）蓄电池在送配电系统中，用于供应控制装置的直流电源。蓄电池的安装分铅酸、碱性、开口式、密闭式等，根据不同容量按平面图清点数量，以"个"数计量；免维护蓄电池以"组件"计量。

（2）蓄电池充放电，按220V以下蓄电池组的不同容量，以"组"数计量。

（3）蓄电池支架安装以长度"米"计量；穿通板组合安装，按孔数，不分材质，以"块"数计量（主材另计）；绝缘子安装按"个"数计量；圆母线按材质（铜、钢）分项，以"10m"计量；母线支架另列单项计算。

6. 电机及调相机

（1）发电机、调相机、电动机等本体安装，套用第一、三册有关定额，这里只列电机检查接线定额。

（2）各种发电机、调相机、电动机、电阻器等检查接线、干燥，均以"台"计量，由施工图上点数；多台一串的机组，按单台分别执行定额；电机干燥的"台/次"按实际发生计算。

7. 滑触线装置

（1）桥式起重机、门式起重机、单梁机、电葫芦的电气安装，以成套设备考虑，其电气安装主要指电气检查安装和接通电源；根据起重机的电气分项工程量分别以调试计算；起重机本体安装用第一册定额，基础及预埋件为土建工程。

（2）非成套供应的起重机，则按分部分项定额，逐项套价计算电气安装费用。

（3）滑触线的安装，按材料不同，以单相每"100m"计量；滑触线的工程量应增加预留长度（表3-37），其线材列入主材计算；滑触线支架要另列单项计算（支架安装以"付"计量，制作另计，支架基础及预埋件属土建）。

（4）移动式软电缆的敷设，沿钢索按"根"计量、沿轨道按"100m"长度计量，软电缆、滑轮、拖架列入主材另计。

8. 电缆

（1）本册定额包括10kV以下的电力及控制的电缆敷设，按敷设方式为直埋、不可直埋；定额未考虑在河流积水区、水底、竖直通道、井下等条件下的电缆敷设；电缆在山地，丘陵地区的直埋敷设，其人工应乘以1.3的系数，该地段的所有其他材料（如固定桩、夹具等）应按实计算。

（2）电缆敷设不分明敷与暗敷，按电缆单芯最大截面分别以每100m单根计量；长度按路经水平和垂直距离计算；电缆敷设定额中，未考虑波形增长及预留长度，该长度应按表3-38规定增加计入工程量内；控制电缆敷设按芯数不同，分别以"100m"长度计量；电缆列入主材另计。

163

序号	项 目 名 称	预留长度	说　　明
1	电缆敷设弛度、波形、弯度、交叉	2.5%	按全长计算
2	电缆进入建筑物	2.0m	规程规定最小值
3	电缆引进入沟内或吊架时引上(下)预留	1.5m	规程规定最小值
4	变电所进线、出线	1.5m	规程规定最小值
5	电力电缆终端头	1.5m	检修余量最小值
6	电缆中间接线盒	两端各留 2.0m	检修余量最小值
7	电缆进控制、保护屏及模拟盘等	高+宽	按盘面尺寸
8	高压开关柜及低压动力配电盘	2.0m	盘下进出线
9	电缆至电动机	0.5m	不包括接线盒至地坪间距离
10	厂用变压器	3.0m	从地坪起算
11	电缆绕过梁柱等增加长度按实计算	1.5m	从地坪起算,按被绕物的断面情况计算
12	电梯电缆与电缆架固定点	每处 0.5m	规范最小值

（3）电缆槽（沟）的土（石）方开挖和回填，应扣除路面开挖部分的实际挖、填量，按不同土质以开挖断面的体积"m³"计量，理论计算公式（图 3-14）：

$$V = BHL$$

现行定额规定：直埋电缆挖填土（石）方工程量，按表 3-39 计算。

（4）电缆工程中人工开挖路面，分为混凝土、沥青、碎石、杂土路面三类，以 150、250mm 内厚度区分规格，以路面面积 m² 为单位计算工程量。

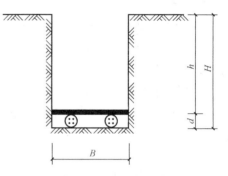

图 3-14　电缆沟剖面图
h—电缆埋深；d—电缆直径；
H—电缆沟深；L—沟槽长度

直埋电缆挖、填土（石）方量　　　　　　表 3-39

项　　　　　目	电 缆 根 数	
	1～2	每增一根
每米沟挖方量（m³/m）	0.45	0.153

注：1. 两根以内的电缆沟，上口宽度系按 600mm，下口宽度 400mm，深度按 900mm 计算；

　　2. 每增加一根电缆，其宽度增加 170mm；

　　3. 以上土方量系数按埋深从自然地坪起算，如设计埋深超过 900mm 时，多挖的土方量另行计算；

　　4. 有电缆保护管时，最边缘管外壁应增加 0.3m 工作面。

（5）电缆保护管按品种（铸铁管、混凝土管、钢管等）和管径，分别以长度每 10m 计量；顶管按单根长度分规格以"根"为单位计算；基价中不含管材价格；电缆横穿道路，其套管长度按路基宽度两端各加 1.0m；电缆穿过建筑物外墙，每根应增加 1.0m 长的保护管；电缆垂直敷设距地面应计 2.0m 保护管；穿过排水沟，按沟壁外缘以外加 0.5m；施工图未标注管径时，管径可按电缆外径 1.5 倍计算（水泥管不小于 100mm），取分级公称规格；高、低压电缆交叉时，低压电缆在上面，下面电缆应加弯敷长度 1.0m。

（6）电缆的终端接头和中间接头的制作安装，按电压、材质、截面的不同，分别以"个"计量，终端盒价格另计；1 根电缆按两个终端接头计算；中间按施工图规定，或实际数量，或平均 250m 一个。

（7）电缆的铺沙盖砖和铺沙盖板，分别按每 100m 长度计量；而电缆沟的揭盖盖板，应按不同板长以每铺 100m 计量（揭盖一次）。

（8）电缆敷设及电缆头制作安装，均以铝芯考虑，铜芯电缆用系数调整；本章定额不包括钢铁支架制作安装、隔热保护层制作安装、冬季施工加温费用等，应单独列项计算。

（9）电缆桥架、电缆槽的安装以长度"10m"计量，桥架、盖板、阳板、线槽等为主材另计；桥架的重量换算参见表 3-40、表 3-41。

常用电缆桥架的单位长度与重量换算表（一）

立柱及长臂（包括底座重量）   表 3-40

	立　　柱			托　　臂		
规　　格	单位	重量(kg/件)		规格	单位	重量 kg/件
		一般	轻型			
工字钢 $h=100$mm	m	15.70	10.39	臂长 150	件	1.21
工字钢 $h=100$mm	m	14.50	9.12	臂长 200	件	1.42
槽钢 6 号	m	10.13	8.54	臂长 300	件	1.94
槽钢 8 号	m	11.54	—	臂长 400	件	2.43
槽钢 10 号	m	13.50	—	臂长 500	件	2.92
角钢 60mm	m	9.02	6.38	臂长 600	件	3.41
角钢 75mm	m	12.43	—	臂长 700	件	3.90
				臂长 800	件	4.40

注：1. 根据设计图纸和电缆桥架的单位荷重（kg/m）选用立柱的规格和数量（立柱间的距离从 0.5～2.0m）。

2. "电缆桥架的单位长度与重量换算表"仅供在设计资料不全时作为编制电缆桥架安装费的工程量参考数据，不作为主材成品订货和结算的依据。电缆桥架的成品数量应按设计量或实际数量结算。电缆桥架的安装费（定额中的人工、消耗材料和施工机械）重量误差小于 5% 的可以不调整。

3. 电缆桥架重量包括弯通、三通和连接部件等综合平均每 m 长的桥架重量。

4. 利用型钢作支撑架，而不用托臂的电缆桥架，其支撑的重量按设计图纸计算，但整套桥架仍按总量执行电缆桥架综合定额。

常用电缆桥架的单位长度与重量换算表（二）

电缆桥架   表 3-41

序号	规　　格	单位	桥架重量(kg/m)			
			梯级式	托盘式	槽合式	组合式
1	$100×50$	m	—	—	6.00	2.00
2	$150×75$	m	5.00	6.00	8.00	3.00
3	$200×60$	m	6.00	7.50	—	3.50
4	$200×100$	m	7.50	9.00	12.00	—
5	$300×60$	m	6.50	10.00	—	—
6	$300×100$	m	8.00	11.50	—	—

序号	规　　格	单位	桥架重量（kg/m）			
			梯级式	托盘式	槽合式	组合式
7	300×150	m	10.50	13.00	17.00	—
8	400×60	m	9.00	12.50	—	—
9	400×100	m	10.50	14.50	—	—
10	400×150	m	13.00	17.00	—	—
11	400×200	m	—	—	25.00	—
12	500×60	m	11.00	15.00	—	—
13	500×100	m	12.50	17.00	—	—
14	500×150	m	14.50	20.00	—	—
15	500×200	m	—	—	30.00	—
16	600×60	m	12.50	18.00	—	—
17	600×100	m	14.00	20.00	—	—
18	600×150	m	16.00	23.00	—	—
19	600×200	m	—	—	35.00	—
20	800×100	m	16.00	26.00	—	—
21	800×150	m	18.00	29.00	—	—
22	800×200	m	—	—	43.00	—

（10）电缆支架、吊架、槽架制作安装，以重量"吨"为计量单位，执行本册第八章定额；吊电缆的钢索及拉紧装置，另列单项计算；钢索计算长度，以两端固定点的距离为准，不扣除拉紧装置的长度。

9. 防雷及接地装置

（1）防雷装置包括避雷针、避雷网及避雷引下线。避雷针按安装位置（烟囱、建筑物、金属容器及构筑物）分项，以"根"为单位计算。水塔避雷针安装可套用"建筑物平屋面"定额。独立避雷针按针高不同，以"基"为单位计算。针体制作另列单项，套用本章制作定额。

（2）避雷网安装按沿混凝土块、折板支架敷设，分别以10m长度为单位计算。总长度应等于不同标高水平长度及各段连接线长度之和。混凝土块制作按每10块计量（间距1m）。避雷线列入主材计价；折板支架敷设中包含卡子。

（3）避雷引下线一般采用ϕ8或ϕ10镀锌圆钢（主材），按高度分项以10m为单位计算工程量。利用建筑物主筋作引下线，每柱两根主筋为一组（长度计量，无主材），超过两根按比例换算。

（4）接地装置包括接地极（接地体）和接地母线。接地极按材质分为角钢（∟50mm×5mm×2500mm）、钢管（DN32～80mm×2500m）、圆钢、钢板、铜板等。角钢、钢管、圆钢接地极，按土质不同分别以"根"计量；钢板、铜板接地极以"块"计量。接地极本体列入主材计价。

（5）接地母线（扁钢或圆钢）分户内、户外，以每10m长度计量。定额中包含挖填土方和支持卡子，但不含母线主材。接地跨接线以"10处"为单位计算，构架接地以"一处"为单位计算。

（6）接地母线、避雷线的敷设长度，以图示延长米计算后，另加3.9%的附加长度（指转弯、上下波动、避绕障碍物、搭接头所占长度），纳入工程量。

（7）半导体少长针消雷装置安装，按不同安装高度以"套"计量，装置为成套供货列入主材。断接卡子制作安装按设计规定以"套"计量，接地检查井内安装，每井一套。均压环敷设为利用建筑物圈梁钢筋焊接，每组两根，超过按比例调整，以圈梁中心线长度"10m"计量。

（8）高层建筑屋顶防雷接地装置，执行"避雷网"定额；电缆支架接地线安装，执行"户内接地母线敷设"定额；设计要求的金属窗接地和构架接地，以"处"计量（用φ8 圆钢与建筑物主筋焊接）。

（9）电气设备的接地引线属设备安装内容，不可重复计算。

（10）接地极、接地网安装后均要调试，接地极以"组"为单位（一般每组 6 根以内），接地网线以"系统"为单位（一般由 10～20 根接地极或网长 50m 组成系统），计算调试费。

10. 10kV 以下架空配电线路

（1）10kV 以下架空线路以平原地区施工为准。在丘陵、山地、泥沼地带施工，其人工和机械定额应乘以地形系数（详见定额）。线路施工一次少于 5 根电杆，其线路工程的全部人工和机械费乘以系数 1.3。

（2）本章"工地运输"（原定额列在第三册），是指定额内未计价材料从集中材料堆放点或工地仓库运至杆位上的工程运输，分人力运输和汽车运输，以"吨公里"为计量单位。

运输量计算公式如下：

$$工程运输量＝施工图用量×（1＋损耗率）$$

预算运输重量＝工程运输量＋包装物重量（不需要包装的可不计算包装物重量）

运输重量可按表 3-42 的规定进行计算。

运输重量表　　　　　　　　　　　　　　　　　　　　表 3-42

材　料　名　称		单　位	运输重量(kg)	备　注
混　凝　土	人工浇制	m³	2600	包括钢筋
	离心浇制	m³	2860	包括钢筋
线　材	导　线	kg	$W×1.05$	有线盘
	钢绞线	kg	$W×1.07$	无线盘
木　杆　材　料				包括木横担
金属、绝缘子		kg	$W×1.07$	
螺　栓		kg	$W×1.01$	

注：1. W 为理论重量；2. 未列入者均按净重计算。

（3）架空线路的土石方工程按不同土质以体积"10m³"计量。无底盘、卡盘的电杆坑，其挖方体积为 $V＝0.8×0.8×$坑深 h；电杆坑的马道土、石方量按每坑 0.2m³ 计算。

（4）带底盘、卡盘或组合杆坑、塔坑，因挖深较大可实行放坡，放坡系数按表 3-43 计算，施工操作面裕度按底拉盘底宽每边增加 0.1m 计算，其土方量计算公式为（见图3-15）。

各类土质的放坡系数 K 值　　　　　　　　　　　　表 3-43

土　质	普通土、水坑	坚　土	松砂石	泥水、流砂、岩石
放坡系数	1：0.3	1：0.25	1：0.2	不放坡

$$V = H/6 \cdot [A \cdot B + (A + A_1) \cdot (B + B_1) + A_1 \cdot B_1]$$

式中 A、B——坑底面两向总宽度（m）；

A_1、B_1——坑顶面两向总宽度（m）。

$$A_1 = A + 2KH$$

$$B_1 = A + 2KH$$

K——坡度系数（表3-43）；

H——坑深（m）。

或者用下式计算：

$$V = (a + 2 \cdot c + KH) \cdot (b + 2 \cdot c + KH) \cdot H + 1/3 \cdot K^2 H^3$$

式中 a、b——底拉盘两向宽度（m）；

c——施工操作面裕度（$c = 0.1m$）。

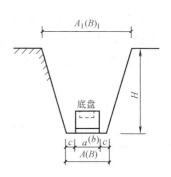

图 3-15　10kV 以下架空线路基挖地坑

因卡盘超长按上式尺寸计算不能满足安装要求时，增加的土方可另行计算（签证）。

（5）冻土厚度大于0.3m时，冻土层的挖方量按"挖坚土"定额乘以系数2.5执行；冻土厚度在0.3m内不进行定额调整；冻土层以下的挖土方仍根据土质执行定额；坑内有两种以上不同土质时，按最多土方量的土质套价。

（6）底盘、卡盘、拉线盘不区分规格，以块数计量。立电杆分木杆、水泥杆两类，均按杆长以"根"为单位计算，电杆列入主材计价。接腿杆分单接、双接、混合接三种，按接腿杆长以"根"为单位计算。撑杆分木撑杆、水泥撑杆，以"根"为单位计算。

（7）10kV以下横担与1kV以下横担的安装分别列项，按根数、电杆、线数、材质不同以"组"为单位计算。基价中不含横担、绝缘子、连接铁件及螺栓，作为主材另计。

（8）进户横担的安装分一端埋设及两端埋设，按二线、四线、六线，分别以根计量。横担、绝缘子、防水弯头、支撑铁件及螺栓列入主材计算。

（9）拉线分普通、水平、弓形等形式，按拉线的截面以"根"为单位计算。拉线、金具、抱箍的价值列入主材，拉线的长度按设计全根长度计算，设计无规定时，可按表3-44计算。拉线盘安装另计。

拉线长度（单位：m/根）　　　　　　　　　　　　　　表 3-44

项　　目		普通拉线	V(Y)形拉线	弓形拉线
杆高(m)	8	11.47	22.94	9.33
	9	12.61	25.22	10.10
	10	13.74	27.48	10.92
	11	15.10	30.20	11.82
	12	16.14	32.28	12.62
	13	18.69	37.38	13.42
	14	19.68	39.36	15.12
水平拉线		26.47		

注：水平拉线间距以15m为准，如实际间距每增大1m，则拉线长度相应增加。

（10）导线架设按线材材质、截面大小，分别以1000m（单线）为单位计算工程量。导线架设的预留长度应列入工程量，预留长度可按表3-45计算。

导线架设预留长度（单位：m/根）   表 3-45

项 目 名 称		长 度
高 压	转角	2.5
	分支、终端	2.0
低 压	分支、终端	0.5
	交叉、跳线、转角	1.5
与设备连线		0.5
进户线		2.5

（11）导线跨越指线路交叉、跨越铁路、河流，而增加的施工费用，以"处"计量。定额规定：

1）被跨越物间距按 50m 以内考虑，间距大于 50m、小于 100m，按两处计算，以此类推；

2）在同一跨越档内有两种以上跨越物时，则每一跨越物视为"一处"，按不同跨越物分别套价；

3）单线广播线不算跨越物；

4）导线跨越定额仅考虑增加的资源消耗，不应扣除跨越段的导线架设工程量（长度）。

（12）配电线路中，杆上安装变压器（320kVA 以下）以"台"计量；杆上安装配电设备以"组、台"计算。变压器的吊芯、干燥、调试另计。

11. 电气调整试验

（1）电气调整试验一般包括设备本体试验、分系统调试和整套设备的整体（联动）调试三个阶段。第二册第十一章仅包括电气设备本体和电气分系统调试两阶段调试范围，不包括机械设备联动和试运转调试工作。设备的整体调试，应按专（行）业定额另行计算。

（2）电气调试定额除电气设备本体、元件单体、分系统现场调试工作内容外，还包括试验用电力及材料消耗、仪表使用、熟悉资料、核对检查设备、记录及整理资料、编写报告等费用。但不包括设备干燥、更换或修改元件、试验设备及仪器场外运输、示波照相等费用。对于通风设备、水力装置、热力装置等及其自动控制元件调试，另行计算或执行行业定额。

（3）由于电气控制技术的飞速发展，新的调试项目、调试内容、调试技术不断更新，因此，凡属新增加的调试内容，可按实另行计算。现行的调试定额特点是"分解调试"，而不是"整套调试"，执行中注意"合理分项、对号套价"。

（4）一个回路或系统的调试，具体的工作内容应包括：电气设备本体试验、附属高压及二次设备试验、断路器及仪表试验、一次电流及二次回路检查及启动实验。在编制预（结）算中，如需拆分调试费用，可按表 3-46 的百分比计算。

（5）发电机调相机、电力变压器、送配电装置、保护装置、硅整流装置、自动投入装置、中央信号、直流监视、独立接地、接地网等调整试验，均以"系统"计量。每系统中原则上只有一台主体电气设备，只有送配电系统中配套的主要电气仪器、仪表、继电器、断电器、电磁开关等，另作为一个系统单独调试计算。干式变压器和油浸电抗器调试，执

电气调试系统各工序的调试费用比例（%）　　　　　　　　　表 3-46

工序	发电机调相机系统	变压器系统	送配电设备系统	电动机系统
一次设备本体试验	30	30	40	30
附属高压二次设备试验	20	30	20	30
一次电流及二次回路检查	20	20	20	20
继电器及仪表试验	30	20	20	20

行同容量变压器调试定额乘以系数 0.8。

（6）普通电机、微型电机调试以"台"计量，包括电机本体及配电、起动、保护、量测和一、二次回路的调试。

（7）自动装置及信号系统调试，均包括继电器、仪表等元件本身和二次回路的调整试验，具体规定如下：

1）备用电源自动投入装置，按连锁机构的个数确定备用电源自投装置系统数。一个备用厂用变压器，作为三段厂用工作母线备用的厂用电源，计算备用电源自动投入装置调试时，应为三个系统。装设自动投入装置的两条互为备用的线路或两台变压器，计算备用电源自动投入装置调试时，应为两个系统。备用电动机自动投入装置亦按此计算。

2）线路自动重合闸调试系统，按采用自动重合闸装置的线路自动断路器的台数计算系统数。

3）自动调频装置的调试，以一台发电机为一个系统。

4）同期装置调试按设计构成一套能完成同期并车行为的装置为一个系统计算。

5）蓄电池及直流监视系统调试，一组蓄电池按一个系统计算。

6）事故照明切换装置调试，按设计能完成交直流切换的一套装置为一个调试系统计算。

7）周波减负荷装置调试，凡有一个周率断电器，不论带几个回路，均按一个调试系统计算。

8）变送器屏以屏的个数计算。

9）中央信号装置调试，按每一个变电所或配电室为一个调试系统计算工程量。

（8）接地网的调试规定如下：

1）接地网接地电阻的测定。一般的发电厂或变电站连为一体的母网，按一个系统计算；自成母网不与厂区母网相连的独立接地网，另按一个系统计算。大型建筑群各有自己的接地网（接地电阻值设计有要求），虽然在最后也将各接地网连在一起，但应按各自的接地网计算，不能作为一个网，具体应按接地网的试验情况而定。

2）避雷针接地电阻的测定。每一避雷针均有单独接地网（包括独立的避雷针、烟囱避雷针等）时，均按一组计算。

3）独立的接地装置按组计算。如一台柱上变压器有一个独立的接地装置，即按一组计算。

（9）特殊保护装置未包括在各系统调试定额之内，应另行计算。特殊保护装置，均按构成一个保护回路，以"套（台）"计量。具体计算规定为：

1）发电机转子接地保护，按全厂发电机共用一套考虑；

2）距离保护，按设计规定所保护的送电线路断路器台数计算；

3）高频保护，按设计规定所保护的送电线路断路器台数计算；

4）零序保护，按发电机、变压器、电动机的台数或送电线路断路器台数计算；

5）故障录波器的调试，以一块屏为一套系统计算；

6）失灵保护，按设置该保护的断路器台数计算；

7）失磁保护，按所保护的电机台数计算；

8）变流器的断线保护，按变流器台数计算；

9）小电流接地保护，按装设该保护的供电回路断路器台数计算；

10）保护检查及打印机调试，按构成该系统的完整回路为一套计算。

（10）避雷针、电容器调试以"组"计量（三相为一组，单个装设也为一组），系统调试另计；高压电气除尘系统调试，"系统"中包括一台升压变压器、一台机械整流器及相关附属设备；在晶闸管调速直流电动机的调试"系统"中，包括整流装置和电机控制回路两个部分；交流变频调速电动机调试"系统"中，包括变频装置和电动机控制回路两个部分。

（11）一般的住宅、学校、办公楼、旅馆、商店等民用电气工程的供电调试应执行下列规定：

1）配电室内带有调试元件的盘、箱、柜和带有调试元件的照明主配电箱，应按供电方式执行相应的"配电设备系统调试"定额；

2）每个用户房间的配电箱（板）上虽装有电磁开关等调试元件，但如果生产厂家已按固定的常规参数调整好，不需要安装单位进行调试就可直接投入使用的，不得计取调试费用；

3）民用电度表的调整校验属于供电部门的专业管理，一般皆由用户向供电局订购调试试毕的电度表，不得另行计算调试费用；

4）高标准的高层建筑、高级宾馆、大会堂、体育馆等具有较高控制技术的电气工程（包括照明工程），应按控制方式执行相应的电气调试定额。

12. 配管、配线

（1）配管、配线为电气线路工程，其工程量的计算，不仅要熟悉电气图上的水平走线及长度，还要了解土建图的立面和剖面，方可按标高关系推算垂直敷线长度。

电气线路工程量的计算，一般先算干线，后算支线；干线是指外线引入总配电盘的一段，或是各配电盘之间的连接线，支线是指由配电盘引至各用电设备的线路；线路以长度计量，可以按楼层、供电系统、回路，逐条列式计算。计算中应区别线材、线规、敷设方式、敷设位置、基层结构，以便套价。

（2）配管、配线工程量的计算，应弄清每层之间的供电关系，注意引上管和引下管，防止漏算干火线路。

管线计算应"先管后线"，可照回路编号依次进行，也可按管径大小排列顺序计算；管内穿线根数在配管计算时，用符号表示，以利简化和校核。

例如：某电线管暗敷设中，$DN25$ 二根管，一根长 15m、内穿 4 根导线；另一根长 20m、内穿 5 根同规格导线，则可列为：

$$DN25 \text{ 电缆管长度} = 15\text{m} + 20\text{m} = 35\text{m}$$

$$\text{管内穿线长度} = 15\text{m} \times 4 + 20\text{m} \times 5 = 160\text{m}$$

（3）在电气平面图上经常见到表达配电线路的标注格式：

$$a-b(c \times d)e-f$$

式中　a——回路编号（N_1、N_2、……）；

b——表示导线型号（表 3-1）；

c——导线根数；

d——单根导线截面（mm^2）；

e——敷设方式及穿管管径（表 3-13）；

f——敷设部位（表 3-13）。

例如： $N_1-500\text{V}-BV(3 \times 1.5)DN20-QA$

表示 N_1 回路选用三根电压 500V 截面 1.5mm^2 的塑料铜芯线，穿 $DN20$ 电线管在墙内暗敷。

（4）配管工程的敷设方式，分为沿砖墙或混凝土明敷、暗敷；沿钢结构支架、钢索、钢模板配管等；管材材质有电线管、钢管、防爆钢管、硬塑料管、金属软管、聚乙烯管之分；配管工程量应按材质、管径、敷设方式的不同，分别以每 100m 长度计量；不扣除接线箱、灯头盒、开关盒所占长度，但应扣除箱、柜、板的配管长度。

（5）管内穿线按导线规格，以单线每 100m 长度计算。因此，可用配管长度乘以穿线根数计算；穿线工程量不增加接头长度，但配线进入开关箱、柜、板的预留线，应按表 3-47 计入工程量。

配线进入开关箱、柜、板的预留线长度（每一根线）　　　　　表 3-47

序号	项　目	预留长度	说　明
1	各种开关箱、柜、板	宽+高	盘面尺寸
2	单独安装(无箱、盘)的铁壳开关、闸刀开关、启动器、母线槽进出线盒等	0.3m	从安装对象中心算
3	由地坪管子出口引至动力接线箱	1.0m	从管口计算
4	电源与管内导线连接(管内穿线与软、硬母线接头)	1.5m	从管口计算
5	出户线	1.5m	从管口计算

（6）管材、线材价格均列入主材计算；6mm^2 以上照明线穿管，按动力穿线定额计价；配管工程中的接线盒及支架制作安装、钢索架设及拉紧装置的制作安装，应另套定额计算。

（7）常见的配线方式有瓷夹板、塑料夹板、木槽板、塑料槽板、绝缘子（鼓形、针式、蝶式）、塑料护套线（二芯、三芯）卡敷等，并有敷设基层结构、明暗、导线截面的不同，应分别以每 100m 长度计算工程量（夹板、槽板、护套线为线路长度，其余为单线长度）；配线进入开关箱、柜、板的预留长度（表 3-47）计入工程量。灯具、开关、插座、按钮等的预留线已综合在定额内，不另计算。

钢索架线按材质、规格，分别以每 100m 长度计量（不扣除拉紧装置所占长度）；定额中导线、钢丝绳、圆钢等列入主材计价。

（8）接线箱的安装分明装和暗装，均以半周长（高＋宽）分规格，以 10 个为单位计算。接线盒安装分明装和暗装，明装分普通、防爆型两类，暗装以接线盒、开关盒划分，均以 10 个为单位计量；接线箱、接线盒、开关盒的价值列入主材。

（9）管路敷设应力求线路最短、管弯最少，当管长超过：

1）管子全长超过 30m 无弯曲时；

2）管子全长超过 20m 有一个弯曲时；

3）管子全长超过 12m 有两个弯曲时；

4）管子全长超过 8m 有三个弯曲时；其管子中间必须增设分线盒或接线盒，以利穿线；接线盒按明装、暗装，以个为单位计算。

（10）钢索拉紧装置制作安装，按花篮螺栓直径分别以 10 套为单位计算；而钢索架设以每 100m 计量。

13. 照明器具

（1）照明器具包括灯具、开关、插座、安全变压器、电铃、电扇等项目。其中灯具分普通灯具和装饰灯具两大类，应分别计量。灯具的安装方式分吸顶式（D）、吊链式（L）、吊管式（G）、壁装式（B）、嵌入式（R）等，电气施工图中，经常见到灯具安装的标注格式为

$$a-b\frac{c \times d}{e}f$$

式中　　a——灯具的数量；

b——灯具的型号；

c——每盏灯灯泡数或灯管数量；

d——灯泡的容量（W）；

e——安装高度（m）；

f——安装方式。

例如：

$$4-Y_{01} \times \frac{1 \times 40}{3.2}L$$

表示安装 4 套 Y_{01} 型单管荧光灯，灯管容量 40W，距地 3.2m，吊链式。

（2）灯具安装定额的适用范围见表 3-48。表内表明了定额中各种灯具名称所包含的灯具种类，并对型号、容量作了划分，是灯具套价的分项依据。

（3）普通灯具安装按灯型、施工方法，根据施工图分别以 10 套为单位计算工程量。灯具列入主材，灯泡、灯管另列单项计算材料费。

装饰灯具应根据定额所附"示意图"，区别不同装饰物、吸盘形体、灯具组合、安装形式、垂吊长度等，以"10 套"（光带以"10m"）计量。成套灯具列入主材费计算。

（4）除有说明外，一般灯具、开关、插座的预留接线长度已综合在定额内，不可另加。凡需加长吊管、吊链，可按设计增加引下线。艺术花灯、路灯、庭院路灯的引线，应单独列项计算。本定额"路灯"仅适用于厂区、小区内，城市道路的路灯安装，执行"市政定额"。

定 额 名 称		灯 具 种 类
普通灯具	圆球吸顶灯	材质为玻璃的螺口、卡口圆球独立吸顶灯
	半圆球吸顶灯	材质为玻璃的独立的半圆球吸顶灯、扁圆罩吸顶灯、平圆形吸顶灯
	方形吸顶灯	材质为玻璃的独立的矩形罩吸顶灯、方形罩吸顶灯、大口方罩吸顶灯
	软线吊灯	利用软线为垂吊材料、独立的,材质为玻璃、塑料、搪瓷,形状如碗伞、平盘灯罩组成的各式软线吊灯
	吊链灯	利用吊链作辅助悬吊材料、独立的,材质为玻璃、塑料罩的各式吊链灯
	防水吊灯	一般防水吊灯
	一般弯脖灯	圆球弯脖灯、风雨壁灯
	一般墙壁灯	各种材质的一般壁灯、镜前灯
	软线吊灯头	一般吊灯头
	声光控座灯头	一般声控、光控座灯头
	座灯头	一般塑胶、瓷质座灯头
装饰灯具	吊式艺术装饰灯具	不同材质、不同灯体垂吊长度、不同灯体直径的蜡烛灯、挂片灯、串珠(穗)、串棒灯、吊杆式组合灯、玻璃罩(带装饰)灯
	吸顶式艺术装饰灯具	不同材质、不同灯体垂吊长度、不同灯体几何形状的串珠(穗)、串棒灯、挂片、挂碗、挂吊蝶灯、玻璃(带装饰)灯
	荧光艺术装饰灯具	不同安装形式、不同灯管数量的组合荧光灯光带,不同几何组合形式的内藏组合式灯,不同几何尺寸、不同灯具形式的发光棚,不同形式的立体广告灯箱、荧光灯光沿
	几何形状组合艺术灯具	不同固定形式、不同灯具形式的繁星灯、钻石星灯、礼花灯、玻璃罩钢架组合灯、凸片灯、反射挂灯、筒形钢架灯、U形组合灯、弧形管组合灯
	标志、诱导装饰灯具	不同安装形式的标志灯、诱导灯
	水下艺术装饰灯具	简易形彩灯、密封形彩灯、喷水池灯、幻光型灯
	点光源艺术装饰灯具	不同安装形式、不同灯体直径的筒灯、牛眼灯、射灯、轨道射灯
	草坪灯具	各种立柱式、墙壁式的草坪灯
	歌舞厅灯具	各种安装形式的变色转盘灯、雷达射灯、幻影转彩灯、维纳斯旋转彩灯、卫星旋转效果灯、飞碟旋转效果灯、多头转灯、滚筒灯、频闪灯、太阳灯、雨灯、歌星灯、边界灯、射灯、泡泡发生器、迷你满天星彩灯、迷你单立(盘彩灯)、多头宇宙灯、镜面球灯、蛇光管
荧光灯具	组装型荧光灯	单管、双管、三管、吊链式、吸顶式、现场组装独立荧光灯
	成套型荧光灯	单管、双管、三管、吊链式、吊管式、吸顶式、成套独立荧光灯
工厂及其他灯具	直杆工厂吊灯	配照(GC_1-A)、广照(GC_3-A)、深照(GC_5-A)、斜照(GC_7-A)、圆球(GC_{17}-A)、双罩(GC_{19}-A)
	吊链式工厂灯	配照(GC_1-B)、深照(GC_3-B)、斜照(GC_5-C)、圆球(GC_7-B)、双罩(GC_{19}-A)、广照(GC_{19}-B)
	吸顶式工厂灯	配照(GC_1-C)、广照(GC_3-C)、深照(GC_5-C)、斜照(GC_7-C)、双罩(GC_{19}-C)
	弯杆式工厂灯	配照(GC_1-D/E)、广照(GC_3-D/E)、深照(GC_5-D/E)、斜照(GC_7-D/E)、双罩(GC_{19}-C)、局部深罩(GC_{26}-F/H)
	悬挂式工厂灯	配照(GC_{21}-2)、深照(GC_{23}-2)

定 额 名 称		灯 具 种 类
工厂及其他灯具	防水防尘灯	广照(GC₉-A、B、C)、广照保护网(GC₁₁-A、B、C)、散照(GC₁₅-A、B、C、D、E、F、G)
	防潮灯	扁形防潮灯(GC-31)、防潮灯(GC-33)
	腰形舱顶灯	腰形舱顶灯 CCD-1
	碘钨灯	DW 型、220V、330～1000W
	管形氙气灯	自然冷却式 200V/380V 20kW 内
	投光灯	TG 型室外投光灯
	高压水银灯镇流器	外附式镇流器具 125-450W
	安全灯	(AOB-1、2、3)、(AOC-1、2)型安全灯
	防爆灯	CBC-200 型防爆灯
	高压水银防爆灯	CBC-125/250 型高压水银防爆灯
	防爆荧光灯	CBC-1/2 单/双管防爆型荧光灯
医院灯具	病房指示灯	病房指示灯
	病房暗脚灯	病房暗脚灯
	无影灯	3～12 孔管式无影灯
马路灯具	大马路弯灯	臂长 1200mm 以下、臂长 1200mm 以上
	庭院路灯	三火以下、七火以下

（5）开关分为拉线开关、板把开关和板式暗开关（板式暗开关分单联至六联）；按钮有明装和暗装两种；插座分明、暗和防爆三种，并以单相、三相及额定电流区分规格。开关、按钮、插座按品种、安装方式，分别以 10 套（个）为单位计算工程量。

（6）安全变压器安装按容量分规格，以台计量，定额包含支架安装，但不包括支架制作。电铃安装按直径 100、200、300mm 区分，电铃号牌箱按 10、20、30 号区分，门铃分明装、暗装，工程量均以套数计量。吊扇、壁扇和轴流排风扇安装以台数计量。

（7）路灯、投光灯、碘钨灯、氙气灯、高物指示灯的安装，已考虑高空作业。其他器具安装高度超过 5m，可按系数计取超高费。

（8）定额中对膨胀螺栓耗量已综合考虑。开关、按钮、插座、安全变压器、电铃、电铃号牌箱、电扇等电器，应列入主材计价。艺术花灯、无影大灯、吊灯等安装所用的预埋件、金属架的制作，应另列单项计算。

14. 电梯电气装置

（1）各种电梯电气安装，统一按控制方式和层站分项，工程量以部为单位计算。定额分项以原一机部 JB/Z 110—74《电梯系列型谱》为依据（表 3-49）。

（2）电梯安装按一层一门、层高 4m 计算，超过部分按提升高度另行计价。小型杂物电梯以载重量 200kg 内且轿厢不载人为准，超过者执行客货电梯定额。两部或两部以上电梯并列（或群控电梯）安装，按相应定额分别乘系数 1.20。

（3）电梯基础、机械设备、电源引入、接地装置、监控模拟、电梯喷漆等，另列项目套其他有关定额。

项 目			电 梯 型 谱		
序号	类 别	拖动系统	操纵方式	类 型	起重量及速度
1	交流半自动	交流双速	手柄操纵、按钮控制	客、货、病床梯	5t 以下；1m/s
2	交流自动	交流双速	信号控制、集选控制、有/无司机	客、货、病床梯	3t 以下；1m/s
3	直流自动快速	直流晶闸管励磁	信号控制、集选控制、有/无司机	客、货、病床梯	1.5t 以下；1.5～1.75m/s
4	直流自动高速	直流晶闸管励磁	集选控制、有/无司机	客梯	1.5t 以下；2～3m/s
5	小型	交流单速	轿厢外按钮控制、无司机	杂物梯	0.2t 以下；1m/s
6	电厂专用电梯	交流双速		客、货梯	

上述各条电气工程量计算规则的要点，可对照表 3-17（定额分项）的分部内容理解，通过实例计算逐步掌握。

附：电气安装工程量计算实例

以图 3-4～图 3-8 的集体宿舍楼为例，根据"计算规则"计算：总盘至 1、3、4、5 层分配电盘的盘间配线，以及底层照明配线的单线长度。各计算式及数据见表 3-50，应逐项对照，加以理解，从中悟出列式的方法及技巧。

电气安装工程量计算（实例） 表 3-50

顺序	分项工程名称	工程说明及算式	单位	数量
	一、总盘 1、3、4、5 层分盘配线			
1	总盘至底层 BLV-4×2.5G20	$[(0.7+0.4)+1.6↓+(2.9-1.6-0.7)↓+(0.7+0.4)]×4$	m	17.6（单线）
2	总盘至 3 层 BLV-4×2.5G20	$[(0.7+0.4)+(2.9-1.6-0.7)↑+1.6↑+(0.7+0.4)]×4$	m	17.6（单线）
3	总盘至 4 层 BLV-4×2.5G20	$17.6+2.9×4$	m	29.2（单线）
4	总盘至 5 层 BLV-2×2.5G15	$[(0.7+0.4)+(2.9-1.6-0.7)↑+2.9×2↑+1.6↑+(0.4+0.2)]×2$	m	19.9（单线）
	∴BLV-2.5 单线	$L=17.6m+17.6m+29.2m+19.9m=84.3m$		
	二、底层照明配线（BLV-2×2.5）单线长度			
N_1	沿墙（穿塑料管）	$[(2.9-1.6-0.7)↑+(0.7+0.4)]×2+(3.5×4-1.5)×2$ $+(2.3×2×3)+(1+2.5+1)×1$	m	46.7
	沿天棚（YKB孔）	$[\frac{1}{2}×3.5×4]×2$	m	14
N_2	沿墙（穿塑料管）	$[(2.9-1.6-0.7)↑(0.7+0.4)+3.0]+$ $2.25×4+2.25×3$		

顺序	分项工程名称	工程说明及算式	单位	数量
		$\overset{\text{开关加}}{+(2.5+1+2.5+1)\times 2}$	m	34.5
	沿天棚(YKB孔)	$\overset{\text{廊}}{2.0\times 2+3.5\times 3\times 2+1.75\times 2}$	m	28.5
N_3	沿墙(穿塑料管)	$[(2.9-1.6-0.7)+(0.7+0.4)]\uparrow \times 2(2.5+3.5$ $\times 2+1.0)+0.\overset{\text{开关}}{2}\times 2\times 2+4.0\times 2$ $\overset{\text{梯间}}{+3.5\times 3}+(1.0+4+3)\times 2+\overset{\text{板开关}}{(2.9-1.4)\downarrow}$ $\times 4\times 2+[\overset{\text{壁灯}}{(2.9-2.5)}$ $\times 2\downarrow +(2.5-1.4)\uparrow]\times 2$	m	63.5
	沿天棚(YKB孔)	$\overset{\longrightarrow}{1.75\times 3\times 2}$	m	10.5
	∴BLV-2.5(穿塑料管)	$L_1=46.7\text{m}+34.5\text{m}+63.5\text{m}=144.7\text{m}$		
	BLV-2.5(穿 YKB孔)	$L_2=14\text{m}+28.5\text{m}+10.5\text{m}=53.0\text{m}$		

第六节　电气安装清单项目及其工程量计算

《建设工程工程量清单计价规范》GB 50500—2013 的适用工程类别，目前九类工程有了专用的"计量规范"（表 2-1）。其中，《通用安装工程工程量计算规范》GB 50856—2013 的附录，列出了十二类专业项目和归并的措施项目的"清单计价项目"明细表（表2-2、表 2-3）。通用安装工程包括机械设备、热力设备、静置设备与工艺金属结构、电气设备、建筑智能化、自动化控制仪表、通风空调、工业管道、消防工程、给排水采暖燃气、通信设备与线路、刷油防腐蚀绝热、措施项目等方面内容，是 2003 版、2008 版"清单规范"附录 C 经修改、更新后的现行"清单计价项目"明细表，与 2000 版"预算定额"分部工程的专业分类基本对应（去掉炉窑、增列建筑智能化）。

一、电气安装清单项目

《通用安装工程工程量计算规范》GB 50856—2013 中，第四类的附录 D 为电气设备安装工程"清单计价项目"名录，由十四个分部工程、计 148 个计价项目组成（表3-51）。主要包括变压器、配电装置、母线、控制设备与低压电器、蓄电池、电机检查接线、滑触线、电缆、防雷及接地、10kV 以下架空线、配管配线、照明器具、附属工程和电气调整试验等内容，与 2000 版"安装定额"第二册的分部工程及其计价项目基本一致（未列电梯电气），是对 2003 版、2008 版"清单规范"附录 C2 的修订（基本相同、个别调整）。

本书第二章第四节已对"工程量清单计价"的相关知识，作了概念性介绍。并对"工程量清单"的编制依据、要求和方法步骤等，作了详细探讨。电气安装工程"清单计价项目"除符合"清单项目"普遍规律外，尚有以下值得关注的特点。

（1）因电气设备涉及的材料因素（品种、型号、规格、材质等）和安装因素（位置、方式等）较多，清单列项必须界定明示或暗示的"项目特性"，尽量做到计量、定价的唯一性。

（2）符合"四个统一"和"五位编码"要求，也是计量、定价唯一性的示范内容和格式要求。

（3）地方"计价表"的应用，为"综合单价"的核定，提供了依据和标准。造价编制者应按"清单计价"要求，列表计算明示"单价"来源与组价（含量、价格），提供校核、审计、备案等所需的完整资料（第一章第九节）。

（4）电气设备安装工程的"清单项目"只适用于10kV以下项目，超过10kV的电气安装工程执行电力部门专业定额，按专业部规定编制造价文书。

（5）厂区、住宅区范围内路灯、庭院灯、喷泉等电气安装，按照"通用安装工程"的电气安装"清单项目"编制造价文书；而市政道路、公共庭院的路灯、喷灌、喷泉等范围内电器安装，执行市政工程中"路灯工程"的相应项目规定。

（6）凡"规范"内同一清单项目有两个或以上计量单位者，应根据设计资料及工程实际选其一种，便于合理定价；同一工程类似项目的计量单位应一致。

（7）电气线路（母线、电缆、配线……）安装中，计算工程量应按规定计入"预留长度"或"附加长度"，在"计量规则"中均有"标准"规定。

二、清单项目的计量规则

GB 50856—2013的附录D，对电气安装工程"清单项目"的工程量计算规则，都一一作了明确规定（计量单位、计算范围、计量方法）。表3-51为电气"清单项目"明细汇总表，可供核查与应用。

1. 变压器安装：按品名、特征、工作内容的不同，因素综合、分别列项，以"台"计量、图示计数。计入基础、网门、刷漆等配合子项；凡需油过滤、芯体干燥者，明示要求、计入单价；变压器油需试验、化验、色谱分析时，应列入相关措施项目。

2. 配电装置安装：均以自然单位计量（台、组、个）、图示计数。包括各种断路器、开关、互感器、熔断器、避雷器、电抗器、电容器、滤波装量、成套配电柜、箱式变电站等，每个计价项目（清单）必须明示：名称、规格、型号、电工指标等特性，基础、配线、构架、油过滤、干燥等附加工作内容，也应在清单内明确，以便准确综合计价。

电气设备安装工程"清单计价项目"明细表   表3-51

分部工程	项目编码	项目名称	项目特征	计量单位	计量规划	工作内容	备注
D1变压器安装	030401001	油浸电力变压器	名称、型号、容量(kVA)、电压(kV)、油过滤要求、干燥要求、基础型钢、网门与保护门、(温控箱)	台	按设计图示数量计算	本体安装、基础制安、网门制安、补漆；(干燥、滤油、接地、温控箱)	变压器、油试验、化验、色谱分析列入措施项目
	030401002	干式变压器					
	030401003	整流变压器					
	030401004	自耦变压器					
	030401005	有载调压变压器					
	030401006	电炉变压器					
	030401007	消弧线圈					
D2配电装置安装	030402001	油断路器	名称、型号、容量(A)、电压等级(kV)、安装条件、操作机构、基础做法、接线、安装部位、油过滤	台	按设计图示数量计算	本体安装与调试、基础、补漆、接地、(油过滤、干燥、母线)	①管路列入H"工业管道"项目；②地脚螺栓、二次灌浆在"房建"列项。
	030402002	真空断路器					
	030402003	SF₆断路器					
	030402004	空气断路器					
	030402005	真空接触器					
	030402006	隔离开关		组			
	030402007	负荷开关					

分部工程	项目编码	项目名称	项目特征		计量单位	计量规划	工作内容	备注
D2 配电装置安装	030402008	互感器		类型、油过滤	台	按设计图示数量计算	本体安装与调试、基础、补漆、接地、(油过滤、干燥、母线)	① 管路列入 H"工业管道"项目；② 地脚螺栓、二次灌浆在"房建"列项。
	030402009	高压熔断器	名称、型号、规格	安装部位	组			
	030402010	避雷器		安装部位、电压等级				
	030402011	干式电抗器		质量、安装部位、干燥				
	030402012	油浸电抗器		容量（kVA）、油过滤、干燥	台			
	030402013	移相串联电容器		质量、安装部位	个			
	030402014	集合并联电容器						
	030402015	并联补偿电容器		结构形式				
	030402016	交流滤波组架			台			
	030402017	高压成套变电柜		基础、母线、种类				
	030402018	成套箱式变电站		容量（kVA）、电压 kV、组合、基础				
D3 母线安装	030403001	软母线	名称、材质、型号、规格	绝缘子、穿墙套管、穿通板、母线桥、引下线、伸缩节、过渡板、分相漆	m	图示单相长度(含预留)	安装(母线、跳线、绝缘子、配套装置等)、接线、测试、补漆等。	预留长度查表
	030403002	组合软母线						
	030403003	带形母线				图示中心线长度		
	030403004	槽形母线						
	030403005	共箱母线						
	030403006	低压封闭母线槽						
	030403007	始端箱、分线箱			台	图示数量		
	030403008	重型母线			t	图示尺寸质量		
D4 控制设备及低压电器安装	030404001	控制屏	名称、型号、规格	种类、基础、接线端子、外部接线、小母线、屏边规格	台	图示数量	本体、基础、端子板、端子接线、盘柜配线、屏边安装、小母线、补漆、接地	① 控制开关包括各类电源开关；② 小电器指按钮、电笛、电铃、水位信号、表计、屏上辅助电器、电磁锁等；③ 其他电器按图示编"清单"；④ 盘柜箱进出线预留长度查表计
	030404002	继电、信号屏						
	030404003	模拟屏						
	030404004	低压开关柜、屏						
	030404005	弱电控制返回屏						
	030404006	箱式配电室		质量	套		本体、基础、补漆、接地	
	030404007	硅整流柜		容量（A）	台			
	030404008	可控硅柜		容量（kW）				
	030404009	低压电容器柜		基础、接线端子、外部接线、小母线、屏边规格	台		本体、基础、端子接线、盘柜配线、屏边安装、小母线、补漆、接地	
	030404010	自动调节励磁屏						
	030404011	励磁灭磁屏						
	030404012	蓄电池屏柜						
	030404013	直流馈电瓶						
	030404014	事故照明切换屏						

分部工程	项目编码	项目名称	项目特征		计量单位	计量规划	工作内容	备注
D4 控制设备及低压电器安装	030404015	控制台		基础、端子、外接线、安装方式、小母线	台	图示数量	本体、基础、端子接线、补漆、接地	① 控制开关包括各类电源开关；② 小电器指按钮、电笛、电铃、水位信号、表计、屏上辅助电器、电磁锁等；③ 其他电器按图示编"清单"；④ 盘柜箱进出线预留长度查表计
	030404016	控制箱						
	030404017	配电器						
	030404018	插座箱		安装方式			本体、接地	
	030404019	控制开关		额定电流（A）、端子材质规格	个		本体、端子、接地、接线	
	030404020	低压熔断器	名称、型号、规格	接线端子（材质、规格）	个		本体、端子、接地、接线	
	030404021	限位开关						
	030404022	控制器			台			
	030404023	接触器						
	030404024	磁力启动器						
	030404025	Y-△自耦启动器						
	030404026	电磁制动器						
	030404027	快速自动开关						
	030404028	电阻器			箱			
	030404029	油浸频敏变阻器			台			
	030404030	分流器		额定电流（A）、端子材质规格	个（套、台）			
	030404031	小电器		端子箱材质规格				
	030404032	端子箱		安装部位	台			
	030404033	风扇						
	030404034	照明开关		安装方式	个			
	030404035	插座						
	030404036	其他电器			个、套、台			
D5 蓄电池安装	030405001	蓄电池	名称、型号	容量（Ah）、防震支架、充放电要求	个（组件）	图示数量	本体、支架、充放电	
	030405002	太阳能电池		规格、容量、安装方式	组		铁架、组装、调试	
D6 电机检查接线及调试	030406001	发电机	名称、型号、容量（kW）、干燥要求、接线端子材质规格		台	图示数量	检查接线、接地、干燥、调试	① 交流变频调速含交流同步、交流异步 ② 电机：3t 内小型，3-30t 中型，30t 以上为大型
	030406002	调相机						
	030406003	小型直流电动机						
	030406004	调速直流电动机		类型				
	030406005	交流同步电动机		启动方式、电压等级（kV）				
	030406006	低压交流异步电动机		保护类型				
	030406007	高压交流异步电动机						
	030406008	交流变频调速电动机		类别				
	030406009	微型电机、加热器						
	030406010	电动机组		电动机台数、联锁台数	组			
	030406011	备用励磁机组						
	030406012	励磁电阻器			台		本体、接线、干燥	

分部工程	项目编码	项目名称	项目特征		计量单位	计量规划	工作内容	备注
D7滑触线安装	030407001	滑触线	名称、型号、规格、材质、支架、软电缆、拉紧装置、伸缩接头、安装部位等		m	图示单相长度（含预留）	安装（线、支架、拉紧、电缆、接头）、制作（支架、接头）	预留长度查表
D8电缆安装	030408001	电力电缆	名称、材质、型号、规格	电压等级（kV）、敷设方式、部位、（地形）	m	图示长度（含预留）	敷设电缆、揭盖板	①电缆预留长度查表；②电缆井、排管、顶管等，属市政"清单"列项
	030408002	控制电缆						
	030408003	电缆保护管				图示长度	保护管敷设	
	030408004	电缆槽盒			m		槽盒安装	
	030408005	铺砂、盖板护砖	种类、规格				铺砂、盖砖	
	030408006	电力电缆头	名称、材质、型号、规格	电压、部位、类型、方式	个	图示数量	制作、接地	
	030408007	控制电缆头						
	030408008	防火堵洞		部位	处		安装	
	030408009	防火隔板			m²	图示尺寸折算		
	030408010	防火涂料			kg			
	030408011	电缆分支箱		基础	台	图示数量	本体安装、基础制安	
D9防雷及接地装置	030409001	接地板	名称、材质、规格	土质、接地形式	根、块	图示数量	制安、基础、补漆	①桩基、基础、配筋、接地，独立列项；②柱筋引下、计算焊接；③圈梁主筋、电缆及电线引下，按焊接列项；④附件长度查表
	030409002	接地母线		安装部位、形式			母线制安、补漆	
	030409003	避雷针引下线		安装部位、形式、卡子、箱材	m	图示长度（含附加）	制安线卡箱、焊筋、补漆	
	030409004	均压环		安装形式			敷环、钢筋焊、接地、补漆	
	030409005	避雷网		安装形式、混凝土块标号、			网制安、跨接、补漆	
	030409006	避雷针		安装形式、安装高度	根		针制安、跨接、补漆	
	030409007	半导体消雷装置		型号、高度	套	图示数量	本体安装	
	030409008	等电位端子箱板		名称、材质、规格	台、块			
	030409009	绝缘垫			m²	图示展开面积	制作、安装	
	030409010	浪涌保护器		名称、规格、安装形式、防雷等级	个	图示数量	本体安装、接线、接地	
	030409011	降阻剂		名称、类型	kg	图示质量	挖土、施剂、回填、运输	

分部工程	项目编码	项目名称	项目特征	计量单位	计量规划	工作内容	备注
D10 10kV架空配电线路	030410001	电杆组立	类型、地形、土质、盘规、材质、基础、防腐	根、基	图示数量	挖、立、基、垫、运、腐	①预留长度查表；②调试另列
	030410002	横担组装	类型、电压(kV)、瓷瓶、金具	组		安装(担、瓶、具)	
	030410003	导线架设	地形、跨越	km	图示单线长、含预留	架、跨越、运、进户	
	030410004	杆上设备	电压(kV)、撑架、端子、接地	台、组	图示数量	本体、撑架、线、地、漆	
D11 配管配线	030411001	配管	形式、接地、钢索	m	图示长度	敷管、架索、留沟、接地	①预留长度查表；②接线盒按规范要求配置；③凿槽、刨沟另列项目
	030411002	线槽				本体、补漆	
	030411003	桥架	型号、类型、接地			本体、接地	
	030411004	配线	形式、型号、部位、线制、附件		图示长、含预留	配线、敷设、附件	
	030411005	接线箱	安装形式	个	图示数量	本体安装	
	030411006	接线盒					
D12 照明器具安装	030412001	普通灯具	类型	套	图示数量	本体安装	①各种灯具按预算定额分类；②中杆灯指灯杆高 $H \leqslant$ 19m, $H >$ 19m为高杆灯
	030412002	工厂灯	安装方式				
	030412003	限高障碍灯	安装部位与高度				
	030412004	装饰灯	安装形式				
	030412005	荧光灯					
	030412006	医疗专用灯	(指示灯、暗脚灯、杀菌灯、光影灯)				
	030412007	一般路灯	灯杆、灯架、附件、基础、插座、端子、接地			基础、立杆、装座、架灯、配件、接地、补漆、编号	
	030412008	中杆灯	名称、灯杆、灯架、附件、光源、基础、插座、端子、铁件、灌浆、接地、编号				
	030412009	高杆灯					
	030412010	桥栏杆灯	名称、型号、规格、安装形式			灯具、补漆	
	030412011	地道涵洞灯					
D13 附属工程	030413001	铁构件	材质	kg	图示尺寸的质量	制安、刷漆	铁构件适用于电气工程的各类支架、铁件制安
	030413002	凿(压)槽	类型、填充方式、混凝土标准	m	图示长度	开槽、封堵	
	030413003	打洞(孔)		个	图示数量	开孔洞、封堵	
	030413004	管道包封	混凝土强度	m	图示长度	灌注、养护	
	030413005	人(手)孔砌筑	类型	个	图示数量	砌筑	
	030413006	人(手)孔防水	类型、防水材质做法	m²	图示防水面积	防水	

分部工程	项目编码	项目名称	项目特征		计量单位	计量规划	工作内容	备注
D14 电气调整试验	030414001	电力变压器系统	名称、型号、类型	容量(kVA)	系统	图示系统	调试	①测试消耗的能源须说明；②配合机械单体试车，应另行列项；③计算机系统调试，属"自动化仪表"列项
	030414002	送配电装置系统		电压(kV)				
	030414003	特殊保护装置			台、套	图示数量		
	030414004	自动投入装置			系统、台、套			
	030414005	中央信号装置						
	030414006	事故照明切换			系统	图示系统		
	030414007	不间断电源						
	030414008	母线	名称、电压(kV)		段	图示数量		
	030414009	避雷器			组			
	030414010	电容器						
	030414011	接地装置	名称、类别		系统、组		电阻测量	
	030414012	电抗器消弧线圈			台	图示计量		
	030414013	电除尘器	名称、型号、规格		组		调试	
	030414014	整流装置	名称、类别、电压(V)、电流(A)		系统			
	030414015	电缆试验	名称、电压(V)		次、根、点		试验	

说明：本表为《通用安装工程工程量计算规范》GB 50856—2013 中，附录 D 电器设备安装工程的"清单计价项目"摘要汇总表，最后 D15"相关问题及说明"的内容，包括清单项目使用范围、专业项目交叉列项、各种配线预留、附加长度指标等，与 2000 版"全统定额"的规定一致。

3. **母线安装**：普通母线安装区分品种、型号、规格、材质及相关配置（绝缘子、套管、穿通板、母线桥、线槽、引下线、伸缩节、过渡板、连接物、分相漆等），以单相图示长度 m 计量，计入规定的预留长度。重型母线以图示尺寸计算的质量"吨"计量，区分材质、型号、规格、配置，包含制作、安装、配置、刷漆等工作内容。始端箱、分线箱以图示"台"数计量，明示规格、型号等特性。

4. **控制设备及低压电器安装**：包括各式屏、柜、箱、台等成套电气设备安装，以及各种开关、电器、插座等低压电器安装，区分品种、型号、规格、配置（接线、基础、绝缘子、端子板等）、安装方式等项目特性，分别以自然计量单位图示计数（台、套、箱、个）。设备与电器的外部接线应计入规定"预留长度"，纳入清单项目"配线"计量。

5. **蓄电池安装**：分为普通蓄电池与太阳能电池两项，以名称、型号、规格（容量）、安装方式不同分别列项，以个（组、件）计量、图示计数、计入支（铁）架。

6. **电机检查接线及调试**：包括发电机、调相机、电动机、励磁机等电气检查接线及调试（本体安装属机械设备），以"台"（组）计量、图示计数。项目特性以品种、型号、规格、容量、干燥要求等描述，明示相关配置（接线端子、机组联锁等），大中小型以质量划分（表 3-51）。

7. **滑触线装置安装**："规范"只有一个清单计价项目，全面描述"项目特征"，计入规定的"预留长度"，以长度 m 计量、图示尺寸加"预留"计数。图示基础及铁件，可列入"特征"、计入单价。

8. 电缆安装：电力电缆、控制电缆分别列项，区分品种、型号、规格、材质、电压、方式、部位等特征，分别计入规定"附加长度"后以长度 m 计量、图示长度加附加计数。电缆保护管、电缆槽盒、铺砂、盖板（砖），均以图示长度 m 计量。电缆头制安区分名称、型号、规格、材质、部位等，分别列项，以图示"个"数计量。在描述名称、型号、规格、材质等项目特性条件下，分别列项，防火堵洞以图示"处"数计量，防火隔板以图示面积 m² 计量，防火涂料以图示尺寸折算的质量 kg 计量，电缆分支箱以图示台数计量。电缆穿刺线夹列入相应电缆头计价；电缆井、电缆排管、顶管等属"市政工程"计价清单。

9. 防雷及接地装量：所有清单计价项目均应描述名称、型号、规格、材质、部位、形式、配置等相关特征内容，以图示尺寸分别计数。接地极以根（块）计量，接地母线、引下线、均压环、避雷网等以长度 m 计量（增加规定的附加长度），避雷针以"根"计量，半导体消雷装置以"套"计量，等电位端子箱、测试板以台（块）计量，绝缘垫以面积 m² 计量，浪涌保护器以个数计量，降阻剂按图示以质量 kg 计量。

10. 10kV 以下架空配电线路：电杆组立以图示根（基）数计量，特征描述名称、材质、规格、类型、地形、土质、盘卡、拉线、基础、防腐等内容，工作内容包括定位、组立、挖填、盘卡、拉线、基础、防腐、运输等；横担组装以图示"组"数计量，以特征区分（类型、材质、规格、电压、瓷瓶、金具等）项目，综合计价；导线架设接图示单线长度 km（含预留长度）计量，描述型号、规格、材质、地形、跨越等项目特性，以架设、运输定价；杆上设备安装以图示台（组）数计量，描述名称、型号、规格、电压、配置（支架、端子）、接地等特征，按全部安装内容及刷漆定价，杆上设备调试另列"清单项目"计价。

11. 配管配线：配管、线槽、桥架、配线四项分别列"清单项目"，均以图示长度 m 计量（配线增加规定的预留长度），按描述品种、规格、型号、材质、方式、配置等不同，分别编列计价子项。接线箱、接线盒的安装以图示个数计量，区别名称、材质、规格、方式，仅为本体安装计价。

12. 照明器具安装：包括普通灯具、工厂灯、高度标志灯、装饰灯、荧光灯、医疗专用灯、一般路灯、中杆灯、高杆灯、桥栏杆灯、地道涵洞灯等分类，成套灯具安装，均以图示"套"数计量，应按"规范"规定描述名称、型规、材质、配置、条件、附属等特征内容。各类灯具的归类，参见"计量规范"的规定（与预算定额规定一致）。

13. 附属工程：属电气设备安装中的新增配合项目，单列"清单"计价。铁构件（制安漆）以图示尺寸的质量 kg 计量；凿（压）槽、管道包封以图示长度 m 计量；打洞（孔）、人（手）孔砌筑以图示个数计量；人（手）孔防水按图示面积 m² 计量。

14. 电气调整试验：安装完的电气设备及其系统的调试检测，属"清单"的单列计价项目。电力变压器、送配电装置、自动投入装置、中央信号装置、事故照明切换、不间断电源、接地装置、整流设备与装置等调试，均以图示"系统"计量；特殊保护装置、电抗器、消弧线圈、避雷器、电容器、除尘箱等调试，均以图示自然计量单位（台、组、套等）计量；母线调试以图示"段"数计量；电缆试验按图示次（根、点）数计量。配合机械设备及其他工艺的单体试车，列入"措施项目"计价；计算机系统调试在"F 自动化控制仪表"专业编码列项计价。

184

15. 安装工程的措施项目：GB 50856—2013 的附录 N 列出了专业措施项目和安全文明施工措施项目等"清单项目"名录，计 25 项（表 2-3）。"清单"列项应根据设计要求和工程实际，并依据地方规定执行。可选择"以量计价、费率％计价、以"项"计价"三种模式的一种。

三、电气安装"清单项目"的工程量计算

在顺序编制"清单计价项目"（列项）的基础上，按"清单项目"计价要求，复核"四个统一"和"五位编码"，特别要核定"项目特征"和"工作内容"两项描述，以便准确计量和合理定价。

电气安装工程依据施工图分别计算计价项目的工程量，在"定额计价"与"清单计价"两种方式上，其"计量规则"并无太大差别（试比较表 3-50 与表 3-52）。主要差异表现在"清单项目"的综合性和具体化，而综合单价包含了主材费、安装费和管理费、利润。

以图 3-4 至 3-8 的集体宿舍楼电气安装工程为例，参照表 3-50 的计算式及其成果，配管长度不含配线预留或附加值，可列出该工程"清单计价项目"及其工程量（表 3-52）。

分部分项工程项目清单工程量计算表　　　　　　　　　　表 3-52

工程名称：某集体宿舍电气安装工程　　　　　　2013 年 7 月　日

序号	编码	项目名称	项目特征	计 算 式	计量单位	工程量	备　注
1	030404017001	配箱箱	木质 400×700	$n=1+3=4$	台	4	总盘及一、三、四层
2	030404017002	配箱箱	木质 200×400	$n=1$	台	1	五层
3	030404034001	照明开关	板式 5A、暗装		个	9	
4	030404034002	照明开关	拉线开关、明装		个	46	
5	030404035001	插座	单相 5 眼 5A、暗装		个	1	
6	030411001001	配管	硬型 G15、墙内暗装	$0.6+5.8+1.6$	m	8	总盘至五层
7	030411001002	配管	硬型 G20、墙内暗装	$(0.6+1.6) \times 2+(2.2+2.9)+(0.6+14.0-1.5)+(0.6+3.0+9.0+6.76+2.5+4.5)+(0.6+21+8+8+10.5+16+1.5+8+0.8+1.1)$	m	118	总盘至一、三、四层各层 N_1、N_2、N_3 四路
8	030411004001	配线	墙内管内穿线 BLV-2.5	$46.7+35.5+63.5$	m	144.7	
9	030411004002	配线	天棚板孔内穿线 BLV-2.5	$14+28.5+10.5$	m	53.0	YKB 预制板孔内穿线
10	030411006001	接线盒	墙内暗装	（估）	个	20	除利用开关、插座、灯头等接线，太长或转角可加设接线盒
11	030412001001	普通灯具	筒罩壁灯 BSZ-60W		套	4	门灯、梯灯
12	030412001002	普通灯具	半圆罩吸顶灯 $\phi200,60W$		套	8	走廊
13	030412001003	普通灯具	塑料大口碗罩灯 $\phi200,60W$		套	12	
14	030412001004	普通灯具	防潮式吊链灯 60W		套	8	盥洗间
15	030412005001	荧光灯	吊链简易 $Yj\phi-1/40$		套	39	

注：本表为图 3-4 至图 3-8 已标识的安装项目，管线长度对照表 3-48 计算式及施工图理解。建议自学计算（参考本表）。

第七节　电气安装工程预算的定额计价

电气安装工程的施工图预算费用由直接费、间接费、独立费和税金组成，这是通用式的理解内容。建筑安装工程费用的组成项目，随着经济改革的不断深入，已经历了多次调整与变更。而各地在具体执行中，也出台了类似"费用定额"（标准）等地方法规。

2003 年以前，采用"定额计价"方式编制施工图预算，承包合同价、竣工结算等费用文本表明，电气安装工程造价由主材费、定额安装费、资源价价差调整、间接费、独立费、税金六项费用构成；2004 年以后，安装工程在招投标及实施阶段，实行"工程量清单计价"方式编制标底、招标控制价、投标报价、合同承包价、竣工结算等造价文书，其施工造价由分部分项工程费、措施项目费、其他项目费、规费和税金五项费用组成（主材费纳入综合单价，不单列计价）。

由于"定额计价"是沿袭的习惯做法，是"计价方式"转换的基础。同时，预算定额（单位估价表）转换为地方"计价表"，作为"清单计价"核定综合单价的基本子目和计价标准。为了充分理解这种计价模式与计价标准的转换实质与内涵，本节首先介绍电气安装工程采用"定额计价"方式，编制施工图预算的主要专业知识与计价规定，为深入学习和应用"清单计价"打好基础。

一、电气安装费内增收费用的计算

（1）施工与生产同时进行增加费：按安装人工费的 10％计算，全部列入人工工资。

（2）有害健康环境中施工增加费：高温、多尘、噪声、有害气体、放射性射线等环境，超过规定标准（环保）时，造成降效和增加保健开支，按安装人工费的 10％计算，全部为人工工资。

（3）高层建筑增加费：建筑物高度在 6 层或 20m 以上（不含 6 层、20m），可计取高层建筑增加费。"全国定额"（第二册）规定：9 层以上至 60 层以下划分为 18 个档次（步距），高层建筑增加费为全部人工费的 1％～46％，未列出其中人工费、机械费所占比例。"江苏省估价表"（第二册）的计费规定，参见表 3-29，对人工费、机械费所占比例作了规定。

（4）工程超高费：电气定额中除已考虑超高作业因素（如架空线、杆上安装、行车……）的定额项目外，操作物高度离楼、地面超过 5～20m 内的工程，可计取超高费。超高费按超高项目的定额人工费乘系数 33％计算，全部为人工费，纳入直接费。超过20m 者，另行计算。

（5）脚手架费用：脚手架的搭拆费用（不含架空线）综合考虑，出现 5m 以上安装项目，则统一按全部定额人工费（含 5m 项目）的 4％计算，其中人工工资占 25％、材料费占 75％。当工程高度均离楼地面 5m 以下时，不计取脚手架费用。

二、电气预算"定额计价"编制程序

（1）熟读电气施工图，划分预算项目和计算次序。

（2）电气工程量计算：电气安装工程量根据"计算规则"，可分为线路工程、电气装置与电气设备两个部分，逐项按系统计算工程量。然后，按定额项目和定额顺序进行整理。

(3) 定额直接费计算：首先把定额项目及相应工程量填入预算表（表 2-2），再查出相应定额编号、主材指标、安装基价（包括其中的人工费、机械费），然后逐项计算。

1）主材费＝工程量×定额主材耗量指标×地区现行材料单价
　　　　＝工程量×地区主材单价（设备）

2）定额安装费＝工程量×定额基价
　　　　　　　＝人工费＋安装材料费＋机械费

式中　人工费＝工程量×人工费基价

机械费＝工程量×机械费基价

安装材料费＝工程量×材料费基价
　　　　　＝安装费－人工费－机械费

3）安装工程施工增加费计算（施工与生产同时进行，有害环境施工、高层建筑增加、超高费、脚手架费等），列入安装费内。

4）定额直接费合计与汇总：包括主材费、安装费、人工费和机械费（江苏地区套"估价表"）。

(4) 电气安装预算费用的直接费调整（江苏省当时规定）：

1）主材费合计数：由套地方单价计算汇总，不需调整。

2）调后人工费 $= \dfrac{\text{套"估价表"的人工费之和}}{\text{"估价表"标准定额工资}} \times$ 预算人工费现行单价
　　　　　　　＝定额工日×现行预算工资标准

预算工资标准（元/工日）执行现行的地方文件规定。

3）施工机械费调整＝定额机械费之和×调整系数。调整系数或调增（减）系数，以地方现行规定为准。

4）调后安装材料费＝（定额安装费－定额人工费－定额机械费）×安装材料调整系数
　　　　　　　　　＝定额安装材料费×（1＋材料调差系数）

(5) 综合间接费的计算（江苏省规定）：

电气安装工程综合间接费＝调后人工费×综合间接费费率（％）
　　　　　　　　　　　＝（定额人工费＋人工费价差）×综合间接费费率（％）

综合间接费包括间接费、其他直接费、现场经费、定额编制管理费四项内容（江苏规定），其费率（％）按工程类别、工程内容、承包方式的不同，分别取定（见附录六）。

(6) 独立费的计算：独立费应按"单独计取、不计其他"的原则分别计算，江苏地区现行电气安装工程预算中独立费主要有：包干费、夜间施工追加费、计划利润、提前竣工奖、增值税、施工措施费、优质奖等。这些费用的内容及计算方法，参见第二章第二节和附录六。

(7) 税金的计算：目前南京地区建筑安装工程税金，是执行综合税率的计算方法。即

税金＝（主材费＋调后安装费＋综合间接费＋独立费）×综合税率（％）

$$= \left(\text{主材费} + \text{调后人工费} + \dfrac{\text{调后}}{\text{机械费}} + \dfrac{\text{调后安装}}{\text{材料费}} + \text{综合间接费} + \text{独立费} \right)$$
　　　　×综合税率（％）

式中综合税率为：市区 3.44%；县城、镇 3.38%；其他地区 3.25%。

（8）安装工程预算总造价：将以上计算的各项费用，逐项累加汇总，即为电气安装工程预算总造价。

$$电气\atop安装 工程预算总造价 = 主材费 + {调后\atop安装费} + 综合间接费 + 独立费 + 税金$$

$$= 主材费 + {调后\atop人工费} + {调后\atop机械费} + {调后安装\atop材料费} + 综合间接费$$

$$+ 独立费 + 税金$$

至此，预算费用的计算工作全部完成。有的项目因核算需要，尚需进行经济分析工作，如单位造价、投资比例等，可按要求进行，这里不再赘述。

（9）预算书整理：根据预算编制要求，应系统地整理计算表格和成果，实行自查、校核，编制"编制说明"，最后装订成册。

三、电气安装工程造价"计价表计价"的编制（江苏规定）

《江苏省安装工程计价表》第二册（电气设备安装工程）的适用范围，与 2000 年"全统定额"、2001 年"江苏估价表"是完全相同的（第三章第四节），适用于工业与民用建筑中 10kV 以下低压通用电气设备的安装项目。

1. 计价项目及其工作内容

第二册"计价表"的计价项目，等同于 2001 年"估价表"的定额项目，仍为 15 章 1871 项（含省补第十五章 10 项）参见表 3-17（表列内容可等同引用）。

各计价项目的工作内容，主要操作内容的界定与"估价表"完全相同。而辅助工作内容有所扩大，除"估价表"原有规定外，列入开箱检查、本体调试、交叉配合、临移水电等附加工作。

2. 计价指标及其综合单价

2004 版"计价表"表示的完成单位计价项目，所需消耗的人工、材料、机械台班的实物量标准数值（定额指标），来源于"全统定额"及"江苏估价表"第二册。主材和安装材料的指标也相同，而劳力指标降低 10%，施工机械台班降低 15%。

【例 1】表 1-18 与表 3-21 对照，编号 2-258 计价项目的安装材料 11 项指标完全相同，人工为：5.73×0.9＝5.157 工日，5t 汽车吊为：0.06×0.85＝0.051 台班。

"计价表"的综合单价，由人工费、材料费、机械费、管理费和利润五项单价组成，而每项单价均为定额指标与资源预算单价的乘积。即：

综合单价＝人工费单价＋材料费单价＋机械费单价＋管理费单价＋利润单价

式中　人工费单价＝人工指标（综合工日）×预算单价（元/工日）

材料费单价＝∑材料消耗指标×预算单价

机械费单价＝∑机械台班消耗指标×台班预算单价

管理费单价＝人工费单价×管理费费率（%）

利润单价＝人工费单价×利润率（%）

2004 年版"计价表"采用了统一的定价基准：综合工单价取二类工 26 元/工日，材料为 2003 年南京地区价格，机械台班为 2003 年江苏省统一价格，2004 年管理费费率取 47%（三类工程），利润率 14%。

【例2】 表3-27内"2-276 防爆型组合控制开关安装"的综合单价29.69元/个。其来源为：

$$综合单价=10.53+11.23+1.51+4.95+1.47=29.69元/个$$

其中：人工费单价$=0.405×26=10.53$ 元/个

材料费单价$=0.52+0.57+0.17+4.83+0.50+1.20+3.44$

$$=0.1×5.23+0.5×1.14+0.05×3.40+2.03×2.38+0.02×24.92+0.3×4.00+0.41×8.40$$

$$=11.23元/个$$

机械费单价$=0.017×89.07=1.51$ 元/个

管理费单价$=10.53×47\%=4.95$ 元/个

利润单价$=10.53×14\%=1.47$ 元/个

3. 第二册"计价表"的执行说明

本书第三章第四节介绍第二册"全统定额"和"江苏估价表"的内容，同样适用于第二册"计价表"。有关定额界限、定额内容、名词解释、增加收费、计算标准、使用规定等详细说明，在执行"计价表"中可等同引用（规定相同）。

同样，本书第三章第五节介绍的第二册"全统定额"和"江苏估价表"对电气安装工程量的计算规定（计算规则、计量单位、计算方法），也适用于第二册"计价表"的工程量计算。

4. 电气安装"计价表计价"的预算编制程序

（1）熟读电气施工图，列出电气计价项目；

（2）依据"计算规则"，分项列表计算工程量，工程数量填入"分部分项工程费用计算表"（表3-56）；

（3）套价（计价表）计算分部分项工程费，即主材费和综合安装费：

$$主材费=工程量×计价表主材指标×地区现行材料单价$$

$$综合安装费=工程量×综合单价$$

$$=人工费+安装材料费+机械费+管理费+利润$$

即人工费$=$工程量$×$人工费基价

机械费$=$工程量$×$机械费基价

管理费$=$工程量$×$人工费基价$×$管理费费率（%）

利润$=$工程量$×$人工费基价$×$利润率（%）

安装材料费$=$工程量$×$安装材料费基价

$$=工程量×[综合单价-人工费基价×（1+管理费费率\%+利润率\%）$$

$$-机械费基价]$$

注：江苏"计价表"综合单价中，选取三类工程的管理费费率47%、利润率14%定价（2004年），对一、二类工程可按规定调整。

（4）按当地规定调整资源差价：参考"定额计价"的直接费调整方法，对人工费、安装材料费、机械费及其管理费、利润，进行价差调整，纳入"分部分项工程费"内；

（5）分项计算措施项目费：按"计价表"及"费用计算规则"的规定列出具体项目及

其数量，再逐项分析计算（费率％或单价）；

（6）其他项目费的计算：依据工程实际情况，对可能发生的总承包服务费、分包配合费、预留金、零星工作项目费等费用，按照地方规定分别列项计算；

（7）规费的计算：按地方现行规定，列项计算工程定额测定费、安全生产监督、建筑管理费、劳动保险费等规费；

（8）税金的计算；

（9）预算总造价：将上述各项费用进行汇总，即为该电气安装工程预算总造价；

$$\begin{matrix}电气安装工程\\预算总造价\end{matrix}=主材费+\begin{matrix}分部\\分项\end{matrix}工程费+\begin{matrix}资源\\价差\end{matrix}+措施项目费+其他项目费+规费+税金$$

（10）预算书整理。

四、注意事项

（1）熟悉电气图例、掌握电气规格、划分计价项目、了解费用规定，是电气预算编制的基本环节。而分项计算工程量是预算编制的基础，电气识图是基础的基础。对此，必须有足够的认识。

（2）主材的计算不可忽视，主要掌握主材在定额内的四种表现形式与计算方法（第二章第二节），以及地方预算价格的确定。特别要注意定额内“附注”条款。

（3）计量、计价强调一致。项目名称、工作内容、计量单位、型号规格、定额步距、计算规则、基价组成、加价系数、费率基础等等，必须与工程实际、预算规定相符合，做到查有所据。对于政策性的调整，强调时空性，要因地、因时而变，并有文件依据。

（4）为保证预算的准确性，防止差错，除了自查外，还应坚持互查复核、分级审定的制度。

第八节　电气安装工程的清单计价

《建设工程工程量清单计价规范》GB 50500—2013、《通用安装工程工程量计算规范》GB 50856—2013，是电气安装工程“清单计价”方式编制招标控制价、投标报价、承包合同价和竣工结算的法定依据，而地方“计价表”、“费用定额”及相关规定，是工程造价文件的编制标准。

因此，采用“清单计价”方式，编制电气安装工程造价文书的主要依据，除了设计资料、现场条件、工程特点外，应以上述两个“规范”及地方规定为准绳。

现行“清单计价”方式编制电气安装工程预（结）算的步骤是：

（1）熟悉图纸及现场情况，深入学习和掌握两个“规范”及当地政策规定；

（2）按“计量规范”规定，编制“工程量清单”项目，符合“四个统一”与“五位编码”要求，认真描述“项目特性”（第二章第四节）；

（3）按“计量规则”规定，分项计算和核定“清单计价项目”的工程量（本章第六节）；

（4）以地方“计价表”和当时资源单价为标准，组价核定分部分项工程项目和部分措施项目的“综合单价”（第一章第九节）；

（5）分项计算和汇总分部分项工程费和以量计价的措施项目费；

（6）依据"计价规范"和当地计价政策的规定，完善和计算措施项目清单费用，分项计算和核定其他项目清单费用、规费清单费用，统一计算税金；

（7）按"计价规范"和地方政策所规定的"示范格式"，统一填表、编写说明、整理装订、签名盖章；

（8）履行校对、审核、批准等审定程序，盖印、送备。

由以上"编制程序"可知，"清单计价"的电气安装工程总造价为：

水电安装工程造价 ＝ 分部分项工程费 ＋措施费＋其他费＋规费＋税金

因此，需要提示和说明以下几点：

（1）电气安装工程的预算编制，已介绍了定额计价、计价表计价和清单计价三种方式。定额计价与计价表计价是计价项目相同（预算定额的分项工程），不同单价（定额基价、综合单价），不同费用组合（要素构成、费用形成）；而清单计价与定额计价是计价项目不同（清单综合项目、定额分项工程），不同单价（综合单价、定额基价），费用组合也不同（费用形成、要素构成）。应根据这些比较加深理解。

（2）电气安装工程"清单计价"是现行计价政策。而定额计价、计价表计价在工程招投标及实施阶段不被采用，但它却是清单计价的基础，在项目划分、计量规则等方面有许多共同之处。因此，从知识连贯性和发展性出发，全面学习、研究和比较，对准确编制工程造价文书是十分必要的。

（3）"清单计价"是九个工程类别（表 2-1）发承包及实施阶段造价编制的法规。在编制依据、清单列项、单价组合、费用构成、计价程序、文书格式等方面，具有统一性和通用性，只是具体的专业"清单项目"和"计量规则"不同。因此，通过对"清单计价"基础理论的学习，结合"电气安装清单计价"的具体应用，不难理解和掌握其他专业工程"清单计价"方式的应用规律。

（4）本章第九节表 3-59 至表 3-62 是同一实例的"清单计价"方式的应用，内容并不完整，且数值为地方性参考价，供学习中借鉴，领会编制程序与方法。

第九节　电气安装工程预算实例

1. 工程设计概况

（1）某学校车库宿舍工程，位于市内禁区，为长条形双层混合结构，长 51.64m、宽 11.93m（图 3-16 和图 3-17）。底层车库层高 4m；二层宿舍层高 3.2m。屋顶为平瓦坡屋面，设顶棚；楼板为预应力空心板（厚 115mm）；240mm 砖墙，附墙砖柱 365mm×365mm，独立砖柱 490mm×490mm；现浇 C20 钢筋混凝土梁、圈梁、过梁连成整体。平面尺寸见图 3-16、图 3-17，土建图省略。

（2）电气设计要点：

1）电气照明施工图两张。图 3-16 表示二层宿舍电气平面、电气系统图、配电板大样及其板面材料表；图 3-17 表示底层车库电气平面、设计说明及引用图例。

2）进户线由校内低压电杆引入，至二层东侧山墙标高 7.5m 一根L 50×5×1150

进户横担处，架空线长 8m。横担为单端预埋，由 4 个蝶式绝缘子支持 BLX-4×6 导线。

3）户内主要是照明用电（支线 N_1、N_2、N_3、N_4），动力电敷设专线 N_5 引至动力配电板（底层⑮轴墙内侧），由板上插座供电。

4）该工程电气接地装置有两处，进户线设重复接地；动力盘设保护接地。地极均为 $DN50mm×2000mm$ 钢管打入（每组 5 根），接地母线为 40mm×5mm 扁钢（长 8m）由 BLX-6 沿墙穿管 $DN15$（明敷）上引。

5）灯具有防水吊灯（中部卫生间）、软线吊灯（室内照明）和弯脖路灯（底层外廊）三种；均为拉线开关，沿顶棚底安装；插座距地面 2m，安装在墙上。

（3）该工程由本地全民企业采用包工包料方式施工。

2. 电气识图要点

（1）进户线 BLX-500V-4×6 由⑮轴墙进入，沿天棚内（鼓形瓷瓶砖墙敷设）至二层⑨轴墙左引下入总配电板（250mm×400mm、板底标高为 4m＋1.6m＝5.6m）；

（2）总配板分四路出线：

1）N_1 回路由 A、O 相接出（BLX-2×2.5），木槽板上引至顶棚内，沿ⓒ轴水平敷设（鼓形瓷瓶砖墙敷设），供二层北侧室内照明；

2）N_2 回路由 B、O 相接出（BLX-2×2.5），木槽板上引至顶棚内，沿Ⓐ、Ⓑ轴之间水平敷设（同 N_1），供二楼南侧室内和走廊照明；

3）由总配电板 C、O 相引出二线（BLX-2×4），垂直向下（木槽板）进入底层照明配电板（250mm×400mm，板底标高 2m）；

4）由总配电板 A、B、C 三相引出三线（BLX-3×4），垂直向下（穿管 $DN25$）进入底层顶棚底面穿墙至⑨轴墙右侧，沿墙水平敷设（木槽板）至室外（轴Ⓐ外），再水平沿支架（L 40×5×1150，蝶式绝缘子）敷设，由⑮轴左墙面进入室内（木槽板），垂直向下进入动力配电板。

（3）照明配电板两路出线：

1）N_3 回路（BLX-2×4）上升至底层顶棚下墙面，经⑦轴左墙面（木槽板）引向室外，再沿水平支架（支架⑦⑤③①L 40×5×500 蝶瓶）走线，室内照明用电由支架接线，沿墙及天棚（木槽板）引向开关及灯头。N_3 供应①～⑨室内照明及单相插座（三只）用电。

2）N_4 回路（BLX-2×4）上升后由⑨轴右墙面出线，敷设方式与 N_3 相同，但方向相反。供应东侧⑨～⑮室内照明及单相插座（两只）用电。N_4 回路中的零相线由支架⑬继续延伸，与 N_5 回路合并进入动力配电板。

（4）动力配电板的进线（BLX-4×4）为两路，一路为 N_5，回路（BLX-3×4）进线；另一路由 N_4 接入（BLX-1×4）。动力电由配电板上插座供电。

（5）2 层只有照明用电，而底层包括照明、动力两部分用电。

3. 电气安装工程施工图预算编制（定额计价、实例）

（1）电气安装工程量的计算（表 3-53）。分为导线敷设（按层次、回路）、敷线长度并项（按导线规格、敷设方式）、电器装置（品种、规格）三部分，分别计算整理。

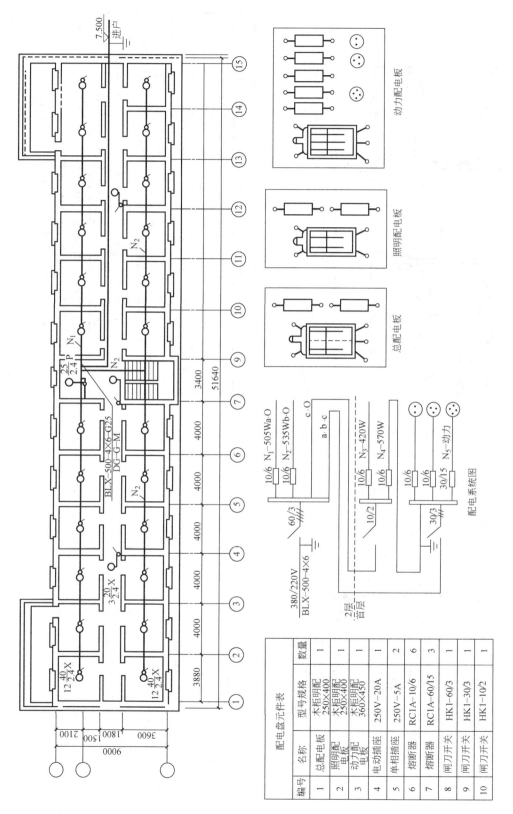

图 3-16 二层照明平面

配电盘元件表

编号	名称	型号规格	数量
1	总配电板	木柜明配 250×400	1
2	照明配 电板	木柜明配 250×400	1
3	动力配 电板	木柜明配 360×450	1
4	电动插座	250V-20A	1
5	单相插座	250V-5A	2
6	熔断器	RC1A-10/6	6
7	熔断器	RC1A-60/15	3
8	闸刀开关	HK1-60/3	1
9	闸刀开关	HK1-30/3	1
10	闸刀开关	HK1-10/2	1

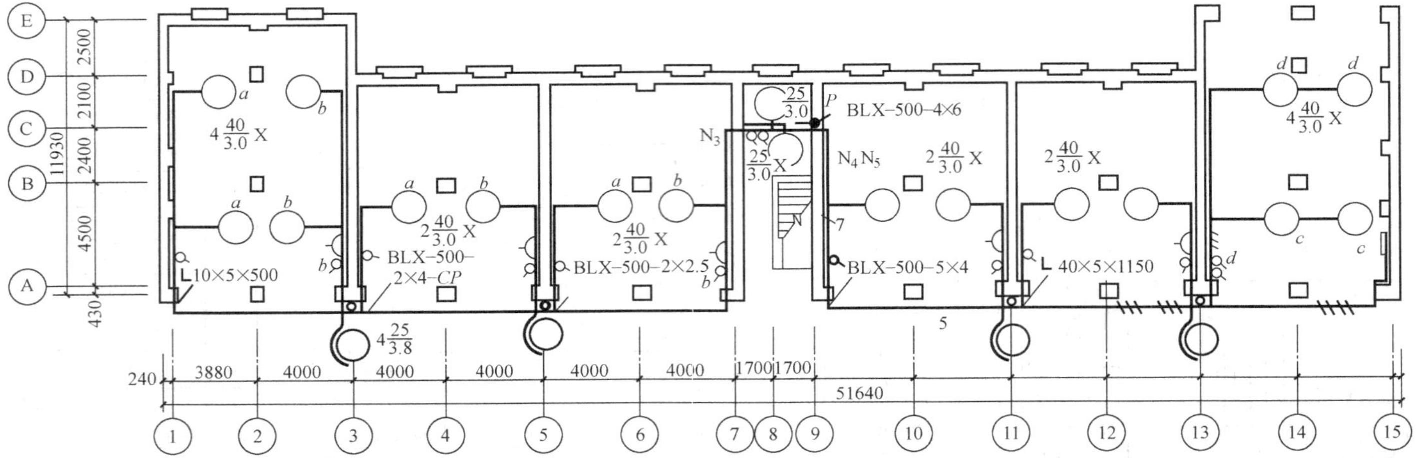

设计说明:

1. 电源由校内低压架空线路供给,电压 380/220V,采用三相四线制配线。横担 L 50×5×1150,蝶形瓷瓶。

2. 导线敷设:

(1)引入线采用 BLX 铝芯橡皮绝缘线,鼓形(G-38)瓷瓶在砖结构上敷设。

(2)N_1、N_2 支线采用 BLX500-2×2.5 导线,鼓形(G-38)瓷瓶在上面沿砖墙结构暗设。

(3)N_3、N_4 支线采用 L 40×5 角钢支架,室外支线,蝶形(ED-3)瓷瓶配线。

(4)动力线采用 BLX-500-4×4 导线,室外支架。

(5)引入线及 N_1、N_2、N_3、N_4 支线除上述外均采用木槽沿墙沿砖墙结构或混凝土结构敷设。

3. 总配电板边距楼面 1.6m,照明和动力配电板底距地面 2.0m;N_3、N_4 路干线距地面 3.5m;室内明装插座距地面 2.0m,壁灯架在角钢上,开关距路面 3.8m。

4. 供动力使用的四眼插座保护接地采用 DN50×2000 钢管打入,顶端距地面 50cm,并用 40×5×8000 的扁钢焊接。重复接地。

5. 所有配电盘均用木制。明装墙上;进户线由外线引入。

电施图例

符号	名称	符号	名称
□	照明配电盘(板)	⌐	单相插座
▣	动力配电盘(板)	一	闸门开关
⌐○	由下引上米,由上引下米	▢	瓷插保险
○	裸灯炮	$\frac{a}{b}c$	a—灯炮功率;b—灯具高度;c—灯数
⊙	伞形铁金罩弯管灯	DG-Q-M	安装方式导线穿电线管沿墙明装
〰	导线、斜线表示根数	X·P	双胶塑料软线吊皮线吊
⌐	拉线开关	OP	导线敷设在瓷瓶上

图 3-17 首层照明图(电施 2)

序号	项　目	计　算　式	单位	工程量	备　注
	一、导线敷设				
1	进户：BLX-4×6	室外架空 $L_1=$ ↙8m×4	m	32	蝶瓶 L50×5×1150
	引入：BLX-4×6	天棚内 $L_2=[1.50+4×\overset{进}{6}+1.50]×4$	m	108	鼓瓶、砖墙
	进盘：BLX-4×6	沿墙 $L_3=[3.5-1.6+0.25\overset{b}{}+0.4\overset{h}{}]$↓×2	m	5.1	木槽板（二线）
2	N_1-BLX-2×2.5	总盘出线 $L_1=[3.5-1.6+箱0.65]$↑	m	2.6	木槽板（二线）
	BLX-2×2.5	天棚内 $L_2[\overset{→}{4×10}+3.\overset{→}{4}+1.9+1.1]×2$	m	92.8	鼓瓶、砖墙
3	N_2-BLX-2×2.5	总盘出线 $L_1=[3.5-1.6+箱0.65]$↑	m	2.6	木槽板（二线）
	BLX-2×25	天棚内 $L_2=[(1.5+\overset{⑨左}{1.8}+1.8)+(\overset{→}{4×10}+3.4+3.9)+走廊(1.8+0.9)×3+\overset{→}{3.7}]×2$	m	128.4	鼓瓶砖墙
4	照明盘进线 BLX-2×4	$L=1.6↓+(4-2-0.4)↓+盘(0.4+0.25)×2$	m	4.5	木槽板（二线）
5	N_3-BLX-2×4	盘出线 $L_1=[(4-2-0.4)↑+箱(0.4+0.25)+3.4+(2.4+4.5)+柱侧0.12×2]×1$	m	12.8	木槽板（二线、砖墙）
	BLX-2×4	外支 $L_2=[1.0\overset{出}{}+4×5+3.9]×2$	m	49.8	蝶瓶 L40×5×500
	BLX-2×2.5	内敷 $L_3=2.0\overset{⑧轴}{}+(\overset{⑦右}{2.5}+2)+(2+\overset{⑤}{4.5})×3+(1.\overset{①右}{5}+5.3+\overset{③左}{2}×2)×2+壁灯0.5×2+插座2×3+柱侧0.12×8①右、③左$	m	55.6	木槽板（二线）
	BLX-2×3.5	$L_4=2.5×2$	m	5.0	木槽板（三线）
6	N_4-BLX-2×4	盘出线 $L_1=(4-2-0.4)↑+箱(0.4+0.25)+墙0.25+(2.4+4.5)+柱侧0.12×2$	m	9.6	木槽板（二线、砖墙）
	BLX-2×4	外支 $L_2=[1.0\overset{出}{}+(\overset{→}{4×4})]×2(架空)$	m	34.0	蝶瓶 L40×5×1150
	BLX-2×2.5	内敷 $L_3=[(\overset{⑨右}{2.5}+2)+(4.\overset{⑪}{5}+\overset{⑬左}{2})×3+(1.5+5.\overset{⑬右}{3}+6m×2)+壁灯0.5×2+插座2×2+柱侧0.12×4⑬右$	m	48.3	木槽板（二线）
	BLX-3×2.5	$L_4=2.5$	m	2.5	木槽板（三线）
7	N_5-BLX-3×4	总盘出 $L_1=[盘(0.4+0.25)+1.6↓+板0.12+墙0.25+盒0.2]×3$	m	8.5	管内穿线
		DN25电线管$=1.6↓+0.12+0.25$	m	2.0	配管（砖墙）
	BLX-3×4	内支 $L_2=2.4+4.5$	m	6.9	木槽板（三线）
	BLX-3×4	外支 $L_3=[1.0\overset{出}{}+(\overset{→}{4×4})]×3⑨-⑬$	m	51.0	蝶瓶 L40×5
	BLX-4×4	外支 $L_4=[(\overset{→}{4+3.9})+1.0进]×4⑬-⑮$	m	35.6	蝶瓶 L40×5
	BLX-4×4	入盘 $L_5=[1.\overset{→}{5}+(4-2)↓-0.36+(0.45+0.36)↓]×2$	m	7.9	木槽线（二线）
	二、敷线并项				
1	进户架空 BLX-6		m	32	
2	瓷瓶：蝶瓶横担	BXL-4L=49.8+34+51+35.6	m	170.4	支架 L40×5
	鼓瓶砖墙	BXL-2.5L=92.8+128.4	m	221.2	
	鼓瓶砖墙	BXL-6L=108	m	108	

序号	项　目	计　算　式	单位	工程量	备　注
	二、敷线并项				
3	木槽板:二线	BLX-2×2.5L=2.6+2.6+55.6+48.3	m	109.1	
	二线	BLX-2×4L=4.5+12.8+9.6+7.9	m	34.8	
	二线	BLX-2×6L=5.1	m	5.1	
	三线	BLX-3×2.5L=5+2.5	m	7.5	
	三线	BLX-3×4L=6.9	m	6.9	
4	管内穿线:BLX-4	L=8.5	m	8.5	
	三、电气装置				
1	配电板	总盘、照明盘250×400−2块	m²	0.2	
		动力盘450×360−1块	m²	0.162	
2	盘上电气:插座	⊙5A−1 ⊙5A−1 ⊙20A−1	个	3	
	闸刀开关	HK1−60A/3;HK1−30A/3;HK1−10A/3	个	3	(各1)
	熔断器	RCLA−30 三只;RCLA10 六只	个	9	
3	照明电器	防水吊灯	只	2	
		软线吊灯	只	44	
4	照明电器	弯脖壁灯	只	4	
		拉线开关	只	46	
		单相插座:5A	只	5	
		灯泡:25W−10 只;40W−40 只	只	50	
5	横担支架	进户横担L50×5×1150	根	1	3.770×1.15=4.3(kg)
		敷线支架L40×5×500	根	4	2.976×0.5×4=5.95(kg)
		L40×5×1150	根	4	2.976×1.15×4=13.69(kg)
6	接地装置	接地极二组 G50×2000−5×2	根	10	2.42×2×10=48.4(kg)
		接地母线−40×5×8000−2	根	2	1.15×2×8=18.4(kg)
		引线 BLX−6,L=7.$\overset{进户}{5}$+$\overset{动力}{2}$+(1.5+0.$\overset{板}{8}$)	m	11.8	穿管线
		引线穿线 DN15L=7.5+2=9.5	m	9.5	

（2）主材费和定额安装费的计算。表3-54为套用2000年版"全国统一定额"的定额直接费预算表，表3-55为2002年7月套用2001年"江苏省估价表"（第二册"电气设备安装"）的主材费和定额直接费（安装费）的预算表。说明如下：

安装工程定额直接费计算表（全国定额）　　　　表3-54

工程名称：车库宿舍（电气安装）　　　（2002年7月×日）　　　共3页，第1页

定额编号	项　目	数量	单位	单价（元）				定额直接费（元）			
				主材	安装	其中		主材费	安装费	其中	
						人工	机械			人工费	机械费
2-274	闸刀开关安装 HK1-60A/3	1	个	1.01×	14.61	5.11	—		14.61	5.11	—
2-274	闸刀开关安装 HK1-30A/3	1	个	1.01×	14.61	5.11	—		14.61	5.11	—
2-274	闸刀开关安装 HK1-10A/3	1	个	1.01×	14.61	5.11	—		14.61	5.11	—
2-283	瓷插式熔断器安装 RCIA30	3	个	1.01×	9.81	3.48	—		29.43	10.44	—

定额编号	项　目	数量	单位	单　价　(元)				定额直接费(元)			
				主材	安装	其　中		主材费	安装费	其　中	
						人工	机械			人工费	机械费
2-283	瓷插式熔断器安装 RCIA10	6	个	1.01×	9.81	3.48	—		58.86	20.88	—
2-358	金属横担、支架制作	0.24	100kg	圆钢 8kg× 424.11	250.78	41.43		101.79	60.19	9.94	
	材:角钢			75kg×	—	—	—	—	—	—	—
	材:扁钢			22kg×	—	—	—	—	—	—	—
2-359	金属横担、支架安装	0.2	100kg	—	212.83	163.00	25.44		42.57	32.60	5.09
2-372	木配电板制作	0.36	m²	—	97.38	31.11	—		35.06	11.20	—
2-376	250mm×400mm 配电板安装(半周长 1m 内)	2	块	—	24.70	13.97	1.78		49.40	27.94	3.56
2-376	450mm×360mm 配电板安装(半周长 1m 内)	1	块	—	24.70	13.93	1.78		24.70	13.93	1.78
2-977	DN25 电线管敷设(砖墙)明	0.02	100m	103×	443.45	277.01	18.25		8.87	5.54	0.37
2-1170	BLX-4 管内穿线	0.09	100m	110×	21.76	16.25	—		1.96	1.46	—
2-1255	BLX-2.5 鼓形绝缘子砖墙配线	2.21	100m	109.77×	178.59	129.57	—		394.68	286.35	—
2-1256	BLX-6 鼓形绝缘子砖墙配线	1.08	100m	105.54×	173.24	131.19	—		187.10	141.69	—
2-1275	BLX-4 蝶式瓷瓶横担配线	1.70	100m	108×	483.07	75.23	—		821.22	127.89	—
2-1297	BLX-2.5 砖墙木槽板(二线)	1.09	100m	226×	409.00	346.21	—		445.81	377.37	—
	材:木槽板			105×	—	—	—	—	—	—	—
2-1298	BLX-4 砖墙木槽板(二线)	0.35	100m	212.76×	413.90	354.57	—		144.87	124.10	—
	材:木槽板			105×	—	—	—	—	—	—	—
2-1298	BLX-6 砖墙木槽板(二线)	0.05	100m	212.76×	413.90	354.57	—		20.70	17.73	—
	材:木槽板			105×	—	—	—	—	—	—	—
2-1301	BLX-3×2.5 砖墙木槽板(三线)	0.08	100m	335.94×	479.60	406.12	—		38.37	32.49	—
	材:木槽板			105×	—	—	—	—	—	—	—
2-1302	BLX-3×4 砖墙木槽板(三线)	0.07	100m	316.6×	613.84	510.61	—		42.97	35.74	—

定额编号	项目	数量	单位	单价（元）				定额直接费（元）			
				主材	安装	其中		主材费	安装费	其中	
						人工	机械			人工费	机械费
	材:木槽板			105×	—	—	—		—	—	—
2-1389	软线吊灯安装	4.4	10套	10.1×	80.66	21.83	—		354.90	96.05	—
2-1391	软线防水吊灯安装	0.2	10套	10.1×	61.16	21.83	—		12.23	4.37	—
2-1392	弯脖壁灯安装	0.4	10套	10.1×	170.89	46.90	—		68.36	18.76	—
2-1635	拉线开关安装	4.6	10套	10.2×	37.22	19.27	—		171.21	88.64	—
2-1652	双眼5A插座安装	0.6	10套	10.2×	37.22	19.27	—		22.33	11.56	—
2-1653	三眼5A插座安装	0.1	10套	10.2×	40.78	21.13	—		4.08	2.11	—
2-1666	动力四眼20A插座安装	0.1	10套	10.2×	46.67	27.40	—		4.67	2.74	—
（材）	白炽灯泡(25W-10、40W-40)	50	只	1.03×	—	—	—		—	—	—
2-689	钢管接地极G50×2000(坚土)	10	根	1.03×2m×	28.42	15.56	9.63		284.20	155.60	96.30
2-697	户外接地母线敷设(—40×5)	1.6	10m	10.5×	74.02	70.82	1.43		118.43	113.31	2.29
2-975	接地引线:DN15电线管明配	0.1	100m	103m×	384.50	248.45	16.05		38.45	24.85	1.61
2-1176	接地引线 BLX-6管内穿线	0.12	100m	105m×	26.50	18.58	—		3.18	2.23	—
2-788	进户线横担L50×5×1050安装	1	根	（已计）	11.36	7.66	—		11.36	7.66	—
2-825	BLX-4×6进户线架设	0.32	100m	101.8×	84.27	20.20	—		26.97	6.46	—
（材）	ED-3蝶式绝缘子	4	个	1.02×	—	—	—		—	—	—
2-886	接地电阻试验	2	系统	—	488.84	232.20	252.00		977.68	464.40	504.00
	合　计								4590.24	2341.53	624.94

安装工程定额直接费计算表［江苏省"估价表"］ 表 3-55

工程名称：车库宿舍（电气安装）　　　　　（2002年7月 日）　　　　　

定额编号	项目	数量	单位	单价（元） 主材	安装	其中 人工	机械	定额直接费(元) 主材费	安装费	其中 人工费	机械费
2-274	闸刀开关安装 HK1-60A/3	1	个	1.01×18.00	16.23	5.72	—	18.18	16.23	5.72	—
2-274	闸刀开关安装 HK1-30A/3	1	个	1.01×18.00	16.23	5.72	—	18.18	16.23	5.72	—
2-274	闸刀开关安装 HK1-10A/3	1	个	1.01×18.00	16.23	5.72	—	10.10	16.23	5.72	—
2-283	瓷插式熔断器安装 RCIA30	3	个	1.01×5.00	10.59	3.90	—	15.15	31.77	11.70	—
2-283	瓷插式熔断器安装 RCIA10	6	个	1.01×3.00	10.59	3.90	—	18.18	63.54	23.40	—
2-358	金属横担、支架制作	0.24	100kg	8kg×2.431	471.18	280.80	80.32	4.67	113.08	67.39	19.28
	材:角钢			75kg×2.378	—	—	—	42.80	—	—	—
	材:扁钢			22kg×2.568	—	—	—	13.56	—	—	—
2-359	金属横担、支架安装	0.2	100kg	—	263.81	182.52	60.56	—	52.76	36.50	12.11
2-372	木配电板制作	0.36	m²	—	81.66	34.84	—	—	29.40	12.54	—
2-376	250×400 配电板安装（半周长1m内）	2	块	—	28.39	15.60	4.40	—	56.78	31.20	8.80
2-376	450×360 配电板安装（半周长1m内）	1	块	—	28.39	15.60	4.40	—	28.39	15.60	4.40
2-977	DN25 电线管敷设（砖墙）明	0.02	100m	103m×4.7	500.28	310.18	39.16	9.68	10.01	6.20	0.78
2-1170	BLX-4 管内穿线	0.09	100m	110m×0.83	24.00	18.20	—	8.22	2.16	1.64	—
2-1255	BLX-2.5 鼓形绝缘子砖墙配线	2.21	100m	109.77m×0.53	208.74	145.08	—	128.57	461.32	320.63	—
2-1256	BLX-6 鼓形绝缘子砖墙配线	1.08	100m	105.54m×1.12	204.17	146.90	—	127.66	220.50	158.65	—
2-1275	BLX-4 蝶式瓷瓶横担配线	1.70	100m	108m×0.83	545.71	84.24	—	152.39	927.71	143.21	—
2-1297	BLX-2.5 砖墙木槽板（二线）	1.09	100m	226m×0.53	462.27	387.66	—	130.56	503.87	422.55	—
	材:木槽板			105m×0.83	—	—	—	94.99	—	—	—
2-1298	BLX-4 砖墙木槽板（二线）	0.35	100m	212.76m×0.83	465.56	397.02	—	61.81	162.95	138.96	—
	材:木槽板			105m×0.83	—	—	—	30.50	—	—	—

定额编号	项 目	数量	单位	单 价 （元）				定额直接费(元)			
				主材	安装	其 中		主材费	安装费	其 中	
						人工	机械			人工费	机械费
2-1298	BLX-6 砖墙木槽板(二线)	0.05	100m	212.76m×0.83	465.56	397.02	—	8.83	23.28	19.85	—
	材:木槽板			105m×0.83	—	—	—	4.36	—	—	—
2-1301	BLX-3×2.5砖墙木槽板(三线)	0.08	100m	335.94×0.53	539.50	454.74	—	14.24	43.16	36.38	—
	材:木槽板			105×1.20				10.08			
2-1302	BLX-3×4砖墙木槽板(三线)	0.07	100m	316.6×0.83	691.98	571.74	—	18.39	48.44	40.02	—
	材:木槽板			105×1.20				8.82			
2-1389	软线吊灯安装	4.4	10套	10.1×4.00	65.46	24.44	—	177.76	288.02	107.54	—
2-1391	软线防水吊灯安装	0.2	10套	10.1×10.00	53.08	24.44	—	20.20	10.62	4.89	—
2-1392	弯脖壁灯安装	0.4	10套	10.1×15.00	111.48	52.52	—	60.60	44.59	21.01	—
2-1635	拉线开关安装	4.6	10套	10.2×1.50	34.47	21.58	—	70.38	158.56	99.27	—
2-1652	双眼5A插座安装	0.6	10套	10.2×1.50	36.52	21.58	—	9.18	21.91	12.95	—
2-1653	三眼5A插座安装	0.1	10套	10.2×2.50	39.80	23.66	—	2.55	3.98	2.37	—
2-1666	动力四眼20A插座安装	0.1	10套	10.2×5.00	50.45	30.68	—	5.10	5.05	3.07	—
(材)	白炽灯泡(25W-10、40W-40)	50	只	1.03×1.10	—	—	—	56.65			
2-689	钢管接地极G50mm×2000mm(坚土)	10	根	1.03×2m×15.20	44.75	17.42	23.76	156.56	447.50	174.20	237.60
2-697	户外接地母线敷设(—40×5)	1.6	10m	10.5×4.40	84.81	79.30	3.52	73.92	135.70	126.88	5.63
2-975	接地引线:DN15电线管明配	0.1	100m	103m×2.09	443.79	278.20	39.60	21.53	44.38	27.82	3.96
2-1176	接地引线 BLX-6管内穿线	0.12	100m	105m×1.12	29.09	20.8	—	14.11	3.49	2.50	—
2-788	进户线横担L50×5×1050 安装	1	根	—	11.94	8.58			11.94	8.58	
2-825	BLX-4×6进户线架设	0.32	100m	101.8×1.12	82.15	22.62		36.49	26.29	7.24	—
(材)	ED-3 蝶式绝缘子	4	个	1.02×3.80	—	—	—	15.50			
2-886	接地电阻试验	2	系统	—	516.64	260.00	252.00	—	1033.28	520.00	504.00
	合 计							1470.45	5052.31	2577.08	796.56

安装工程分部分项工程费用计算表（江苏"计价表"）

表 3-56

工程名称：车库宿舍（电气安装）　　（2006 年 4 月　日）

定额编号	项目	数量	单位	综合单价(元)				分部分项工程(元)			
				主材	安装综合	其　中		主材费	安装费	其　中	
						人工	机械			人工费	机械费
2-274	闸刀开关安装 HK1-60A/3	1	个	1.01×20.00	18.27	5.15	—	20.20	18.27	5.15	—
2-274	闸刀开关安装 HK1-30A/3	1	个	1.01×20.00	18.27	5.15	—	20.20	18.27	5.15	—
2-274	闸刀开关安装 HK1-10A/3	1	个	1.01×20.00	18.27	5.15	—	20.20	18.27	5.15	—
2-283	瓷插式熔断器安装 RCIA30	3	个	1.01×6.00	12.00	3.51	—	18.18	36.00	10.53	—
2-283	瓷插式熔断器安装 RCIA10	6	个	1.01×4.00	12.00	3.51	—	24.24	72.00	21.06	—
2-358	金属横坦、支架制作	0.24	100kg	8kg×3.60	587.66	252.72	68.34	6.91	141.04	60.65	16.40
	材:角钢	0.24		75kg×3.60	—	—	—	64.80	—	—	—
	材:扁钢	0.24		22kg×3.60	—	—	—	19.01	—	—	—
2-359	金属横坦、支架安装	0.2	100kg	—	335.41	164.27	51.96	—	67.08	32.85	10.39
2-372	木配电板制作	0.36	m²	—	108.27	31.36		—	38.98	11.29	—
2-376	250mm×400mm 配电板安装(半周长 1m 内)	2	块	—	34.86	14.04	3.83	—	69.72	28.08	7.66
2-376	450mm×360mm 配电板安装(半周长 1m 内)	1	块	—	34.86	14.04	3.83	—	34.86	14.04	3.83
2-977	DN25 电线管明敷设(砖墙)	0.02	100m	103m×6.6	626.29	279.16	33.48	13.60	12.53	5.58	0.67
2-1170	BLX-4 管内穿线	0.09	100m	110m×0.76	31.41	16.38	—	7.52	2.83	1.47	—
2-1255	BLX-2.5 鼓形绝缘子砖墙配线	2.21	100m	109.77m ×0.65	272.56	130.57	—	157.68	602.36	288.56	—
2-1256	BLX-6 鼓形绝缘子砖墙配线	1.08	100m	105.54m ×1.08	268.42	132.21	—	123.10	289.89	142.79	—
2-1275	BLX-4 蝶式瓷瓶横担配线	1.70	100m	108m×0.76	560.98	75.82	—	139.54	953.67	128.89	—
2-1297	BLX-2.5 砖墙木槽板(二线)	1.09	100m	226m×0.65	639.81	348.89	—	160.12	697.39	380.29	—
	材:木槽板	1.09		105m×1.10	—	—	—	125.90	—	—	—
2-1298	BLX-4 砖墙木槽板(二线)	0.35	100m	212.76m ×0.76	647.59	357.32	—	56.59	226.66	125.06	—

定额编号	项　目	数量	单位	主材	安装综合	其中 人工	其中 机械	主材费	安装费	其中 人工费	其中 机械费
	材:木槽板	0.35		105m×1.10	—	—	—	40.43	—	—	—
2-1298	BLX-6 砖墙木槽板(二线)	0.05	100m	212.76m×1.08	647.59	357.32	—	11.49	32.38	17.87	—
	材:木槽板	0.05		105m×1.10				5.78	—	—	—
2-1301	BLX-3×2.5砖墙木槽板(三线)	0.08	100m	335.94×0.65	748.80	409.27		17.47	59.90	32.74	
	材:木槽板	0.08		105×1.60				13.44	—	—	—
2-1302	BLX-3×4砖墙木槽板(三线)	0.07	100m	316.6×0.76	957.05	514.57		16.84	66.99	36.02	
	材:木槽板	0.07		105×1.60				11.76	—	—	—
2-1389	软线吊灯安装	4.4	10套	10.1×4.00	75.44	22.00	—	177.76	331.94	96.80	—
2-1391	软线防水吊灯安装	0.2	10套	10.1×10.00	63.48	22.00		20.20	12.70	4.40	
2-1392	弯脖壁灯安装	0.4	10套	10.1×15.00	138.43	47.27		60.60	55.37	18.91	
2-1635	拉线开关安装	4.6	10套	10.2×1.50	44.99	19.42		70.38	206.95	89.33	
2-1652	双眼5A插座安装	0.6	10套	10.2×2.00	46.08	19.42		12.24	27.65	11.65	
2-1653	三眼5A插座安装	0.1	10套	10.2×3.00	50.22	21.29		3.06	5.02	2.13	
2-1666	动力四眼20A插座安装	0.1	10套	10.2×8.00	63.85	27.61		8.16	6.39	2.76	
(材)	白炽灯泡(25W-10、40W-40W)	50	只	1.03×1.50	—	—		77.25			
2-689	钢管接地极G50×2000(坚土)	10	根	1.03×2m×17.60	48.57	15.68	20.49	362.56	485.70	156.80	204.90
2-697	户外接地母线敷设(-40×5)	1.6	10m	10.5×5.65	119.35	71.37	3.03	94.92	190.96	114.19	4.85
2-975	接地引线:DN15电线管明配	0.1	100m	103m×3.00	559.11	250.38	34.11	30.90	55.91	25.04	3.41
2-1176	接地引线 BLX-6管内穿线	0.12	100m	105m×1.08	37.73	18.72	—	13.61	4.53	2.25	—
2-788	进户线横担L50×5×1050安装	1	根	—	14.80	7.72		—	14.80	7.72	
2-825	BLX-4×6进户线架设	0.32	100m	101.8×1.08	89.70	20.36		35.18	28.70	6.52	
(材)	ED-3蝶式绝缘子	4	个	1.02×3.80	—	—		15.50	—	—	—
2-886	接地电阻试验	2	系统		418.76	168.00	143.4	—	837.52	336.00	287.28
	合　计							2077.32	5720.23	2227.72	539.39

202

1）主材均为南京地区 2006 年预算价格；

2）安装费中分出人工费、机械费，均属套用的"定额价"，为基价调整和费用计算提供数据；

3）配电板按自行加工、装配考虑；盘内配线未计，但引入与引出线已计入预留长度（宽＋高）；

4）灯头引线均小于定额长度，且跨接短线已包含，故不再另计；拉线开关以紧靠回路走线为原则（稍向下引），也不考虑接线加长；

5）各种电器设备均以施工图标注为准，按清点的工程量计算基价。

（3）"定额计价"的预算费用计算表 3-57，根据江苏省及南京地区的原有规定分别列式计算。

安装工程预算定额计价费用计算表   表 3-57

工程名称：车库宿舍（电气安装）　　　　　（2002 年 7 月　日）

序号	费用名称		计 算 式	费用金额（元）	备 注
1	定额直接费		人工费＋机械费＋辅材费＝工程量×定额基价	5052.31	
2	其中	人工费	工程量×定额人工基价	2577.08	
3		机械费	工程量×定额机械基价	796.56	
4		辅材费	工程量×定额材料基价＝(1)－(2)－(3)	1678.67	
5	主材费		工程量×主材价格	1470.45	
6	人工费调差		定额人工费÷26×人工差价	0	暂不调整
7	安装辅材价差		安装辅材费×调增系数％	0	暂不调整
8	机械费调差		安装机械费×调增系数％	0	暂不调整
9	独立费合计		（合同规定）	0	无
10	综合间接费		人工费×35％＝2577.08×35％	901.98	四类工程
11	劳动保险费		人工费×13％＝2577.08×13％	335.02	取费证书
12	利 润		人工费×12％＝2577.08×12％	309.25	四类工程
13	税 金		(1＋5＋6＋7＋8＋9＋10＋11＋12)×3.44％	277.57	市区
14	总 造 价		1＋5＋6＋7＋8＋9＋10＋11＋12＋13	8346.58	

（4）采用"计价表计价"（江苏）办法，表 3-56 为 2006 年 4 月编制的"分部分项工程费"计算表，包括主材费和综合安装费，需要说明的是：

1）综合安装费包括人工费、安装材料费、机械费、管理费和利润等五项内容，计算式为

综合安装费＝Σ分部分项工程量×综合单价

式中，分部分项工程量来源于"计价表计算规则"的分项计算，综合单价为"计价表"单价（套价）。

2）2004 年"江苏计价表"的管理费、利润等按三类工程标准拟定（非三类可调），本实例以"计价表计价"方式可按三类工程取费，即：管理费＝人工费×47％，利润＝人工费×14％。

3）因此，表 3-56 内虽未列出安装材料费、管理费及利润的栏目及其金额，但可按上述关系换算出：

管理费＝2227.72 元×47％＝1047.03 元

利润＝2227.72 元×14％＝311.88 元

安装材料费＝(5723.23－2227.72－539.39－1047.03－311.88)元＝1597.21 元

4）表3-56与表3-54、表3-55的定额编号（计价项目）完全一致，表明江苏省"估价表"来源于"全统定额"，"计价表"来源于"估价表"。

（5）"计价表计价"的预算费用计算：

1）按"计价表计价"办法核算的安装工程总造价为分部分项工程费、措施项目费、其他项目费、规费和税金之和，其中分部分项工程费包括主材费、人工费、辅材费、机械费、管理费、利润及其资源价差调整（当前仅调人工费）等费用内容。

2）本实例"计价表计价"的预算费用计算，参见表3-58。表3-58内容仅限定于工程现状及现行预算费用计算规则；所列费用名目及其费率％标准，为江苏当时规定。

安装工程"计价表计价"预算费用计算表   表3-58

工程名称：车库宿舍（电气安装）   （2006年4月　日）

序号	费用名称		计 算 式	费用金额（元）	备 注
1	主材费		（表3-56）	2077.32	
2	综合安装费		（表3-56）	5723.23	
3	其中	人工费	（表3-56）	2227.72	按规定补价差
4		辅材费	2-3-5-6-7	1597.21	暂不调整
5		机械费	（表3-56）	539.39	暂不调整
6		管理费	(3)×47％	1047.03	三类工程
7		利 润	(3)×14％	311.88	三类工程
8	人工费调差		(2227.72÷26)×(30−26)×(1+0.47+0.14)=343.73×1.61	553.41	含管理费、利润
9	分部分项工程费		1+2+8	8353.96	
10	措施项目费		11+12+13+14	281.53	
11	其中	现场安全文明施工措施费	(9)×1％=(1+2+8)×1％	83.54	不可竞争费用
12		临时设施费	(9)×1％	83.54	
13		脚手架	人工费×4％=(2227.72+342.73)×4％	102.82	
14		检验试验费	(9)×0.15％	12.53	
15	其他项目费		16+17	1500.00	
16	其中	预留金	(9)×5％（近似）	500.00	业主确定
17		零星工作费	(9)×10％（估）	1000.00	应列项分析
18	规费		19+20+21+22	188.36	
19	其中	定额测定费	(9+10+15)×1‰=10135.49×1‰	10.14	
20		安全监督费	(9+10+15)×0.6‰	6.08	
21		建筑管理费	(9+10+15)×(0.228+0.96+0.96)‰	21.77	本市全民企业市内施工
22		劳动保险费	(9)×1.8％	150.37	
23	税金		(9+10+15+18)×3.44％=10323.85×3.44％	355.14	
24	总造价		9+10+15+18+23	10676.62	

3）建筑管理费按南京市核定的 2005 年度取费率计算，属本市全民企业在市内施工的三项取费（省主管 0.228‰、市主管 0.96‰、市建管处 0.96‰）。

4）务必注意执行"当地文件"规定，编制预算费用文件。

4. 电器安装工程指标控制价编制（"清单"计价、实例）

（1）依据表 3-54 定额计价项目及其工程量，对照 GB 50856—2013 附录 D 电气安装"清单"项目名录，列出本工程分部分项工程"清单"计价项目及其工程量（表 3-59）；

（2）依据 2004 版江苏安装工程"计价表"，参照省现行规定及南京地区"指导价"，按下列计算式核定安装项目分部分项工程"清单"项目综合单价（表 3-60）：

$$清单计价项目综合单价＝主材费单价＋人工费单价＋辅材费单价＋$$
$$机械费单价＋管理费单价＋利润单价$$

式中　主材料单价＝"计价表"主材指标×现行预算指导价

人工费单价＝"计价表"人工指标（工日）×现行预算工资标准（63.00 元/工日）
　　　　　＝["计价表"人工费÷26 元/工日]×现行预算工资标准（63.00 元/工日）

辅材费单价＝"计价表"辅材费基价×调整基数 1.68
　　　　　＝（"计价表"综合单价－人工费单价－机械费单价－管理费
　　　　　单价－利润单价）×调整基数 1.68

机械费单价＝"计价表"机械费基价×调整基数 1.46

管理费单价＝人工费单价×39％（2009 年江苏规定）

利润单价＝人工费单价×14％

注：凡出现清单项目计量单位与定额计量不一致，存在"含量"关系，应以"单价×含量"进行换算。

（3）按 GB 50856—2013 附录 N 安装工程措施项目名录，结合本工程设计及实况，列出"措施项目清单"及款项核定（表 3-61）；

（4）参照 2009 版江苏省"费用定额"计入"其他项目费用"及规费、税金后，形成本工程招标控制价为 17232.61 元（表 3-62）。

安装工程分部分项工程费用计算法［"清单"计价］　　　　表 3-59

工程名称：车库宿舍（电气安装）　　　　2013 年 7 月　日

序号	代码	名称	特　性	计量单位	工程量	综合单价	其中人工	金额（元）	其中：人工费	备注
1	030404017001	配电箱	木配电版 250×400	台	2	93.13	41.62	186.26	83.24	制作、安装
2	030404017002	配电箱	木配电板 450×360	台	1	106.36	46.33	106.36	46.33	制作、安装
3	030404019001	控制开关	闸刀开关 HK1-60A/3	个	1	61.1	12.47	61.1	12.47	
4	030404019002	控制开关	闸刀开关 HK1-30A/3	个	1	61.1	12.47	61.1	12.47	
5	030404019003	控制开关	闸刀开关 HK1-10A/3	个	1	61.1	12.47	61.1	12.47	

序号	代码	名称	特 性	计量单位	工程量	综合单价	其中人工	金额（元）	其中：人工费	备注
6	030404020001	低压熔断器	RCIA30 瓷插式	个	3	33.79	8.51	101.37	25.53	
7	030404020002	低压熔断器	RCIA10 瓷插式	个	6	31.77	8.51	190.62	51.06	
8	030404034001	照明开关	拉线开关	个	46	12.59	4.73	579.14	217.58	
9	030404035001	插座	双眼 5A	个	6	13.8	4.73	82.8	28.38	
10	030404035002	插座	三眼 5A	个	1	16.69	5.17	16.69	5.17	
11	030404035003	插座	动力四眼 20A	个	1	25.73	6.68	25.73	6.68	
12	030409001001	接地极	钢管 G50 × 2000mm 坚土	根	10	144.3	37.99	1443	379.9	
13	030409002001	接地母线	扁钢 40×5	m	16	34.12	17.33	545.92	277.28	
14	030410002001	横担组装	L40×5×(500＋1150)mm	组	4	132.92	50.52	531.68	202.08	沿廊
15	030410002002	横担组装	L 50 × 5 × 1050.ED-3 蝶式 4 只	组	1	66.17	18.71	66.17	18.71	进户架
16	030410003001	导线架设	BLX-4×6架空	m	32	3.18	0.49	101.76	15.68	进口线
17	030411001001	配管	DN15 电线管,明装	m	10	14.65	6.07	146.5	60.7	接地引下
18	030411001002	配管	DN25 电线管,明装（砖墙）	m	2	18.95	6.53	37.9	13.06	
19	030411004001	配线	管内穿线 BLX-6	m	12	2.33	0.45	27.96	5.4	接地引下
20	030411004002	配线	管内穿线 BLX-4	m	9	1.79	0.4	16.11	3.6	
21	030411004003	配线	鼓式绝缘子砖墙 BLX-2.5	m	221	6.74	3.16	1489.54	698.36	
22	030411004004	配线	鼓式绝缘子砖墙 BLX-6	m	108	7.37	3.21	795.96	346.68	
23	030411004005	配线	蝶式瓷瓶、横担 BLX-4	m	170	8.27	1.84	1405.9	312.8	
24	030411004006	配线	二线木槽板 BLX-2×2.5	m	109	17.61	8.45	1919.49	912.05	
25	030411004007	配线	二线木槽板 BLX-2×4	m	35	18.15	8.66	635.25	303.1	
26	030411004008	配线	二线木槽板 BLX-2×6	m	5	19.11	8.66	95.55	43.3	
27	030411004009	配线	三线木槽板 BLX-3×2.5	m	8	21.19	9.92	169.52	79.36	
28	030411004010	配线	三线木槽板 BLX-3×4	m	7	26.53	12.54	185.71	87.78	
29	030412001001	普通灯具	软线吊灯 25W	套	44	23	5.33	1012	234.52	
30	030412001002	普通灯具	软线防水吊灯 40W	套	2	27.06	5.33	54.12	10.66	
31	030412001003	普通灯具	弯脖壁灯 40W	套	4	50.18	11.45	200.72	45.8	
32	030414011001	接地装置	调试、测电阻	系统	2	795.85	378	1591.7	756	
		总 计						14034.73	5317.2	

工程名称：车库宿舍（电气安装）

综合单价核定与调整预算表

表 3-60

2013 年 7 月　日

序号	编码	项目名称	计量单位	定额编号	项目	单位	含量	合计	主材	人工	辅材	机械	管理费	利润	备注
										计价表标准与调整					
1	030404017001	配电箱	台	2-372	木配电板制作	m²	0.25×0.4		—	0.1×1.206×63	0.1×57.78×1.68	—			
				2-376	配电板安装	块	1.0		—	0.54×63.0	8.42×1.68	3.83×1.46			
					合计			93.13	—	41.62	23.86	5.59	16.23	5.83	
2	030404017002	配电箱	台	2-372	木配电板制作	m²	0.45×0.36		—	0.162×1.206×63	0.162×57.78×1.68	—			
				2-376	配电板安装	块	1.0		—	0.54×63	8.42×1.68	3.83×1.46			
					合计			106.36	—	46.33	29.88	5.59	18.07	6.49	
3	030404019001	控制开关	个	2-274	胶盖闸刀开关	个	1		1.01×25.00	0.198×63.00	9.98×1.68		4.86	1.75	HK1-60A/3
					合计			61.10	25.25	12.47	16.77				
4	030404019002	控制开关	个	2-274	胶盖闸刀开关	个	1		1.01×25.00	0.198×63.00	9.98×1.68		4.86	1.75	HK1-30A/3
					合计			61.10	25.25	12.47	16.77				
5	030404019003	控制开关	个	2-274	胶盖闸刀开关	个	1		1.01×25.00	0.198×63.00	9.98×1.68		4.86	1.75	HK1-10A/3
					合计			61.10	25.25	12.47	16.77				
6	030404020001	低压熔断器	个	2-283	瓷插熔断器	个	1		1.01×10.00	0.135×63.00	6.35×1.68		3.32	1.19	RC1A30
					合计			33.79	10.10	8.51	10.67				
7	030404020002	低压熔断器	个	2-283	瓷插熔断器	个	1		1.01×8.00	0.135×63.00	6.35×1.68		3.32	1.19	RC1A10
					合计			31.77	8.08	8.51	10.67				
8	030404034001	照明开关	个	2-1635	拉线开关	套	1		1.02×3.00	0.075×63.00	1.37×1.68		1.84	0.66	
					合计			12.59	3.06	4.73	2.30				
9	030404035001	插座	个	2-1652	单相二孔插座	套	1		1.02×4.00	0.075×63.00	1.48×1.68		1.84	0.66	5A
					合计			13.80	4.08	4.73	2.49				
10	030404035002	插座	个	2-1653	单相三孔插座	套	1		1.02×6.00	0.082×63.00	1.59×1.68		2.02	0.71	5A
					合计			16.69	6.12	5.17	2.67				
11	030404035003	插座	个	2-1666	三相四眼明装	套	1		1.02×12.00	0.106×63.00	1.94×1.68		2.61	0.94	20A
					合计			25.73	12.24	6.68	3.26				

计价表标准与调整

序号	编码	项目名称	计量单位	定额编号	项目	单位	含量	合计	主材	人工	辅材	机械	管理费	利润	备注
12	030409001001	接地极板	根	2-689	钢管接地极	根	1		1.03×2m×25.00	0.603×63.00	2.83×1.68	20.49×1.46			G50×2000mm
					合计			144.30	51.50	37.99	4.75	29.92	14.82	5.32	
13	030409002001	接地母线	m	2-697	户外接地母线	m	1		1.05×1.57×4.2	0.275×63.00	0.14×1.68	0.30×1.46			−40×5mm
					合计			34.12	6.92	17.33	0.24	0.44	6.76	2.43	
14	030410002001	横担组装	组	2-358	金属横担制作	10kg	0.05		4.91×4.20	0.05×9.72×63	0.05×112.44×1.68	0.05×68.34×1.46			(5.95+13.69)÷4
				2-359	金属横担安装	10kg	0.05		瓷瓶4×3.80	0.05×6.318×63	0.05×18.97×1.68	0.05×51.96×1.46			
					合计			132.92	35.82	50.52	11.03	8.78	19.70	7.07	
15	030410002002	横担组装	组	2-372	单根铁横担	组	1		4.3×4.2+4.08×3.80	0.297×63.00	2.37×1.68	—			L50×5×1050mm
					合计			66.7	33.56	18.71	3.98	—	7.30	2.62	
16	030410003001	导线架设	m	2-825	进户线架设	m	1		1.018×1.44	0.00783×63.00	0.57×1.68	—			BLX-6
					合计			3.18	1.47	0.49	0.96	—	0.19	0.07	
17	030411001001	配管	m	2-975	D15电线管明装	m	1		1.03×2.73	0.00963×63.00	1.22×1.68	0.34×1.46			DN15 接地引F
					合计			14.65	2.81	6.07	2.05	0.50	2.37	0.85	
18	030411001002	配管	m	2-977	D25电线管明装	m	1		1.03×5.79	0.10737×63.00	1.43×1.68	0.33×1.46			DN25 砖墙
					合计			18.95	6.08	6.53	2.40	0.48	2.55	0.91	
19	030411004001	配线	m	2-1176	管内穿线	m	1		1.05×1.44	0.0072×63.00	0.08×1.68	—			BLX-6
					合计			2.33	1.51	0.45	0.13	—	0.18	0.06	
20	030411004002	配线	m	2-1170	管内穿线	m	1		1.10×0.99	0.0063×63.00	0.05×1.68	—			BLX-4
					合计			1.79	1.09	0.40	0.08	—	0.16	0.06	
21	030411004003	配线	m	2-1255	鼓式绝缘子	m	1		1.098×0.79	0.0502×63.00	0.62×1.68	—			BLX-2.5 砖墙
					合计			6.74	0.87	3.16	1.04	—	1.23	0.44	
22	030411004004	配线	m	2-1256	鼓式绝缘子	m	1		1.055×1.44	0.0509×63.00	0.56×1.68	—			BLX-6 砖墙
					合计			7.37	1.52	3.21	0.94	—	1.25	0.45	

计价表标准与调整

序号	编码	项目名称	计量单位	定额编号	项目	单位	含量	合计	主材	人工	辅材	机械	管理费	利润	备注
23	030411004005	配线	m	2-1275	蝶式装并横担	m	1		1.08×0.99	0.02916×63.00	0.56×1.68	—			BLX-4
					合计			8.27	1.07	0.84	4.38	—	0.72	0.26	
24	030411004006	配线	m	2-1297	双线木槽板	m	1		2.26×0.79+1.05×1.50	0.13419×63.00	0.78×1.68	—			BLX-2×2.5
					合计			17.61	3.37	8.45	1.31	—	3.30	1.18	
25	030411004007	配线	m	2-1298	双线木槽板	m	1		2.13×0.99+1.05×1.50	0.13743×63.00	0.72×1.68	—			BLX-2×4
					合计			18.15	3.69	8.66	1.21	—	3.38	1.21	
26	030411004008	配线	m	2-1298	双线木槽板	m	1		2.13×1.44+1.05×1.50	0.13743×63.00	0.72×1.68	—			BLX-6
					合计			19.11	4.65	8.66	1.21	—	3.38	1.21	
27	030411004009	配线	m	2-1301	三线木槽板	m	1		3.36×0.79+1.05×2.00	0.15741×63.00	0.90×1.68	—			BLX-3×2.5
					合计			21.19	4.75	9.92	1.51	—	3.87	1.39	
28	030411004010	配线	m	2-1302	三线木槽板	口	1		3.17×0.99+1.05×2.00	0.19791×63.00	1.29×1.68	—			BLX-3×4
					合计			26.53	5.17	12.52	2.17	—	4.89	1.76	
29	030412001001	普通灯具	套	2-1389	软线吊灯 25W	套	1		1.01×6+1.03×2	0.0846×63.00	4.00×1.68	—			
					合计			23.00	8.12	5.33	6.72	—	2.08	0.75	
30	030412001002	普通灯具	套	2-1391	防水吊灯 40W	套	1		1.01×12+1.03×2	0.0846×63.00	2.81×1.68	—			
					合计			27.06	14.18	5.33	4.72	—	2.08	0.75	
31	030412001003	普通灯具	套	2-1392	弯脖壁灯 40W	套	1		1.01×20+1.03×2	0.1818×63.00	6.23×1.68	—			
					合计			50.18	22.26	11.45	10.47	—	4.47	1.60	
32	030414011001	接地装置	系统	2-886	接地电阻测试系统	系统	1		—	6×63.00	4.64×1.68				
					合计			795.9	—	378.00	7.80	209.71	147.42	52.92	

工程名称：车库宿舍（电气安装）   2013 年 7 月 日

序号	编码	项目名称	计算式	金额(元)	备注
1	031302001001	安全文明施工	分部分项工程费 14034.73×1.2%	168.42	
2	031302002001	夜间施工增加	分部分项工程费 14034.73×0.1%	14.03	
3	031302005001	冬雨期施工增加	分部分项工程费 14034.73×0.1%	14.03	
4	031302006001	已完工程与设备保护	分部分项工程费 14034.73×0.05%	7.02	
5	031301018001	临时设施费	分部分项工程费 14034.73×1.5%	210.52	
6	031301018002	检验试验费	分部分项工程费 14034.73×0.15%	21.05	
		合计		435.07	

安装工程招标控制价汇总表〔清单计价〕   表 3-62

工程名称：车库宿舍（电气安装）   2013 年 7 月 日

序号	内容	计算式	金额	备注
(一)	分部分项工程费		14034.73	表 3-59
	其中:人工费		5317.20	
(二)	措施项目费		435.07	表 3-61
	其中:安全文明施工费		168.42	
(三)	其他项目费		1730.00	
	1. 暂列金额		1000.00	(估)
	2. 专业工程暂估价		—	
	3. 计日工	100 工日×73 元/工日	730.00	(估)
	4. 承包服务费		—	
(四)	规费		453.28	
	1. 社会保险费	〔(一)+(二)+(三)〕×2.2%	356.40	
	2. 住房公积金	〔(一)+(二)+(三)〕×0.38%	61.56	
	3. 工程排污费	〔(一)+(二)+(三)〕×1‰	16.20	
	4. 安全监督管理费	〔(一)+(二)+(三)〕×0.118%	19.12	
(五)	税金	〔(一)+(二)+(三)+(四)〕×3.48%	579.53	
			17232.61	

5. 说明

根据实例计算，可以得出电气预算方面几条规律性的结论，分述如下：

(1) 电气安装工程作为设备安装工程内容之一，其预算编制的方法、程序和费用计算，同样适用于其他安装工程。除了定额基价调整方法因工程内容而异外，各项预算费用的计算几乎完全相同。因此，学会电气预算编制方法，就为掌握编制其他安装工程预算打下了基础。

（2）电气安装工程量的计算，关键在于导线敷设。导线的走向始终保持垂直转向，只有水平布线和垂直升降两个方向。因此，导线长度应为平面图按比例量取或计算的水平长度，与由标高推算的垂直高差的总和。

（3）导线敷设与用电设备有关：

1）动力用电一定是四线制（A、B、C、O相）；照明用电一定是二线制（火线、O相）。

2）进户线有两种：一种进线四线（动力、照明合用）；二路进线五线（O相共用）或六线或八线（动力、照明分线）。由于两种电费单价不同，后一种进户线广泛采用。

3）闸刀开关型号与线制有关，照明为单相双刀（火线、零线），动力为三相三刀（只接火线）；其规格由额定电流控制。

4）熔断器只接火线，且按"一线一个"装配。

5）灯具开关多为单联式，即一条火线进入，控制灯具通断。而双联、三联等开关、控制火线增多，且断通电路为相对。灯具中的零相导线多为共用。

6）双眼插座接火线、零线；三眼插座接火线、零线及保护接地（用于功率较大的单相电动电器）；四眼插座三根火线（三相）和一根零线，为动力电源所用。

（4）接地装置有多种：

1）重复接地：接地极（网）多在进户线处，与零相导线相接，电阻不大于10Ω。

2）保护接地：接地极（网）与电器机壳相接。当功率不大时，保护接地允许与导线零相连接，而不独立设置。利用建筑物内钢筋、水管、电线管等代替地极的接地方式，属于保护接地。

3）逻辑接地：对于要求电位相等、消除静电的特殊房间，设置独立的接地装置，其电阻不大于1.0Ω，这种接地不与其他系统相连。

4）防雷接地：地极与避雷针（网）相连接，以保护建筑物（构筑物）的安全。各种不同的接地装置，自成系统，应分别计算。

复习思考题

1. 掌握电气安装工程基本专业知识，了解和熟悉常用电工材料、电气设备的性能、型号和用途，对编制电气安装工程预算，有什么重要意义？

2. 电气工程在设计和制图中，采用了哪些主要专业图例、符号、标注的规定？为什么要规定这些统一的制图符号？

3. 电气安装工程施工图由哪些主要内容组成？试述电气图的识读步骤和要点。

4. 按本章第三节所学知识，练习识读实际工程的电气设计图一套，并写出识图笔记。

5. 电气安装工程中，动力电与照明电在施工图上如何区分？它对编制预算有何差异？

6. 第二册"电气设备安装工程"预算定额的主要内容和适用范围是什么？

7. 预算定额项目的划分，应遵守哪些原则？第二册安装定额的项目，划分为哪几个分部？

8. 简述地方换算"定额基价"的两种方法。你所在地区是采用哪种方法确定基价的？

9. 怎样区分电气安装工程预算定额的执行界限？怎样划分第二册安装定额中柜、屏、箱？接地装置有哪几种？

10. 第二册安定定额有哪些执行规定？选套电气安装定额项目，应具备何种条件？试述套价注意事项。

11. 电气设备安装工程预算定额中，规定增加的收费有哪些？其取费条件和取费标准如何规定？

12. 试述电气安装工程量的计算依据、计算方法和计算步骤。熟悉电气安装工程预算定额中，15 个分部的工程量计算规则。

13. 通用安装工程"清单计价"的十二个专业是指哪些？电气安装工程的"清单"计价项目包括哪些分部？

14. 试比较：电气安装工程预算定额、"清单计量规范"的工程量计算规则的相同、不同处（对照表 3-17、表 3-51）？

15. 简述电气安装工程采用"清单计价"方式编制招标控制价的编制依据和编制步骤？

16. 如何编制"清单"计价项目的综合单价？

17. 试述电气设备安装工程预算的编制程序和注意事项？

18. 如何确定建筑安装工程的综合税率？税收中包含哪些内容？

19. 通过图 3-16、图 3-17 的实例计算，你能总结一下如何编制电气工程施工图预算、"清单"招标控制价吗？

20. 通过对"表 3-55、表 3-56、表 3-57、表 3-58、表 3-59、表 3-60、表 3-61、表 3-62"的理解和比较，就"定额计价"、"计价表计价"和"清单"计价三种取费办法，回答下列问题：

(1) 预算费用组成有何不同？

(2) 采用的"单价"标准有何不同？

(3) 表 3-55 与表 3-56、表 3-59 的内容有哪些相同？

练 习 题

1. 熟读图 3-4～图 3-8，已知平面轴线尺寸为：开间 3.50m、进深 $2 \times 4.50m + 2.00m$、外墙厚 370mm、内墙厚 240mm，层高均为 2.9m，其余尺寸按比例推算。试求下列工程量，并查选定额编号。

(1) 室内 2 层 BBLX-500V-4×4 的导线单股长度。

(2) 总配电箱至 1、3、4、5 层配电箱的 BLV-4×2.5mm² 导线单股长度（见表 3-50）。

(3) 2 层照明配线 BLV-2×2.5mm² 导线单股长度。

(4) 分别计算暗敷穿线钢管 DN20、DN15 的长度。

(5) 底层沿墙配线用聚乙烯软塑料管 DN15 的长度。

(6) 笙罩壁灯 HSZA-1×40-1，共几盏？

(7) 防潮式吊线灯（60W），共几盏？

(8) φ200-60W 半圆罩吸顶灯，共几盏？

(9) φ200-60W 塑料大口碗罩灯，共几盏？

(10) LYJQ-1/40W 吊链简易开启荧光灯，共几盏？

(11) 普通拉线开关，共几只？

2. 根据图 3-18，计算下列工程量，并分别列表计算"清单"项目分部分项工程费：

(1) BLV-1000V2×16mm² 进户线。

(2) L50×5 进户线横担（两端埋设）安装。

(3) 暗配（BLV-500V-2×10mm² G20—QA）镀锌钢管。

(4) 管内穿线 BLV-500V-2×10mm²。

(5) YG₂-1×40W 吊链式组装型单管荧光灯。

(6) 软线吊灯。

(7) 双线木槽板沿墙明配 BLV-500V-2×2.5mm²。

(8) 三线木槽板沿墙明配 BLV-500V-3×2.5mm²。

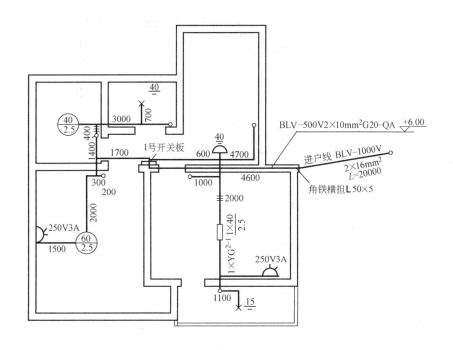

图 3-18 3 层住宅电器照明平面图

说明:

1. 电源由室外架空线引入,引入线在墙上距地 6m 处装设角钢支持架(两端埋设式)。

2. 除电源引入采用穿管暗配外,其余一律采用木槽板明配,用 BLV-500V2.5mm² 导线配线。

3. 拉线开关一律距顶板 0.3m,插座距地 1.8m,开关板距地 1.4m。

4. 房屋层高为 2.8m,共 3 层,本图为第 3 层电器照明安装,本例题工程量,只计算第 3 层的灯具、导线等。为了清楚起见,门窗都未画出,尺寸注明在图上,一律用 mm 为单位(除标高外)。

5. 开关板宽为 300mm,高为 400mm。

3. 按照图 3-19 所示,试计算 2BO5A 双火方筒壁灯和沿墙明配 BLVV-2×2.5mm² 双芯塑料护套线的安装工程量。

4. 如图 3-20 所示,已知该工程为 3 层楼,层高均为 2.8m,屋顶女儿墙高 1m,室内外高差 0.3m。若引下线出沿 0.6m(二支),接地极埋深为 1m,试计算下列安装工程量,并列表计算分部分项工程费:

(1) 接地极 L50×5×2500 的制作安装。

(2) 埋地接地线(扁钢 40×4)长度。

(3) 沿支架焊固 φ8 防雷引下线。

(4) 沿混凝土块敷设 φ8 防雷网长度。

5. 某电气安装工程,已知主材费为 30000 元,定额安装费 3000 元,其中:人工费 1000 元、机械费 200 元。该工程位于市区禁区,由县区级集体企业安装。按当地预算规定,试求该工程预算总价值。

6. 图 3-21 为某住宅楼顶层三室户的电气照明施工图。试按当地预算规定,编制电气安装工程招标控制价(一户)。

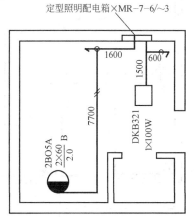

说明:1. 配电箱、板把开关安装距地 1.4m,箱高 400mm,宽 500mm,房屋层高 2.8m。

2. 壁灯安装高距顶 200mm。

图 3-19 练习 3 题图

213

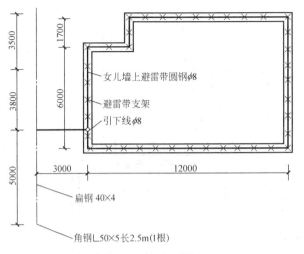

女儿墙上避雷带圆钢φ8

避雷带支架

引下线φ8

扁钢 40×4

角钢L50×5长2.5m(1根)

图 3-20　练习 4 题图

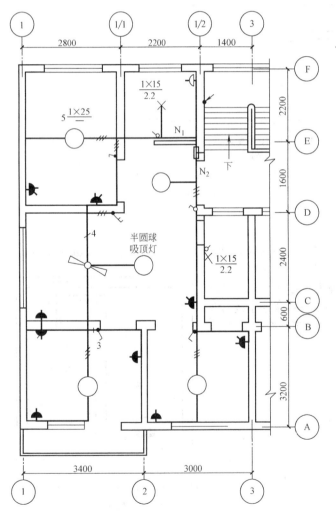

5 $\frac{1×25}{}$

$\frac{1×15}{2.2}$

N_1

N_2

下

半圆球
吸顶灯

$\frac{1×15}{2.2}$

3

4

BV-2×2.5
G20-QA

N_1

N_2

说明：1. 本图为某住宅楼顶层三室户的
电气照明工程施工图，层高
2.9m，墙厚均为 240mm，室内
净高 2.7m，挂镜线距地 2.4m。

2. 照明电源由电表箱引出，N_1 及
N_2 回路均采用 BLVV-2×2.5
（3×2.5）-QM 或 PM，沿墙明
敷由挂镜线走线。

3. 电表箱 b·h = 300mm ×
250mm，距地 1.8m，拉线开
关距地 2.4m，板开关距地
1.2m，插座距地 1.6m。

图 3-21　练习 6 题图

第四章　给水排水工程预算

　　管道在工农业生产和人民生活中，发挥着重要的输送作用。常见的管道有输送净水的给水管、泄放污水的排水管、提供热源的供热管、供应燃料的煤气管、改善空气的通风管，以及输油管道、化工管道、压缩空气管道等。根据管道输送介质、管材材质、工作压力、直径壁厚、制作方法、接口方式、施工做法的不同，可以划分出许多品种和规格。按照其不同的用途，则有其不同的施工要求和施工方法。我们一般把各种管道敷设与连接的施工任务，统称为管道安装工程。

　　以管道为中心的安装工程，因专业分工的不同，划分为给水排水工程、采暖工程、通风空调制冷工程、燃气工程、工业管道工程、长距离输送管道工程等。从管道分布范围与管理权限上划分，有长距离区域性管道、城市建设中的市政管道、小区内（室外、室内）管道三个范畴。在一般工业与民用建筑工程中，给水与排水工程是不可缺少的设计项目，因而也是管道安装中经常遇到的施工内容。

　　本章着重介绍一般工业与民用建筑工程中，给水排水工程预算的编制方法及其计价表、预算定额的应用。重点是与土建工程配套的室内给水排水工程。

第一节　给水排水工程概念

　　给水排水工程包括工业给水、工业排水和民用给水排水三部分。工业给水包括水源工程、净水工程、厂外（市政）供水管路、全厂供水网管、循环水工程等。工业排水包括排污（下水）管道、污水处理等。民用给水排水可以分为给水和排水两个系统，分别包括管道、器具、设备等内容。

一、给水工程概念

　　供给符合标准的生产、生活和消防用水的管路系列工程，称为给水（上水）工程。给水工程分室外给水和室内给水两部分。室外给水系统由取水（水源）工程、净水工程和输配水工程组成；室内给水系统则包括管道、器具、设备等内容（图4-1）。取水水源分地面水、地下水两种；输配水工程属于市政建设范畴，包括输水管道、配水管网、升压泵站、水塔及水池等工程内容。

　　由于给水方式的不同，通常把室外给水分为自来水和深井提水两种方式，把室内给水分为直接引水和加压供水两种方式。室内给水的首段进户管，常见为单管进水，而对于要求用水不间断、供水量大的特殊用户，可实行双管进水，以增强可靠性。

　　在一般工业与民用建筑工程中，室内给水安装工程是主要项目之一。室内给水系统一般由进户管（引入管、水表、闸阀）、配水管（干管、立管、支管）、配水龙头（用水设备）等基本部分，以及水泵、水箱、水池等设备所组成。由于建筑物的性质和规模不同，对于室内给水的水质、水压和水量等要求也不同，因而应采用不同的方式供水。

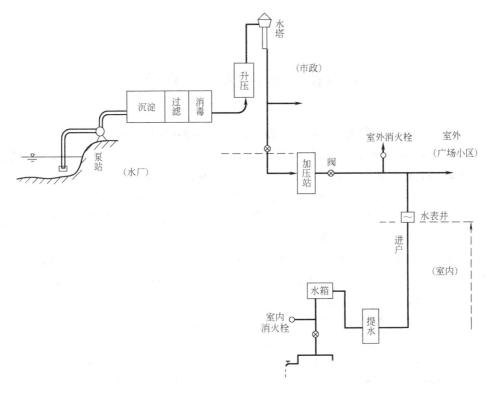

图 4-1　给水系统示意图

常见的室内给水系统有四种：

（1）简单的直接给水系统［图 4-2（a）］，用于室外水压大、水量足的供水条件的用户；

（2）设高位水箱的给水系统［图 4-2（b）］，可昼夜调节、连续供水，用于多层建筑；

（3）设水泵加压的给水系统［图 4-2（c）］，用提高水压来保证供水，适用于地势高、室外水压不足的建筑物；

（4）设断流水池的给水系统［图 4-2（d）］，能自动补水和提水，适用于耗水多、室

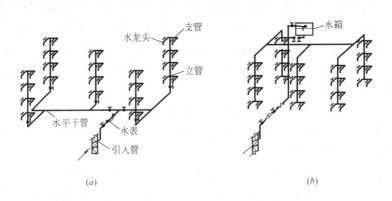

（a）　　　　　　　　　　　　　　　（b）

图 4-2　室内给水系统供水方式（一）

（a）简单的给水系统；（b）设高位水箱的给水系统

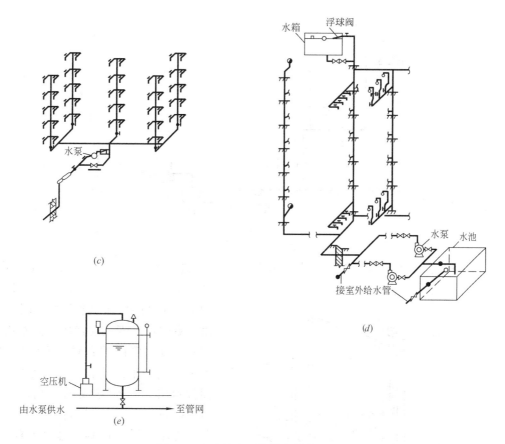

图 4-2　室内给水系统供水方式（二）

（c）设加压水泵的给水系统；（d）设断流水池的给水系统；（e）气压给水设备

外水压低的建筑物。

　　室内给水管网的布置，应实行管线短、阀件少、易敷设、利维修的原则。进户管的引入位置决定于外管位置和室内耗水分布情况，而室内管网布置取决于用水设备分布及耗水量。室内管路的布置主要有下行上给［图 4-2（a）］和上行下给［图 4-2（b）］之分；室内管路的敷设分明装和暗装两种，管子由管件连接，其间设置必要的控制阀门和各种用水设备，管路的安装施工应按设计图（施工图）进行。

　　二、排水工程概念

　　排放生产废水、生活污水和雨（雪）水的管路系列工程，称为排水（下水）工程。排水工程因水质污染程度不同，分为不同类型的排水系统。雨（雪）水的排泄，一般是从屋面至室外下水道，构成独立系统，属土建工程内容。室内生活、生产污水，视具体情况，采用分流或合流制排水系统，属于安装工程内容。因此，排水工程也分为室内、室外两部分，室外排水工程与市政下水工程相连接。各种排水管路的布置及其系统规划，有具体的原则和设计规范，并受到环保条例的制约。

　　由室内排水、室外排水（厂内）、市政排水及其与不同污水性质所构成的整个排水网络（图 4-3）是由不同管道相连接的。在一般工业与民用建筑工程中，室内排水作为安装工程内容，与电气、给水工程一样，同是配套的主要建设内容之一。

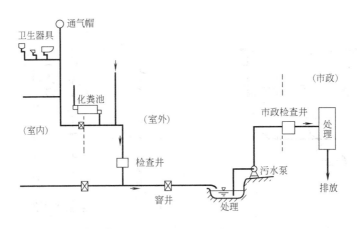

图 4-3　排水系统示意图

室内排水系统由卫生器具（污水收集器）、排水管路（横支管、立管）、通气管、排出管（出户管）、清通装置（检查口、清扫口）及某些特殊设备组成（图 4-4）。由于室内排水管道为无压、自流状态，因此，排水管网的布置，不仅决定于卫生器具的平面位置，还应考虑其立面标高和水平管坡度的影响。同时，应坚持管道共用、有利排污、美观隐蔽、方便维修等原则。排水工程的安装施工，要依据施工图、按施工规范要求进行。

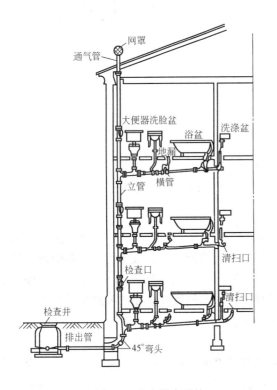

图 4-4　室内排水系统

三、室内给水排水工程的施工

给水排水工程施工的主要内容是管道和设备的安装。由于管道的工程量较大，其间连接着各种用水设备和控制装置，且分节装配，因此，给水排水工程的施工是以管道安装为中心展开的，而管道安装又是以接口施工为关键内容。

室内管道的敷设方式有明装和暗装两种。明装管道的位置有沿墙、楼板下、靠柱、沿设备、沿操作台、沿楼面、沿地面、顶棚内等，其固定方式有钩钉、管卡、吊环、托架等多种。暗装管道可分为埋地、管沟中（支座、支架式）、构件内、基础内等方式。

管道安装的施工工序包括测线、选配管、接口、配件、固定、试水等内容。其接口方式有丝口式（螺纹式）、焊接式、法兰式、承插式、套接式等，要求管道运用中不漏水。管道安装施工中应注意以下几点：

（1）必须按设计图施工，预先做好预埋、留孔、测线、配管等工作；

（2）不同介质的管路排列在一起时，必须按规范规定处理好水平、垂直两个方向（上下、内外）上的管道排列关系；

（3）管道与墙柱、管道与设备、两条管道之间、管道至楼地面等的净间距，必须符合设计要求（图纸无规定时，按规范和维修标准确定）；

（4）下水（排水）的水平管，禁止倒反坡度。

第二节　常用材料及设备常识

1. 公称直径、公称压力

为了便于设计、施工和维修，有利于批量生产和降低成本，根据标准化、定型化的要求，国家对各类型管及其附件的类型、规格、工作压力、质量等，制定了统一的技术标准。主要参数如下：

（1）公称直径。为保证管子、管件、阀门之间的互换性，而规定的一种内径用毫米表示的通径，称为公称直径。符号为 DN，室内给水排水系统管路的公称直径有 15、20、25、32、40、50、65、80、100、125、150mm 等。但要注意：一般 DN 只是近似值，它们是来源于习惯使用的英制单位的换算值（表 4-1）。

焦接钢管公称直径两种单位对照　　　　　　　　　　　　　表 4-1

公称直径	(mm)	10	15	20	25	32	40
	(in)	3/8	1/2	3/4	1	$1\frac{1}{4}$	$1\frac{1}{2}$
公称直径	(mm)	50	70	80	100	125	150
	(in)	2	$2\frac{1}{2}$	3	4	5	6

（2）公称压力。管内介质温度为 20℃时，管子或附件所能承受的以耐压强度（MPa）表示的压力，称为公称压力。用 PN 表示。压力范围为 0.05～250MPa，共有 26 个等级，有些附件上标有 PN 数值。$PN \leqslant 1.6$MPa 为低压；PN 为 1.6～10MPa 为中压；PN 为 10～100MPa 为高压；PN 超过 100MPa 为超高压。

（3）试验压力。指试验时管子及附件必须能够经受的最小压力（MPa），符号为 Ps。Ps 是根据不同介质，按规范规定的数值，一般 $Ps=(1.25～2)PN$。

（4）工作压力。指管子及附件在介质最高温度时的允许压力，用 P 及允许最高温度除以 10 的整数值表示。如介质最高温度为 250℃时的工作压力，符号以 P_{25} 表示。工作压力主要用于限制输送介质的最高温度。

2. 管材及管件

（1）焊接钢管（有缝钢管）。一般用于输水、燃气、暖气管道等。焊接钢管分为镀锌钢管（白铁管）和非镀锌钢管（黑铁管）两种。按壁厚不同可分为普通钢管和厚壁钢管，规定的压力水压试验一般为 2MPa，加厚钢管 3MPa；钢管每根长度为 4～12m，编制预算可按 6m 考虑。非镀锌钢管的规格如表 4-2。

公称直径		外径(mm)		普通钢管			加厚钢管		
				壁 厚		理论重量	壁 厚		理论重量
(mm)	(in)	外径	允许偏差 (%)	公称尺寸 (mm)	允许偏差 (%)	(kg/m)	公称尺寸 (mm)	允许偏差 (%)	(kg/m)
8	1/4	13.5		2.25		0.62	2.75		0.73
10	3/8	17.0		2.25		0.82	2.75		0.97
15	1/2	21.3		2.75		1.26	3.25		1.45
20	3/4	26.8	±0.50	2.75		1.63	3.50		2.01
25	1	33.5		3.25		2.42	4.00		2.91
32	1¼	42.3		3.25	+12	3.13	4.00	+12	3.78
40	1½	48.0		3.50		3.84	4.25		4.58
50	2	60.0		3.50	-15	4.88	4.50	-15	6.16
65	2½	75.5		3.75		6.64	4.50		7.88
80	3	88.5	±1	4.00		8.34	4.75		9.81
100	4	114.0		4.00		10.85	5.00		13.44
125	5	140.0		4.50		15.04	5.50		18.24
150	6	165.0		4.50		17.81	5.50		21.63

（2）无缝钢管。是由优质碳素钢或合金钢制造而成，分热轧无缝钢管和冷拔无缝钢管两种。管道工程中常用优质碳素钢无缝钢管。它的试验压力不大于 40MPa，它的规格是由外径和壁厚同时表示的。例如 φ108×4 表示管子的外径 108mm、壁厚 4mm。

（3）钢板卷管。由钢板卷制焊接而成。常用有两种，一种是工厂制造的成品，称为螺纹焊接钢管，每根长 8～12m，壁厚 5～10mm，内直径 200mm 以上，它的规格也用外径和壁厚表示，如 φ528×8 表示外径 528mm，壁厚 8mm。另一种是根据施工图自行加工的用卷板机卷筒、直缝焊接钢管，壁厚 4～6mm，长度受钢板尺寸和机械限制，常为短管，然后拼焊接长。

（4）铸铁管。又称生铁管，由生铁铸造而成。按接头形状区分为承插式（套袖式和钟栓式）和折缘式（盘式或法兰式）两种。根据使用要求可分为上水管与下水管。上水管为厚壁有压管（表 4-3），用于给水和输送煤气的铸铁管工作压力为：高压直管不大于 1MPa；普通直管不大于 0.75MPa；低压直管不大于 0.45MPa。下水管为无压管，用于排

给水铸铁管规格 表 4-3

公称内径(mm)	壁 厚(mm)		有效长度(m)		重 量(kg)			
	低 压	普 压			低 压		普 压	
					3m	4m	3m	4m
75	9	9	3	4	58.5	75.6	58.5	75.6
100	9	9	3	4	75.5	97.7	75.5	97.7
125	9	9		4		119		119.9
150	9	9.5		4		143		149
200	9.4	10		4		196		207

注：公称直径 DN150 以上的还有 5m 和 6m 长两种规格。

水工程的铸铁管，一般是污水自流，所以不承受压力。直管长度一般分为0.5、0.6、3、4、5、6m等几种（表4-4）。

排水铸铁承插口直管规格

表4-4

公称内径(mm)	壁　厚(mm)	管　长(m)	每根重量(kg)
50	5	1.5	10.3
75	5	1.5	14.9
100	5	1.5	19.6
125	6	1.5	29.4
150	6	1.5	34.9
200	7	1.5	53.7

（5）有色金属管。包括紫铜管、黄铜管、铝及铝合金管，一般用于化工及制冷管道。

（6）陶管。它分普通陶管和耐酸陶管两种。普通陶管一般用于排水管道（多用于粪便排污），耐酸陶管用于输送含有酸碱等腐蚀性液体。

（7）硬聚氯乙烯塑料管。它用于输送某些腐蚀性液体及气体。分轻型和重型两类。在常温下使用压力轻型管为0.6MPa，重型管为1MPa。常温是指0～40℃。

由于硬聚氯乙烯管（PVC—U）有一定毒性，现已普遍用在室内排水管道上。此外，在塑料管材方面还有聚乙烯管（PEX）、聚丙烯管（PP—R）、铝塑复合管（PAP、铝管内外壁为聚丙烯保护层）等，因无毒性，常用于低压给水管道上。塑料管材的管道连接方式有卡箍、卡套、胶粘、热熔、螺纹扣等多种，依据出厂配套件、管径大小及规范规定而分别使用。

（8）螺纹连接给水管件。焊接钢管的接口一般采用螺纹连接（丝扣），其管件为可锻铸铁（也称玛钢）制作，有弯头、月字弯、三通、四通、外接头（束接）、内接头、活接头（由任）、管堵、补心等（图4-5）。因公称直径的差别，尚有同径、异径等规格之分。

（9）给水铸铁管管件。常用有弯头、三通、四通、渐缩、短管、承堵、套管、乙字管（图4-6）。规格的区分，受管径及连接方式（承插、法兰）变化有多种形式。

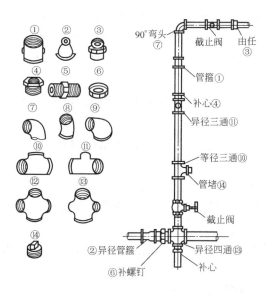

图4-5　给水管件及连接

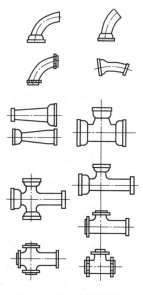

图4-6　给水铸铁管件

（10）排水铸铁管件。常用有各种弯头、存水弯、三通、四通、管箍、检查口等（图4-7）。DN为50、75、100、125、150、200mm等规格。

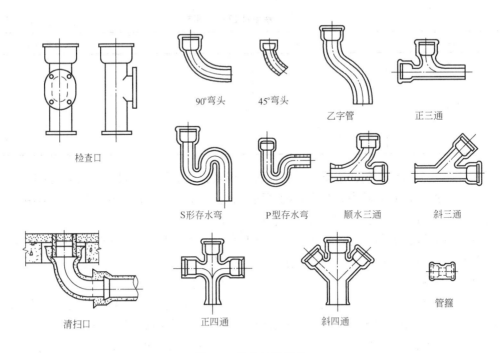

图 4-7　排水铸铁管件

（11）其他管材与管件。常有水泥管、石棉水泥管等用于排水工程。管件的形式及尺寸决定于管材、公称直径、工作压力、接口方式、使用要求等因素的变化，因此，应按具体情况选配。除通用形式外，必要时可以自行设计加工。

3. 阀门

阀门是用来控制管道内介质输送的一种机械定型产品。按压力分为低压、中压、高压三种阀门；按输送介质可分为水、蒸汽、油类、空气等几种阀门；按温度可分为低温和高温阀门等；按材质可分为铸铁、铸钢、锻钢、不锈钢、塑料阀门等；按连接形式又分为螺纹及法兰阀门等。

（1）配水龙头（如旋塞、角阀、小嘴龙头等）、闸阀、截止阀、球阀：用于开启或关闭管道的介质流动。

（2）止回阀（又称逆止阀、单流阀、底阀）：用于自动防止管道内的介质倒流。

（3）节流阀：用于调节管道介质流量。

（4）蝶阀：用于开启或关闭管道内的介质，必要时也可作调节用。

（5）安全阀：用于锅炉、容器设备及管路上，当介质压力超过规定数值时，能自动泄放排除过剩介质压力，以保证生产运行安全。

（6）减压阀：用于降低管道及设备内介质压力，使介质经过阀瓣的间隙时，产生阻力，造成压力损失，达到减压目的。

（7）浮球阀：是控制水位而自动开启或关闭的阀门。

阀门产品型号的表示方法，是由七个单元按下列顺序排列的（表4-5～表4-10）。

第七单元：表示阀体材料、汉语拼音（表4-10）

第六单元：表示公称压力（kg·f/cm²）

第五单元：表示密封圈或衬里材料，代号用汉语拼音（表4-8）

第四单元：表示结构形式，代号用数字（表4-9）

第三单元：表示连接形式，代号用数字（表4-7）

第二单元：表示驱动方式，代号用阿拉伯数字（表4-6）

第一单元：表示阀门类别，代号用汉语拼音（表4-5）

例：截止阀门 J41T—16K。表示为法兰截止阀（铸造直通式），密封圈为铜质，公称压力为 1.6MPa，阀体材料为可锻铸铁。

闸阀 Z45T—10 表示法兰闸阀，暗杆楔式单闸板，密封圈为铜质，$PN=1MPa$。

第一单元"阀门类别"代号　　表 4-5

阀门类型	闸阀	截止阀	节流阀	隔膜阀	球阀	旋塞	止回阀	蝶阀	疏水阀	安全阀	减压阀
代号	Z	J	L	G	Q	X	H	D	S	A	Y

第二单元"驱动方式"代号　　表 4-6

驱动方式	涡轮传动的机械驱动	正齿轮传动的机械驱动	伞齿轮传动的机械驱动	气动驱动	液压驱动	电磁驱动	电动机驱动
代号	3	4	5	6	7	8	9

注：对于手轮、手柄或扳手等直接传动的阀门或自动阀门则省略本单元。

第三单元"连接形式"代号　　表 4-7

连接形式	内螺纹	外螺纹	法兰	法兰	法兰	焊接
代号	1	2	3	4	5	6

注：1. 法兰连接代号3仅用于双弹簧安全阀。
2. 法兰连接代号5仅用于杠杆式安全阀。
3. 单弹簧安全阀及其他类别阀门系法兰连接时，采用代号4。

第五单元"密封圈或衬里材料"代号　　表 4-8

密封式或衬里材料	铜	耐酸钢或不锈钢	渗氮钢	巴氏合金	硬质合金	铝合金	橡胶	硬橡胶
代号	T	H	D	B	Y	L	X	J
密封式或衬里材料	皮革	聚四氟乙烯	酚醛塑料	尼龙	塑料	衬胶	衬铅	搪瓷
代号	P	SA	SD	NS	S	CI	CQ	TC

注：密封圈系由阀体上直接加工出来的，其代号为"W"。

第四单元"结构形式"代号　　表 4-9

结构型式＼代号　阀门类别	1	2	3	4	5	6	7	8	9	0
闸阀	明杆楔式单闸板	明杆楔式双闸板	—	明杆平行式双闸板	暗杆楔式单闸板	暗杆楔式双闸板	—	明杆平行式双闸板	—	—
截止阀节流阀	直通式（铸造）	角式（铸造）	直通式（铸造）	角式（铸造）	直流式	—	—	无填料直通式	压力计用	—

阀门类别 \ 结构型式 代号	1	2	3	4	5	6	7	8	9	0
隔膜阀	直通式	角式	—	—	直流式	—	—	—	—	—
球阀	直通式（铸造）	—	直通式（铸造）	—	—	—	—	—	—	—
旋塞	直通式	调节式	直通填料式	三通填料式	四通填料式	—	油封式	三通油封式	液面指示器用	—
止回阀	直通升降式（铸造）	立式升降式	直通升降式（铸造式）	单瓣旋启式	多瓣旋启式	—	—	—	—	—
蝶阀	旋转偏心轴式	—	—	—	—	—	—	—	杠杆式	—
疏水器	—	—	—	钟形浮子式	—	—	—	脉冲式	热动力式	—
减压阀	外弹簧薄膜式	内弹簧薄膜式	膜片活塞式	波纹管式	杠杆弹簧式	气垫薄膜式	—	—	—	—
弹簧安全阀	封闭微启式	封闭全启式	封闭带扳手微启式	封闭带扳手全启式	—	—	带扳手微启式	带扳手全启式	—	带散热器全启式
杆杠式安全阀	单杆杠微启式	单杆杠全启式	双杆杠微启式	双杆杠全启式	—	—	—	—	—	—

第七单元"阀体材料"代号　　　　表 4-10

阀体材料	灰铸铁	可锻铸铁	球墨铸铁	硅铁	铜合金	铜合金
代号	Z	K	Q	G	T	B
阀体材料	碳钢	铬钼合金钢	铬镍钛钢	铬镍细钛钢	铬钼钒合金钢	铝合金
代号	C	I	P	R	V	L

注：对于 $PN \leqslant 1.6$ MPa 的灰铸铁阀门或 $PN \geqslant 2.5$ MPa 的碳钢阀门，则省略本单元。

4. 离心水泵

水泵（抽水机）是一种用来输送和提升液体的水力机械。水泵种类很多，以离心式水泵最为广泛。离心泵按叶轮数分单级泵、多级泵；按进水形式有单吸式、双吸式。

水泵的基本参数是流量（m^3/h 或 L/s）、扬程（m）、轴功率（kW）、效率（%）、转速（r/min）和允许吸上真空高度（m）等。这些参数都标记水泵的铭牌上。

表示泵类的型号所用符号的解释尚不统一。常用的小型离心泵为 BA 型（旧型号是 K型、新型号是 B 型、改进产品为 BL 型），常用表示方法举例如下。

（1）B 型离心水泵：

例：

224

（2）BL 型离心水泵：

例：

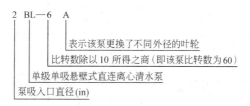

（3）D 型离心水泵：

例：

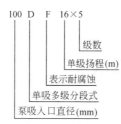

（4）DA 型离心水泵：

例：

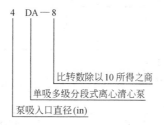

（5）GC 型离心水泵：

例：

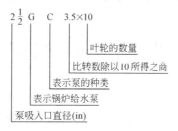

5. 卫生陶瓷

室内用水器具中，卫生陶器产品最为广泛。主要包括：洗面器、大便器、妇洗器、小便器、水箱、洗涤槽、存水弯等。为方便预算编制工作，表 4-11 列出了常用的卫生陶瓷新、旧名称和规格，供参考。

常用卫生陶瓷名称、型号　　　　　　　表 4-11

	现名称及型号	洗　面　器										立式洗面器		
洗面器		＊3	＊4	＊5	＊6	＊12	＊13	＊14	＊21	＊22	＊27	＊33	＊4	＊5	＊6
	原名称及型号	大香港	小香港	英　　式(in)						新英式(in)		洗面器		
		22	20	22	20	20	16	20	18	14	22	20	6201	6202	2701

	现名称及型号	坐式大便器					坐式大便器（配套）			蹲式大便器				
大便器		＊3	＊4	＊7	＊10	＊14	＊4	＊5	＊6	＊1	＊12	＊14	＊13	＊16
	原名称及型号	福州式	吉隆弯管	新天津直管	新吉隆直管	新天津弯管	6201	6202	7210	大坂式（和平式）	小平蹲	大平蹲	沃利沙A	沃利沙C
妇洗器	现名称及型号	妇洗器												
		＊4	＊5	＊6										
	原名称及型号	妇洗器												
		6201	6202	7201										
小便器	现名称及型号	小便器		立式小便器										
		＊3		♯1										
	原名称及型号	平面小便器		立式小便器										
水箱	现名称及型号	低水箱		低水箱（配套）			高水箱							
		＊5	＊12	＊4	＊5	＊6	＊2							
	原名称及型号	水箱												
				6201	6202	2701								
洗涤槽	现名称及型号	直沿洗槽					卷沿洗槽							
		＊1～＊8					＊1～＊8							
	原名称及型号	洗涤器或家具槽					洗涤槽或家具槽				洗涤槽			
											大号	3号	5号	

第三节　给水排水工程施工图

一、管道施工图概念

管道安装工程施工图涉及的专业较多，采用的图例和标注方法，因专业而异。各专业施工图的平面图，可以单一绘制，也可以相互组合，混合绘制。凡单一施工图，管路一般采用粗实线表示；而混合管道施工图，则管路要用线形或代号加以区分。管道工程施工图中的设备、器具，大多用其外形简图表示（表4-12）。

管道工程施工图按专业区分，有给水工程、排水工程、采暖工程、通风工程、燃气工程、长距离管道、化工管道等。这些施工图纸尽管专业、意义不同，但就图纸的篇幅和内容来讲，几乎是相同的。管道安装工程施工图的内容包括：

（1）图纸目录、设计（施工）说明。

（2）总平面图。指表示某一区域、小区、街道、村镇、单位、几幢房屋的室外管网平面布置的施工图。如图4-8和图4-9表示某居住小区的给水和排水管网布置。

名　称	图　例	名　称	图　例
保温管		室内消火栓(双口)	
多孔管		洗脸盆	
拆除管		立式洗脸盆	
地沟管		浴盆	
防护套管		盥洗槽	
管道立管	XL　　XL	污水池	
方形伸缩器		妇女卫生盆	
角阀		立式小便器	
闸阀		挂式小便器	
截止阀		蹲式大便器	
底阀		坐式大便器	
浮球阀		手摇泵	
放水龙头		热交换器	
室外消火栓		喷射器	
室内消火栓(单口)		过滤器	

注：1. 表列图例仅是部分内容，管道及给水排水工程的详细图例，参见《给水排水制图标准》（GB/T 50106—2001）；

2. 综合管线图中，可在管线上加注"汉语拼音字母"表示管道类别。如：J 生活给水、RJ 热水给水、RH 热水回水、XJ 循环给水、XH 循环回水、RM 热媒给水、RMH 热媒回水、Z 蒸汽、N 凝结水、F 废水、YF 压力废水、T 通气、W 污水、YW 压力污水、Y 雨水、YY 压力雨水、PZ 膨胀管等。

（3）平面图。表示各种设备、器具、管道及附件，在建筑物内的平面位置，要用符号表示其名称、型号、规格等。如图 4-10 和图 4-13，表示某集体宿舍楼公厕及盥洗间的给水和排水平面图。

（4）剖面图。反映设备、器具、管道及附件，在建筑物内的立面位置、标高、坡向、坡度等内容。有些简单工程省略不画。

（5）系统图。指利用轴测作图原理，在立体空间中反映管路、设备及

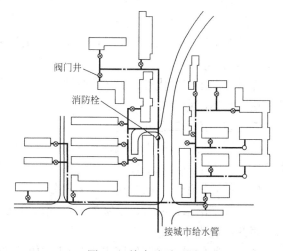

图 4-8　给水总平面图

227

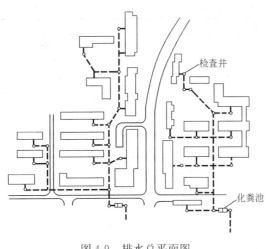

图 4-9　排水总平面图

器具相互关系的系统全貌的图形。并标注管道、设备及器具的名称、型号、规格、尺寸、坡度、坡向、标高等内容。图 4-12 和图 4-15 是某工程室内给水、排水的系统图。

（6）流程图（原理图）。指表示管道工程的工艺流程及其生产原理的图形。一般工程中常常省略。

（7）大样详图。指对于上述施工图中的局部范围，需要放大比例，表明尺寸及做法，而绘制的局部详图。如管道节点图、接口大样图、穿墙做法图、设备基础图、管道固定图等。

（8）标准图。指表示定型装置、管道安装、器具及附件加工等内容的标准化（定型）图纸，以供设计和施工中，直接套用。这些图纸有国标、部标、省标和院标（厂标）的分级定型图册。例如全国通用给水、排水标准图，以 "S" 编号（S_{111} 给水阀门井，S_{115} 矩形水表井，S_{311} 管件、零件，S_{114} 水表安装，S_{312} 防水套管，S_{222} 排水管道基础与接口……）。

（9）非标准图。指具有特殊要求的装置、器具及附件，不能采用标准图，而独立设计的加工或安装图。这种图只限某工程一次性使用。

（10）材料表。

上述 10 个内容，应根据工程内容和规模，由设计者决定出图的内容和数量。当然，设计者应用作为工程语言的施工图，必须做到全面而清楚地表达设计意图。

编制管道安装工程预算，识读施工图是最基本的要求之一。安装工程施工图的识读在前面已多次提到，其基本方法在此仍然适用，下面还要结合实例介绍，需要特别强调：

一是同一工程的不同专业安装图，可对照识读，判明相互关系，这有利于加深整体概念。当然，配合土建图识读是必不可少的。

二是图上往往出现管线交叉，一定要弄清线形差别和字母代码，区分管线交叉与管线分支的不同。

三是掌握图例、代号、标注、画法的意义，这是识图的基本功。尤其对于混合管道工程，更有其实用意义。

二、室内给水工程施工图

给水管路由外管引入建筑物室内时，其中包括进户管在内的建筑物自身管网形成的供水系统，称为室内给水工程。室内与室外工程的界限根据定额规定，按下列原则划分：

（1）首先按施工图的标注为依据划分。

（2）施工图未标明时，以室外进户管入口处阀门为界；室外给水管道与市政供水管，以水表井或碰头点为界。

（3）无阀门时，以距外墙皮 1.5m 以内的管路划入室内。

（4）室内有加压泵房时，室内给水管与泵房工艺管道，以泵房外墙皮划界。

室内给水系统的一般组成为：外管→进户管→水表井→水平干管→立管→水平支管→用水设备。在管路中间按需要装置阀门等配水控制设备。

室内给水工程施工图，主要包括给水平面图、给水系统图及详图，应附有设计（施工）说明和材料表。给水平面图中应标明进水、立管、用水设备及水平支管连接、分支等内容，对分部系统应编号，便于与管路系统图对照；给水系统图为轴测图，管路及器具的空间走向和标高，是系统图的重点内容；详图多采用标准图，常在目录或说明中注明"代号"。

识读给水施工图的方法，可归纳为以下几点：

（1）首先阅读施工说明，了解设计意图。

（2）由平面图对照系统图阅读，一般按供水流向（由进水至用水设备），从底层至顶层，逐层看图。

（3）弄清整个管路全貌后，再对管路中的设备、器具的数量、位置进行分析；

（4）要了解和熟悉给水排水设计和验收规范中部分卫生器具的安装高度（施工图一般不标注），以利于量截和计算管道工程量。常用卫生器具给水配件的安装高度见表4-13。

卫生器具给水配件的安装高度（mm） 表 4-13

名　　称	给水配件中心距地面高度(mm)	名　　称	给水配件中心距地面高度(mm)
1. 架空式污水盆(池)水龙头	1000	12. 小便槽多孔冲洗管	1100
2. 落地式污水盆(池)水龙头	800	13. 蹲式大便器（从台阶面算起）	
3. 洗涤池(盆)水龙头	1000	高水箱角阀及截止阀	2048
4. 住宅集中给水龙头	1000	低水箱角阀	250
5. 洗手盆水龙头	1000	低水箱浮球阀	900
6. 洗脸盆		14. 坐式大便器（从台阶面算起）	
水龙头（上配水）	1000	高水箱角阀及截止阀	2048
水龙头（下配水）	800	低水箱角阀	250
角阀（下配水）	450	低水箱浮球阀	800
7. 盥洗槽水龙头	1000	15. 大便槽冲洗水箱截止阀	
8. 浴盆水龙头	700	（从台阶面算起）	不低于2400
9. 淋浴器		16. 实验室化验龙头	1000
截止阀	1150	17. 妇女卫生盆混合阀	380
莲蓬头下沿	2100	18. 饮水器喷嘴嘴口	1000
10. 立式小便器角阀	1130	19. 室内洒水龙头	1000
11. 挂式小便器角阀及截止阀	1050		

图4-10是某单身宿舍底层给水管路布置平面图。图中表示：用水房间为盥洗间和厕所间，盥洗间设有盥洗槽，厕所内有三个蹲坑、一个小便槽和一个拖布池（盆）。给水干管由⑦、⑧轴线之间经阀门井进入室内，标高−0.30m处水平干管$DN=50$mm，通过水表井经三根立管（$\frac{J}{1}$、$\frac{J}{2}$、$\frac{J}{3}$，J为立管代号）向上。

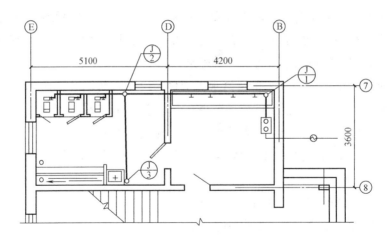

图 4-10 底层给水管路布置平面图

图 4-11 为该宿舍二、三、四层给水管路平面图。图中布局与底层相同，立管①分出水平支管通往盥洗槽（四个龙头）；立管②接出支管送往大便间高位水箱（三个角阀）；立管③接出支管供给小便槽和拖布盆用水。

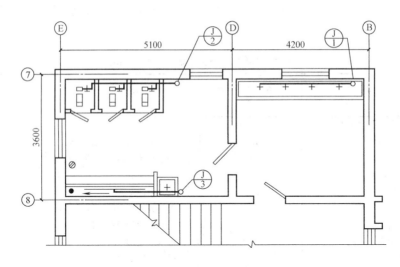

图 4-11 二、三、四层给水管路布置平面图

图 4-12 为系统图，配合平面识读。进户干管标高 $-1.60m$、$DN=50mm$，进入室内的水平干管标高 $-0.3m$、$DN=50mm$。图中 $\overline{mm}$ 表示楼（地）面位置，各层管路标高及管径，均在系统图中标注。

三、室内排水工程施工图

室内排水管路是室内的粪便、污水排至室外的整个下水管路。污水呈自流状态，管内无压，污水中含杂物是排水管的特点。

排水管路的系统为：卫生设备→水平支管→立管→水平干管→出户管（引出管）→室外检查井（窨井）。室内外排水工程的界限，以出户后第一个检查井划分。室外管道与市政管道的界线，以碰头井划分。

图例（平面）

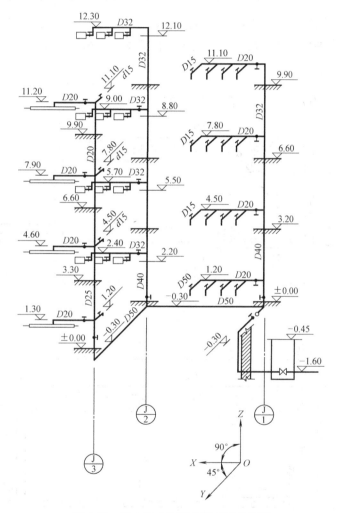	盥洗槽		水龙头
	拖布池		地漏子
	小便池		阀门井
	蹲式大便器		阀门
	大便器高位水箱		多孔水管
	给水立管		球形阀
			水表槽

图 4-12　室内给水管路布置系统轴测图

在排水工程中，卫生设备及下水管道为安装工程内容。而室外排水工程中的下列项目，应列入土建工程内容：

（1）检查井、窨井、化粪池、贮粪池等砌筑工程；

（2）水泥管敷设、安装及其沟槽土方开挖、垫层、土方回填；

（3）非安装内容的屋面雨水排泄系统及房屋周围的集水工程；

（4）污水净化处理的水池、沟槽等土建工程及排污设备的基础工程。

室内排水工程施工图的内容与给水工程相同，都是以平面图（有时给水排水平面图混合）、系统图和详图为主要内容。排水施工图与给水施工图不同的主要是：图例符号、水流方向、施工要求不同，给、排水分别自成系统。

排水工程施工图的识读方法，也与给水工程施工图相同，但顺序是由用水设备起，按排水方向进行。

图 4-13 是某单身宿舍底层排水管路布置平面图（注：与给水系统是同一土建工程），图 4-14 为二、三、四层排水管路布置平面图。从平面图可知：两条立管 $\left(\dfrac{W}{1}、\dfrac{W}{2}\right)$ 在底部汇合后，由 D、E 轴线之间通往室外。室内地漏、小便槽、拖布盆的污水，经横支管由立管②下泄；三个大便坑及盥洗槽，分别通过各自横支管，都经立管①下泄。横支管为每层一组。

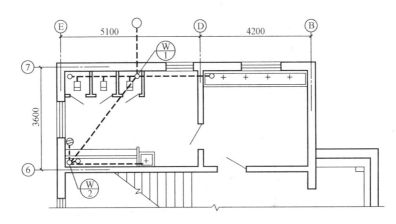

图 4-13　底层排水管路布置平面图

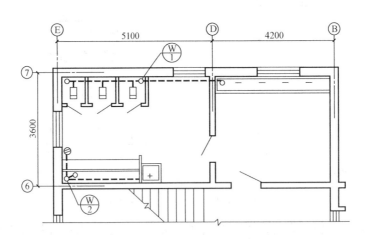

图 4-14　二、三、四层排水管路布置平面图

图 4-15 为本例的系统图。两根立管（设风帽）由屋面向下，各设三个检查口，标高 6.30m 以下 $DN=100$；6.30m 以上 $DN=75$。各层横支管以 2% 坡度与立管相接。②立管在标高 -0.50m 处接向①立管，①立管再以 $DN=150$ 向下至标高 -1.40m 处，接入 $DN150$ 出户管。图中标注了各种管径、标高、坡向、坡度等。

图例

	排水检查井		存水弯(用于轴测图)
	排水立管		地漏(用于轴测图)
	排水管		蹲式大便器(用于轴测图)
▣	清扫口(用于平面图)		检查口(用于轴测图)
	清扫口(用于轴测图)		

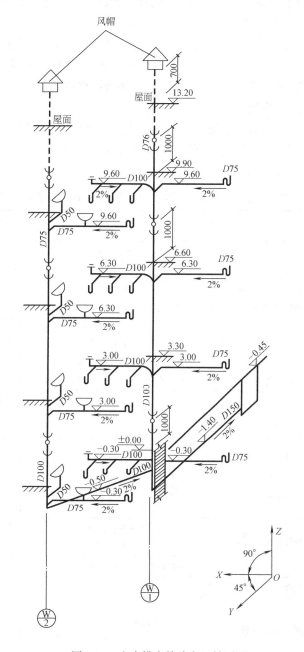

图 4-15 室内排水管路布置轴测图

第四节 给水排水工程预算定额

《全国统一安装工程预算定额》的第八册（给水排水、采暖、燃气工程）是管道工程预算定额的一部分，主要适用于生活用给水、排水、采暖、燃气管道及其附件、配件、器具、设备的安装，以及小型容器的制作安装。因此，对于一般工业与民用建筑工程中的给水、排水工程，主要依据本册定额编制预算。现行 2000 年版十二册"全国定额"（表 1-18）代替了 1986 年版十六册"全国定额"。同样，2001 年版"江苏省安装工程单位估价表"代替了 1992 年版"南京地区单位估价表"。另外，为推行"工程量清单计价"和新的费用划分规定，又以 2004 年《江苏省安装工程计价表》替代了 2001 年版"江苏省安装工程单价估价表"（第一章第六节）。具体执行中，出现了时间界限、定额交替及资源（人工）调价等状况。所以，定额执行中，必须严格执行当地文件的相关规定。

一、预算定额的执行规定

（1）现行安装预算定额共十二册，具有系列性，各册的适用范围以主体（管道工程界限见图 1-1）来确定，对于具体工程中的缺项或条件变化的项目，其他分册可作补充；第八册定额的项目划分见表 4-14；

给水排水、采暖、燃气安装工程预算项目划分［2000 年全统定额］　　表 4-14

分部（章）	定额编号	项　目		细目、子目、步距	计量单位	工作内容	说　明
一、管道安装	8-1～8-86	室外管道	镀锌钢管（螺纹）焊接钢管（螺纹）	DN15、20、25、32、40、50、65、80、100、125、150 以内		配管、套丝、整形、安装、水压	（1）用于给水排水、煤气及采暖管道（2）DN32 以内钢管包括管卡及托钩制作安装（3）管沟土方及基础，属土建工程（4）定额已含接头零件、水压或灌水试验、穿墙（板）铁皮套管等（5）DN32 以上支架、法兰、阀门、伸缩器等另计（6）管件的定额含量，不予调整
			钢管（焊接）	DN32～400 以内（13 步）		下料、整形、安装、水压	
			承插铸铁给水管	接口：青铅、膨胀水泥、石棉、胶圈 ϕ75～500mm 以内		铺管、接口、水压	
			承插铸铁排水管	石棉水泥—ϕ50～200 以内			
	8-87～8-178	室内管道	镀锌钢管（丝口）焊接钢管（丝口）	DN15～150 以内（11 步）	10m	配管、套丝、整形、安装、水压	
			钢管（焊接）	DN32～300 以内（11 步）		配管、整形、安装、水压	
			承插铸铁给水管	接口：青铅、膨胀水泥、石棉、胶圈 ϕ75～300 以内		装管、接口、水压	
			承插铸铁排水管	接口：石棉水泥、水泥接口 ϕ50～250 以内			
			柔性抗震铸铁排水管	柔性接口 ϕ50～200 以内			
			承插塑料排水管	接口：零件粘接 ϕ15～150 内		装管、接口、灌水	
			承插铸铁雨水管	石棉水泥、水泥接口 ϕ100～300 内			

分部(章)	定额编号	项目			细目、子目、步距	计量单位	工作内容	说明
一、管道安装	8-87～8-178	室内管道	镀锌铁皮套管制作		$DN25\sim150$ 内(9步)	个	下料、卷制、咬口	(1)用于给水排水、雨水及采暖管道 (2)$DN32$以内钢管包括管卡及托钩制作安装 (3)管沟土方及基础,属土建工程 (4)定额已含接头零件、水压或灌水试验、穿墙(板)铁皮套管等 (5)$DN32$以上支架、法兰、阀门、伸缩器等另计 (6)管件的定额含量,不予调整
			管道支架制作、安装		制作、安装～一般管架	100kg	配料、焊接、安装、堵洞	
	8-179～8-240	法兰安装	铸铁法兰(螺纹连接)		$DN20\sim150$ 以内(10步)	副	安装组对、紧固、水压	
			碳钢法兰(焊接)		$DN32\sim500$ 以内(14步)			
		伸缩器制安	螺纹连接法兰式套筒伸缩器安装		$DN25\sim50$ 内	个	切管、修盘根、对口、安装、水压	
			焊接法兰式套筒伸缩器安装		$DN50\sim500$ 内			
			方形伸缩器制作安装		$DN32\sim400$ 内			
		管道消毒、冲洗			$DN50\sim500$ 内(6步)	100m	灌水、消毒、冲洗	
		管道压力试验			$DN100\sim500$ 以内			
二、阀门、水位标尺安装	8-241～8-321	阀门安装	螺纹阀		$DN15\sim100$ 内(9步)	个	配套、接口、安装、水压	(1)本章按标准图集编制,一般不作调整 (2)法兰已含连接垫片、石棉橡胶板,其他材料不调整
			法兰阀		螺纹($DN15\sim50$),焊接($DN32\sim400$)			
			法兰阀(带短管甲乙)		接口:青铅、膨胀石棉、水泥 $DN80\sim500$			
			自动排气阀		$DN15、20、25$			
			手动放风阀		$DN10$			
			浮球阀		螺纹($DN15\sim100$),法兰($DN32\sim150$)	个	配套、接口、安装、水压	
			法兰液压水位控制阀		$DN50\sim200$ 以内			
	8-322～8-327	其他	浮标液面计FQ-Ⅱ安装			组	支架制安 FQ-Ⅱ型安装	
			水塔浮漂水位标尺制作安装			套	预埋、制安、调整	
			水池浮漂水位标尺制作安装					
三、低压组成器与具安装表	8-328～8-373	减压器组成安装			螺纹($DN20\sim100$),焊接($DN20\sim100$)	组	配套、定位、安装、水压	阀门、压力表数量可按实调整
		疏水器组成安装			螺纹($DN20\sim50$),焊接($DN20\sim100$)			
		水表组成安装	螺纹水表		$DN15\sim150$ 以内(10步)			
			焊接法兰水表		带旁通管及止回阀, $DN50\sim300$ 以内			
四、卫生器具制作安装	8-374～8-390	搪瓷浴室安装			冷水、冷热水、冷热水带喷头	10组	预埋、装配、接水、试水	(1)卫生盆具周围砌砖、贴瓷砖为土建工程 (2)卫生器具多数为成品,按主材计价 (3)定额内包括水嘴管件,但阀门另计 (4)定额材料指标依据"标准"计算,一般不作调整
		净身盆安装			冷热水			
		玻璃钢浴盆安装			冷热水、冷热水带喷头			
		塑料浴盆安装						
		洗脸盆安装	铜管组成		普通冷水嘴、冷水、冷热水			
			铜管		冷热水			
			特种形式		立式、理发、肘式、脚踏			
		洗手盆安装			冷水			

分部(章)	定额编号	项 目		细目、子目、步距	计量单位	工作内容	说 明
四、卫生器具制作安装	8-391～8-437	洗涤盆安装		单嘴、双嘴、肘式(单把、双把)、脚踏、回转、回转混合龙头	10组	预埋、装配、接水、试水	(1)卫生盆具周围砌砖、贴瓷砖为土建工程 (2)卫生器具多数为成品,按主材计价 (3)定额内包括水嘴管件,但阀门另计 (4)定额材料指标依据"标准"计算,一般不作调整
		化验盆安装		单联、双联、三联、脚踏、鹅颈水嘴			
		淋浴器组成安装		钢管、铜管～冷水、冷热水			
		大便器安装	蹲式	瓷高水箱、瓷低水箱、冲水阀、手压、脚踏、自闭式(20、25)	10套		
			坐式	低水箱、带水箱、连体水箱、自闭冲洗			
		小便器安装	挂斗式	普通、自动冲洗(一联、二联、三联)			
			立式				
		自动冲洗水水箱安装	大便槽	40、48、64.4、67.5、81、94.5、108L			
			小便槽	8.4、10.9、16.1、20.7、25.9L			
	8-438～8-479	水龙头安装		DN15、20、25 以内	10个	上水嘴、试水	
		排水栓安装		有、无存水弯、DN32、40、50	10组		
		地漏安装		DN50、80、100、150	10个		
		地面扫除口安装		DN50、80、100、125、150			
		小便槽冲洗管制作、安装		DN15、20、25 以内	10m		
		蒸汽间断式开水炉安装		1号、2号、3号	台	配套、就位、安装、试水	
		电热水器安装		挂式(RS15、RS30、RS50) 立式(RS50、RS100、RS300)			
		立式电开水炉安装		KSA型、KSC型			
		容积式水加热器安装		1号、2号、3号、4号、5号、6号、7号			
		蒸汽一水加热器安装		小型单管式	10套		
		冷热水混合器安装		小型、大型			
	8-450～8-487	清毒器安装		湿式(250×400、900×900) 干式(700×1600)	台		
		消毒锅安装		1号、2号、3号、4号			
		饮水器安装			套		
五、供暖器具安装	8-488～8-536	铸铁散热器组成安装		长翼形、圆翼形、M132、柱形	10片	预埋、组装、紧固、试转	(1)用于采暖工程;散热器不分明装、暗装 (2)接口密封材料不作调整 (3)柱形挂装套 M132
		光排管散热器制作安装		A 型～2～4mm ⎫ DN50、65、80、 A 型～4.5～6mm ⎭ 100、125、150 内	10m		
		钢制闭式散热器安装		H200×2000 以内、 H300(400)×1000、 H300(400)×2000、 H500(600)×1000、 H500×2000、H600×3000	片		
		钢制板式散热器安装		H600×1000、H600×2000 以内			
		钢柱壁式散热器安装		重 15kg 以内(以上)	组		
		钢柱式散热器安装		6～8、10～12 片/组			
		暖风机安装		重 50～2000kg 内(8步)	台		
		热空气幕安装		RMw—1×8/4、1×12/4、1×15/4			

分部(章)	定额编号	项 目		细目、子目、步距	计量单位	工作内容	说 明
六、小型容器	8-537~8-563	钢板水箱制作	矩形	单体重 0.15~3.7t(六步)	100kg	加工制作注水	(1)给水排水、采暖工程中低压容器(2)连接管,按室内管道另计
			圆形	单体重 0.15~3.0t(六步)			
		冲洗水箱制作	小便槽	1号~5号			
			大便槽	1号~7号			
		钢板水箱安装	矩形	总容量 1.4~33.8m³(六步)	个	固定、装配	
			圆形	总容量 0.8~32.6m³(七步)			
七、燃气管道、附件、器具安装	8-564~8-597	室外管道	镀锌钢管(丝口)	DN25、32、40、50 以内	10m	配管、接口、安装、气压	(1)适用于煤气工程(2)普通焊接套镀锌钢管定额(3)铜管焊接适用于无缝钢管和焊接钢管(4)定额包括管卡、托钩,阀门、法兰、穿墙套管、支架安装另计(5)土方、基础执行土建定额
			钢管(焊接)	DN15~400 以内(16 步)			
			承插铸铁煤气管(柔性机械接口)	DN100~400 以内(五步)			
		室内管道	镀锌钢管(丝口)	DN15、20、25、32、40、50、65、80、100 以内		预埋、配管、安装、接口、气压	
	8-598~8-635	附件安装	铸铁抽水缸(0.005MPa内)	机械接口 DN100~500 以内(6 步)	个	配料、组装、紧固	
			碳钢抽水缸(0.005MPa内)	管外径 89~426 以内(7 步)			
			调长器安装	DN100~400 以内(5 步)			
			调长器与阀门连装	DN100~400 以内(5 步)			
		燃气表安装	民用燃气表	1.2、1.5、2.0、3m³/h(单、双表头)	块		
			公商用燃气表	6、10、20、34、57m³/h			
			工业用罗茨表	100、200、300、500、1000m³/h			
	8-636~8-661	加热设备安装	开水炉	JL-150、YL-150	台	组装固定、试火、调风	
			采暖炉	箱式、YHRQ 型紫外线、辐射采暖			
			沸水器	容积式、自动、清毒器			
			快速热水器	直排、平衡、烟道式			
		民用灶具	人工煤气灶具	单、双眼、自动点火、水煤气、发生炉煤气			
			液化石油气灶具	单、双、三眼、自动点火、AB 双眼			
			天然气灶具	四种双眼及自动点火			
	8-662~8-681	公用炊事灶具	人工煤气灶具	型号 MR3—1、2、3、4 四种	台	安装、通风、试火、调风	
			液化石油气灶具	型号 YR—2、2.5、4、6 及 YZ、CZY 等 8 种			
			天然气灶具	MR3—1、2、3、4 四种			
		单、双气嘴安装		XW15、XN15 型~单嘴、双嘴、内外螺纹	10 个	研磨、装配	
八、江苏省补充定额	8-省补1~8-省补23	室内给水塑料管(粘接)		DN15~110,外径 20~110mm(9 步)	10m	配管、粘接、安装、水压	
		室内给水塑料管(熔接)				配管、熔接、安装、水压	
		室内给水塑料复合管安装		DN15~32,外径 20~40mm(4 步)		配管、加工、安装、水压	
		防漏翼环制作安装			10 个	制作、定位、安装	

（2）第八册预算定额的排列方法、指标内容、基价基础等，与其他各册相同（举例可以见表4-15～表4-19）；地区"估价表"、"价目表"的排列内容，参见表4-20～表4-25。

室外管道安装（全国定额） 表 4-15

承插铸铁给水管（青铅接口）

工作内容：切管、管道及管件安装、挖工作坑、熔化接口材料、接口、水压试验。 计量单位：10m

定 额 编 号				8-36	8-37	8-38	8-39	8-40
项 目				公称直径(mm 以内)				
				75	100	150	200	250
名 称		单位	单价(元)	数 量				
人工	综合工日	工日	23.22	1.330	1.760	2.080	2.460	2.790
材 料	承插铸铁给水管 DN75	m	—	—	(10.000)	—	—	—
	承插铸铁给水管 DN100	m	—	—	—	(10.000)	—	—
	承插铸铁给水管 DN150	m	—	—	—	—	(10.000)	—
	承插铸铁给水管 DN200	m	—	—	—	—	—	(10.000)
	承插铸铁给水管 DN250	m	—	—	—	—	—	(10.000)
	青铅	kg	5.900	11.260	14.020	16.840	21.670	34.040
	油麻	kg	6.240	0.410	0.510	0.620	0.800	1.250
	焦炭	kg	0.480	4.760	5.610	6.570	8.430	11.970
	木柴	kg	0.210	0.380	0.480	0.780	0.780	1.290
	水	t	1.650	0.100	0.100	0.300	0.500	0.500
	氧气	m³	2.060	0.110	0.180	0.200	0.350	0.480
	乙炔气	kg	13.330	0.040	0.070	0.080	0.150	0.200
	钢丝 8 号	kg	4.890	0.080	0.080	0.080	0.080	0.080
	破布	kg	5.830	0.290	0.350	0.400	0.480	0.530
	棉纱头	kg	5.830	0.006	0.010	0.014	0.020	0.022
机 械	汽车式起重机 5t	台班	307.620	—	—	—	0.070	0.070
	载重汽车 5t	台班	207.200	—	—	—	0.020	0.020
	试压泵 30MPa	台班	46.780	—	—	0.020	0.020	0.020
基 价(元)				105.28	133.52	160.56	227.64	314.13
其 中	人工费(元)			30.88	40.87	48.30	57.12	64.78
	材料费(元)			74.40	92.65	111.32	143.91	222.74
	机械费(元)			—	—	0.94	26.61	26.61

238

室内管道安装（全国定额）

表 4-16

镀锌钢管（螺纹连接）

工作内容：打堵洞眼、切管、套丝、上零件、调直、栽钩卡及管件安装、水压试验。　　　　　计量单位：10m

	定 额 编 号			8-87	8-88	8-89	8-90	8-91	8-92
	项 目			公称直径(mm 以内)					
				15	20	25	32	40	50
	名 称	单位	单价(元)	数 量					
人工	综合工日	工日	23.22	1.830	1.830	2.200	2.200	2.620	2.680
材料	镀锌钢管 DN15	m	—	(10.200)	—	—	—	—	—
	镀锌钢管 DN20	m	—	—	(10.200)	—	—	—	—
	镀锌钢管 DN25	m	—	—	—	(10.200)	—	—	—
	镀锌钢管 DN32	m	—	—	—	—	(10.200)	—	—
	镀锌钢管 DN40	m	—	—	—	—	—	(10.200)	—
	镀锌钢管 DN50	m	—	—	—	—	—	—	(10.200)
	室内镀锌钢管接头零件 DN15	个	0.800	16.370	—	—	—	—	—
	室内镀锌钢管接头零件 DN20	个	1.140	—	11.520	—	—	—	—
	室内镀锌钢管接头零件 DN25	个	1.850	—	—	9.780	—	—	—
	室内镀锌钢管接头零件 DN32	个	2.740	—	—	—	8.030	—	—
	室内镀锌钢管接头零件 DN40	个	3.530	—	—	—	—	7.160	—
	室内镀锌钢管接头零件 DN50	个	5.870	—	—	—	—	—	6.510
	钢锯条	根	0.620	3.790	3.410	2.550	2.410	2.670	1.330
	尼龙砂轮片 φ400	片	11.800			0.050	0.050	0.050	0.150
	机油	kg	3.550	0.230	0.170	0.170	0.160	0.170	0.200
	铅油	kg	8.770	0.140	0.120	0.130	0.120	0.140	0.140
	线麻	kg	10.400	0.014	0.012	0.013	0.012	0.014	0.014
	管子托钩 DN15	个	0.480	1.460	—	—	—	—	—
	管子托钩 DN20	个	0.480	—	1.440	—	—	—	—
	管子托钩 DN25	个	0.530	—	—	1.160	1.160	—	—
	管卡子(单立管)DN25	个	1.340	1.640	1.290	2.060	—	—	—
	管卡子(单立管)DN50	个	1.640	—	—	—	2.060	—	—
	普通硅酸盐水泥强度等级 32.5	kg	0.340	1.340	3.710	4.200	4.500	0.690	0.390
	砂子	m³	44.230	0.010	0.010	0.010	0.010	0.002	0.001
	镀锌钢丝 8 号～12 号	kg	6.140	0.140	0.390	0.440	0.150	0.010	0.040
	破布	kg	5.830	0.100	0.100	0.100	0.100	0.220	0.250
	水	t	1.650	0.050	0.060	0.080	0.090	0.130	0.160
机械	管子切断机 φ60～150	台班	18.290	—	—	0.020	0.020	0.020	0.060
	管子切断套螺纹机 φ159	台班	22.030	—	—	0.030	0.030	0.030	0.080
	基 价(元)			65.45	66.72	82.91	85.56	93.25	110.13
其中	人工费(元)			42.49	42.49	51.08	51.08	60.84	62.23
	材料费(元)			22.96	24.23	30.80	33.45	31.38	45.04
	机械费(元)			—	—	1.03	1.03	1.03	2.86

室内管道安装（全国定额）

表 4-17

承插铸铁排水管（水泥接口）

工作内容：留堵洞眼、切管、裁管卡、管道及管件安装、调制接口材料、接口养护、灌水试验。　计量单位：10m

定　额　编　号			8-144	8-145	8-146	8-147	8-148	8-149
项　　　目			公称直径（mm 以内）					
			50	75	100	150	200	250
名　　　称	单位	单价（元）	数　　　量					
人工　综合工日	工日	23.22	2.240	2.680	3.460	3.670	3.990	4.460
承插铸铁排水管 DN50	m	—	(8.800)	—	—	—	—	—
承插铸铁排水管 DN75	m	—	—	(9.300)	—	—	—	—
承插铸铁排水管 DN100	m	—	—	—	(8.900)	—	—	—
承插铸铁排水管 DN150	m	—	—	—	—	(9.600)	—	—
承插铸铁排水管 DN200	m	—	—	—	—	—	(9.800)	—
承插铸铁排水管 DN250	m	—	—	—	—	—	—	(10.130)
铸铁管接头零件 DN250 室内排水	个		—	—	—	—	—	(2.100)
铸铁管接头零件 DN50 室内排水	个	8.100	6.570	—	—	—	—	—
铸铁管接头零件 DN75 室内排水	个	15.990	—	9.040	—	—	—	—
铸铁管接头零件 DN100 室内排水	个	20.570	—	—	10.550	—	—	—
铸铁管接头零件 DN150 室内排水	个	38.880	—	—	—	5.070	—	—
铸铁管接头零件 DN200 室内排水	个	70.730	—	—	—	—	3.750	—
材　料　普通硅酸盐水泥强度等级 42.5	kg	0.350	3.520	7.820	11.920	11.920	14.000	19.480
油麻	kg	6.240	1.330	2.290	3.040	3.010	3.250	2.660
角钢立管卡 DN50	副	3.630	2.500	—	—	—	—	—
角钢立管卡 DN75	副	5.800	—	2.500	—	—	—	—
角钢立管卡 DN100	副	8.420	—	—	3.000	—	—	—
角钢立管卡 DN150	副	8.990	—	—	—	1.300	—	—
透气帽（铅丝球）DN50	个	2.520	0.010	—	—	—	—	—
透气帽（铅丝球）DN75	个	3.570	—	0.080	—	—	—	—
透气帽（铅丝球）DN100	个	4.620	—	—	0.200	—	—	—
透气帽（铅丝球）DN150	个	6.490	—	—	—	0.200	—	—
普通硅酸盐水泥强度等级 32.5	kg	0.300	4.800	4.880	4.720	1.830	2.090	2.200
砂子	m³	44.230	0.011	0.011	0.011	0.018	0.008	0.006
镀锌钢丝 8 号～12 号	kg	6.140	0.380	0.250	0.160	0.010	—	—
水	t	1.650	0.020	0.090	0.090	0.280	0.510	0.600
氧气	m³	2.060	0.500	0.690	0.760	0.890	1.180	1.250
乙炔气	kg	13.330	0.190	0.260	0.290	0.340	0.460	0.490
钢丝 8 号	kg	4.890	0.080	0.080	0.080	0.080	0.080	0.080
破布	kg	5.830	0.220	0.280	0.310	0.380	0.470	0.470
棉纱头	kg	5.830	0.004	0.007	0.009	0.010	0.018	0.018
基　　　价（元）			133.41	249.18	357.39	329.18	396.69	141.23
其中　人工费（元）			52.01	62.23	80.34	85.22	92.65	103.56
材料费（元）			81.40	186.95	277.05	243.96	304.04	37.67
机械费（元）			—	—	—	—	—	—

承插塑料排水管（零件粘接）

工作内容：切管、调制、对口、熔化接口材料、粘接、管道、管件及管卡安装、灌水试验。　　　计量单位：10m

	定　额　编　号			8-155	8-156	8-157	8-158
	项　　　　目			公称直径（mm 以内）			
				50	75	100	150
	名　　称	单位	单价（元）	数　　量			
人工	综合工日	工日	23.22	1.530	2.080	2.320	3.270
材料	承插塑料排水管 DN50	m	—	(9.670)	—	—	—
	承插塑料排水管 DN75	m	—	—	(9.630)	—	—
	承插塑料排水管 DN100	m	—	—	—	(8.520)	—
	承插塑料排水管 DN150	m	—	—	—	—	(9.470)
	承插塑料排水管件 DN50	个	—	(9.020)	—	—	—
	承插塑料排水管件 DN75	个	—	—	(10.760)	—	—
	承插塑料排水管件 DN100	个	—	—	—	(11.380)	—
	承插塑料排水管件 DN150	个	—	—	—	—	(6.980)
	聚氯乙烯热熔密封胶	kg	14.990	0.110	0.190	0.220	0.250
	丙酮	kg	12.390	0.170	0.280	0.330	0.370
	钢锯条	根	0.620	0.510	1.870	4.380	3.520
	透气帽（铅丝球）DN50	个	2.520	0.260	—	—	—
	透气帽（铅丝球）DN80	个	3.570	—	0.500	—	—
	透气帽（铅丝球）DN100	个	4.620	—	—	0.500	—
	透气帽（铅丝球）DN150	个	6.490	—	—	—	0.300
	铁砂布 0 号～2 号	张	1.060	0.700	0.700	0.900	0.900
	棉纱头	kg	5.830	0.210	0.290	0.300	0.290
	膨胀螺栓 M12×200	套	2.080	2.740	3.160	—	—
	膨胀螺栓 M16×200	套	3.600	—	—	4.320	—
	膨胀螺栓 M18×200	套	4.600	—	—	—	3.000
	精制六角带帽螺栓 M6～12×12～50	套	0.110	5.200	5.400	7.000	5.800
	扁钢 L－59	kg	3.170	0.600	0.760	1.600	1.130
	水	t	1.650	0.160	0.220	0.310	0.470
	电焊条结 422φ3.2	kg	5.410	0.020	0.020	0.030	0.020
	镀锌钢丝 8 号～12 号	kg	6.140	0.050	0.080	0.080	0.080
	电	kW·h	0.360	1.500	1.760	2.240	2.860
机械	立式钻床 φ25	台班	24.960	0.010	0.010	0.010	0.010
	基　　价（元）			52.04	71.70	92.93	112.08
其中	人工费（元）			35.53	48.30	53.87	75.93
	材料费（元）			16.26	23.15	38.81	35.90
	机械费（元）			0.25	0.25	0.25	0.25

洗脸盆、洗手盆安装（全国定额）

表 4-19

工作内容：栽木砖、切管、套丝、上附件、盆及托架安装、上下水管连接、试水。　　　　　计量单位：10 组

定 额 编 号			8-382	8-383	8-384	8-385
项　　　目			洗 脸 盆			铜管冷热水
			钢 管 组 成			
			普通冷水嘴	冷 水	冷热水	
名　　称	单位	单价(元)	数　　量			
人工　综合工日	工日	23.22	4.720	5.280	6.510	5.280
洗脸盆	个	—	(10.100)	(10.100)	(10.100)	(10.100)
汽水嘴(全铜磨光)15	个	13.870	10.100	—	—	—
立式水嘴 DN15	个	23.380	—	10.100	20.200	20.200
角型阀(带铜活)DN15	个	19.130	—	—	—	20.200
铜截止阀 DN15	个	19.670	—	10.100	20.200	—
存水弯塑料 DN32	个	4.700	10.050	10.050	10.050	10.050
洗脸盆下水口(铜)DN32	个	12.640	10.100	10.100	10.100	10.100
洗脸盆托架	副	10.000	10.100	10.100	10.100	10.100
镀锌钢管 DN15	m	6.310	1.000	4.000	8.000	2.000
镀锌管箍 DN15	个	0.640	10.100	—	—	—
镀锌弯头 DN15	个	0.760	—	10.100	20.200	20.200
镀锌活接头 DN15	个	2.240	—	10.100	20.200	—
橡胶板 δ1～3	kg	7.490	0.150	0.150	0.150	0.150
铅油	kg	8.770	0.360	0.360	0.640	0.320
机油	kg	3.550	0.200	0.200	0.400	0.200
油灰	kg	1.600	1.000	1.000	1.000	1.000
木材(一级红松)	m³	2281.000	0.010	0.010	0.010	0.010
木螺钉 M6×50	个	0.060	62.400	62.400	62.400	62.400
普通硅酸盐水泥强度等级32.5	kg	0.340	3.000	3.000	3.000	3.000
砂子	m³	44.230	0.020	0.020	0.020	0.020
线麻	kg	10.400	0.100	0.100	0.150	0.150
防腐油	kg	1.090	0.500	0.500	0.500	0.500
钢锯条	根	0.620	2.000	2.000	3.000	3.000
基　　价(元)			576.23	926.72	1449.93	1323.84
其中　人工费(元)			109.60	122.60	151.16	122.60
材料费(元)			466.63	804.12	1298.77	1201.24
机械费(元)			—	—	—	—

定　额　编　号			8-386	8-387	8-388	8-389	8-390
项　　　目			洗　脸　盆				洗手盆
			立式冷热水	理发用冷热水	肘式开关	脚踏开关	冷水
名　　　称	单位	单价(元)	数　　　　量				
人工	综合工日	工日	23.22	14.240	20.150	6.260	6.260	2.600
材料	洗脸盆	个	—	(10.100)	(10.100)	(10.100)	(10.100)	—
	洗手盆	个	—	—	—	—	—	(10.100)
	立式洗脸盆铜活	套	—	(10.100)	—	—	—	—
	理发用洗脸盆铜活	套	—	—	(10.100)	—	—	—
	肘式开关阀门	套	—	—	—	(10.100)	—	—
	脚踏式开关阀门	套	—	—	—	—	(10.100)	—
	汽水嘴(全铜磨光)15	个	13.870	—	—	—	—	10.100
	洗手盆存水弯带下水口 DN25	套	9.730	—	—	—	—	10.050
	存水弯 塑料 DN32	个	4.700	—	—	10.050	10.050	—
	洗脸盆下水口(铜)DN32	个	12.640	—	—	10.100	10.100	—
	洗脸盆托架	副	10.000	—	—	10.100	10.100	—
	镀锌钢管 DN15	m	6.310	2.000	33.000	3.000	13.000	0.500
	镀锌管箍 DN15	个	0.640	—	—	20.200	—	10.100
	镀锌弯头 DN15	个	0.760	20.200	30.300	20.200	40.400	10.100
	镀锌活接头 DN15	个	2.240	—	20.200	—	—	—
	镀锌三通 DN15	个	1.050	—	20.200	—	—	—
	橡胶板 δ1～3	kg	7.490	0.150	0.150	0.150	0.150	0.150
	铅油	kg	8.770	0.200	1.300	0.280	0.300	0.200
	机油	kg	3.550	0.100	0.800	0.150	0.200	0.100
	油灰	kg	1.600	1.500	1.500	1.000	1.000	1.000
	膨胀螺栓 M8	套	0.780	20.600	20.600	—	—	—
	木材(一级红松)	m³	2281.000	—	—	0.010	0.010	0.010
	木螺钉 M6×50	个	0.060	—	—	62.400	62.400	41.600
	普通硅酸盐水泥的强度等级32.5	kg	0.340	—	—	3.000	3.000	3.000
	白水泥一级	kg	0.700	2.500	2.500	—	—	—
	砂子	m³	44.230	0.010	0.010	0.020	0.020	—
	线麻	kg	10.400	0.100	0.300	0.100	0.150	0.100
	防腐油	kg	1.090	—	—	0.500	0.500	0.200
	钢锯条	根	0.620	1.000	5.000	2.000	3.000	1.000
基　　　价(元)				384.17	807.84	505.46	572.48	348.58
其中	人工费(元)			330.65	467.88	145.36	145.36	60.37
	材料费(元)			53.52	339.96	360.10	427.12	288.21
	机械费(元)			—	—	—	—	—

室外管道（江苏 2001 年"估价表"）

表 4-20

镀锌钢管（螺纹连接）

工作内容：切管、套丝、上零件、调直、管道安装、水压试验。

计量单位：10m

定额编号				8-1	8-2	8-3	8-4	8-5	8-6
项目				公称直径（mm 以内）					
				15	20	25	32	40	50
基价（元）				19.90	20.71	22.86	25.41	29.33	36.85
其中	人工费（元）			16.90	16.90	16.90	16.90	18.46	21.32
	材料费（元）			3.00	3.81	5.15	7.49	9.85	13.52
	机械费（元）			—	—	0.81	1.02	1.02	2.01
名称		单位	单价（元）	数量					
人工	综合工日	工日	26.00	0.650	0.650	0.650	0.650	0.710	0.820
材料	镀锌钢管 DN50	m	—	—	(10.150)	—	—	—	—
	镀锌钢管 DN20	m	—	—	—	(10.150)	—	—	—
	镀锌钢管 DN25	m	—	—	—	—	(10.150)	—	—
	镀锌钢管 DN32	m	—	—	—	—	—	(10.150)	—
	镀锌钢管 DN40	m	—	—	—	—	—	—	(10.150)
	镀锌钢管 DN50	m	—	—	—	—	—	—	(10.150)
	室外镀锌钢管接头零件 DN15	个	0.77	1.900	—	—	—	—	—
	室外镀锌钢管接头零件 DN20	个	1.07	—	1.920	—	—	—	—
	室外镀锌钢管接头零件 DN25	个	1.61	—	—	1.920	—	—	—
	室外镀锌钢管接头零件 DN32	个	2.66	—	—	—	1.920	—	—
	室外镀锌钢管接头零件 DN40	个	3.53	—	—	—	—	1.860	—
	室外镀锌钢管接头零件 DN50	个	5.16	—	—	—	—	—	1.850
	钢锯条	根	0.88	0.370	0.420	0.380	0.470	0.640	0.320
	尼龙砂轮片 ϕ400	片	24.20	—	—	0.010	0.010	0.010	0.040
	机油	kg	4.15	0.020	0.030	0.030	0.030	0.040	0.030
	铅油	kg	8.77	0.020	0.020	0.020	0.030	0.040	0.040
	线麻	kg	8.33	0.002	0.002	0.002	0.003	0.004	0.004
	水	t	1.95	0.050	0.060	0.080	0.100	0.130	0.160
	镀锌铁丝 8 号～12 号	kg	5.84	0.050	0.050	0.060	0.070	0.080	0.090
	破布	kg	5.50	0.100	0.120	0.120	0.130	0.220	0.250
机械	管子切断机 ϕ60～150	台班	39.00	—	—	0.010	0.010	0.010	0.030
	管子切断套丝机 ϕ159	台班	21.00	—	—	0.020	0.030	0.030	0.040

表 4-21

阀门安装（江苏 2001 年"估价表"）

螺纹阀

工作内容：切管、套丝、制垫、加垫、上阀门、水压试验。　　　　　　　　　　　　　计量单位：个

定 额 编 号			8-241	8-242	8-243	8-244	8-245
项 目			公称直径(mm 以内)				
			15	20	25	32	40
基 价(元)			5.53	6.16	8.02	10.75	15.86
其中	人工费(元)		2.60	2.60	3.12	3.90	6.50
	材料费(元)		2.93	3.56	4.90	6.85	9.36
	机械费(元)		—	—	—	—	—
名 称	单位	单价(元)	数 量				
人工	综合工日	工日	26.00	0.100	0.100	0.120	0.150	0.250
材料	螺纹阀门 DN15	个	—	(1.010)				
	螺纹阀门 DN20	个	—		(1.010)			
	螺纹阀门 DN25	个	—			(1.010)		
	螺纹阀门 DN32	个	—				(1.010)	
	螺纹阀门 DN40	个	—					(1.010)
	镀锌活接头 DN15	个	2.35	1.010				
	镀锌活接头 DN20	个	2.85		1.010			
	镀锌活接头 DN25	个	4.03			1.010		
	镀锌活接头 DN32	个	5.75				1.010	
	镀锌活接头 DN40	个	7.94					1.010
	铅油	kg	8.77	0.008	0.010	0.012	0.014	0.017
	机油	kg	4.15	0.012	0.012	0.012	0.012	0.016
	线麻	kg	8.33	0.001	0.001	0.001	0.002	0.002
	橡胶板 δ1~3	kg	7.30	0.002	0.003	0.004	0.006	0.008
	棉丝	kg	30.30	0.010	0.012	0.015	0.019	0.024
	砂纸	张	0.50	0.100	0.120	0.150	0.190	0.240
	钢锯条	根	0.88	0.070	0.100	0.120	0.160	0.230

定 额 编 号			8-246	8-247	8-248	8-249
项 目			公称直径(mm 以内)			
			50	65	80	100
基 价(元)			18.86	32.59	43.84	76.88
其中	人工费(元)		6.50	9.62	13.00	25.22
	材料费(元)		12.36	22.97	30.84	51.66
	机械费(元)					
名 称	单位	单价(元)	数 量			
人工	综合工日	工日	26.00	0.250	0.370	0.500	0.970
材料	螺纹阀门 DN50	个	—	(1.010)			
	螺纹阀门 DN65	个	—		(1.010)		
	螺纹阀门 DN80	个	—			(1.010)	
	螺纹阀门 DN100	个	—				(1.010)
	镀锌活接头 DN50	个	10.58	1.010			
	镀锌活接头 DN65	个	20.65		1.010		
	镀锌活接头 DN80	个	28.04			1.010	
	镀锌活接头 DN100	个	47.96				1.010
	铅油	kg	8.77	0.020	0.024	0.028	0.040
	机油	kg	4.15	0.016	0.020	0.020	0.024
	线麻	kg	8.33	0.002	0.003	0.004	0.006
	橡胶板 δ1~3	kg	7.30	0.010	0.016	0.022	0.037
	棉丝	kg	30.30	0.030	0.037	0.044	0.052
	砂纸	张	0.50	0.300	0.370	0.440	0.520
	钢锯条	根	0.88	0.320	0.420	0.500	0.700

水表组成、安装（江苏 2001 年"估价表"）　　　　　　　表 4-22

螺纹水表

工作内容：切管、套丝、制垫、安装、水压试验。　　　　　　　　　　　　　　　计量单位：组

定　额　编　号			8-357	8-358	8-359	8-360	8-361
项　　目			公称直径(mm 以内)				
			15	20	25	32	40
基　　价(元)			20.10	24.08	31.90	39.67	52.49
其中	人工费(元)		8.84	10.40	12.48	14.56	17.68
	材料费(元)		11.26	13.68	19.42	25.11	34.81
	机械费(元)		—	—	—	—	—
名　　称	单位	单价(元)	数　　量				
人工　综合工日	工日	26.00	0.340	0.400	0.480	0.560	0.680
螺纹水表 DN15	个	—	(1.000)	—	—	—	—
螺纹水表 DN20	个	—	—	(1.000)	—	—	—
螺纹水表 DN25	个	—	—	—	(1.000)	—	—
螺纹水表 DN32	个	—	—	—	—	(1.000)	—
螺纹水表 DN40	个	—	—	—	—	—	(1.000)
螺纹闸阀 Z15T-10K DN15	个	10.56	1.010	—	—	—	—
螺纹闸阀 Z15T-10K DN20	个	12.93	—	1.010	—	—	—
螺纹闸阀 Z15T-10K DN25	个	18.39	—	—	1.010	—	—
螺纹闸阀 Z15T-10K DN32	个	23.88	—	—	—	1.010	—
螺纹闸阀 Z15T-10K DN40	个	33.06	—	—	—	—	1.010
橡胶板 δ1～3	kg	7.30	0.050	0.050	0.080	0.090	0.130
铅油	kg	8.77	0.010	0.010	0.010	0.014	0.020
机油	kg	4.15	0.010	0.010	0.010	0.010	0.012
线麻	kg	8.33	0.001	0.001	0.001	0.002	0.002
钢锯条	根	0.88	0.110	0.130	0.140	0.170	0.260

定　额　编　号			8-362	8-363	8-364	8-365	8-366
项　　目			公称直径(mm 以内)				
			50	80	100	125	150
基　　价(元)			73.27	111.40	184.51	37.29	41.04
其中	人工费(元)		20.80	27.30	30.42	33.54	36.92
	材料费(元)		52.47	84.10	154.09	3.75	4.12
	机械费(元)		—	—	—	—	—
名　　称	单位	单价(元)	数　　量				
人工　综合工日	工日	26.00	0.800	1.050	1.170	1.290	1.420
螺纹水表 DN50	个	—	(1.000)	—	—	—	—
螺纹水表 DN80	个	—	—	(1.000)	—	—	—
螺纹水表 DN100	个	—	—	—	(1.000)	—	—
螺纹水表 DN125	个	—	—	—	—	(1.000)	—
螺纹水表 DN150	个	—	—	—	—	—	(1.000)
螺纹闸板阀 Z15T-10K DN125	个	—	—	—	—	(1.010)	—
螺纹闸板阀 Z15T-10K DN150	个	—	—	—	—	—	(1.010)
螺纹闸阀 Z15T-10K DN50	个	50.16	1.010	—	—	—	—
螺纹闸阀 Z15T-10K DN80	个	81.00	—	1.010	—	—	—
螺纹闸阀 Z15T-10K DN100	个	149.60	—	—	1.010	—	—
橡胶板 δ1～3	kg	7.30	0.160	0.190	0.240	0.290	0.290
铅油	kg	8.77	0.030	0.050	0.080	0.120	0.150
机油	kg	4.15	0.012	0.015	0.015	0.020	0.020
线麻	kg	8.33	0.003	0.005	0.005	0.007	0.007
钢锯条	根	0.88	0.340	0.410	0.500	0.500	0.620

地漏安装（江苏 2001 年"估价表"）

工作内容：切管、套丝、安装、与下水管道连接。

表 4-23

计量单位：10 个

定 额 编 号				8-447	8-448	8-449	8-450
项 目				地 漏			
				50	80	100	150
基 价（元）				58.05	123.20	133.14	204.20
其中	人工费（元）			41.60	96.98	96.98	152.36
	材料费（元）			16.45	26.22	36.16	51.84
	机械费（元）			—	—	—	—
名 称		单位	单价（元）	数 量			
人工	综合工日	工日	26.00	1.600	3.730	3.730	5.860
材料	地漏 DN50	个	—	(10.000)	—	—	—
	地漏 DN80	个	—	—	(10.000)	—	—
	地漏 DN100	个	—	—	—	(10.000)	—
	地漏 DN150	个	—	—	—	—	(10.000)
	焊接钢管 DN50	m	13.83	1.000	—	—	—
	焊接钢管 DN80	m	23.02	—	1.000	—	—
	焊接钢管 DN100	m	32.38	—	—	1.000	—
	焊接钢管 DN150	m	47.47	—	—	—	1.000
	普通硅酸盐水泥强度等级 32.5	kg	0.29	6.000	6.500	7.000	7.500
	铅油	kg	8.77	0.100	0.150	0.200	0.250

地面扫除口安装（江苏 2001 年"估价表"）

工作内容：安装、与下水管连接、试水。

表 4-24

计量单位：10 个

定 额 编 号				8-451	8-452	8-453	8-454	8-455
项 目				地面扫除口				
				50	80	100	125	150
基 价（元）				20.66	26.00	26.67	32.79	32.94
其中	人工费（元）			19.50	24.70	25.22	31.20	31.20
	材料费（元）			1.16	1.30	1.45	1.59	1.74
	机械费（元）			—	—	—	—	—
名 称		单位	单价（元）	数 量				
人工	综合工日	工日	26.00	0.750	0.950	0.970	1.200	1.200
材料	地面扫除口 DN50	个	—	(10.000)	—	—	—	—
	地面扫除口 DN80	个	—	—	(10.000)	—	—	—
	地面扫除口 DN100	个	—	—	—	(10.000)	—	—
	地面扫除口 DN125	个	—	—	—	—	(10.000)	—
	地面扫除口 DN150	个	—	—	—	—	—	(10.000)
	普通硅酸盐水泥强度等级 32.5	kg	0.29	4.000	4.500	5.000	5.500	6.000

一、浴盆、妇女卫生盆安装

工作内容：栽木砖、切管、套丝、盆及附件安装、上下水管连接、试水。

定额编号	项目名称	单位	单位价值	其中		安装费中		
				主材	安装费	工资	材料	机械
8-349	浴盆(冷水)	10组			707.73	32.24	675.49	
8-349-1	搪瓷浴盆　南京甲级 1000							
8-349-2	搪瓷浴盆　南京甲级 1100　DN15 铜水嘴	10组	2765.03	2057.30	707.73	32.24	675.49	
8-349-3	搪瓷浴盆　南京甲级 1200　DN15 铜水嘴	10组	2953.23	2245.50	707.73	32.24	675.49	
8-349-4	搪瓷浴盆　南京甲级 1400　DN15 铜水嘴	10组	3601.43	2893.70	707.73	32.24	675.49	
8-349-5	搪瓷浴盆　南京甲级 1520　DN15 铜水嘴	10组	4019.63	3311.90	707.73	32.24	675.49	
8-349-6	搪瓷浴盆　南京甲级 1660　DN15 铜水嘴	10组	4281.03	3573.30	707.73	32.24	675.49	
8-349-7	搪瓷浴盆　南京甲级 1830　DN15 铜水嘴	10组	5117.43	4409.70	707.73	32.24	675.49	
8-350	浴盆(冷热水)	10组			723.54	37.73	685.81	
8-350-1	搪瓷浴盆　南京甲级 1000　DN15 铜水嘴	10组	2663.54	1940.00	723.54	37.73	685.81	
8-350-2	搪瓷浴盆　南京甲级 1100　DN15 铜水嘴	10组	2841.24	2117.70	723.54	37.73	685.81	
8-350-3	搪瓷浴盆　南京甲级 1200　DN15 铜水嘴	10组	3029.44	2305.90	723.54	37.73	685.81	
8-350-4	搪瓷浴盆　南京甲级 1400　DN15 铜水嘴	10组	3677.64	2954.10	723.54	37.73	685.81	
8-350-5	搪瓷浴盆　南京甲级 1520　DN15 铜水嘴	10组	4095.84	3372.30	723.54	37.73	685.81	
8-350-6	搪瓷浴盆　南京甲级 1660　DN15 铜水嘴	10组	4357.24	3633.70	723.54	37.73	685.81	
8-350-7	搪瓷浴盆　南京甲级 1830　DN15 铜水嘴	10组	5193.64	4470.10	723.54	37.73	685.81	
8-351	浴盆(冷热水带喷头)	10组			750.82	57.32	693.50	
8-351-1	搪瓷浴盆　南京甲级 1000　DN20 浴盆混合水嘴带喷头	10组	4218.14	3467.32	750.82	57.32	6193.50	
8-351-2	搪瓷浴盆　南京甲级 1100　DN20 浴盆混合水嘴带喷头	10组	4395.84	3645.02	750.82	57.32	693.50	
8-351-3	搪瓷浴盆　南京甲级 1200　DN20 浴盆混合水嘴带喷头	10组	4584.04	3833.22	750.82	57.32	693.50	
8-351-4	搪瓷浴盆　南京甲级 1400　DN20 浴盆混合水嘴带喷头	10组	5232.24	4481.42	750.82	57.32	693.50	
8-351-5	搪瓷浴盆　南京甲级 1520　DN20 浴盆混合水嘴带喷头	10组	5650.44	4899.62	750.82	57.32	693.50	
8-351-6	搪瓷浴盆　南京甲级 1660　DN20 浴盆混合水嘴带喷头	10组	5911.84	5161.02	750.82	57.32	693.50	
8-351-7	搪瓷浴盆　南京甲级 1830　DN20 浴盆混合水嘴带喷头	10组	6748.24	5997.42	750.82	57.32	693.50	
8-352	卫生盆(冷热水)	10组			2230.33	24.34	2205.99	
8-352-1	妇女卫生盆　唐山甲级	10组	3095.19	864.86	2230.33	24.34	2205.99	

定额编号	项 目 名 称	单位	单位价值	其 中		安装费中		
				主材	安装费	工资	材料	机械

二、洗脸盆、洗手盆安装

工作内容：留堵洞眼、栽木砖、切管、套丝、上附件、盆及托架安装、上下水管连接、试水。

定额编号	项 目 名 称	单位	单位价值	主材	安装费	工资	材料	机械
8-353	瓷洗脸盆(普通冷水嘴)	10组			248.63	18.35	230.28	
8-353-1	56cm(22in)瓷洗脸盆　唐山甲级	10组	582.23	333.60	248.63	18.35	230.28	
8-353-2	51cm(20in)瓷洗脸盆　宜兴甲级	10组	534.26	285.63	248.63	18.35	230.28	
8-353-3	46cm(18in)瓷洗脸盆　宜兴甲级	10组	501.03	252.40	248.63	18.35	230.28	
8-354	瓷洗脸盆(钢管组成、冷水)	10组			516.99	20.55	496.44	
8-354-1	56cm(22in)瓷洗脸盆　唐山甲级	10组	850.59	333.60	516.99	20.55	496.44	
8-354-2	51cm(20in)瓷洗脸盆　宜兴甲级	10组	802.62	285.63	516.99	20.55	496.44	
8-354-3	46cm(18in)瓷洗脸盆　宜兴甲级	10组	769.39	252.40	516.99	20.55	496.44	
8-355	瓷洗脸盆(钢管组成、冷热水)	10组			846.09	25.33	820.76	
8-355-1	56cm(22in)瓷洗脸盆　唐山甲级	10组	1179.69	333.60	846.09	25.33	820.76	
8-355-2	51cm(20in)瓷洗脸盆　宜兴甲级	10组	1131.72	285.63	846.09	25.33	820.76	
8-355-3	46cm(18in)瓷洗脸盆　宜兴甲级	10组	1098.49	252.40	846.09	25.33	820.76	
8-356	瓷洗脸盆(钢管组成、冷热水)	10组			799.94	20.55	779.39	
8-356-1	56cm(22in)瓷洗脸盆　唐山甲级	10组	1133.54	333.60	799.94	20.55	779.39	
8-356-2	51cm(20in)瓷洗脸盆　宜兴甲级	10组	1085.57	285.63	799.94	20.55	779.39	
8-356-3	46cm(18in)瓷洗脸盆　宜兴甲级	10组	1052.34	252.40	799.94	20.55	779.39	
8-357	瓷洗脸盆(冷热水)	10组			75.12	55.54	19.58	
8-357-1	瓷立式洗脸盆　唐山甲级 立式洗脸盆铜活(双)联	10组	1826.97	1751.85	75.12	55.54	19.58	
8-358	瓷洗脸盆(理发用冷热水)	10组			245.25	78.71	166.54	
8-358-1	56cm(22in)瓷洗脸盆　唐山甲级 理发用洗脸盆铜活(三联)	10组	1310.80	1065.55	245.25	78.71	166.54	
8-359	瓷洗脸盆(肘式开关)	10组			227.43	24.38	203.05	
8-360	瓷洗脸盆(脚踏开关)	10组			252.48	24.38	228.10	
8-360-1	56cm(22in)瓷洗脸盆　唐山甲级 DN15脚踏开关阀门	10组	1159.66	907.18	252.48	24.38	228.10	
8-361	洗手盆(冷水)	10组			198.02	9.07	188.95	

三、洗涤盆、化验盆安装

工作内容：留堵洞眼、栽螺栓、切管、套丝、上零件、安装托架器具、上下水管连接、试水。

定额编号	项 目 名 称	单位	单位价值	主材	安装费	工资	材料	机械
8-362	瓷洗涤盆(单嘴)	10组			280.35	16.85	263.50	
8-362-1	56cm(22in)瓷洗涤槽　唐山甲级	10组	624.36	344.01	280.35	16.58	263.50	
8-362-2	51cm(20in)瓷洗涤槽　唐山甲级	10组	541.74	216.39	280.35	16.58	263.50	
8-363	洗涤盆(肘式开关)	10组			234.99	19.47	215.52	
8-364	洗涤盆(脚踏开关)	10组			304.52	19.47	285.05	
8-364-1	56cm(22in)瓷洗涤槽　唐山甲级 DN15铸铜脚踏开关(带弯管)	10组	1222.11	917.59	304.52	19.47	285.05	
8-364-2	51cm(20in)瓷洗涤槽　唐山甲级 DN15铸铜脚踏开关(带弯管)	10组	1139.49	834.97	304.52	19.47	285.05	
8-365	化验盆(单嘴)	10组			750.66	16.85	733.81	
8-365-1	唐山甲级　610mm×460mm瓷台头化验盆	10组	2185.67	1435.01	750.66	16.85	733.81	
8-366	化验盆(双嘴)	10组			1012.86	16.85	996.01	
8-366-1	唐山甲级　610mm×460mm瓷台头化验盆	10组	2447.87	1435.01	1012.86	16.85	996.01	

定额编号	项 目 名 称	单位	单位价值	其 中		安装费中		
				主材	安装费	工资	材料	机械
8-367	化验盆(脚踏开关)	10组			349.62	19.47	330.15	
	610mm×460mm 瓷台头化验盆							
8-367-1	唐山甲级 DN15 脚踏开关(带弯管)	10组	2358.21	2008.59	349.62	19.47	330.15	
8-368	化验盆(鹅颈水嘴)	10组			280.91	16.58	264.06	
	610mm×460mm 瓷台头化验盆							
8-368-1	唐山甲级 DN15 鹅颈水嘴(镀铬)	10组	1914.99	1634.08	280.91	16.58	264.06	

四、淋浴器组成、安装

工作内容:留堵洞眼、裁木砖、切管、套丝、淋浴器安装、试水。

8-369	DN15 莲蓬喷头(冷水)	10组			218.07	8.78	209.29	
8-369-1	15mm×15mm 镀铬活络莲蓬头	10组	296.37	78.30	218.07	8.78	209.29	

　　江苏省"2001年单位估价表"与"2000年全统定额"属等同关系,仅仅是资源价格地方化。而"2004年计价表"(表4-29、表4-30)虽来源于"2001年估价表",在册序专业、项目划分、定额编号、资源内容等方面是一致的,但在计价含义上是完全不同的。"估价表"表示直接费的基(单)价,由人工、材料、机械三项费用构成;而"计价表"属于不完全综合单价,价格包括人工、材料、机械、管理、利润等五项费用,多出两项费用内容。

　　(3)主材指标仍按四种表现形式分别计价(第二章第二节)。主材品种、规格按实际考虑,价格按地方规定,耗量按定额指标;南京地区"价目表"已列出当时限定的主材费单价(计入损耗量)。

　　(4)对于工业管道、生产生活共用管道、锅炉房和泵类配管、高层建筑加压泵间管道、集气罐、分气筒制安,除污器安装(套同口径阀门),铜管与不锈钢管安装等,执行第六册(工业管道工程)定额。

　　(5)管道的刷油、保温部分,按展开面积、保温材料体积计算(见"附录四"),执行第十一册定额;埋地管道土石方及砌筑工程,检查井与阀门井,执行地方土建定额。

　　(6)有关各类泵、风机等传动设备安装执行第一册《机械设备安装工程》定额。

　　(7)锅炉安装执行第三册《热力设备安装工程》定额。

　　(8)消火栓及消防报警设备安装执行第七册《消防及安全防范设备安装工程》定额。

　　(9)压力表、温度计执行第十册《自动化控制仪表安装工程》定额。

　　(10)电动阀门中电气部分安装,执行第二册《电气设备安装工程》定额。

　　二、定额费用追加的规定

　　(1)在高原、高寒、沙漠、沼泽、洞库内、水下等特殊条件下施工作业,其增加费用应按地方或专业部的规定执行。

　　(2)本册定额的工作物操作高度,均以3.60m为界。超过3.60m时,其超高增加费按超过部分(指由3.60m起至操作物高度)的定额人工费乘以超高系数计算。超高系数为:高3.60~8m的系数为1.10;高3.6~12m,系数为1.15;高3.6~16m,系数为

1.20；高 3.6～20m，系数为 1.25。

（3）给排水工程，可计取脚手架的搭拆费，按全部定额人工费的 5％ 计算，其中人工工资占 25％、材料占 75％。

（4）设置于管道间、管廊内的管道、阀门、法兰、支架，其定额人工费×1.30。"管廊"指在宾馆或饭店内封闭的天棚、竖向通道内（或称管道间）铺设给排水、采暖、煤气管道。它与金属工艺结构中的管廊不同。管沟内的管道安装，也不能视同"管廊"。

（5）高度在 6 层或 20m（不含 6 层或 20m）以上的工业与民用建筑（不包括屋顶水箱间、电梯间、平台出入口等），本册定额规定计取全部工程量（不含地下室）的高层建筑增加费（表 4-26）。

高层建筑增加费取费表（第八册）   表 4-26

定额	层数\取费	9层以下(30m)	12层以下(40m)	15层以下(50m)	18层以下(60m)	21层以下(70m)	24层以下(80m)	27层以下(90m)	30层以下(100m)	33层以下(110m)	36层以下(120m)	40层以下
2000年"全统"	按人工费的%	2	3	4	6	8	10	13	16	19	22	
	其中人工工资占%	2	3	4	6	8	10	13	16	19	22	
2001年"江苏估价"	按人工费的%	12	17	22	27	31	35	40	44	48	53	58
	其中人工工资占%	17	18	18	22	26	29	33	36	40	42	43
	机械费占%	83	82	82	78	74	71	67	64	60	58	57

注：39 层以上详见相关定额分册说明。

（6）主体结构为现场浇筑，采用钢模施工的大模板工程，内外浇注的定额人工乘系数 1.05；内浇外砌的乘系数 1.03。

三、定额调整的规定

（1）定额中工序、工程量、人工、材料、机械等含量与指标，均系综合确定，除有明确规定者外，一律不调整。

（2）施工现场范围内设备、材料、成品、半成品、构件等水平运输，按 300m 综合取定，已包括在综合工日内，不再另行计算，也不得进行运距调整。

（3）定额包括 6 层（或 20m）以内的设备、材料、成品、半成品、构件的垂直运输，超过者按超高规定执行。

（4）给水管道螺纹连接的附属零件（管件）是综合计算的，不得按实际使用数量调整。

（5）本册定额已综合考虑了配合土建施工的留洞、留槽、修补洞的人工和材料费用，不得另行列项计算。

（6）采暖工程的系统调整（试）费按采暖工程（不含热水供给）人工费的 15％ 计算，其中人工工资 20％、材料 80％。

四、定额套价的规定

（1）定额中项目划分的步距由小到大，如施工图设计的规格、型号在定额步距上下之间时，可套用上限定额项目。

（2）在铸铁、塑料排水管安装中，透气帽已综合考虑，不得单独列项或换算；雨水管与下水管合用的管道安装，应执行管道安装工程中排水管安装定额的相应项目。

（3）螺纹连接钢管安装中的"活接头"可以换算（只计材料费）。

（4）管道消毒、冲洗定额，仅适用于设计和施工及验收规范中有要求的工程项目。

（5）脚踏大便器定额是考虑其与设备配套组装的，单独安装脚踏阀可套阀门安装定额的有关项目。

（6）管道穿墙、穿楼板的铁皮套管，其安装费已综合在管道安装定额内，制作费另计，如采用钢管作套管，则按 DN 及主管内介质、压力，套用相应焊接钢管安装定额；煤气管道的穿墙钢套管，套用专门的制作、安装定额。

（7）铸铁管安装包括"检查口"，不得另计。

（8）上水管道绕房屋周围敷设套"室外管道"定额（不接卫生器具）。

（9）在法兰阀门安装，减压器组成安装、疏水器组成安装、水表组成安装等定额子目中，已包括了法兰盘、带帽螺栓等，在编制预算时不能重复套用法兰安装定额。

（10）碳钢法兰螺纹连接安装，可执行铸铁法兰螺纹连接定额。

（11）铸铁法兰（螺纹连接）定额已包括了带帽螺栓的安装人工和材料，如主材价不包括带帽螺栓者其价格另计。

（12）减压器、疏水器单体的安装，可执行相应阀门安装项目。

（13）单体安装的安全阀（包括调试定压）可按阀门安装相应定额项目乘以系数 2.0 计算。

（14）坐式大便器、立式普通小便器中的角阀，已分别包括在瓷坐便器低水箱（带全部铜活）内和立式小便器铜活内，如铜活中未包括角阀的，可另计主材费。

（15）器具安装中如设计要求用膨胀螺栓者，可以调整。

（16）铸铁散热器项目已包括打堵洞眼的工作内容，不再另计算。

（17）各种水箱连接管和支架均未包括在定额内，可按室内管道安装的相应项目执行，支架为型钢支架可执行定额中"一般管架"项目；为混凝土或砖支座执行地方土建定额。

五、第八册预算定额的其他规定

（1）本册定额材料的损耗率见表 4-27。凡定额中未计耗量的主材，均可按损耗率调增确定材料定额指标数。

给排水、采暖、煤气安装主材损耗率表（第八册）　　　　　　　　表 4-27

序号	主 材 名 称	损耗率(%)	序号	主 材 名 称	损耗率(%)
1	室外钢管(螺纹连接、焊接)	1.5	12	存水弯	0.5
2	室内钢管(螺纹连接、焊接)	2.0	13	型钢、单管卡子、锯条、焦炭、木柴、油麻、线麻、漂白粉	5.0
3	室外排水铸铁管	3.0	14	带帽螺栓、机油	3.0
4	室内排水铸铁管	7.0	15	木螺钉、石棉绳、红砖、油灰	4.0
5	室内塑料管、小便槽冲洗管	2.0	16	氧气、乙炔气	17.0
6	铸铁散热器	1.0	17	铅油	2.5
7	光排管散热器制作用钢管	3.0	18	清油、沥青油	2.0
8	散热器对丝及托钩	5.0	19	橡胶石棉板、橡胶板	15.0
9	散热器补芯、丝堵	4.0	20	青铅	8.0
10	散热器胶垫、石棉、水泥、砂子、胶皮碗	10.0	21	锁紧螺母、压盖	6.0
11	各种卫生瓷洁具、高低水箱、铜活、水嘴、丝扣阀门、配件、管件、零件、铜丝	1.0			

（2）给水工程中的水压试验，排水管道中的灌水试验、闭水试验、通水试验，均包括在定额内，不得另行计算；但非施工方原因的再次试验，可另套价计费。

（3）本册定额不仅适用小区内的室内外给排水工程，同时适用于小区内民用采暖工程和民用煤气工程的预算编制。

六、预算定额的使用

预算定额及其估价表是确定主材耗量和安装费基价的依据，是定额直接费的计算标准。根据预算项目，在工作内容、计量单位、定额步距等条件相符的基础上，查出相应的定额编号、主材指标、安装费基价及其中人工费、机械费单价，填入预算表内，通常称为"定额套价、套指标"。对以下六个举例（表4-28），可以自行试查核对。

给排水工程预算定额套价举例　　　　　　　　　　表 4-28

序号	定额编号	工程项目	计量单位	2000年全国定额（第八册）				2001年江苏省估价表（第八册）			
				主材指标	安装基价（元）	其中		主材单价（元）	安装基价（元）	其中	
						人工	机械			人工	机械
1	8-6	DN50 户外镀锌管（丝口）安装	10m	10.15	33.35	19.04	1.43	10.15×28.00	36.85	21.32	2.01
2	8-88	DN20 户内镀锌管（丝口）安装	10m	10.20	66.72	42.49	—	10.2×6.10	73.53	47.58	—
3	8-146	DN100 室内铸铁排水管(承插、水泥)安装	10m	8.9	357.39	80.34	—	8.9×25.00	381.39	89.96	—
4	8-246	DN50 闸阀安装（丝口）	个	1.01	15.06	5.80	—	1.01×30.00	18.86	6.50	—
5	8-407	蹲式大便器、瓷高水箱安装	10套	10.1三件	1033.39	224.31	—	10.1×95.00	966.62	251.16	—
6	8-456	DN15 小便槽冲洗管制作安装	10m	—	246.24	150.70	12.48		259.85	168.74	26.50

序号	定额编号	工程项目	计量单位	2004年江苏省计价表（第八册）							备注
				主材指标	综合单价（元）	其中					
						人工	材料	机械	管理	利润	
1	8-6	DN50 户外镀锌管（丝口）安装	10m	10.15	46.33	21.32	10.79	1.22	10.02	2.98	
2	8-88	DN20 户内镀锌管（丝口）安装	10m	10.20	97.92	47.58	21.32	—	22.36	6.66	
3	8-146	DN100 室内铸铁排水管(承插、水泥)安装	10m	8.9	402.11	89.96	257.28	—	42.28	12.59	
4	8-246	DN50 闸阀安装（丝口）	个	1.01	21.64	6.50	11.17	—	3.06	0.91	
5	8-407	蹲式大便器、瓷高水箱安装	10套	10.1三件	1061.74	251.16	657.37	—	118.05	35.16	
6	8-456	DN15 小便槽冲洗管制作安装	10m	—	354.24	168.74	61.70	20.87	79.31	23.62	

注：主材预算单价＝主材指标×地方预算价格。

七、江苏省"计价表"及其应用

为贯彻执行"清单计价规范"，满足核定清单项目"综合单价"的需要，提供编制"清单项目综合单价"的参考标准及组成价格，江苏省发布了一套以预算定额（单位估价表）为基准的 2004 版"计价表"（第二章第六节）。安装工程为其中的一套，由不同专业的十二册"计价表"组成，与 2001 版江苏省"单位估价表"相对应（表 2-17）。

表 1-20、表 1-21 及本节表 4-29、表 4-30 均为"计价表"的摘录示例，供学习中查阅和对照，以加深理解。

阀门安装：螺纹阀（江苏省 2004 年"计价表"） 表 4-29

工作内容：切管、套丝、制垫、加垫、上阀门、水压试验。 计量单位：个

定 额 编 号		单位	单价	8-241		8-242		8-243	
项 目				公称直径(mm 以内)					
				15		20		25	
				数量	合价	数量	合价	数量	合价
综合单价		元		**7.23**		**7.23**		**9.35**	
其中	人工费	元		2.60		2.60		3.12	
	材料费	元		3.05		3.05		4.32	
	机械费	元		—		—		—	
	管理费	元		1.22		1.22		1.47	
	利润	元		0.36		0.36		0.44	
二类工		工日	26.00	0.100	2.60	0.100	2.60	0.120	3.12
材料	903071 螺纹阀门 DN15	个		(1.010)					
	506204 螺纹阀门 DN20	个				(1.010)			
	903072 螺纹阀门 DN25	个						(1.010)	
	505129 镀锌活接头 DN15	个	2.67	1.010	2.70				
	505130 镀锌活接头 DN20	个	2.59			1.010	2.62		
	505131 镀锌活接头 DN25	个	3.77					1.010	3.81
	601059 厚漆	kg	8.66	0.008	0.07	0.010	0.09	0.012	0.10
	603014 机油	kg	3.94	0.012	0.05	0.012	0.05	0.012	0.05
	608163 线麻	kg	7.91	0.001	0.01	0.001	0.01	0.001	0.01
	606141 橡胶板 δ1~15	kg	6.94	0.002	0.01	0.003	0.02	0.004	0.03
	608110 棉纱头	kg	6.00	0.010	0.06	0.012	0.07	0.015	0.09
	608144 砂纸	张	1.02	0.100	0.10	0.120	0.12	0.150	0.15
	510141 钢锯条	根	0.67	0.070	0.05	0.100	0.07	0.120	0.08

水表组成、安装：螺纹水表（江苏省 2004 年"计价表"） 表 4-30

工作内容：切管、套丝、制垫、安装、水压试验。 计量单位：组

定 额 编 号		单位	单价	8-357		8-358		8-359	
项 目				公称直径(mm 以内)					
				15		20		25	
				数量	合价	数量	合价	数量	合价
综合单价		元		**24.92**		**29.98**		**38.16**	
其中	人工费	元		8.84		10.40		12.48	
	材料费	元		10.69		13.23		18.06	
	机械费	元		—		—		—	
	管理费	元		4.15		4.89		5.87	
	利润	元		1.24		1.46		1.75	
二类工		工日	26.00	0.340	8.84	0.400	10.40	0.480	12.48

工作内容：切管、套丝、制垫、安装、水压试验。 计量单位：组

定 额 编 号				8-357		8-358		8-359	
项 目		单位	单价	公称直径(mm 以内)					
				15		20		25	
				数量	合价	数量	合价	数量	合价
材料	703020 螺纹水表 *DN*15	个		(1.000)					
	703021 螺纹水表 *DN*20	个				(1.000)			
	703022 螺纹水表 *DN*25	个						(1.000)	
	506257 螺纹闸阀 Z15T-10K *DN*15	个	10.03	1.010	10.13				
	506258 螺纹闸阀 Z15T-10K *DN*20	个	12.52			1.010	12.65		
	506259 螺纹闸阀 Z15T-10K *DN*25	个	17.10					1.010	17.27
	606141 橡胶板 $\delta 1 \sim 15$	kg	6.94	0.050	0.35	0.050	0.35	0.080	0.56
	601059 厚漆	kg	8.66	0.010	0.09	0.010	0.09	0.010	0.09
	603014 机油	kg	3.94	0.010	0.04	0.010	0.04	0.010	0.04
	608163 线麻	kg	7.91	0.001	0.01	0.001	0.01	0.001	0.01
	510141 钢锯条	根	0.67	0.110	0.07	0.130	0.09	0.140	0.09

给排水安装工程采用"清单计价"方式编制工程造价文件，同样要采用地方"计价表"作为基准，组合形成"清单"项目的"综合单价"（表 1-27、表 1-29、表 4-44），计算出分部分项工程费。

第五节　给水排水安装工程定额计价工程量的计算

给水排水安装工程有室内、室外之分，应分别列项套用相应管道定额。采用预算定额分项计价，给水和排水工程量的计算，有以下特点：

（1）计算工程量应划分为室内给水、室外给水、室内排水、室外排水四个部分进行，而且要把土建内容与安装项目分开，以便与定额相对应。

（2）给排水工程量的计算内容可划分为管道安装、用水器具和附属设备三类。管道安装按轴线长度计量，其余基本上是自然计量单位。

（3）管道安装的水平长度和垂直长度：管道安装的水平长度可按比例由平面图量取，也可按轴线尺寸推算；垂直长度可用标高推算；管道长度也可用图注长度统计。室内管道的敷设多为直角转向，比较有规律；而室外管道受地形、地质、障碍物、布局等因素影响，其走向有些变化。

（4）管道长度计算必须按管材材质、公称直径、接口方式、接口材料、管道用途、使用场所的不同，分别进行。各种阀类、器具、设备，要根据名称、型号、规格的不同，分别点数计算。

（5）给排水工程量的计算方法、步骤、表格等，符合安装工程计量的普遍规律（见第二章第五节）。

一、室内给水工程

（1）室内给水管道与室外给水管道因定额基价不同，应按规定的界限划分（见本章第三节），分别计算管道工程量（长度）。

（2）室内给水工程一般由水表、进户管、加压泵间、水箱、阀门、立管、水平支管、给水器具及室内消防栓等组成。工程量计算也以此划分。

（3）室内给水管道安装工程量的计算：

1）首先按施工图说明之要求确定管道压力范围（低压、中压），一般室内给水管道均属于低压管道套价，非低压管另编预算。

2）管道安装应根据管材种类、接口方式、管径大小、接口材料，分别计算轴线长度。管材分为镀锌焊接钢管、普通焊接钢管、无缝钢管、螺纹钢管、钢板卷管、铸铁上水管等品种，一般室内给水均用镀锌焊接钢管。管道的接口方式常用丝扣式、焊接式、法兰式、承插式、套接式等，镀锌管多用螺纹连接（丝扣）。

3）管道安装以轴线延长米长度计量。工程量应以施工图尺寸线为准，图中未标注尺寸时，以比例尺量取。应注意管道变径的位置（通常在三通处）。

4）管道安装定额综合考虑了各种阀门、管件的长度，故工程量中不再扣除其长度。按新规定在管道总长度中不再扣除附件所占长度（表4-31）。管件有焊接、螺纹连接之分，在焊接钢管管路中，常用焊接管件有煨制弯（现场煨制）、压制弯（成品管件）、焊制弯（拼焊）、法兰、盲板等；丝扣连接管路中的管件有黑、白之分（即不镀锌与镀锌），其种类有弯头、三通、四通、管箍、内外接头、活接头、管堵等。这些管件在编制时，不必逐个统计工程量。而附件是指各种成套的器件组成，如减压器组成、疏水器组成、除污器组成、注水器组成、水表组成等。

附件长度表（参考）　　　　　　　　　　　　表4-31

长度 (m) ＼ 规格 ＼ 附件名称		公 称 直 径 以 内(mm)											
		15	20	25	32	40	50	70	80	100	125	150	200	250
减压器组成	螺纹连接		1.35	1.35	1.35	1.50	1.60							
	焊接		1.10	1.10	1.10	1.30	1.40	1.40	1.50	1.60	1.80	2.00		
疏水器组成		0.80	0.86	0.95	1.02	1.08	1.30							
除污器组成	降温、调压					6.50	7.00	7.00	7.60	8.00	8.00	8.50		
						3.00	3.00	3.00	3.00	3.00	3.00	3.00		
注水器组成	双型	2.00	2.00	2.00	2.50	2.50	2.50							
水表组成	丝接旁通					2.00	2.00							
	焊接旁通							0.90	1.10	1.10	1.20	1.20	1.50	1.70	2.00

5）定额内钢管公称直径32mm以内的管道，已包括管卡及托钩制作安装；而32mm以外的管道支架，应单独列项套价计算（以"吨"计量）。

6）镀锌薄钢板套管制作按不同直径分别以"个"计量，其安装已包括在管道安装定额内，不得另计安装费。

7）各种管道上伸缩器制作安装，均按不同直径及形式分别以"个"为计量单位；其中方形伸缩器的两臂，按臂长的二倍合并在管道长度内计算。

8）管道消毒、冲洗、试压，均按不同直径的管道长度分别以"米"计量，不扣除阀门、管件、附件所占长度。

（4）水表组成与安装划分为丝扣式与焊接法兰式、带旁通管与不带旁通管，分别以"个、组"计量。定额基价以"全国通用给水排水标准图集"S_{145}编制，包括旁通管及止回阀，如实际组成有变化，阀门及止回阀可按实调整，其他不变。

（5）阀门安装：

1）阀门以整体安装为准，按 DN 及连接方式不同，分别以"个"计量。

2）预算中必须弄清施工图上标明的阀门型号，对应丝扣式、法兰式等安装连接形式，不可错套定额。

3）定额中丝扣阀门安装，适用于各种内、外螺纹连接的阀门。

4）法兰阀门安装仅为一侧法兰时，定额中所列法兰、带帽螺栓及垫圈数量减半，其余不变；各种法兰连接用垫片，均按石棉橡胶板计算，采用其他材料不得调整。

5）带短管的法兰阀安装以"套"计量，接口材料不同可作调整。

6）自动排气阀安装已包括支架制作安装；浮球阀安装已包括联杆及浮球安装，不得另行计算。

7）浮标液面计、水位标尺是按国标 N102—3、国标 S_{318} 编制的，如设计与国标不符时，可作调整。

（6）给水器具安装：

1）定额中淋浴器安装适用于各种成品，以组计量。对于用钢管、管件、阀门、莲蓬头等组成的淋浴器，可执行钢管组成项目；莲蓬头作为主材，另行计价。

2）大便槽、小便槽自动冲洗水箱器安装，成套考虑；以"套"计量。项目中冲洗立、支管按钢管计算，如用其他管材、管件连接，管材价值可调整，但人工不变；定额基价中已含水箱托架、水箱进水嘴、自动冲洗阀及冲洗水管，但水箱本体应列入主材另计。

3）小便槽冲洗管制作安装，以"10m"长度计量，定额不包括阀门安装。

4）小便槽水箱托架安装，已按标准图计算在定额内，不得另行计算。

5）消毒器、消毒锅饮水器安装以"台"计量，不包括阀门和脚踏开关安装。

6）容积式热水器、开水炉安装，以"台"计量，定额包括配套附件，但不包括安全阀安装及保温、刷油、基础砌筑、烟囱制作安装；电热水器、电开水炉安装以"台"计量，不含连接管、连接件。

7）室内消火栓安装执行第七册《消防及安全防范设备安装工程》定额。

8）定额中铁皮套管制作，按施工图要求为准，据 DN 以"个"计量。

9）钢板水箱定额是按"国标 S_{151}、S_{342}、T_{905}、T_{906}"编制的，适用于给水排水、采暖系统中低压容器的制作安装，水箱不包括起吊环的制作安装，也不包括连接管安装、支架制安、水位计及内外人梯；水箱制作按成品重量每 100kg 计量（不扣人孔、手孔），水箱安装以个数计量。

10）所有卫生器具组成安装，均按自然量"组、套"为计量单位，且按标准图综合了上、下水连接的人工和材料用量，不得另行计算。

11）浴盆安装不包括支座和四周侧面砌砖及贴瓷砖；蹲式大便器包括固定用的垫砖，但不包括蹲台砌筑。

12）脚踏开关安装已包括弯管与喷头的安装，不得另行计算；冷热水混合器安装，不包括支架制安及阀门安装，可另列项目计算。

二、室外给水工程

(1) 室外给水管道是指新建、扩建工程中厂（场）区内及住宅小区的室外给水管道，其范围是由室内外管道划分点至市政管道碰头点。

(2) 室外给水系统一般由管道、水池、水塔、阀门、室外消火栓、水泵等组成。

(3) 室外给水管道安装工程量的计算：

1) 根据施工图确定的压力范围、管道材质、连接方式、接口材料（青铅、膨胀水泥、石棉水泥、水泥等），分别以每 10m 长度计量，不扣阀门、管件附件长度。

2) 室外各种管道不分明敷、暗敷、埋地及架空，均执行同一定额。

3) 室外管道公称直径大于 32mm 时，其管道支架另列单项计价。

4) 室内、室外埋地管道的管沟土方量应单独计算，一般按施工图要求的挖深、底宽、边坡、沟长，计算体积；施工图未标注时，可参考表 4-32 数值计算。

管沟宽度表   表 4-32

管径(mm)	铸铁管、钢管	缸瓦管	附　　注
50～80	0.6	0.7	(1)本表按埋深 1.5m 以内考虑的
100～200	0.7	0.8	(2)当埋深 2m 以内时，沟宽增 0.1m
250～350	0.8	0.9	(3)当埋深 3m 以内时，沟宽增 0.2m
400～450	1	1.1	(4)计算土方量时可不考虑坡度

5) 法兰安装分铸铁和碳钢两种，连接方式有螺纹连接和焊接，管道上法兰与法兰连接时，按"付"为单位计算工程量，法兰和螺栓列入主材费另行计算。

6) 伸缩器制作安装，以"个"为单位计算。

(4) 阀门安装：

1) 各种阀门的安装，按不同的连接方式、公称直径、品种，以"个"为单位计算，阀门本体列入主材另计。

2) 法兰阀门安装定额适用于各种法兰阀门，以个数计量，如一侧为法兰，另一侧为螺纹连接时，则法兰、带帽螺栓及垫圈数量减少一半，其余不变；各种阀门连接用垫片，均按橡胶石棉板计算，改用其他材料不作调整。

3) 消火栓和消防水泵接合器安装，执行第七册"安装定额"按种类、埋设方式（地下式、地上式、墙壁式），分别以"组"计量（室外）；定额不含消防栓的短管（三通），应另按实计算主材费；消防水泵接合器安装以成套产品计算，也不含短管，如施工图要求，则短管价格另计，其他不变。

4) 水塔、水池浮漂水位标尺是按标准图集 S$_{318}$ 编制，以套计算工程量；水位差及覆土厚度已综合考虑，执行定额不予调整。

5) 浮标液面计 FQ-Ⅰ 型是按标准图 N102-3 编制的，其安装以"组"计量；设计不同可调整。

(5) 管道的消毒、冲洗（指用漂白粉加水），以施工图要求为准，按直径不同，分别以每 100m 长度为单位计量，单独列项计算。

三、室内排水（下水）工程

(1) 室内下水管道以出墙至第一个排水检查井为界。

（2）室内下水工程一般由卫生器具、室内下水管道（水平支管、下水立管）、出户管、检查井等组成。

（3）室内排水管道安装工程量的计算：

1）室内下水管道一般使用铸铁下水管或塑料下水管两种，按管道材质、公称直径、接口方式、接口材料的不同，分别以轴线长度计算工程量；计算下水管道长度时，卫生器具下部的存水弯长度不得计算（已包括在卫生器具安装定额内）。

2）下水管道中不包括地漏及水平扫除口的安装，应另列单项计算。

3）铸铁管应严格区分给水管与排水管，不得混淆，分别计算工程量及套价。

4）室内下水管应区分雨水管、污水管，分别计量及套价。

（4）卫生器具安装：

定额中所有卫生器具安装项目，均参照有关标准图集编制，施工图无特殊要求时，执行定额均不作调整。其工程量计算说明如下：

1）成组（套）安装的卫生器具，以"组、套"计量；标准图中的短管等附件已包含在定额内，故不得与给、排水管道的计算重复。

2）浴盆、净身盆安装，按材质不分型号而以冷、热水及其带喷头划分，分别以"10组"为单位计量；浴盆支架及四周侧面的砌砖、贴瓷砖另行计算。

3）洗脸盆、洗手盆安装不分型号，按普通钢管、铜管、立式理发用、肘式开关、脚踏开关及冷热水区分，以"10组"为单位计量。

4）洗涤盆、化验盆安装，按单、双嘴、肘式、脚踏开关、鹅颈水嘴区分，以"10组"为单位计量。

5）淋浴器的组成、安装，按铜管、钢管分冷水、冷热水，以"10组"为单位计量。

6）小便器安装，按普通式和自动冲洗方式，挂斗式和立式分别以"10组"为单位计量；定额中按镀锌钢管连接，如用钢管应调整材价，其余不变。

7）小便槽冲洗管（多孔管、雨淋管）制作安装，以"10m"长度为单位计量，镀锌管作为主材另计。

8）大便器安装有坐式、蹲式之分，按水箱形式、冲洗方式分项，大便槽自动冲洗水箱器安装，均以"10套"为单位计量，基价内已含成套铜活配件，但各种大便器、水箱应作为成品主材另计。

9）水龙头列入上水工程；地漏、地面扫除口、排水栓以"10个（或10组）"为单位计算。

四、室外排水（下水）工程

（1）室外排水管道的界线，是指由室内下水管连接的第一个排水井窖井至室外排水管与市政排水检查井的碰头点止。

（2）室外下水工程一般由窖井、排水管、积水池、污水泵、净化装置、检查井等组成。

（3）室外排水管道一般使用铸铁管、水泥管、钢筋混凝土管等。水泥管和钢筋混凝土管在土建工程内，不在此计算。铸铁下水管的敷设为安装工程，按公称直径、连接形式、接口材料区分，分别以轴线长度计算工程量。包括管件长度（定额中已综合），但应扣除窖井及检查井内净尺寸，室外埋管沟槽土方工程和管道基础另计，执行土建工程预算定额。

（4）污水净化装置和泵站工程，不属于本册定额内容，可按下列原则处理：

1）所有配管，执行第六册（工业管道工程）；

2）有关刷油、保温部分，执行第十一册（刷油、绝热、防腐蚀工程）；

3）装置及泵类的成套设备本体或部件安装，执行第一册（机械设备安装工程）；

4）配电、电气设备及其线路安装，执行第二册（电气设备安装工程）；

5）室内生活供水及排水（卫生用具上下水），执行本册（第八册）定额；

6）房屋工程、设备基础、水池及土石方工程等，执行当地土建工程定额。

上述执行不同定额时，应以单位工程为对象，按各定额的计算规定，分别编制工程预算。

五、工程量计算注意事项

（1）给水和排水是上、下水两个不同系统，其工程量计算应严格区分，并分别划分为室内、室外两部分。在室内工程中，以卫生器具分界，进水部分属给水，出水部分为排水，而卫生器具本体一般划入排水。

（2）卫生器具的安装，要根据设计图注意区分成套（组）或部件单项，应分别计量。

（3）卫生器具的进水部分，是否包含引入短管（分支配管）及闸阀（或水嘴、龙头），而排水部分是否包含存水弯、下水竖管，这些附件在预算定额中并无统一规定。为防止漏项或重项，要查清定额的安装材料组成。表 4-33 是有关项目的归纳，可直接查出。

水卫器具配件定额包含情况（第八册） 表 4-33

定额编号	项　目	给　水		排　水	
		闸阀、水嘴、龙头	配管	存水弯	下水竖管
357～373	水表组成安装	√	×		
374～381	浴盆、净身盆安装	√	√	√	√
382～390	洗面盆、洗手盆(瓷)安装	√	√	√	√
391～402	洗涤盆、化验盆安装	√	√	√	√
403～406	淋浴器组成安装	√	√		
407～417	大便器安装	√	√	√	×
418～425	小便器安装	√	√	√	√
426～432	大便槽自动冲洗水箱	√	√		
433～437	小便槽自动冲洗水箱	√	√		
438～440	水龙头安装	×	×		
441～446	排水栓			√	√
447～450	地漏			√	√
451～455	地面扫除口			×	×

说明：1. 表内"√"表示定额内已包含，不另计价；表内"×"表示定额内未计入，如图上有要求，应列单项计算；

　　　2. 未含的存水弯只计主材费，其余配件及管段按直接费计价。

（4）给排水安装工程的施工，必须与土建施工紧密配合。一般先安装管路及设备（牢固定位），再由土建填补完善。但是，对于水磨石洗涤池、拖布盆之类的卫生设备，是土建的安装内容，不能计入给排水安装工程量，给排水安装内容只能计算水龙头及排水栓。

六、工程量计算实例

图 4-16 为某幢单元住宅楼的某户厨房与卫生间的给排水设计图。给水用镀锌焊接钢管（螺纹连接），排水用铸铁承插排水管（水泥接口）。

试计算该户给排水工程的预算工程量。

解：列表分项计算如表 4-34。

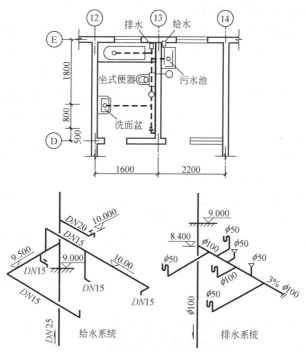

图 4-16 单元住宅某户给排水施工图

某户给排水工程量计算表（实例） 表 4-34

序	分项工程	工程说明及算式	单位	数量
	一、管道敷设			
1	给水:(1)DN20	$\overrightarrow{0.4}+\overrightarrow{0.1}$	m	0.50
	(2)DN15	$\overleftarrow{1.6}+\overrightarrow{1.8}+0.1\uparrow+\overrightarrow{0.2}+0.5\uparrow+\overleftarrow{2.5}+\overrightarrow{0.1}+0.8\downarrow+\overrightarrow{0.1}$	m	8.70
2	排水:(1)DN50	$0.6\overset{4}{\downarrow}+\overrightarrow{1.2}+0.8\overset{4}{\downarrow}+\overrightarrow{0.5}+0.6\overset{4}{\downarrow}+\overrightarrow{0.5}+0.6+0.8\overset{4}{\downarrow}+\overrightarrow{1.1}$	m	6.70
	(2)DN100	$0.6\overset{4}{\downarrow}+\overrightarrow{0.3}+\overleftarrow{2.1}$	m	3.00
	二、器具			
1	DN15 水龙头	1+1	个	2
2	DN20 水龙头		个	1
3	浴盆		组	1
4	坐式大便器		套	1
5	洗面盆		套	1
6	排水栓	DN50	套	1
7	地漏	DN50	个	2

第六节　　给水排水工程清单计价及其工程量计算

建设工程发承包及实施阶段，贯彻执行《建设工程工程量清单计价规范》GB 50500—2013 及其配套的"计量规范"，是工程造价计价体系深化改革的措施。现行 2013 版"清单计价规范"是十年"清单计价"的实践经验总结，是完善工程计价行为的法规。

一、给排水工程"清单"计价项目

《通用安装工程工程量计算规范》GB 50856—2013 的附录 K，对给排水采暖燃气工程的"清单计价项目"作了统一规定，由管道敷设、支架及其他、管道附件、卫生器具、供暖器具、采暖给排水设备、燃气器具及其他、医疗气体设备及其他、系统调试、相关说明等十个部分组成，规定了 101 个具有 9 位数统一编码的计价项目（表 4-35）。

2013 版"清单"计价项目是在 2003（2008）版"清单"计价项目基础上，做了局部调整和完善"特性"后形成。具有"四个统一"（编码、名称、单位、规则）和"五级编码"（类别、专业、分部、项目、细目）的通性，并对"特性"的描述要求，更加全面和严格。

在"清单"列项时，应注意以下几点：

（1）水卫设施周边的砌砖、贴面、混凝土等项目，应在建筑及装饰工程中计价；高档器具的供电与电器安装，属"电气"项目计价。

（2）成品器具的安装，包括所有零配件的装配；成品及附件列入主材，纳入"综合单价"计费。

（3）项目特性的描述，必须确切、全面，符合"规范"要求，以确保"综合单价"核定准确、合理。

（4）室内、室外、市政管道的分界点，与"预算定额"规定相同。

二、给排水工程"清单"项目的工程量计算规则

1. 管道敷设：以管道材质、安装部位（室内、室外）、安装方式、输送介质、接口方式、接口材料、质量要求、工作内容等不同划分项目，均以图示轴线长度米计量，不扣除管件、阀门、小型构筑物及附件等所占长度，计入方形补偿器增加长度。室外管道碰头以"处"计量，适用于新、旧（原）管道碰头，包括坑土挖填、拆除修复、碰头接口、介质处理、管道保护等全部工作内容。

2. 支架及其他：管道、设备支架的制作与安装，按图示尺寸，以质量 kg 或"套"计量；成品支架列入"主材"，只计安装；穿基础、墙、楼板的各种套管的制作、安装与防腐，按图示尺寸，以"个"计量。

3. 管道附件：各种管道附件（阀门、减压、疏水、除污、补偿、法兰、逆流、水表、计热、消声、水位等），均以图示自然计量单位（个、组、套、副、块）计量；有关连接方式，采用图集、附件配置、规格、材质等，应在"特性"内详细描述。

4. 卫生器具：浴缸、净身盆、洗脸盆、洗涤盆、化验盆、大便器、小便器等卫生器具，均以图示"组"数计量；给排水附件、烘手器以图示"个"数计量；淋浴器（间）、浴房、自动冲洗水箱、加热器、混合器、饮水器、隔油器等，以图示"套"计量；小便槽雨淋管以图示长度"m"计量；所有安装项目，均包含配套的零件、附件。

5. 供暖器具：铸铁、钢制等成品散热器，以图示"片（组）"数计量，光排管散热器以图示长度"m"计量；暖风机、热媒集配装置以图示"台"数计量，集气罐以图示"个"数计量；地板辐射采暖以房间净面积"m^2"或图示管道长度"m"计量。不同结构形式的散热器，须分别列项计价，包括支架制安、除锈刷油、冲洗水压等全部工作内容。

6. 采暖、给排水设备：各种采暖、给排水工程的成品（成套）设备安装，均以图示"套（台、组）"数计量，包括配套附件安装。水箱包括制作与安装，以"台"计量。

表 4-35

给排水采暖燃气工程"清单计价项目"明细表

分部工程	项目编码	项目名称	项目特征	计量单位	计量规划	工作内容	备注
K1 给排水采暖燃气管道	031001001	镀锌钢管	安装部位(室内、室外),介质,材质、规格,压力等级(接口形式),材料压力实验及吹洗要求,警示带形式	m	图示轴线长度(不扣阀门、管件、小型附件及构筑物长度)	敷管,固管,配套附件,压力实验,吹洗,警示带	①方形补偿器制安含在管道内;②压力进行(水压、气压等);③排水管安装包含检查口、透气帽;④管道中构筑物指检查井、检查井等
	031001002	钢管					
	031001003	不锈钢管					
	031001004	铜管					
	031001005	铸铁管					
	031001006	塑料管	阻火圈要求				
	031001007	复合管					
	031001008	直埋式保温管	保温材料				
	031001009	承插式陶瓷缸瓦管	埋深、规格、接口、压力实验、吹洗要求、警示带				
	031001010	承插水泥管					
	031001011	室外管道碰头	介质、碰头形式、材质、规格、连接、防腐、绝热	处	图示处数	沟槽、碰头、接口	
K2 支架、其他	031002001	管道支架	材质、形式	kg、套	图示数量	制作、安装	100kg/件以上执行"设备支架";成品安装不计设计
	031002002	设备支架					
	031002003	套管	名称、类型、材质、填料	个		制作、除锈、刷油	
K3 管道附件	031003001	螺纹阀门	材质、规格、压力、连接	个	图示数量	安装、调试、电气接线	①法兰阀门已含法兰连接,不可另计;②塑料阀门连接区分热熔、粘接,热风焊做法;③成套组成应全面配套附件,须描述全面
	031003002	螺纹法兰阀门	类型、焊接方法				
	031003003	焊接法兰阀门					
	031003004	带短管甲乙阀门					
	031003005	塑料阀门				安装、调试	
	031003006	减压器	附件配置	组		组装	
	031003007	疏水器					
	031003008	除污过滤器					
	031003009	补偿器	类型	个		安装	

分部工程	项目编码	项目名称	项目特征		计量单位	计量规划	工作内容	备注
K3 管道附件	031003010	软接头（软管）	材质、规格、连接		组、个	图示数量	安装	①法兰阀门已含法兰连接,不可另计;②塑料阀门连接应区分热熔、粘接;③成套组成应含配套附件,须描述全面
	031003011	法兰	压力等级	型号	副、片			
	031003012	倒流防止器		型号	套			
	031003013	水表	安装部件		组、个		组装	
	031003014	热量表	型号		块			
	031003015	塑料排水消声器	规格、连接		个		安装	
	031003016	浮标液面计	规格、连接		组			
	031003017	浮标水准标尺	用途、规格		套			
K4 卫生器具	031004001	浴缸	材质、规格、类型、型号、附件名称与数量		组	图示数量	器具安装、附件安装	①给水附件指水嘴、阀门、喷头等,排水附件有存水弯、排水栓、下水口,连接支管等;②器具瓷砖等混凝土或砌筑支座及瓷砖等建筑项目,另列计费
	031004002	净身盆						
	031004003	洗脸盆						
	031004004	洗涤盆						
	031004005	化验器						
	031004006	大便器						
	031004007	小便器						
	031004008	其他成品			个		成品安装	
	031004009	烘手器	组装形式、附件名称、数量				器具安装、附件安装	
	031004010	淋浴器	材质、类型、型号、规格		套			
	031004011	淋浴间						
	031004012	桑拿浴房						
	031004013	便槽冲洗水箱	水箱、配件、支架、除锈、刷油		组、个		全套制安、除锈刷油	
	031004014	给排水附件	安装方式				安装	
	031004015	小便器冲洗管			m	图示长度	制作、安装	

分部工程	项目编码	项目名称	项目特征		计量单位	计量规则	工作内容	备注
K4 卫生器具	031004016	蒸汽-水加热器	材质、类型、型号、规格	安装方式	套	图示数量	制作、安装	①给水附件指水嘴、阀门、喷头等;排水附件有存水弯、排水栓、下水口连接管等;②器具及瓷砖等砌筑支座及混凝土等土建支座等土建项目,另列计费
	031004017	冷热水混合器		安装方式	套	图示数量	成品安装	
	031004018	饮水器		安装部位	套	图示数量	成品安装	
	031004019	隔油器			套			
K5 供暖器具	031005001	铸铁散热器	型号、规格,安装方式,结构,附件,托架,除锈、刷油		组、片	图示数量	组装、水压,托架,刷油	①散热器安装含括各拉条紧固件;②地面采暖面的地面土建项目另列
	031005002	钢制散热器	材质、类型、型号、规格,托架,除锈、刷油		组、片	图示数量	安装、水压,刷油	
	031005003	其他成品散热器						
	031005004	光排管散热器	型号、规格	安装方式	m	图示排管长度	制安、水压、油漆	
	031005005	暖风机	型号、规格,品牌,安装方式		台	图示数量	安装	
	031005006	地板辐射采暖	材质,尺寸,规格,测压,做法,规格,测压,吹洗		m²、m	房间净面积,管长	排管、保温层、配件安装、测试	
	031005007	热媒集配装置	材质、规格		台	图示数量	全套制作、安装	
	031005008	集气罐			个		制作	
K6 采暖给排水设备	031006001	变频给水设备	名称、型号、规格,水泵技术参数,附件(配套)减震装置		套	图示数量	全套安装、调试,减震装置制安	①压力容器为罐体;②设备用泵分型号数计价;①泵为基础,另列;①仪表、配套的阀门、附件为配套接头,软连接等;②管道连接件等;均应详细明示
	031006002	稳压给水设备						
	031006003	无负压给水设备						
	031006004	气压罐	型号、规格,安装方式		台	图示数量	安装、调试	
	30106005	太阳能集热装置	附件名称、规格、数量		套		全套安装	
	030106006	地源热泵机组	减震装置形式		组		全套安装,减震装置制作	
	030106007	除砂器	名称、型号、规格,规格、类型		台		成套安装	
	030106008	水处理器						
	030106009	超声波灭藻设备						
	030106010	水质净化器						
	030106011	紫外线杀菌设备	名称、型号、规格、类型		台			
	030106012	热水器、开水炉	能源、容积,安装方式		台			
	030106013	消毒器、消毒锅						
	030106014	直饮水设备			套			
	030106015	水箱	材质、类型、型号、规格		台		制作、安装	

分部工程	项目编码	项目名称	项目特征		计量单位	计量规则	工作内容	备注
K7 燃气具及其他	031007001	燃气开水炉	类型、型号、规格、容量、气源、用途（民、公）、安装方式、附件、托架		台	图示数量	成套安装	①气源指人工煤气、天然气、石油液化气等；②调压箱的安装分室内、室外
	031007002	燃气采暖炉			台			
	031007003	燃气消毒器			台			
	031007004	燃气热水器			台			
	031007005	燃气表			块		成套安装、托架制安	
	031007006	燃气灶具			台		成套安装	
	031007007	气嘴	单嘴、双嘴	材质、型号、规格、连接	个			
	031007008	调压器	安装方式、室内外		台			
	031007009	燃气抽水缸			个			
	031007010	燃气管调长器	压力等级		个			
	031007011	调压装置	安装部位		台			
	031007012	引入口砌筑	形式、材质、保温、地上（下）		处		砌筑、充填	
K8 医疗气体设备及附件	031008001	制氧机	型号、规格、安装方式		台	图示数量	安装、调试	①气体汇流排适用于氧气、笑气、二氧化碳、氮气等气体；②空气压缩机适用于压缩空气；空气过滤、预过滤、精过滤、超精过滤器分别列项
	031008002	液氧罐						
	031008003	二级稳压箱						
	031008004	气体汇流排			组		器具与附件安装	
	031008005	刷手池	附件安装		个		安装、调试	
	031008006	医用真空罐	材质、规格、型号	附件安装、安装方式	组		本体与附件安装、调试	
	031008007	气水分离器			台			
	031008008	干燥机						
	031008009	储气罐	规格、安装方式				安装、调试	
	031008010	空气过滤器						
	031008011	集水箱			个			
	031008012	医疗设备带	材质、规格		m	图示长度		
	031008013	气体终端	名称、气体种类		个	图示数量		
K9 调试	031009001	采暖系统调试	系统形式、管道工程量		系统	按系统计算	系统调试	系统由管网中所有管道、附件、器具构成
	031009002	空气水系统调试						

说明：本表为《通用安装工程工程量计算规范》GB 50856—2013附录K"给排水采暖、燃气安装工程"的"清单计价项目"摘要汇总。最后K10"相关问题及说明"的内容主要是对管道界线线划分、定额交叉项目等作了规定（略）。

7. 燃气器具及其他：开水炉、采暖炉、热水器、灶具、燃气表及调压、抽水、调长装置等，均以图示自然单位"台（块、个）"计量，属成品安装内容。燃气引入的砌筑分地上、地下，以图示"处"数计量。

8. 医疗气体设备及附件：医疗气体的制造、汇集、分离、储备、过滤、排污、真空等专用设备及附件安装、调试，均以图示"台（组、个）"计量；只有"医疗设备带"以图示长度 m 计量。

9. 采暖、空调水工程系统调试：按采暖系统（管道、阀门与供暖器具）、空调水系统（管道、阀门与冷水机组）区分，按"系统"计量计价。

三、"清单"项目工程量计算实例：

由于"预算定额"、"计价表"与"清单规范"的计价项目，在安装工程范围内的计量规则，并无太大差异，仅是"清单"项目通过"特征"描述，突出内容"综合性"与计价"个别性"相结合的特色。

仍以图 4-16 为例，参考表 4-34 计算式及其成果，列出该工程"清单计价项目"及其工程量（表 4-36）。

分部分项工程"清单"项目工程量计算表　　　　　表 4-36

工程名称：单位住宅某户给排水工程　　　　　2013 年 7 月　日

序号	编码	项目名称	项目特征	计算式	计量单位	工程量	备注
1	031001001001	镀锌钢管	室内给水、丝接 DN20	（表 4-34）	m	0.5	
2	031001001002	镀锌钢管	室内给水、丝接 DN15	（表 4-34）	m	8.7	
3	031001005001	铸铁管	室内排水、承插（水泥）	（表 4-34）	m	6.7	DN50
4	031001005002	铸铁管	室内排水、承插（水泥）	（表 4-34）	m	3	DN100
5	031004001001	浴缸		（图 4-16）	组	1	
6	031004004001	洗脸盆		（图 4-16）	组	1	
7	031004006001	大便器	坐式	（图 4-16）	组	1	
8	031004014001	水龙头	Dg15	（图 4-16）	个	2	
9	031004014002	水龙头	Dg20	（图 4-16）	个	1	
10	031004014003	排水栓	DN50	（图 4-16）	个	1	
11	031004014004	地漏	DN50	（图 4-16）	个	2	

第七节　给水排水安装工程预算的编制

通过以上"章、节"的学习，已经形成了工程预算编制的定额计价（或计价表计价）和"清单"计价两种方式。现行政策规定：通用安装工程在发承包及实施阶段，执行"清单"计价规定编制招标控制价、投标报价、合同承包价、竣工结算价等造价文书。

为了深入理解"清单计价"的源泉，掌握预算定额（单位估价表）及计价表的应用理论和方法，本节仍以定额计价、"清单"计价两种方式，分别介绍给排水工程预算编制的要点和基本规定。

一、给排水工程的定额计价

给水排水安装工程预算"定额计价"的编制程序、计算表格、计费公式、费用含义、定额套价、基价调整，以及间接费、独立费和税金的计算方法和步骤等，均与电气设备安装工程相同（见第三章第七节），也符合安装工程预算编制的普遍规律（第二章第三节）。

由于给水排水工程以管道安装为中心，设备器具多数为定型产品，且与土建工程关系密切，定额的分项也较简单，因此，预算费用的取定和部分费率，与电气工程预算有所不同。根据江苏省和南京地区有关规定，计算要点如下：

1. 主要材料费

凡主要材料在定额内（带括号或附注）有两种以上时，应作为材料单独列出计算（计入损耗），但费用金额仍应纳入直接费（或分部分项工程费）的主材费内。

2. 预算定额安装费应增加的费用

（1）按第八册安装定额规定的条件和费率，计取脚手费、超高费、高层建筑增加费（见本章第四节）；

（2）取消工程降效费用（安装与生产同时进行、有害健康环境施工）；

（3）增加"主体结构现浇钢模施工系数"和"管道间或管廊内安装增加费"（见本章第四节）。

3. 预算定额基价的调价计算

（1）由于各地区价差的客观存在，执行 2000 年版《全国统一安装工程预算定额》所计算出的定额直接费中安装费用，不能完全等同本地价格。因此，各地区按本地规定进行调价是客观需要。

（2）有的地区依据 2000 年版"全国定额"和本地资源价格，编制了本地区单位估价表（如：2001 年"江苏省安装工程单位估价表"、2004 年"江苏省安装工程计价表"）。使用本地区单位估价表套价，按当地当时的规定实行"基价调整"。

（3）随着时间的推移，物价变动及工资水平提高，定额基价进行调整是必然的。基价调整的方法不外乎有新编估价表、综合系数统一调整和单项系数分别调整三种。比较合理且常用的方法是单项系数分别调整，其要点是：

① 人工工资补差＝定额劳动量×日工资差价

　　　　　　＝（定额人工费之和/定额工资标准）×（现行预算工资标准－定额工资标准）

② 安装主材按四种方式分别采用现行价计算（第二章第二节）。

③ 安装辅材补差＝安装辅材费合计×调差系数

　　　　　　＝（基价合计－人工费－机械费）×调差系数

④ 机械使用费补差＝施工机械台班费合计×调差系数

⑤ 最终直接费＝主材费＋定额直接费＋人工费补充价＋辅材费补差价＋机械费补差价

（4）安装工程按"定额计价"编制预算时，各项费用的取费基础一般是"调后人工费"。而具体费率，国家并无统一限定，都是由地方制定"费用定额"作为标准贯彻执行的。

二、给排水工程的"计价表"计价

由于 2001 年"江苏省估计表"来源于 2000 年"全统安装定额"，而 2004 年"江苏计价表"来源于 2001 年"江苏省估计表"，三者之间存在着使用范围、定额界限、项目划分、项目名称、定额编号、计量单位、计算规则、资源组合、增加费用、执行规定等方面的等同，仅仅是个别指标调整、资源单价更新、单价组成不同等差别。因此，了解"计价表"的基本概念及其应用，可以"举一反三"，将"计价表"作为新定额执行。

第八册（给排水、采暖、燃气）计价表的应用，可作以下说明：

（1）计价项目划分可参阅表 4-14（"计价表"与"估计表"等同）；

（2）本书第四章第四节介绍的第八册"江苏省估计表"，有关适用范围、专业界限、定额执行、费用追加、定额调整、定额套价等规定，同样适用于第八册"计价表"；

（3）本书第四章第五节给排水安装工程量计算的基本特点、计量单位、计算规则、室内外界限、计量注意等规定与论述，同样适用于第八册"计价表"；

（4）第八册"计价表"与第八册"估价表"的定额指标（人工、材料、机械台班耗量）完全相同。

采用地方"计价表"套价编制预算，可以理解为：计价项目划分与"预算定额"相同（定额计价分项），工程费单价由基价改为综合单价（五项费用），资源（工料机）价差按定额计价模式执行地方规定调价，预算费用组成与"清单"计价规定相同（工程费、措施费、其他费、规费、税金）。

因此，"计价表"计价方式编制给排水工程预算的程序是：

（1）熟悉施工图及其工程特性、现场条件；

（2）按"计价表"的项目划分（"预算定额"计价的分项工程），列出计价项目；

（3）依据"预算定额"的计量规则，分项计算工程量；

（4）套价计算各项目的"分部分项工程费"（已含：管理费、利润）；包括主材计费（定额指数 x 市场指导价）；

（5）按地方规定：调整资源价差（工、料、机），重新核定管理费、利润（人工费 x 费率％）；

（6）列项分别计算"施工措施费"（通用项目、特定项目）；

（7）列项计算"其他项目费"（暂列金额、计日工、专业分包、总承包服务费）；

（8）按地方规定，列项计算"规费"（社会保险、住房公积金、工程排污、安全监管等）和税金；

（9）汇总、编制说明、装订文件、审批程序。

上述"编制步骤"中，（4）（5）可合并为"综合单价"核定（现行价）与套价计费（分部分项工程费），而（6）、（7）、（8）实质上与"清单计价"的取费规定是一致的。

三、给排水工程的"清单"计价

GB 50500—2013 及配套的"计量规范"规定，九类工程（表 2-1）在发承包及实施阶段执行"清单"计价方式编制工程造价。给排水工程是通用安装工程的专业构成内容之一，应遵守"清单"计价的各项规定（第二章第四节）。在"清单"计价的基础知识中，"清单"编制的依据与内容，"清单"编制的原则与要求，"清单"编制的列项与计量，"清单"编制的计价与取费，"清单"编制的步骤与方法……，都是相同的、一致的，具有其通用的共性。所不同的只是具体工程、不同专业的实际应用。

因此，给排水工程的"清单"计价方式，与电气安装工程"清单"计价方式（第三章第八节），所采取的方法、步骤是相同的。学习中结合实例（本章第八节），进行归纳、总结，同时，要掌握以下编制要点：

（1）"计价规范" GB 50856—2013 是"清单"列项的依据，必须满足"四个统一"和"五级编码"的基本要求；

（2）地方"计价法"（或定额）是"清单"项目综合单价的定价标准，必须满足"有据可查"和"定价清晰"的基本要求；

（3）现行地区的资源（工、料、机）价格（指导价、市场价）是"清单"定价的信息资料，必须满足"定价适度"和"取费合理"的基本要求；

（4）地方计价规定和标准是"清单"计价的法规，必须满足"严格遵守"和"有利竞争"的基本要求。

通过"规范"的学习和对比，要对招标控制价、投标报价、合同承包价、竣工结算价等四种工程造价文书，进行深入的理解和认识，以提高工程造价编制的业务水平。

第八节　室内给水排水工程预算实例

一、工程设计概况

（1）仍以电气预算实例"某学校车库宿舍工程"为例，如图 3-16 和图 3-17。该工程⑦～⑨轴线之间为楼梯、厕所；ⓒ～ⓓ轴线间底层和二层的厕所内，构成简单的给水和排水系统。

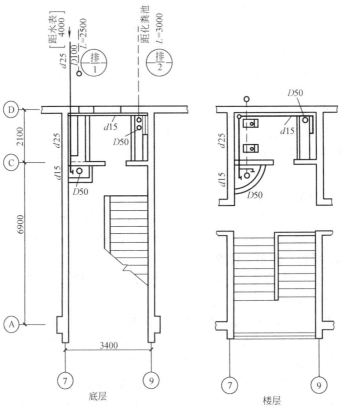

图 4-17　厕所给水排水平面图

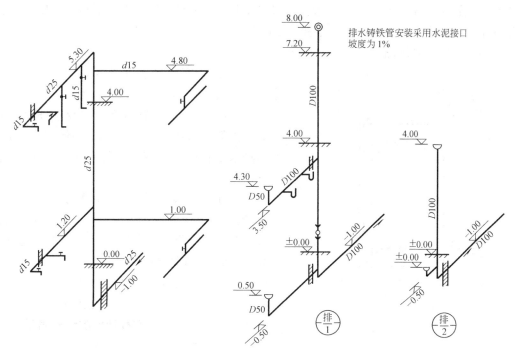

图 4-18　给水系统图　　　　　　　　　　图 4-19　排水系统图

（2）土建设计说明见第三章第九节。

（3）室内给水排水工程设计图共三张：图 4-17 为厕所给水排水平面图，图 4-18 为给水系统图，图 4-19 为排水系统图。

（4）本工程位于市内禁区，由施工企业采用包工包料方式施工。

二、给排水识图要点

（1）先看底层平面图，厕所右侧设有小便槽，上方装有冲洗管 DN15，小便槽靠外墙一端底部装有一个排水碗（地漏）DN50，污水经弯头由水平排水支管流入排水立管（排 2）；"排 2"立管上接 2 层小便槽地漏，下至标高 −1.0m 处由出户管通向化粪池。

（2）底层厕所左侧为一大便槽，装有 DN25 冲洗管，槽内污水由一段短的水平管穿过外墙、流入室外排水立管（排 1）。"排 1"立管 DN100 上自屋面透气帽，下至地下 −1.00m 标高处，由水平排水干管 DN100 通向化粪池。

（3）底层楼梯间的墙角处有一污水池，池上有 DN15 龙头，池底有 DN50 地漏，污水由地漏经弯管穿隔墙流入大便槽。

（4）2 层厕所右侧仍为小便槽，污水由立管"排 2"顶部地漏进入，由"排 2"立管排除。2 层厕所左侧在两个蹲式高水箱冲洗大便器，粪便污水由直管径 P 形存水弯进入水平排水管（走廊污水池的污水也进入该管），通向"排 1"立管排除。

（5）立管"排 1"在标高 3.50m 以上的部分为通气管，屋面以上标高 8.00m 处管顶设透气帽。

（6）由给水系统图（图 4-18）可知：进户管在标高 −1.00m 处用 DN25 镀锌管水平引入，通过弯头与 DN25 室内立管相接。立管在标高 1.10m 处由三通向右接 DN15 水平支管，供底层小便槽用水；立管在标高 4.80m 处向右接 DN15 水平支管，供 2 层小便槽用水；立管在标高5.30m处接一弯头，向左装DN25水平支管，供大便器冲洗装置用水；该水平支管以DN15管穿过隔墙延伸至二楼污水池。

（7）由排水系统图（图4-19）可知：

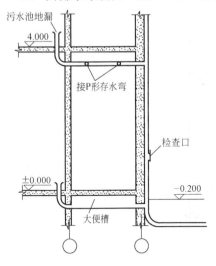

1）该工程室内排水由"排1"和"排2"两个系统组成。

2）"排2"系统比较简单，2层小便槽的地漏为立管顶部（标高4.00m），底层小便槽的污水由地漏经水平管引入立管，立管在－1.00m处接出户管。

3）"排1"系统的立管由屋面至地面以下－1.00m处（位于室外墙边），2层楼面以上为通气管；2层大便器、污水池的污水由水平支管在标高3.50m处通向立管；底层污水池的污水由水平管在－0.50m处通向立管，立管在－1.00m处接出户管。图4-20为"排1"系统剖面图。

图4-20 "排1"系统剖面图

三、给水排水工程定额计价的预算编制

（1）给排水安装工程量计算（表4-37）；

（2）主材费和定额安装费的计算：表4-38为采用全国定额的套价计算，表4-39为应用江苏"估价表"的计算结果；

车库宿舍给排水工程预算工程量计算表（实例）　　　　表4-37

序号	项　目	计　算　式	单位	工程量	备　注
	一、管道敷设				
1	给水　①DN25	4.0+(5.3+1)↑＋一层(1.8+0.5+0.1↓)＋二层2.1	m	14.8	镀锌管、螺纹口
	②DN15	一层(0.6+0.1↓+0.3+0.9+0.1↓)＋二层(0.3+0.4+2×0.5↓+3.0+0.9+0.1↓)	m	7.7	镀锌管、螺纹口
	③雨淋管	DN15=2×1.7=3.4	m	3.4	
2	排1①DN100	二层(0.3+2.1+0.2)＋主管(8+1)↓＋底层0.3＋出户2.5	m	14.4	铸铁管、水泥接口
	②DN50	二层(4.3−3.5)↓＋底层(0.2↓+0.5)	m	1.5	
3	排2①DN100	(4+1)↓＋出户3.0	m	8.0	
	②DN50	一层(0.5↓+0.3)	m	0.8	
	二、器具				
1	给水：①闸阀	DN25-1　DN15-3	只	4	螺纹口
	②龙头	DN15-3	只	3	螺纹口
2	排水：①地漏	DN50-4	个	4	
	②大便器	高水箱蹲式大便器	套	2	

表 4-38

安装工程定额直接费计算表（全国定额）

工程名称：车库宿舍（给水排水）　　　　（2002 年 7 月　　日）

定额编号	项目	数量	单位	单 价（元）				定额直接费（元）			
				主材	安装	其中		主材费	安装费	其中	
						人工	机械			人工费	机械费
8-87	DN15 镀锌管（螺纹口）安装	0.77	10m		65.45	42.49	—		50.40	32.72	—
8-89	DN25 镀锌管（螺纹口）安装	1.48	10m		82.91	51.08	1.03		122.71	75.60	1.52
8-144	DN50 铸铁下水管（水泥接口）	0.23	10m		133.41	52.01	—		30.68	11.96	—
8-146	DN100 铸铁下水管（水泥接口）	2.24	10m		357.39	80.34	—		800.55	179.96	—
8-241	DN15 闸阀安装	3	个		4.43	2.32	—		13.29	6.96	—
8-243	DN25 闸阀安装	1	个		6.24	2.79	—		6.24	2.79	—
8-407	蹲式大便器	0.2	10组		1033.39	224.31	—		206.68	44.86	—
材	瓷高水箱、铜活	0.2	10 个	—		—		—		—	
材	瓷高水箱配件	0.2	10 套	—		—		—		—	
8-438	DN15 水龙头安装	0.3	个		7.48	6.50	—		2.24	1.95	—
8-447	DN50 地漏	0.4	10 个		55.88	37.15	—		22.35	14.86	—
8-456	小便槽 DN15 冲洗管	0.34	10m		246.24	150.70	12.48		83.72	51.24	4.24
合　计								1338.86	422.90	5.76	

注：主材单价＝定额指标×本地预算单价。

表 4-39

安装工程定额直接费计算表（江苏"估价表"）

工程名称：车库宿舍（给水排水）　　　　（2002 年 7 月　　日）

定额编号	项目	数量	单位	单 价（元）				定额直接费（元）			
				主材	安装	其中		主材费	安装费	其中	
						人工	机械			人工费	机械费
8-87	DN15 镀锌管（螺纹口）安装	0.77	10m	10.2×4.73	71.47	47.58	—	37.15	55.03	36.64	—
8-89	DN25 镀锌管（螺纹口）安装	1.48	10m	10.2×9	90.63	57.20	1.41	135.86	134.13	84.66	2.09
8-144	DN50 铸铁下水管（水泥接口）	0.23	10m	8.8×13.43	136.96	58.24	—	27.18	31.50	13.40	—
8-146	DN100 铸铁下水管（水泥接口）	2.24	10m	8.90×52.28	381.39	89.96	—	1042.25	854.31	201.51	—
8-241	DN15 闸阀安装	3	个	1.01×12	5.53	2.60	—	36.36	16.59	7.80	—
8-243	DN25 闸阀安装	1	个	1.01×21	8.02	3.12	—	21.21	8.02	3.12	—
8-407	蹲式大便器	0.2	10组	10.1×40	966.62	251.16	—	80.80	193.32	50.23	—
材	瓷高水箱、铜活	0.2	10 个	10.1×40				80.80			
材	瓷高水箱配件	0.2	10 套	10.1×15				30.30			
8-438	DN15 水龙头安装	0.3	个	10.1×6	8.24	7.28	—	18.18	2.47	2.18	—
8-447	DN50 地漏	0.4	10 个	10.0×8	58.05	41.6	—	32.00	23.22	16.64	—
8-456	小便槽 DN15 冲洗管	0.34	10m	—	259.85	168.74	26.5	—	88.35	57.37	9.01
合　计								1542.09	1406.94	473.55	11.10

273

工程名称：车库宿舍（给水排水）　　　　（2006 年 4 月　日）

定额编号	项　目	数量	单位	综合单价（元）				分部分项工程（元）			
				主　材	安装综合	其中		主材费	综合安装费	其中	
						人工	机械			人工费	机械费
8-87	DN15 镀锌管（螺纹口）安装	0.77	10m	10.2×5.85	97.39	47.58	—	45.95	74.99	36.64	—
8-89	DN25 镀锌管（螺纹口）安装	1.48	10m	10.2×11.31	118.71	57.20	0.87	170.74	175.69	84.66	1.29
8-144	DN50 铸铁下水管（水泥接口）	0.23	10m	8.8×18.30	162.25	58.24	—	37.04	37.32	13.40	—
8-146	DN100 铸铁下水管（水泥接口）	2.24	10m	8.90×35.00	402.11	89.96	—	697.76	900.73	201.51	—
8-241	DN15 闸阀安装	3	个	1.01×13	7.23	2.60	—	39.39	21.69	7.80	—
8-243	DN25 闸阀安装	1	个	1.01×22	9.85	3.12	—	22.22	9.35	3.12	—
8-407	蹲式大便器	0.2	10组	10.1×60	1061.74	251.16	—	121.20	212.35	50.23	—
材	瓷高水箱、铜活	0.2	10 个	10.1×80				161.60			
材	瓷高水箱配件	0.2	10 套	10.1×20				40.40			
8-438	DN15 水龙头安装	0.3	个	10.1×9.00	12.67	7.28	—	27.27	3.80	2.18	—
8-447	DN50 地漏	0.4	10 个	10.0×15.0	85.38	41.6	—	60.00	34.15	16.67	—
8-456	小便槽 DN15 冲洗管	0.34	10m	—	354.24	168.74	20.87		117.38	57.37	7.10
	合　计							1423.57	1587.45	473.55	8.39

（3）预算费用计算：根据 2001 年《江苏省安装工程预算费用定额》的规定（附录六），各项费用计算见表 4-41。

工程名称：车库宿舍（给排水）　　　　（2002 年 7 月）

序号	费用名称		计　算　式	费用金额（元）	备　注
1	定额直接费		（人工费＋机械费＋安装辅材费）	1406.94	
2	其中	人 工 费	（工程量×定额人工基价）	473.55	
3		机 械 费	（工程量×定额机械费）	11.10	
4		辅 材 费	（工程量×定额材料费）	922.29	
5	主材费		（工程量×主材价格）	1542.09	
6	人工费调差		（定额人工费÷26×人工差价）	0	暂不调整
7	安装辅材价差		（安装辅材费×调增系数%）	0	暂不调整
8	机械费调差		（安装机械费×调增系数%）	0	暂不调整
9	独立费合计			0	合同未列
10	综合间接费		人工费×35%＝473.55×35%	165.74	四类工程
11	劳动保险费		人工费×13%＝473.55×13%	61.56	取费证书
12	利　润		人工费×12%＝473.55×12%	56.83	四类工程
13	税 金		（1＋5＋6＋7＋8＋9＋10＋11＋12）×3.44%	111.22	
14	总造价		（1＋5＋6＋7＋8＋9＋10＋11＋12＋13）	3344.38	

四、实例"计价表计价"的预算编制

（1）分部分项工程费的计价项目，等同于预算定额（估价表）的定额项目，且计算规则、计量单位、项目编号等也是相同的。因此，表 4-34 的安装工程量全部纳入"清单计

274

价"的工程量计算。

（2）表 4-40 为主材费和综合安装费的计算成果，也是分部分项工程费的计算表。主要计算式为

$$主材费＝\sum 工程量×计价表指标×现行预算单价$$

$$综合安装费＝\sum 工程量×综合单价$$

$$＝\sum 工程量×（人工费＋材料费＋机械费＋管理费＋利润）$$

式中主材指标及"综合单价"为江苏"计价表"（第八册）的计价标准。

（3）由于"计价表"规定："管理费为人工费的 47％、利润为人工费的 14％"（当时标准、暂定三类工程），因此，根据表 4-40 的计算成果，该工程的相关费用为

$$管理费＝473.55 元×47％＝222.57 元$$

$$利润＝473.55 元×14％＝66.30 元$$

$$辅材费＝1587.45 元－473.55 元－8.39 元－222.57 元－66.30 元＝816.64 元$$

因人工费标准已由 26 元/工日调高为 30 元/工日，故有：

$$分部分项工程费＝[1423.57＋1587.45＋\frac{473.55}{26}×（30－26）×（1＋0.47＋0.14）]元$$

$$＝（1423.57＋1587.45＋117.29）元＝3128.31元$$

$$调后人工费＝[473.55＋\frac{473.55}{26}×（30－26）]元＝473.55元＋72.85元＝546.40元$$

（4）根据 2004 年"江苏省安装工程费用计算规则"的规定，按工程实例状况及简化计算要求，列表计算各项费用（表 4-42）。

安装工程清单计价预算费用计算表

表 4-42

工程名称：车库宿舍（给水排水）　　　　　　（2006 年 4 月　日）

序　号	费 用 名 称			计　算　式	费用定额（元）	备　注
1	分部分项工程费			[2+3+6]	3128.31	
2	其中	主材费		（表 4-36）	1423.57	
3		综合安装费		（表 4-36）	1587.45	
4		其中	人工费		473.55	
5			机械费		8.39	暂不调价差
6		人工费价差		（473.55÷26）×（30－26）×（1＋0.47＋0.14）＝72.85×1.61	117.29	含管理费、利润
7	措施项目费			[8+9+10+11]	94.57	
8	其中	安全文明施工		[1]×1%＝3128.31×1%	31.28	
9		临时设施费		[1]×1%＝3128.31×1%	31.28	
10		脚手架		（473.55+72.85）×5%	27.32	调后人工费为基础
11		检验试验费		[1]×0.15%＝3128.31×0.15%	4.69	
12	其他项目费			[13+14]	800.00	
13	其中	零星工作费		（估）	500.00	
14		预留金			300.00	业主确定（设）
15	规费			[16+17+18+19]	71.38	
16	其中	定额测定费		[1+7+12]×1‰＝4022.88×1‰	4.02	
17		安全监督费		[1+7+12]×0.6‰	2.41	
18		建筑管理费		[1+7+12]×2.148‰（2005 年南京）	8.64	本市企业市内施工
19		劳动保险费		[1]×1.8%＝3128.31×1.8%	56.31	
20	税金			[1+7+12+15]×3.44%＝4094.26×3.44%	140.84	
21	总造价			1+7+12+15+20	4235.10	

五、"清单计价"的招标控制价编制实例

（1）依据本例的工程量计算成果（表 4-37），因"计量规则"一致，全部列入"清单"计价的"分部分项工程项目清单"（表 4-43），按 GB 50856—2013 附录 K 的规定，分项确定项目编码、项目名称、项目特征、计量单位、工程量等内容。

（2）执行地方"计价表"（2004 年江苏省安装工程计价表第八册）及主材指导价（信息价）、调价规定、核定各"清单"项目的综合单价（表 4-45）。

① "综合单价"的计算式，与"电气工程实例"相同（第三章第九节）；

② 安装工程人工工资为 2013 年 6 月份市场指导价 63 元/工日；

③ 调整系数为测算平均值，给排水工程（第八册）：辅材 1.42、机械 1.51；

④ 主材单价为 2013 年 6 月份江苏南京市指导价；

⑤ 2009 年"江苏省建设工程费用定额"规定的三类安装工程费率：管理费 39%、利润 14%。

（3）套价计算的分部分项工程费为 4615.01 元，其中人工费 1147.69 元（表 4-43）。

（4）措施费项目由 6 项组成，按 2004 年江苏统一规定取费（表 4-44），措施费为 143.08 元，其中安全文明施工费 55.38 元。

（5）参照现行 2009 版"江苏费用定额"的规定标准，分别列入"其他项目费用"和计算规费、税金后，形成本工程招标控制价为 6263.48 元（表 4-46）。

给排水工程分部分项工程清单表　　　　　　　　　　　　表 4-43

工程名称：车库宿舍（给排水）　　　　　　　　2013 年 7 月　日

序号	编码	名称	特性	计量单位	工程量	综合单价	其中人工	金额（元）	其中：人工费	备注
1	031001001001	镀锌钢管	DN15、丝接、室内	m	7.7	28.30	11.53	217.91	88.78	支管
2	031001001002	镀锌钢管	DN25、丝接、室内	m	14.8	39.82	13.86	589.34	205.13	进户管与干管
3	031001005001	铸铁管	DN50、下水、承插、水泥接口	m	2.3	45.84	14.11	105.43	32.45	
4	031001005002	铸铁管	DN100、下水、承插、水泥接口	m	22.4	101.31	21.80	2269.34	488.32	
5	031003001001	螺纹阀门	DN15	个	3	34.17	6.30	102.51	18.90	
6	031003001002	螺纹阀门	DN25	个	1	52.85	7.56	52.85	7.56	进户
7	031004006001	大便器	瓷高水箱	组	2	400.59	60.86	801.18	121.72	
8	031004014001	水龙头	DN15	个	3	12.94	1.76	38.82	5.28	
9	031004014002	地漏	DN50	个	4	39.47	10.08	157.88	40.32	
10	031004015001	小便槽冲洗管	DN15、制作、安装	m	3.4	82.28	40.95	279.75	139.23	多孔雨淋管
			合计					4615.01	1147.69	

安装工程措施费项目清单　　　　　　　　　　　　表 4-44

工程名称：车库宿舍（给排水）　　　　　　　　2013 年 7 月　日

序号	编码	项目名称	计算式	金额	备注
1	031302001001	安全文明施工费	分部分项工程费 4615.01×1.2%	55.38	不可竞争费用
2	031302002001	夜间施工增加费	分部分项工程费 4615.01×0.1%	4.62	
3	031302005001	冬雨期施工增加	分部分项工程费 4615.01×0.1%	4.62	
4	031302006001	已完工程与设备保护	分部分项工程费 4615.01×0.05%	2.31	
5	031301018001	临时设施费	分部分项工程费 4615.01×1.50%	69.23	
6	031301018002	检验试验费	分部分项工程费 4615.01×0.15%	6.92	
		合计		143.08	

综合单价核定与调整换算

表 4-45

2013 年 7 月 日

工程名称：车库宿舍（给排水）

序号	编码	项目名称	计量单位	定额编号	项目	单位	含量	合计	主材	人工	辅材	机械	管理费	利润	备注
1	031001001001	镀锌钢管	m	8-87	室内镀锌管丝接 合计	m	1	**28.30**	1.02×1.26×6.0 7.71	0.183×63.00 11.53	2.08×1.42 2.95	— —	4.50	1.61	DN15
2	031001001002	镀锌钢管	m	8-89	室内镀锌管丝接 合计	m	1	**39.82**	1.02×2.42×6 14.81	0.22×63.00 13.86	2.58×1.42 3.66	0.09× 1.51 0.14	5.41	1.94	DN25
3	031001005001	铸铁管	m	8-144	承插铸铁排水管 合计	m	1	**45.84**	0.88×16.50 14.52	0.224×63.00 14.11	6.85×1.42 9.73	—	5.50	1.98	DN50 水泥接口
4	031001005002	铸铁管	m	8-146	承插铸铁排水管 合计	m	1	**101.31**	0.89×35.30 31.42	0.346×63.00 21.80	25.73×1.42 36.54	—	8.50	3.05	DN100 水泥接口
5	031003001001	螺纹阀门	个	8-241	螺纹闸阀 合计	个	1	**34.17**	1.01×20.00 20.20	0.1×63.00 6.30	3.05×1.42 4.33	—	2.46	0.88	DN15
6	031003001001	螺纹阀门	个	8-243	螺纹闸阀 合计	个	1	**52.85**	1.01×34.80 35.15	0.12×63.00 7.56	4.32×1.42 6.13	—	0.29	1.06	DN25
7	031003006001	大便器	组	8-407	蹲式大便器 材:资高水箱 材:水箱配件 合计	组 个 套	1	**400.59**	1.01×85.0 1.01×102.0 1.01×25.0 214.12	0.966×63.00 — — 60.86	65.74×1.42 — 93.35	—	23.74	8.52	
8	031004014001	附件: 水龙头	个	8-438	水龙头 合计	个	1	**12.94**	1.01×10.00 10.10	0.028×63.00 1.76	0.10×1.42 0.14	—	0.69	0.25	DN15
9	031004014002	附件: 地漏	个	8-447	地漏安装 合计	个	1	**39.47**	1.01×19.00 19.19	0.16×63.00 10.08	3.40×1.42 4.83	—	3.93	1.41	DN50
10	031004015001	小便槽 冲洗管	m	8-456	小便槽冲洗管 合计	m	1	**82.28**	1.02×1.26×6 7.71	0.65×63.00 40.95	6.17×1.42 8.76	2.09× 1.51 3.16	15.97	5.73	DN15 制作安装

工程名称：车库宿舍（给排水）　　　　　　　　2013 年 7 月　日

序号	内　　容	计　算　式	金额（元）	备　注
（一）	分部分项工程费		4615.01	表 4-42
	其中:人工费		1147.69	
（二）	措施项目费		143.08	表 4-43
	其中:安全文明施工费		55.38	
（三）	其他项目费		1030.00	
1	暂列金额		400.00	估
2	专业工程暂估费		—	
3	计日工	102 工日×73.00 元/工日	730.00	估
4	总承包服务费		—	
（四）	规费		164.75	地方规定
1	社会保险费	〔（一）+（二）+（三）〕×2.2%	129.54	
2	住房公积金	〔（一）+（二）+（三）〕×0.38%	22.37	
3	工程排污费	〔（一）+（二）+（三）〕×0.1%	5.89	
4	安全监督管理费	〔（一）+（二）+（三）〕×0.118%	6.95	
（五）	税费	〔（一）+（二）+（三）+（四）〕×.048%	210.64	综合税率计取
	总计		6263.48	

复习思考题

1. 常见的输送管道有哪些？管道安装工程按专业如何分类？

2. 何谓给水工程、排水工程？试述给排水工程的分类及其主要安装工程内容。

3. 简述给水系统和排水系统的一般组成。

4. 什么叫管道的公称直径、公称压力、试验压力、工作压力？

5. 熟悉管道的管材和管件的品种、规格、用途、接口方式等，对于编制给排水工程预算有何意义？

6. 阀门、水泵的产品型号如何表示？

7. 试述给水工程和排水工程施工图的组成及其主要内容。怎样识读给排水施工图？

8. 在给水、排水工程中，如何划分室内、室外工程的界线？

9. 给排水工程预算的哪些范围使用第八册安装工程预算定额？该册定额还有哪些适用范围？该册定额共分为哪些分部工程（章）？

10. 给排水工程中，可追加的定额计价费用有哪些？其收费条件和计算方法如何？

11. "第八册安装定额"中，对运输费用是如何考虑的？"定额材料损耗率"有何用途？

12. GB 50856—2013 附录 K 的"清单计价项目"由哪些内容组成？与预算定额的"计量规则"有何相同、不同处？

13. 怎样进行定额套价？简述预算定额（估价表）和计价表的使用目的与方法。

14. 如何分类（定额计价、清单计价）计算给排水工程的工程量？有哪些计量单位？试述计算步骤。

15. 如何进行资源（人工、材料、机械）地区价差的调整？

16. 分别简述给排水安装工程预算编制的两种计价方式（定额计价、计价表计价、"清单"计价）的费用组成与编制程序。

17. 试比较表 4-39 与表 4-40、表 4-41 与表 4-42，有哪些相同之处？有哪些不同之处？

练 习 题

1. 熟悉图 4-10～图 4-12，计算下列各项工程量，并选出相应定额编号（或计价表编号）及清单编码。

(1) 室内 DN50 镀锌钢管长度。

(2) 室内 DN40 镀锌钢管长度。

(3) 室内 DN32 镀锌钢管长度。

(4) 室内 DN25 镀锌钢管长度。

(5) 室内 DN20 镀锌钢管长度。

(6) 室内 DN15 镀锌钢管长度。

(7) 小便槽 DN15 多孔水管长度。

(8) 蹲式大便器及高位水箱。

(9) 闸阀 DN50、DN40、DN32、DN20。

(10) 水龙头 DN15。

(11) 水表 DN50。

2. 熟悉图 4-13～图 4-15，计算下列各项工程量，按当地规定核定"综合单价"，并列表计算定额安装费（或综合安装费）及分部分项工程费：

(1) DN150 铸铁排水管长度（户内）。

(2) DN100 铸铁排水管长度。

(3) DN75 铸铁排水管长度。

(4) DN50 铸铁排水管长度。

(5) 地漏。

(6) 清扫口。

(7) 拖布盆安装。

(8) 风帽。

(9) 蹲式瓷质大便器安装。

3. 按图 4-21 所示，求下列项目安装工程量，按本地规格核定"综合单价"，并分别列表计算定额安装费与分部分项工程费：

(1) DN100 普通水泥接口室内生活铸铁排水管。

(2) 螺纹连接 DN40 镀锌钢管。

(3) 搪瓷浴盆（冷热水）安装。

(4) 洗脸盆（冷热水钢管镶接）安装。

(5) 蹲式大便器（普通阀门冲洗）安装。

(6) 坐式大便器（瓷低水箱钢管镶接）安装。

4. 按图 4-22 所示，计算下列项目安装工程量，并列表求出定额安装费（或综合安装费）与分部分项工程费：

(1) 室外地上式消火栓安装。

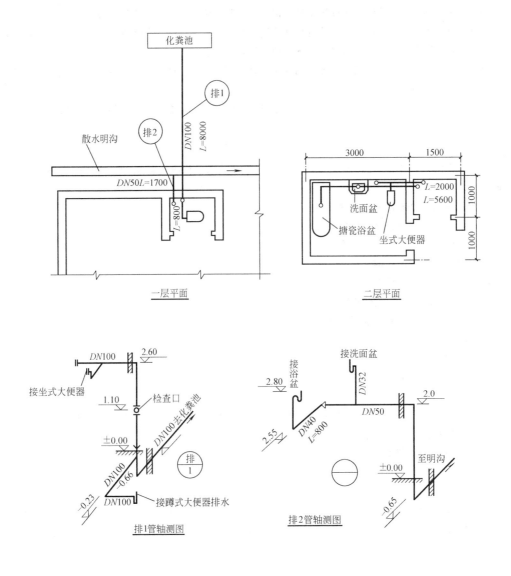

图 4-21 练习题 3 图

注：层高为 2.8m；排 1 为铸铁管普通水泥接口；排 2 为镀锌钢管螺纹接口

(2) 石棉水泥接口（带短管甲乙）法兰闸阀 Z44T-10DN100 安装。

(3) 室内螺纹连接 LXS-DN32 水表安装。

(4) DN20 龙头安装。

(5) DN15 小便槽冲洗多孔管制作安装。

5. 图 4-23 为某房屋给水工程主要施工图（平面与系统），室内供水两侧对称，采用镀锌管（螺纹连接）及常规器具。试编制该项给水工程招标控制价（采用当地规定、清单计价）。

6. 某给排水工程位于市内禁区，列项计算求得：主材费 2100 元，定额安装费合计 1200 元，其中人工费 200 元，机械费 5.0 元。由全民企业施工。试按当地规定分项计算预算价值（定额计价法）。

7. 图 4-24 为某 3 层砖混住宅楼的一个单元住户给排水工程施工图，墙厚均为 240mm。试按当地规定编制该单元（3 层）给排水工程招标控制价。

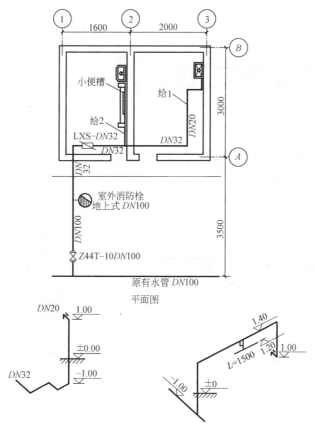

平面图

图 4-22 练习题 4 图

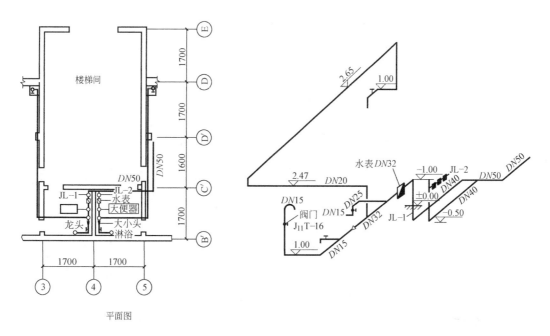

平面图

图 4-23 练习题 5 图

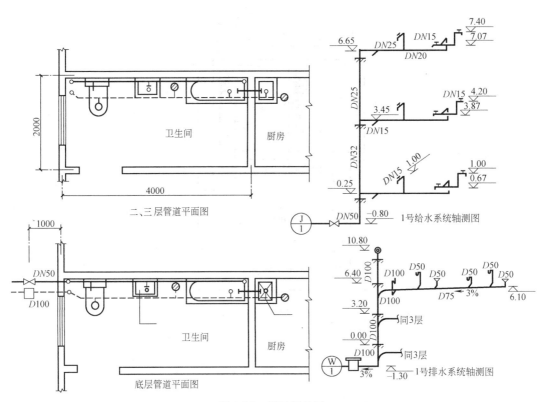

二、三层管道平面图

底层管道平面图

1号给水系统轴测图

1号排水系统轴测图

图 4-24 练习题 7 图

第五章　其他安装工程预算的编制概要

设备安装工程的专业分工比较细，涉及的内容也比较多，但预算编制的基本原理和方法、步骤是相同的。因此，掌握了电气安装和给排水工程的预算编制原理以后，对于其他专业的安装工程，只要具备一定的基本知识，就能够编制其预算。

为了对安装工程预算有一个比较全面的概念，满足各方面编制安装工程预算的需要，本章将对采暖、燃气、通风空调、工业管道、长距离输送管道、机械设备等专业安装工程，作简要介绍。主要是说明各专业的基本常识、施工图特点、定额的应用、工程量计算规则及预算编制的系数差异等内容。由于本书的重点是电气安装和给排水工程，限于篇幅，因此，本章不再列举实例计算。

第一节　采暖和锅炉工程预算

一、采暖概念

为保持室内一定的环境温度，以一定方式向室内补充热量，叫做采暖。由锅炉、管道、散热设备等组成的循环网络，称为采暖系统。由于热源和热媒的不同，可分为热水采暖、蒸汽采暖、辐射采暖、热风采暖等系统。

热水采暖是依靠热水循环散热而取暖。按循环方式分为自然循环（靠容重差）和机械循环（用水泵）两种。该系统由热水锅炉、供水管、回水管、散热器、阀门、膨胀水箱、水泵等组成。

蒸汽采暖是利用水汽化后的水蒸气，散热冷凝的循环过程而取暖。蒸汽有低压（民用）和高压（生产用）之分。该系统由蒸汽锅炉、蒸汽管道、凝结水管道、散热器、阀门、疏水器等组成（图5-1）。

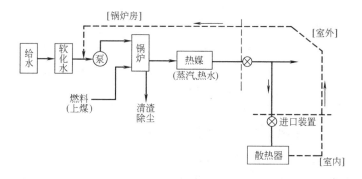

图 5-1　采暖系统示意图

利用太阳光的辐射能转换为热能而取暖的装置为辐射采暖。分主动式（贮存转换）和被动式（直接转换）两类。辐射采暖系统由集热器、循环水箱及管路等组成。

由此可见，采暖安装工程的预算，应由管路安装、设备和器具安装、锅炉房工程三部分综合而成。其中锅炉房工程应作为单位工程另列预算，房内配管套用工业管道（第六册）定额，汽轮发电机、各种锅炉及其辅助装置等设备为热力设备（第三册）。

二、采暖工程主要材料与设备

（1）管道与阀门：采暖工程中的管道一般采用各种钢管，室外应进行保温隔绝，室内多为镀锌焊接管。各种阀门用于采暖控制，有温度、压力要求。管材及阀门的规格、型号见第四章第二节。

（2）散热器：散热器是利用对流和辐射两种方式向房间散热的主要设备。常用品种有钢管光管型、铸铁翼型（圆翼型、长翼型）和铸铁柱型（表5-1、图5-2）。近年来，又广泛采用了钢、铝串片式、板式等新型散热器（图5-2）。

铸铁散热器规格性能 表5-1

型　　号	散热面积 (m²/片)	重　　量 (kg/片)	水容量 (L/片)	工　作　压　力		试　验　压　力	
				(kPa)	(kg/cm²)	(kPa)	(kg/cm²)
四柱813	0.28	7.99(有足)	1.37	392	4	784	8
		7.55(无足)					
五柱813	0.37	9.50(有足)	1.56	392	4	784	8
		8.50(无足)					
M132	0.24	6.50	1.30	392	4	784	8
长翼型(60大)	1.17	22.32	8.417	324	3.3	490	5
长翼型(60小)	0.80	19.26	5.661	324	3.3	490	5
圆翼型(d50)	1.30			392	4	588	6
圆翼型(d75)	1.80	38.23	4.42	392	4	588	6

（3）锅炉：锅炉是把燃料（煤、气、油）转换为热能的加热供热设备，有动力锅炉和供热锅炉（蒸汽、热水）之分。采暖工程中用的是供热锅炉，以成套设备供货。

蒸汽锅炉型号的表示方法为：

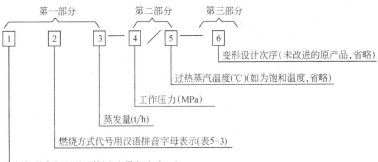

例：KZG2-8锅炉，表示卧式快装固定炉排锅炉，蒸发量2t/h，工作压力8kg/cm²。

常见锅炉有以下几类：

1）立式锅炉：0号、1号、2号、3号、4号、LS0.2-5型、LS0.4-8型、LSG0.5-8型、LSG0.7-8型；

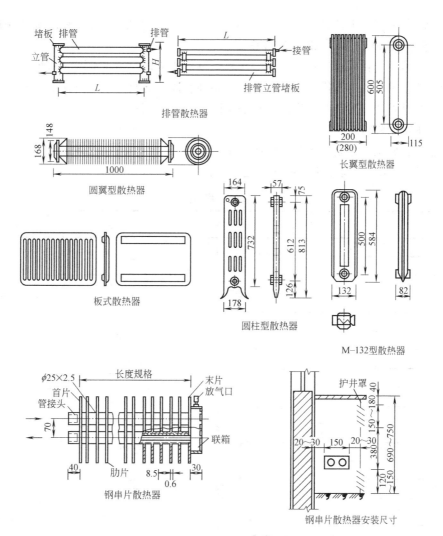

图 5-2　各种散热器

"锅炉型式"代号　　　　　　　　　　　　　　　　　　　表 5-2

型式	立式水管	立式横火管(考克兰)		卧式内燃	卧式外燃	卧式快装
代号	LS	LH		WN	WW	KZG
型式	卧式双火筒 （兰开夏）	分联箱横汽包 （CT）	双横汽包 （K）	双汽包纵置 （дKB）		双汽包横置 （д）
代号	WS	FH	HH	SZ		SH

"燃烧方式"代号　　　　　　　　　　　　　　　　　　　表 5-3

燃烧方式	固定炉排	活动手摇炉排	链条炉排	抛煤机	倒转炉排加抛煤机	煤粉	煤气	燃油
代号	G	H	L	P	D	F	Q	Y

　　2）卧式锅炉：KNG1-8-1 型、KNG1.5-8-1 型、WNL2-13-3 型、WNL4-13-3、KZG1-8 型、KZG1.5-8 型、KZG2-8-13 型、KZL4-13 型、KZG0.5-8 型、KZZ4-13 型、SIIZ2-13A 型；

3) 水管锅炉：FHL4-13-1 型、SFC6.5-13-1 型、SZP6.5-13 型、SZP10-13-1 型、ZZZ4-13 型、SZZ4-13 型、AZD20-13 型。

（4）其他器具：采暖工程中还有一些专用设备和装置，如疏水器（回水盒）、伸缩器、集气罐、膨胀水箱、自动排水罐、除污器、各种表计、支架等，均由施工图表示其具体型号、规格及其安装位置，非标产品应有加工图。

三、采暖工程施工图

采暖工程施工图主要由各层平面图、轴测系统图、安装与加工详图组成。采用的制图图例见表 5-4。采暖工程中常用的文字代号为：

采暖工程图例

表 5-4

符　号	名　称	符　号	名　称
——————	供暖热水干管	○	供水立管
— — — —	供暖回水干管	●	回水立管
⁄⁄⁄⁄⁄⁄⁄⁄	供暖蒸汽干管	→	坡度
⫻ ⫻ ⫻ ⫻	供暖凝水干管		离心水泵
— · · — · · —	自来水管		散热器上跑风门
— · — · — ·	热水供给管	③	立管编号
——×——	管道固定支架		截止阀
⊓	方形补偿器	—+——+—	膨胀管
—▷◁—	闸阀	—△——△—	循环管
⊘	压力表		人孔
	温度计		疏水器（隔汽具）
—▶◁—	截止阀		管沟集水井
	贮气罐		泄水阀
—□ □	柱式散热器		放气阀
——)——	管道下行		检查室
——(——	管道上行		

闸阀	Z	调节阀	T
截止阀	J	灰铸铁	Z
旋塞	X	球墨铸铁	Q
止回阀	H	可锻铸铁	K
疏水器	S	铜合金	T
安全阀	A	碳钢	C
减压井	Y	铝合金	L

识图方法可采取沿循环系统，由进至出，平面与系统图对照进行。

图 5-3～图 5-6 为某单身宿舍工程的室内采暖工程施工图。图中靠墙的短粗线为散热器（两端小圆圈为立管），虚线为回水管，A 为 "大 60" 暖气片代号，B 为 "小 60" 暖气片代号，"2A1B" 表示 A 型 2 片和 B 型 1 片。

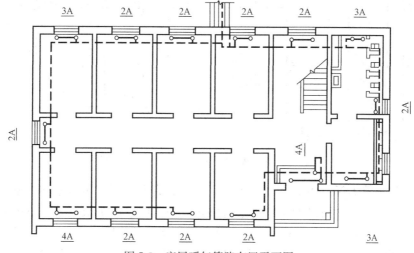

图 5-3　底层暖气管路布置平面图

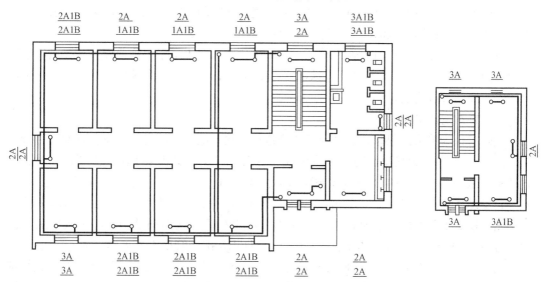

图 5-4　二、三、四层暖气管路布置平面图

图 5-5　五层暖气管路布置平面图

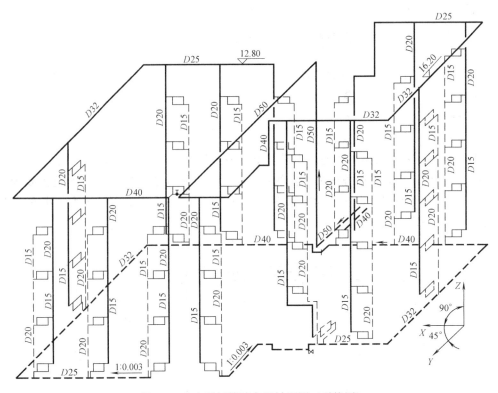

图 5-6　室内暖气管路布置轴测图（系统图）

　　图中暖气总管 DN50 由北侧地沟入户，经立管直上 4 层，再水平转向对面墙边（标高 12.80m）。然后分两路以 DN40 水平管供热：一路向左由 7 根立管向下通入各层散热器；另一路水平向右，先由三通引一立管向下，再水平延伸后升至 5 层，分 5 根立管分别向下各层供暖，5 层水平管的尾部降至 4 层通向楼梯间的立管向各层供暖。

　　图中由各层散热器接出的回水支管，分别通向 14 条回水立管，至底层后由水平回水干管沿墙内四周返回到地沟出户，构成采暖室内循环系统。

　　识图注意：暖气管和回水管为一进一出；散热器标高决定于楼地面标高，且由安装图确定；图中 D＝DN；水平回水管有纵坡（i＝0.003）；系统图上只标两个阀门，实际上应对照安装详图方可确定。

四、锅炉房施工图

　　锅炉房作为单项工程时，全套施工图应包括土建、电气、给排水和设备安装四部分。

　　图 5-7、图 5-8 为某建筑物附属的热水采暖锅炉房设备安装施工图。主要设备有：卧式轿车热水锅炉一台、两台 2BA-6 循环水泵、两台 2BA-6 室内生活给水泵，两种水泵中，各一台备用。还有 DN80 立式除污器一个、洗脸盆一个、蹲式大便器一个、积水坑一个。

　　图中锅炉上部有两个热水出水管，用 DN80 水平管连接引向墙边，经集气罐后再由两个方向以 DN50 管对外供热水；集气罐上部 DN15 排气管引至集水坑上部；由室外引进的两条回水管在东北墙角汇合，经除污器进入循环水泵，出水由下部引入锅炉；锅炉排污管 DN50 引入集水坑；两台生活给水泵的进水由北墙外贮水池引入，水泵出水通向屋顶水箱，由水箱提供循环水泵补水和厕所、洗涤用水。

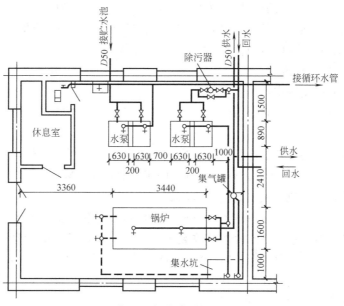

图 5-7　锅炉房平面图

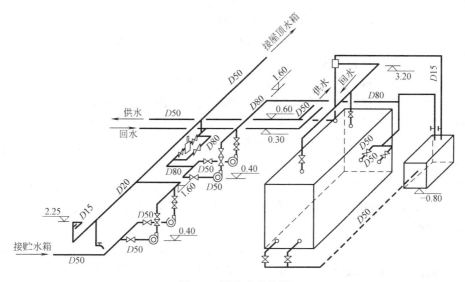

图 5-8　锅炉房系统图

五、采暖工程预算定额

采暖工程主要执行安装定额第八册（给排水、采暖、煤气工程）及其对应的地方估价表、计价表等。其主要规定如下：

（1）采暖工程一般由锅炉房、室外采暖管道（热力管道）、进户装置、室内采暖管道、采暖器具等组成。采暖管道没有专用定额，可分别执行第八册室内及室外管道安装有关定额项目。

（2）室内采暖管道的划分是：

1）采暖管道进口装置在室外时，以进口装置（阀门）为界。

2）采暖管道进口装置在室内时，以建筑物外墙皮 1.5m 为界。

3）工厂车间内采暖管道，以采暖系统与热力管道碰头处为界。

室外采暖管道（热力管道）的划分，以室内采暖管道划分点至锅炉房外墙皮为界。高层建筑内加压泵间管道（工业管道）以泵间外墙皮为界。

（3）定额套价几项规定：

1）暖气片安装定额中，不包括两端阀门，应按其规格另套阀门安装定额。

2）安全阀安装（包括调试定压），可按阀门安装相应定额项目基价乘以系数2.00计算。

3）由于目前国内散热器产品发展较快，凡定额中不包括的散热器品种，可按类似产品套价，如各种类型的钢串片散热器，可套用闭式散热器定额。

4）各种散热器组成安装，均包括水压试验。

5）方形补偿器制作，定额内不含管材，管材列入管道安装内计算。

6）减压器组成安装、疏水器组成安装等定额子目中，已包括配套的法兰盘、带帽螺栓等，不可重复套价；减压器、疏水器的单体安装，可执行相应阀门安装项目的定额。

7）集气罐、分气筒制作安装执行第六册（工业管道）定额；除污器安装可套第六册（工业管道）的相同口径阀门安装定额。

8）刷油、绝热项目执行第十一册（刷油、防腐蚀、绝热工程）定额。

9）压力表、温度计执行第十册（仪表安装）定额。

10）埋地管道的土石方及砌筑工程，执行当地"土建"定额。

（4）几项费用的计算规定：

1）管道间和管廊内的管道、阀门、法兰、支架安装增加费，为其定额人工费的30%，全部为工资增加；主体结构为现场浇筑采用大块钢模施工的工程，内外浇筑的定额人工费乘以1.05、内浇外砌的定额人工乘以1.03；高层建筑增加费、超高增加费、脚手搭拆费等与给排水工程计算标准相同（见第四章第六节）。这些均为定额子目系数，纳入直接费。

2）采暖工程系统调整费为综合系数，按采暖工程人工费的15%计取，其中：工资20%、材料80%；普通热水供应的管道安装工程不属于采暖工程，不能计取系统调整费。

六、采暖安装工程量计算

（1）采暖管道安装按材质、管径、接口方式的不同，分别以10m轴线长度计量。计算中不扣管件、阀门、减压器、疏水器、伸缩器等所占长度，但应扣除大型附件长度（见表4-23及附录三）。管道长度以图示尺寸为准，无图注可用比例尺量取。

（2）采暖管道支架的计算与套价，与给水管道相同。

（3）散热器安装不分明装和暗装，按类型分别以"片"为单位计算。圆翼型以"节"计量；光排管散热器制作安装，按管径大小以"10m"为单位计算（含联管）。钢制的板式、壁式、柱式散热器安装，以"组"为单位计算。套价应注意：

1）柱型和M132型铸铁散热器安装用拉条时，拉条另计。

2）定额中接口密封材料为橡胶石棉板，改用其他材料不得换算。

3）闭式或板式散热器，在定额中的规格表示为：高度×长度（如500mm×2000mm），对于宽度尺寸没有要求。

4）壁板散热器：单板416mm×1000mm执行15kg以内定额，其他规格均执行15kg

以外的项目。

　　5）各类散热器安装所用的托钩，均包括在定额内（按附表 6 取定），不得另计。

　　6）各类散热器的刷油工程量，按散热器面积计算（附表 8），执行第十一册安装定额。

　　（4）减压器、疏水器、除污器等器具安装，以组为单位计算。管道工程量中，成组器具所占长度可不扣除。

　　（5）供暖器具安装系参照 1993 年国家标准图集 T9N112 编制的，如实际组成与定额不符，阀门、压力表、温度表可按实调整，其余不变。

　　（6）开水炉、电热水器、容积式水加热器、消毒锅、消毒器、饮水器的安装，以"台"为单位计算。蒸汽——水加热器、冷热水混合器安装，以"10 套"为单位计算。

　　（7）各类锅炉、各种泵类、暖风机、热空气幕等属于设备，以"台"计量。

　　1）施工图中热空气幕型号与定额型号不符时，可按其重量与型号之间的关系进行套用：重量 150kg 以内，套用 $RM\frac{L}{W}-1\times8/4$ 定额；200kg 以内，套用 $RM\frac{L}{W}-1\times12/4$ 定额；超过 200kg，套用 $RM\frac{L}{W}-1\times15/4$ 定额。

　　2）热空气幕的支架，另列单项计算。

　　3）太阳能集热器安装，以"个单元"计量（可参照 1986 年定额）。

　　（8）钢板水箱制作，按成品重量"100kg"为计量单位计算工程量，不扣人孔、手孔重量，法兰、水位计另列单项套价。补水箱、膨胀水箱、矩形钢板水箱的安装，以"个"计量。各种水箱连接管，可按室内管道安装定额套价。水箱支架制作安装另列单项计算，型钢支架执行管道支架定额；混凝土、钢筋混凝土、砖结构，执行土建定额。

　　七、锅炉房工程

　　（1）锅炉房安装工程一般由给水系统、软化水系统、水泵、锅炉及附件、压力容器、上煤与排渣系统、蒸汽（或热水）管道系统等组成。

　　（2）锅炉房安装工程量的计算，可分为管道工程、设备安装和受压容器制作安装三部分进行。其中管道安装应区分材质、介质、管径及接口形式，并列出阀门及附件的型号、规格和数量。计量单位按定额项目规定。

　　（3）锅炉房的土建工程，应执行建筑工程定额和规定编制预算。而设备安装工程，可按以下原则套用定额：

　　1）锅炉及其辅助设备安装，执行第三册（热力设备）定额。

　　2）锅炉房室内（外墙皮以内）设备间各种配管、连接管的安装，执行第六册（工业管道）定额。

　　3）锅炉房室内生活用（非生活与生产共用）给排水管道及器具安装，执行第八册定额。

　　4）锅炉房的照明、动力、设备起动、控制等电气线路与电气设备安装，执行第二册（电气设备）定额。

　　5）水泵属机械设备，其机组（本体）安装执行第一册（机械设备）定额。

　　6）管道与设备的刷油、防腐蚀、绝热项目，执行第十一册定额。

　　八、采暖工程预算的编制

　　1. 定额计价（计价表计价）

　　（1）以分项工程划分计价项目（表 4-14），按上述"计量规则"规定计算各计价项目工程量，分别套价计算基本费用（定额计价为直接费、计价表计价为分部分项工程费）。

（2）按地方现行规定（费用定额）计算各项预算费用。

2. "清单"计价：

（1）以"工程量清单"的"计量规范"统一规定划分计价项目（表4-35），按"工程量计算规范"（GB 50856—2013）规定分项计算工程量。按"四个统一"和"五级编码"要求，编制"工程量清单"。

（2）依据"项目特征"和"工作内容"，核定各计价项目的综合单价，计算分部分项工程费与措施费。

（3）按地方"费用定额"的规定，计算各项目预算费用。

3. 几点说明：

（1）民用采暖工程的定额计价（计价表计价）与"清单"计价，是两种不同的计价方式，工程招投标与实施阶段采用"清单计价"方式。

（2）两种计价方式的分项内涵不同，但工程量计算规则基本一致。

（3）GB 50856—2013 附录 K 的清单项目划分，不仅适用给排水工程，同样适用于民用采暖工程和民用燃气工程。

（4）区域性集中式采暖工程，或工厂区内生产性集中供暖工程以及锅炉房设备，属于热力设备（表2-2）和工业管道安装。计价项目划分及"计量规范"不同，而编制程序、套价方法、费用计算是一致的。

（5）采暖工程与锅炉房工程中的保温、绝热、防腐、除锈、刷油等项目，应按 GB 50856—2013 附录 M 的规定列"清单"计费。

（6）建设工程各类项目及其专业的预算费用，一律执行地方规定（费用项目、计费程序、取费标准、计算方法等）。

第二节　民用燃气安装工程预算

一、基本知识

燃气作为一种能充分燃烧、不污染环境的气体热源（天然气、工业煤气、液化气），已逐步深入到家庭生活领域，因而也成为住宅建设的重要组成部分。天然气或工厂制造的燃气通过输送管、贮气罐，进入城市供气干管，经分区加压再进入住宅区（厂）内，从室外管道引入室内，再由立管送往各层，用支管向燃气设备（灶）供气。由气源、输配系统和用户三部分构成了城镇燃气供应系统（图5-9）。

燃气管道的布置近似于给水管道，都属于有压输送管。但是，由于燃气为气体介质，"跑漏"不易发现，且易造成事故，因此，对管道的密封要求十分严格。室外主要干管多用无缝钢管，接口以焊接为主；采用上水铸铁管时，需在管座结构、接口工艺上采取措施；埋地管道要进行防腐处理。

二、燃气工程施工图

燃气工程是设备安装工程中的一个专业。施工图主要由平面图、系统图和详图组成。各图的画法和意义，以及所用图例、标注符号，与给水工程基本相同。

图5-10是某住宅楼的室外燃气管道平面布置图。由市政主管引向增压站，加压后用

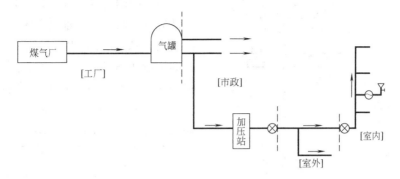

图 5-9 燃气系统示意图

无缝钢管 $\phi 219 \times 6mm$（干管）送出，然后沿住宅房屋周围布置，通过许多进户管（一般在厨房外侧），分别引入厨房的底层。

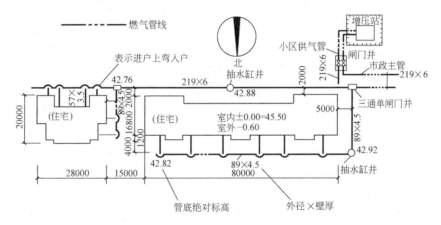

图 5-10 某住宅室外燃气平面布置图

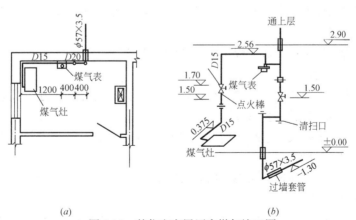

(a)   (b)

图 5-11 某住宅底层厨房燃气施工图

(a) 平面图；(b) 系统图

图 5-11 为某住宅一个单元厨房的燃气底层平面图和系统图。进户管 $\phi 57 \times 3.5mm$ 由标高 $-1.30m$ 地下进入室内，立管出地后经两个清扫口（转折处），由 $DN25$ 立管引向上层。立管在底层标高 2.50mm 处引出 $DN20$ 支管，经燃气计量表后，降低引向燃气灶。

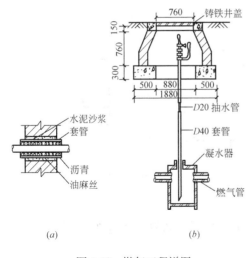

图 5-12 燃气工程详图

(a) 燃气管穿墙详图；(b) 抽水缸井剖面详图

燃气的闸门井、加压站、抽水缸井等构造都应有详图，但目前尚无统一的燃气标准图。图 5-12 为某工程燃气管穿墙、抽水缸井的构造详图。燃气管穿墙设置套管及柔性衬垫加以保护。抽水缸井上部为砖砌井，井内 DN20 抽水管通向下部凝水器，而凝水器接在燃气管道上收集凝结水。

三、燃气安装工程预算定额

（1）根据管道工程预算定额使用界限的划分规定（图 1-1），燃气工程管道安装涉及的预算定额有以下几项：

1）油气田所辖范围内，执行油气田专用定额（石油工业部）。

2）油气田至城市（工厂）接收站（球罐）的长距离输送管道：距离小于 25km，执行第六册（工业管道）安装定额；距离大于 25km（或小于 25km 有穿跨越），属于"长距离输送管道"（1986 年版"全统定额"第七册、2008"清单"C13 项目），执行部管专业定额。

3）城市内配气管路，执行市政工程定额，其中工厂专线及工业燃气管道，执行第六册安装定额。

4）住宅区内（室内、室外）的供气管道，执行第八册（给排水、采暖、燃气工程）安装定额及其对应的"估价表"或"计价表"。

（2）室外燃气工程：

1）室外燃气工程包括生活专用燃气管道、民用小区管网，其界线为室内燃气管道与市政燃气管道之间的范围；室外管道与市政管道以两者的碰头点为界。

2）室外燃气工程由管道、阀门及附件等组成，室外燃气管道所有带气碰头，定额内不包括，应另行计算。

3）燃气钢管焊接定额，适用焊接钢管和无缝钢管。

（3）室内燃气工程：

1）住宅区内室内外燃气管道的界线为：由地下引入室内的管道，以室内第一个阀门为界；由地上引入室内的管道，以墙外三通为界。

2）室内燃气管道一般由进户阀门（或三通）、室内管道、燃气器具等组成，所有室内燃气管道均属于低压管道。

3）室内燃气管道安装定额（第八册），适用于民用生活燃气管道，不适用于工业（生产）燃气管道。

（4）民用燃气工程的定额项目划分，参见表 4-14。定额中有关追加费用（系数）的计算规定，与给水工程相同（第四章第四节）。

四、燃气安装工程量的计算

（1）燃气管道安装按管材、直径、压力和连接方式的不同，分别以轴线长度"10 米"为单位计算。在计算管道长度时，不扣除阀门、管件所占长度，但要扣除各种大型附件所占长度。

管道工程量计算中应注意：

1）定额中管道安装包括了气压试验，不得另计。

2）室内燃气管道安装定额中包括角钢管卡，不得另计。

3）燃气管道用阀门抹密封油、研磨，已包括在管道安装中，不得另计。

4）燃气器具安装已考虑了与用具前阀门连接的短管在内，不得重复计算。

5）室内、室外燃气管道安装，定额内包括管件制作安装（机械煨弯、异径弯等），不得另行计算；钢管焊接挖眼接管工作，均在定额内综合取定，不得另计。

6）承插铸铁管安装的接头零件本身，应按设计用量另行计算。

（2）各种附件安装，按公称直径不同，分别以"个"为单位计算。

（3）燃气表、燃气加热设备、灶具等安装，以"台"计量。

（4）燃气工程中的土方工程、井池砌筑等项目，列入土建工程编制预算。

五、民用燃气安装工程预算的编制

民用燃气安装工程预算的编制方法、步骤、取费规定等，与给水工程相同（第三章第五、六、七节）。定额计价（表 4-14）与清单计价（表 4-35）的计价项目、单价核定不同，计量规则一致。

由于管道燃气工程属城市基础设施重要内容之一，受气源、市政规划、供气管理等限制，目前各地都有一些额外收费规定，而且对安装管材提出条件。因此，编制燃气工程概算、预算时，应以正式文件和协议为依据，补充这些费用。

第三节　通风、空调安装工程预算

一、通风、空调基本知识

通风是以空气为介质，使之流通，用来消除室内环境中空气污染的一种措施。通风是由排风、送风两个同时进行的循环过程来完成的，同时包含着消烟、除尘、排毒等净化过程。通风的方法，按空气流动方式的不同，分为自然通风和机械通风两类。自然通风是利用建筑构造和空气温差的原理，形成空气对流而通风。机械通风是利用风机，形成压差而通风。机械通风按作用范围不同，又可分为局部通风（局部排风、局部送风）和全面通风两种。

局部通风指在局部范围内实行排风或送风。局部排风由吸气罩、风管、净化设备、排风机和出风口等组成排风系统（图 5-13）；局部送风则由进气管、净化装置、风机、风管、送风口等组成鼓风系统。全面通风是指在整个房间或车间范围内，实行机械通风，包括吸风、送风两个过程。图 5-14 是一种全面通风系统，由进气百叶窗、过滤器、空气加热器、通风机、风道（管）、送风口等组成。

通风安装工程的施工，除了少量定型设备安装外，主要是各种风管、风帽、风口、罩类、调节阀、消声器及其附件等非定型装置的制作与安装。

空气调节（简称空调）是指实现对室内空气的温度、湿度、洁净度、气流速度等环境，进行有效控制的技术措施。这些技术措施包括空气处理（调温、调湿、净化）、空气

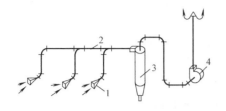

图 5-13　局部机械排风系统

1—局部排风罩；2—风管；3—净化设备；
4—通风机

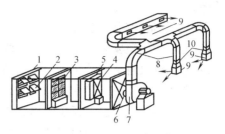

图 5-14　全面机械通风系统

1—百叶窗；2—保温阀；3—过滤器；4—空气
加热器；5—旁通阀；6—启动阀；7—风机；
8—风道；9—送风口；10—调节阀

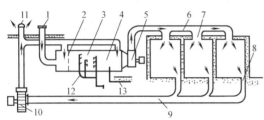

图 5-15　集中式空调系统（平面）

1—新风入口；2—过滤器；3—喷雾室；4—加热器；
5—送风机；6—送风道；7—送风口；8—回风口；
9—回风道；10—回风机；11—排风口；12—冷
冻水管；13—热水或蒸汽管

输送（风机、风管）和空气分配（风口）三部分。常用的空调系统有集中、半集中和局部空调三种形式。集中式空调是指空气处理设备和装置集中在专用机房内，对较大范围实行空气调节（图 5-15）。局部空调是将所有设备集中装置在一部整机内，实现小范围局部空气调节（如窗式、挂式、柜式空调器）。半集中式空调是上述二者的结合，以局部调节带动整体实现空气调节。所以，空调可以理解为"通风、净化、恒温"的有机结合。

在空调系统中常用的制冷技术是蒸汽压缩式制冷原理，即制冷剂（氨、氟利昂……）能低温蒸发，在系统中经过压缩、冷凝、节流、汽化四个过程而吸热制冷。常用的设备有压缩机、冷凝器、蒸发器等。

由此可见，空调系统安装工程的施工，主要是成套设备的安装，以及相应附件的制作和安装。在集中式空调施工中，应增加风管、风口及一些专用装置的制作和安装。

二、通风、空调工程施工图

通风工程施工图的基本组成是平面图、剖面图、系统图和详图，应附有设计（施工）说明及设备、材料表。各图的主要内容为：

（1）平面图：表示设备、装置、风管、风口、调节阀等平面位置、尺寸、距离等内容。

（2）剖面图：表示管线及设备的安装标高及其相互立面关系。

（3）系统图：表示送风、回风线路与设备、装置之间系统连接关系。

（4）详图：指风管、风口、风帽、调节阀、检查门、消声器等加工图，以及通风设备和装置的安装节点大样图等（参见图 5-16）。

通风工程常用图例见表 5-5。如果一座建筑物内安装两个通风系统时，在施工图上应用编号加以区分。

图 5-17 为某车间通风工程施工图。沿 C 轴线墙边布置两根风管，上部为送风管，下部为回风管，风机及空气处理装置安装在隔壁的机房内。

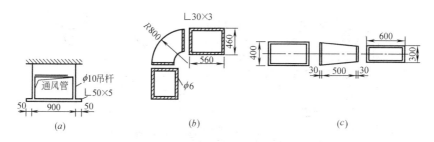

图 5-16　详图 [例]

(a) 吊挂通风管；(b) 风管转弯处；(c) 管道接头（大小头）

空调安装工程施工图，与通风工程施工图一样。局部空调没有风管，只是设备安装。

通风、空调工程中的配电、供电及其电气产品的安装和接线，应用电气施工图表示。但要注意：成套机械设备安装中，包括配套电机的安装。

通风施工图的常用图例　　　　　　　　　表 5-5

符　号	名　称	符　号	名　称
	送风口		回风口
	蝶阀		多叶调节阀
	插板阀		空气冷却器
	伞形风帽		离心风机
	筒形风帽		轴流风机
	空气加热器		

三、通风、空调安装工程预算定额

通风、空调安装工程预算，主要使用安装定额第九册（通风、空调工程），清单计价执行"规范" C9 项目及地方"计价表"。该定额适用于新建、扩建的工业与民用通风、空调工程，其使用方法及指标确定，与其他分册相同。

第九册安装定额及"清单"项目 C9 的主要执行规定，归纳如下：

（1）本册定额主要内容是：通风、空调工程中的定型设备和装置的安装，非标准装置及其附件的制作和安装。相关定额的执行界限为：

1）通用风机设备、冷却塔、制冰（制冷）设备、冷风机、冷凝器等安装，执行第一册（机械设备）定额；通风空调专用风机安装，仍执行第九册定额。

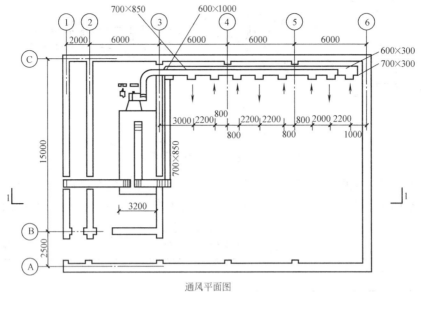

通风平面图

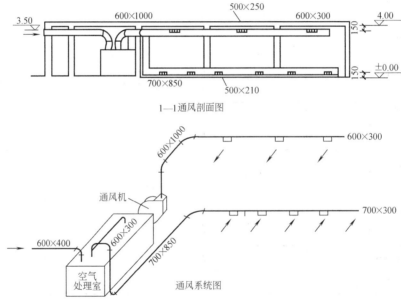

1—1通风剖面图

通风系统图

图 5-17　某车间通风工程施工图

2）风机盘管的配管，执行第八册安装定额。

3）刷油、防腐蚀、绝热，执行第十一册安装定额。

4）设计要求无损探伤的，可执行第五册（金属结构）安装定额。

5）电气线路及电气设备安装，执行第二册安装定额。

6）通风空调安装工程的预埋件和留洞，应配合土建施工进行；设备基础执行当地土建定额；室内装饰性风口安装，应与装饰施工单位配合安装。

（2）通风、空调预算定额中，相当一部分子目的基价是制作、安装合在一起的。如果施工中出现分包，需将制作、安装分别计算时，可按定额"册说明"中规定的百分比（人工费、材料费、机械费）拆分计算。

（3）通风、空调工程的材料损耗率表，列在定额附录内，可用来核定主材耗量。

（4）定额套价规定：

1）各类通风管道定额子目中的板材，设计厚度不同可以换算，但人工和机械费不变。括号内板材指标，厚度可按实调整，列入主材另计。定额中板材专指镀锌薄钢板，其他板材按实换算。

2）各类通风管道、部件、风帽、罩类及法兰的垫料为橡胶板，不同垫料可按实用品种换算，但人工不变。每公斤橡胶板换算为泡沫塑料 0.125kg，或换算为闭孔乳胶海绵 0.5kg。

3）各类通风管道，若整个系统采用渐缩管均匀送风，则圆形管按平均直径、矩形管按平均周长套用相应规格定额，其人工费乘以 2.50。

4）净化圆形风管，可套用矩形风管有关项目定额（第九册第九章）。

5）制作塑料风管，管件的胎具材料摊销费未包括在定额内，应按规定另行计算：风管工程量 30m² 以上，每 10m² 风管的胎具摊销木材 0.06m³；风管工程量 30m² 以下，每 10m² 摊销木材 0.09m³。按地区木材预算价格，以木材耗量计算摊销费。

6）塑料通风管道制作安装中的吊托支架，可执行本册第七章"设备支架"定额相应项目。

7）钢板风管安装定额内包括吊托支架安装，是按膨胀螺栓考虑的，安装中采用其他方式连接，定额不可换算；落地支架另列项目，执行设备支架定额。风管制作安装定额，只列法兰联结，采用其他方式联结，基价也不作调整。

8）净化风管，如设计要求咬口处用锡焊时，可按每 10m² 风管耗用 1.10kg 焊锡、0.11kg 盐酸，扣除定额中密封胶用量，其他不变，以此调整基价。

9）普通咬口风管，如设计要求咬口缝处增做锡焊或密封胶时，可按相应净化风管定额中的密封材料增加 50%、清洗材料增加 20%，调整材料费；另按每 10m² 增加一个工日，增加人工费。以此调整定额基价。

10）定额中软管接头使用帆布为综合考虑，改用其他材料（人造革、石棉帆布、涤纶帆布等），可以换算。

11）新定额增设的"柔性软风管安装"项目，适用于由金属、涂塑化纤织物、聚酯、聚乙烯、聚氯乙烯薄膜、铝箔等材料制成的软风管。柔性风管安装按不同直径，以"米"计量；柔性软风管阀门安装以"个"为计量单位。

12）本册第七章"设备支架制作安装"定额，不仅用于清洗槽、浸油槽、晾干架、LWP 滤尘器等支架，还可用于塑料风管吊架、风管落地支架、风管减振台座支架、通风空调相关设备支架等项目。

13）玻璃挡水板执行钢板挡水板定额，其材料、机械乘以系数 0.45，人工不变；保温钢板密闭门执行钢板密闭门定额，人工不变，材料乘以系数 0.5，机械乘以系数 0.45。

14）本册通风机安装项目包括配套电动机安装，也适用于不锈钢风机和塑料风机安装项目；设备费另计，地脚螺栓为设备随带。

15）诱导器安装执行"风机盘管"安装定额。

16）净化风管的制作安装包括各种管件、法兰、加固框、吊托支架，但不包括落地支架；净化圆形风管执行净化矩形风管定额；净化风管板材厚度可按实调整，其余不变；净化风管按全部风管外表面涂抹密封胶考虑，如设计要求口缝不涂、只在法兰处涂抹者，每10m² 风管应扣密封胶 1.5kg 和人工 0.37 工日；净化风管及部件项目中，不包括型钢镀锌费用，设计有要求可另计；铝制孔板风口不含电化处理费用，需电化处理可另加。

17）过滤器安装包括试装费用，设计不要求试装，也不调整；洁净室安装以重量计算，执行本册定额第八章"分段组装式空调器安装"项目。

18）不锈钢风管和铝板风管的制作安装项目，包括管件，但不含法兰、吊托支架；法兰、吊托支架应单独列项计算，套本册第十章相应定额；板材厚度可以调整，其余不变；不锈钢矩形风管执行不锈钢圆形风管相应定额。

19）不锈钢制作采用手工氩弧焊时，人工乘以系数 1.238，材料乘以系数 1.163，机械乘以系数 1.673；铝板风管制作采用手工氩弧焊时，人工乘以系数 1.154，材料乘以系数 0.852，机械乘以系数 9.242。

20）塑料风管制作安装项目，包括管件、法兰、加固框，但不包括吊托支架；吊托支架单独列项套"设备支架"定额；塑料板厚度不同、法兰垫料品种不同，可按实调整，但人工、机械不变；塑料风管的规格以内径、内周长表示。

21）玻璃钢风管制作安装项目，包括管件、法兰、加固框、吊托支架，但不包括落地支架和预埋铁件；落地支架另列单项，执行"设备支架"定额；预埋铁件制作预埋，另列单项套价，其中膨胀螺栓可按实调整，其余不变。

22）复合型风管（风管与外保温连为一体）制作安装，以内径和内周长表示规格，定额项目包括管件、法兰、加固框和吊托支架，复合板材按主材另计。

23）工厂加工预制的风管及部件，不计算制作费用；其购置及运输费用，以定额指标按实列入主材费，厂方应对产品质量负责。通风管道与部件的场外运输费，可按当地相关规定执行。

24）第九册安装定额执行中，还应注意以下几点：

① 施工工艺及方法为综合考虑，不予调整。

② 施工机械品种及台班消耗指标，为综合取定，除有系数规定换算外，一律不予调整；定额内无机械费，实际使用了机械，也不予调整。

③ 不论风管除锈情况如何，刷油定额的系数均不作调整。

④ 风管穿墙、穿楼板的孔洞修补，可另行计算。

⑤ 安装定额已考虑了安装与土建交叉作业干扰及施工配合因素，不得因此而计取降效费用。

（5）通风、空调工程中的刷油、绝热、防腐蚀项目，执行第十一册安装定额。规定如下：

1）薄钢板风管以涂刷面积套定额，由于不另计算法兰加固框和吊托支架的涂刷面积，因此定额基价应调整：仅外（内）刷油，基价乘以 1.20；内外均刷油乘以 1.10。

2）用薄钢板制作的部件和附件，按制作工程量执行金属结构刷油项目，定额乘以系数 1.15。

3）非风管工程量内的各种独立支架（不锈钢制品除外），按工程量直接套价，不乘系数。

4）除锈项目不分锈蚀程度，一律按其第一遍刷油工程量套用有关轻锈定额。

5）绝热保温材料不需要粘结的，套价时扣除定额基价中粘结材料费，人工费乘以 0.50。

（6）第九册安装定额增加费用的规定：

1）特殊自然地理条件下施工，按地方或专业部的规定增收费用。

2）脚手架搭拆费按人工费 5％计算，其中人工工资占 25％，材料占 75％；该项费用为综合考虑系数，不论实际搭拆与否，均不作调整。

3）操作高度距楼地面 6m 以上，收取人工费 15％的超高增加费，全部为工资。

4）安装与生产同时进行增加费按人工费 10％计算，全部为人工降效费用。

5）在有害健康环境中施工，计取人工费 10％的降效费，全部为人工降效费用。

6）高度超过 6 层或 20m 的工业与民用建筑，按定额说明中表列规定计取高层建筑增加费。

7）定额规定通风、空调系统调整费，按系统人工费的 17％计取，其中工资为 25％，材料为 75％。该费用包括调试人工、仪器、仪器折旧、消耗材料等费用。

四、通风、空调安装工程量的计算

第九册安装定额工程量计算要点如下：

（1）风管工程量按施工图示规格的不同，分别以展开面积计算。不扣除检查孔、测定孔、送风口、吸风口等所占面积；不增加咬口重叠部分面积。

风管展开面积为图示周长与管道中心线长度的乘积。即：

圆形管 $\qquad\qquad\qquad\qquad F=\pi DL$

矩形管 $\qquad\qquad\qquad\qquad F=2\times(a+b)\times L$

式中 F——风管展开面积（m²）；

$\quad\ D$——圆管直径（m）；

a、b——矩形管的两个边长（m）；

$\quad\ L$——管道中心线长度（m）。

管道长度包括弯头、三通、变径管、天圆地方等管件长度，但不包括部件、附件所占长度。主管与支管以其中心线交点划分。塑料风管、复合型风管以内径、内周长计算。渐缩管取平均尺寸。柔性软风管安装以轴线长度"m"计量，安装以"个"为计量单位。软管（帆布接口）制作安装，以图示尺寸"m²"计量。风管检查孔为标准部件，以重量"kg"计量。风管测定孔制作安装，按其型号以"个"为计量单位。

（2）标准部件按设计型号规格，查阅第九册定额附录中"国家标准图集通风部件标准重量表"，按其重量计算工程量。部件重量表的使用方法：

1）按施工图标注的部件名称、型号，查表，求单体重量（kg/个）。

2）部件总重量为施工图上该部件个数与单体重量的乘积（kg）。

3）用该部件的总重量套相应的制作安装定额，制作以重量"kg"计量，安装以"个"计量。

4）用该部件的总重量乘以 1.15（系数）另列项目，然后套相应的刷油定额（第十一册）。

（3）非标准部件按图示尺寸，以成品重量计算。

（4）几种通风空调装置的计量：

1）风管导流片，按叶片面积计算。

2）钢百叶窗及活动金属百叶窗风口，制作以风口面积（m²）计算，安装按规格以"个"计量。

3）密闭式对开多叶调节阀，与手动式对开多叶调节阀的制作安装，套用同一定额，均以每"100kg"重量为单位计算。

4）风管应单独列项，按重量计算。

5）风帽属部件，按重量计算；而风帽泛水以面积（m²）计算。

6）挡水板按空调器断面面积计算。

7）密闭门按个数计量。

8）设备支架按图示成品重量计算。风机减振台座制作安装，执行"设备支架定额，主材减震器另计"。

9）电加热器外壳按图示尺寸，以成品重量计算。

10）各种过滤器、净化工作台、风淋室的安装，以台数计量。

（5）通风空调设备安装：

1）各类风机，按不同型号以"台"计量。

2）整体式空调机组、空调器，按不同重量和安装方法以"台"计量。

3）分段组装式空调器，按重量计算。洁净室按重量计算，执行"分段组装空调器"定额。

4）冷却塔按不同型号，以"台"计算。

5）加热器、除尘器，按不同重量以台数计量。

（6）通风空调风管及部件的刷油保温工程，执行第十一册定额，薄钢板风管刷油与风管制作工程量相同；薄钢板部件刷油按"重量"计算；薄钢板风管部件及支架，其除锈工程量均按第一遍刷油工程量计算。

五、制冷工程

（1）制冷设备安装工程，一般由制冷设备（压缩机、储液器、冷凝器、分离器、蒸发器等）、制冷管道系统、冷却塔、水池、泵、冷却水管道系统等组成。

（2）制冷工程预算的主要内容是制冷系统的设备、装置及管道安装。但对定额的应用，要分别执行：

1）压缩机及制冷、制冰机械设备为成套定型设备，应套用第一册（机械设备）安装定额。

2）各种泵类安装，也执行第一册定额。

3）各种管道及设备间配管的安装，应执行第六册（工业管道）安装定额。

4）100t以内玻璃钢冷却塔，套用第九册安装定额；超过100t执行第一册安装定额。

5）管道、装置及设备的刷油、绝热、防腐蚀项目，执行第十一册安装定额。

6）水池、设备基础等土建内容，按建筑工程定额及规定编制预算。

（3）制冷工程系以机械设备安装为主体，故应按第一册安装定额的规定为主体编制预算（见本章第六节）。

六、通风、空调安装工程预算的编制

通风、空调安装工程预算的编制方法、费用组成与计算，与给排水工程相同。只是增加收费的内容（前述）。由于新版"清单计价规范"GB 50500—2013及配套的"计量规范"GB 50856—2013的实施，建筑安装工程费用项目又有了新的规定（附录一），当前地方政策尚未出台，在工程预算编制业务操作上存在一定的过渡期。因此，必须及时关注地方的相关政策规定。

通风、空调安装工程的预算编制，同样存在定额计价（计价表计价）与清单计价两种方式。

（1）定额计价以预算定额（单位估价表）为计价项目划分、直接费形成的依据；而清单计价是以"清单计量规范"划分计价项目，以"计价表"核定综合单价（五项费用），计算分部分项工程和措施费。

（2）"规范"规定：建设工程发承包及实施阶段，应用"清单计价"方式编制招标控制价、投标报价、合同承包价和竣工结算价。

（3）预算定额、"计量规范"中规定的计价项目"工程量计算规则"（计量单位、计算范围、计算方法），基本相同，这是2013版"清单计价规范"的重要特色。

（4）江苏省当前执行的"预算费用定额"，参见本书附录六。

第四节　长距离输送管道工程预算

1986年版《全国统一安装工程预算定额》的十六册中第七册为"长距离输送管道工程"，属于部管专业定额，执行专业部的相关预算编制及取费规定。现行的2000年版十二册的"全统定额"以通用工程和地方管理为主体，取消了"长输管道"专业分册。而2003版、2008版"清单计价规范"内将"长输管道"列入安装项目专业C13的统一"清单项目"；《通用安装工程工程量计算规范》GB 50856—2013中，又取消了"长输管道"项目。为了拓宽安装专业视野，扩大造价专业知识面，本节在原有定额规定的基础上对"长距离输送管道工程"的预算编制的基本理论和方法，作如下系统性简要介绍。

一、长输管道概念

根据定额规定，长距离输送管道指的是油气田所辖区域以外到厂矿、油库之间距离超过25km（或小于25km有穿跨越）的输送管道，由水源到水厂、厂矿之间距离超过10km（或小于10km有穿跨越）的供水干管，及由厂矿、城市污水处理厂引出的距离超过10km（或小于10km有穿跨越）的排水管道。这些管道安装工程应套用第七册（长距离输送管道）安装定额，编制预算。

根据图1-1规定，结合前面所述几种管道的预算内容，可以知道：

（1）第七册定额的适用范围为上述条件下的三种管道（油气管、供水干管、排水干管）工程。

（2）油气田所辖范围内的管道，执行油气田内部定额。

（3）市政工程管道定额的适用范围为：城市范围内、住宅区和厂矿以外的供水管、煤气管；城市和厂矿的排水（下水）管；非住宅区、厂矿范围的集中供暖的市政管道。

（4）住宅区内的生活用室内和室外的给水、排水、煤气、采暖管道，执行第八册安装

定额。

（5）第九册为通风、空调工程专用定额，主要用于风管及附件的制作安装。

（6）第六册（工业管道）定额的适用条件，将在本章第五节介绍。

因此，在众多涉及管道安装工程的预算定额中，正确套价是很重要的。

长距离输送管道工程预算的主要内容包括：管沟土石方工程、管段预制、防腐、运输、布管和组装焊接、吊管下沟、管道试压和吹扫、穿跨越工程、线路附属工程等。

长距离输送管道施工图，主要由管线总平面图（线路地形及管线布置图）、纵剖面图及详图组成。

管线总平面图：在地形图上标明管线位置、距离、走向、坡度、管道品种规格，以及管线上设备、装置、附属工程的位置（桩号）等。

纵剖面图：标明沿线（轴线）地面标高和管底标高的变化，以及管道坡度与坡向等内容。

详图：管道基础设计图（横剖面）、管件及附件加工图、管道节点大样图、附属工程设计图、主要设备安装图等，都可列入详图范畴。

二、长距离输送管道定额的使用与安装工程量计算

第七册（长距离输送管道）安装定额，为专业部管定额。定额的使用及其预算的编制，应根据工程隶属关系归口，执行有关专业部的预算规定。但是，不应改变定额说明中的规定及其工程量计算规则。

因此，以第七册定额依据计算安装直接费的方法，与其他安装工程是相同的。

长距离输送管道安装工程量的计算要点，归纳如下：

（1）管沟土石方开挖与回填，按施工图的设计横断面及管线纵剖面，分段列表计算，以天然状态体积立方米计量。本定额系指机械施工，适用于槽深 3m 以内、底宽 1.3m 以内、管径 ϕ273mm 以上的沟槽挖土。沟槽长度为管道中心线长度，沟槽底宽 B 图上无规定时可按下式计算：

$$B = DN + K$$

式中 DN 为管道公称直径，K 为沟槽底工作面宽度（表 5-6）。沟槽放坡系数可按表 5-7 规定计算。

沟槽底工作面宽度　　　　　　　　　　　　　　　　　表 5-6

施工方法	沟上组装焊接			沟下组装焊接		
地质条件	旱地	沟内有积水	岩石	旱地	沟内有积水	岩石
K 值(m)	0.5	0.7	0.6	0.8	1.0	0.9

沟槽放坡系数　　　　　　　　　　　　　　　　　表 5-7

土壤类别	放坡起点深度(m)	放坡系数
普通土	1.20	0.75
坚土	1.50	0.67
砂砾坚土	2.00	0.33

凡不属于上述范围的机械开挖土方，以及人工开挖土方、土方回填、石方开挖工程，

均执行工程所在地区的建筑工程预算定额及其计算规则。

定额中不包括基坑排水、清理障碍，可另行计算。

（2）管道的敷设（预制、防腐、运输、布管、组焊、吊装等）按材质、规格的不同，分别以轴线长度每 1000m 为单位计算（不含穿跨越长度）。计算时应注意：

1）沥青防腐绝缘应区分等级，分别计算。非沥青材料不能套价，应根据实践资料另编单价。

2）防腐管段运输是指从防腐预制厂至工地堆管点，平原地区运输工程量应加 1.5% 的管材损耗量（山区为对号入座，不加损耗）；拖拉机运布管是指防腐管段自工地堆管点运至管沟一侧组焊位置。采用人工抬管时，按当地人力运输定额及其规定，另行计算。

3）管道敷设的定额为平原地区施工，山区管段安装应按规定以定额人工费和机械费乘系数（本定额第一章说明）。

4）防腐管段安装长度中，不包括各站（场）和大中型穿跨越管线长度，不扣除管件、阀门所占长度。站（场）以围墙外 10m 为界，10m 内为站（场）工程，10m 以上为线路工程。

5）管线补口为组焊后两端预留光管的防腐，管线补伤指防腐层运输中碰伤的修补，均以管道安装总长计量。

6）直管预制，区别不同管径、壁厚、材质，按设计中心线长度，以"米"为计量单位。山区管段预制所需的预制组装焊接的弯头（斜口）的组装焊接工程量，按图纸数量，以"个"为计量单位，另行计算。管材的实际长度与定额中的进厂长度出入较大，其预制焊口数超过定额±5%时（按一条整体管线的预制焊口统计），可按实际焊口数调整。定额管段预制长度及焊口数量取定详见表 5-8。

定额管段预制长度及焊口数量取定表　表 5-8

管　材	管径(mm)	进厂平均长度 (m/根)	切割坡口 (个/km)	二接一焊口 (个/km)	出厂平均长度 (m/根)
无缝钢管	φ108~φ219	6	344	84	12
无缝钢管	φ273~φ426	10	210		10
螺纹钢管	φ273~φ820	10	10		10

（3）铸铁管（供水干管）安装按管径、接口做法的不同，分别以 1000m 轴线长度为单位计量。不扣阀门、管件所占长度，铸铁管的运输、布管、试压按管径以千米长度计量。运距综合取定 300m，不予调整。

（4）管道穿越、跨越河流：

1）穿越拖管过河，按河宽和管段重量以次数计量。定额中河宽分 150、300、450、600m 四级，用内插法套用定额。

2）中小型跨越管桥的制作以 10m 计量（∩形以座计量），吊装以处计量。大型索拉管桥的铁塔制作按净重、吊装以座计量，各种钢丝绳均以根数计量。

3）子目划分中的步距，套价时以靠近为原则，一般不作调整。

（5）穿越公路和铁路：

1）挖路和恢复，按路面不同，分别以 10m² 面积计量。带套管时，套管以 10m 长度为单位另行计算。

2）管道安装按定额规定（前述）另计。

3）管卡、支撑杆的制作安装，按图示尺寸以重量（kg）为计量单位。

（6）水下管道安装：

1）大、中型河流裸露药包水下爆破管沟，采用全断面按各岩层平均厚度分层爆破法，其定额工程量计算公式为

$$\frac{L}{100} \times f\left(n \cdot \frac{H_0}{H}\right) \quad (100\text{m}/\text{层})$$

式中　L——岩层的全断面长度（m）；

　　　100——折合定额计量单位（河宽100m）；

　　　n——分层爆破次数，$n = \delta / H$；

　　　f——需要爆破岩层的平均厚度（m）；

　　　H——岩层每爆破一次漏斗破碎深度（m）；

　　　H_0——岩石面平均水深。

为计算简便，可运用本册定额附录五。

2）爆破用的翻板船和定位浮筒组装及拆卸，按河流大小计算一次。

3）拉铲清沟和开挖按"河宽100m/深1m"为单位计算。其工程量按水下管沟爆破该岩层平均厚度乘以全断面长度计算。

4）水下稳管按材料不同，分别计量。抛石回填以 100m³ 计量；钢丝石笼按 10 个计量；预制混凝土管、复壁管注水泥沙浆，以 10m³ 为计量单位计算。

5）河流类型：河宽 40m 以上、枯水位平均水深 2.5m 以上为"大型"；河宽 40m 以上、枯水位平均水深 2.5m 以内为"中型"；河宽 40m 以内为"小型"（小型河流不计算工程量）。

（7）预算增加费用的计算：

1）山区施工按各章说明中规定，以子目系数增加计费。

2）特殊自然地理条件下施工，按专业部的规定增加预算费用。

3）长距离输送管道的安装，不计取脚手费、超高费、生产同时进行费、有害环境费等。

（8）其他说明：

1）第七册安装定额中不列项的工程内容，可套用其他分册有关定额。如阀门安装、附件制作安装、站（场）工程、泵类安装、土建工程（建筑物、构筑物）等。

2）本册定额包括的管道试压及吹扫、线路附属工程，应按规定套用，不得采用其他定额。

3）线路用地准备工程，属于概算内容，可不列入安装工程预算。如勘测、放线、补桩、赔偿、拆迁、地貌恢复等。这些费用应按地方和专业部规定，分别列项。

4）线路施工中的便道平整，已包含在运输布管定额中，不得另行计算。

5）管材、阀门、管件、附件、设备等，按主材费计算，即按定额耗量和地方预算价格为标准计算。定额附录八（主材损耗率和摊销率表）可作为计算定额耗量指标的依据。

三、长距离输送管道工程预算的编制

长距离输送管道工程预算的编制方法、步骤，与其他安装工程相同。由于该定额属于

专业部管理，因此，预算的费用组成、计算方法，在执行"清单"计价及地方规定的同时，应执行有关专业部的具体规定。

第五节　工业管道安装工程预算

一、管道概念

管道的使用范围十分广泛，特别是金属管道几乎在所有安装工程中都要遇到。对于一些以管道安装为中心，且专业性较强的工程（如给排水、暖气、煤气、通风工程等），由于专业的特定要求及其常规、通用做法，同时考虑到这些工程施工的经常性和普遍性，而制定了各自的专用预算定额，以供在一定范围内（主要是民用工程）用于编制预算。但是，在许多生产性建设项目中，受到各种生产工艺、流程、压力及其介质的不同要求的限制，对其配套的管道工程也有许多较高的要求，从而涉及管径加大、压力增高、管材多种、规格多变，以及制作方法、接口做法、管件配合等等的变化，经常出现非工厂批量生产的非标准管道、管件及其附件的安装工程，而且多数在现场直接加工制作。

针对上述情况，结合工艺要求，安装定额第六册（工业管道工程）综合了这方面的内容，作为独立的单位工程编制预算。也可作为其他专业安装工程中，工业管道的补充项目。"清单计量规范"按附录 H 的"清单"项目列项计价。

工业管道安装工程预算定额的适用范围是：

（1）厂区范围内的车间、装置、站、罐区及相互之间，设计压力不大于 42MPa、设计温度不超过材料允许温度的各种生产用（包括生产、生活共用）介质输送（给水、排水、蒸汽、煤气等）管道安装工程。

（2）厂区范围外不属于"长距离输送管道"专业，也不属于"市政管道"的介质输送管道安装工程。

（3）水泵、锅炉、制冷（冰）、制气等机房内，不属于设备本体随带定型配管的设备第一个法兰以外的室内配管与布管。

（4）厂区范围以第一个连接点划界，给水以入口水表井、排水以厂区围墙外第一个污水井、蒸汽和煤气以第一个计量表（阀门）为界；机房配管以外墙皮为界。

另外，在选择管道定额时，尚应注意以下几点：

1）设备本体随带的定型配管，其安装费已含在设备本体安装内，不得另列计算。

2）设备本体第一个法兰以外，本体之间连接管、本体与附属设备（如过滤器、冷凝器、缓冲器、油分离器、油泵等）之间连接管，均应列项，执行第六册（工业管道）安装定额。

3）各种机房外墙皮以外的管道安装：凡属生产用（或生产、生活共用）管道，仍执行第六册定额；民用（生活用）管道中给排水、采暖、煤气管道执行第八册，其他介质输送管道仍执行第六册安装定额。

4）设备本体内的配管：凡设备随带的定型管为设备本体安装内容，不另计算；属于调节、组装类配管，列入专用设备附属项目，执行第五册（静置设备）安装定额。

5）单件重 100kg 以上的管道支架制作安装，管道预制平台的搭拆，钢板管的槽钢加固圈制作安装，执行第五册（静置设备）安装定额。

6）第三册（热力设备）安装定额的管道项目，仅适用于从锅炉至透平机组之间同材质、同规格的管道，其他管道应执行第六册（工业管道）安装定额。

7）管道的喷砂、除锈、刷油、绝热、防腐蚀、补里等项目，执行第十一册（刷油、绝热、防腐蚀）安装定额。"清单计量规范"列入附录 M 专列项目计价。

8）非整体的电动阀门安装，电动机安装可另列项目，执行第一册（机械设备）安装定额；而电气接线、布线及电气控制，执行第二册（电气设备）安装定额。

9）仪表一次部件安装执行第六册安装定额，而配合安装的用工执行第十册（自动化仪表）安装定额。

10）地下管道的土石方工程及砌筑工程，执行当地土建定额。

11）工业管道安装定额中，不包括单体或局部试运转的动力和燃料等消耗费用、配合联动试车费、管道充气和防冻保护费，以及场外运输费用等，发生时另行计算。

由此可见，各种专业的管道安装工程，有一定的定额界线（图 1-1），必须严格划分、区别对待，才能正确选用相应定额编制预算。但是，也必须灵活处理管道工程中交叉问题，在分清主次、划清专业的基础上，对于缺项可选用其他安装定额，最后按主要专业确定统一的定额调整系数。

工业管道施工图与其他专业管道施工图一样，由平面图、系统图和详图组成，采用的图例、标注也相同。必须指出的是：

（1）表示多种专业管道布置的混合平面图，必须注意其线形或标注上表示不同管道及装置的差异。而系统图要运用编号区分，独立绘制。

（2）工业管道的材质、规格、压力、连接方式等，应在平面图和系统图上标注清楚。识图中应逐条、逐段区分，作好记录。

（3）详图中的工艺加工图，将成为工业管道施工图的主要内容，识图中要注意加工主材和工艺要求。

二、工业管道安装工程预算定额与工程量计算

第六册（工业管道）安装定额的主要项目，包括各种压力和材质的管道及管件安装、阀门及法兰安装、板卷管及管件的制作、管架及金属构架的制作和安装，以及管道和管口的工艺处理等内容。

"工业管道"定额的套价和计算要点如下：

（1）管道及管件安装：

1）本册定额管道的公称压力范围：低压 $P \leqslant 1.6$ MPa、中压 1.6 MPa$< P \leqslant 10$ MPa、高压 10 MPa$< P \leqslant 42$ MPa（$P > 42$ MPa 为超高压管道，不执行本册定额）。蒸汽管道 $P \geqslant 9$ MPa、工作温度$\geqslant 500$℃时，按高压套价。公称压力 1 MPa≈ 10 kgf/cm^2。定额中各种管道的规格及壁厚取定，参见"附录四"。

2）管道包括碳钢管、不锈钢管、合金钢管、有色金属管、非金属管、铸铁管等，并按低压、中压、高压分类。管道安装根据管材、压力、连接方式、焊接工艺、接口材料、公称直径的不同，分别以 10m 轴线直段长度为单位计算。管道长度中不扣除管件、附件、阀门所占长度。一般管道安装定额包括直管安装全部工序内容，不包括管件的管口连接；而衬里钢管则包括直管、管件、法兰含量的安装及拆除全部工序内容，以轴长"10m"计量。

3）管件包括弯头、三通、异径管、管接头、管帽及仪表一次（连接）部件等。各种管件的安装连接，按材质、压力、直径、接口的不同，分别以"10个"为计量单位。管件数量不分种类按施工图及定额附录的规定计算。管件制作以"个"计量。法兰连接的管件，只计法兰安装。

4）各种内套管、旁通管、弯头组成的补偿器，按长度套用管道安装相应定额。外套管焊在内套管上的焊口，每个焊口作为一个管件计算工程量。补垫短管设计无规定时，每段按 50cm 长度计算。

5）在管道上安装的仪表一次部件，执行管件连接相应定额乘以系数 0.7；仪表的温度计扩大管制作安装，执行管件连接定额相应项目乘以系数 1.5。

6）定额中对管道场外预制或现场预制安装、管道壁厚的取定、管件及阀门所占长度等，均为综合考虑，执行中不作调整。

7）衬里钢管安装不含衬里及场外运输，有缝钢管螺纹连接项目包括封头及补芯安装内容，伴热管项目包括煨弯工序，加热套管安装应按内、外管分别计算工程量和套价。

8）主管上挖眼接三通或拼制异径管，按管件安装套价，不得计算管件制作。小于异径标准（主管：支管＝2：1）的挖眼接管（如 DN100 与 DN32），属于直管支线接头，其焊口已包括在直管安装内，不计工程量。

（2）阀门及法兰安装：

1）各种阀门、阀件的安装，按品种、直径、压力、接口方式的不同，分别以个数计量。一般阀门安装包括壳体试压、解体检查和研磨等内容。电动阀含电动机安装，不含电气装置安装和接线。

2）法兰阀的安装中，螺栓按设计图示或定额附录规定，作为主材另计；阀门本体也作为主材；法兰垫片的材质，可按实调整。

3）定额中阀门壳体压力试验的介质为水，如设计不同可按实调整；仪表的流量计安装，执行阀门安装相应定额乘以系数 0.7；中压螺栓阀门安装，执行低压相应定额，人工乘以系数 1.2。

4）高压对焊阀门以碳钢焊接考虑，材质不同可调整焊条价格，其他不变；该项目不含壳体试压、解体研磨，发生时另计。

5）低、中、高压管道、管件、阀门上的法兰安装，按压力、材质、规格和种类不同，分别以"付"（二片）计量。法兰片和螺栓作为主材计价，垫片材料可以调整，螺栓数量按设计图示或定额附录计量。当法兰安装以"个"（片）计量时，定额乘以系数 0.61，螺栓数量不变。以法兰连接的管道安装，管道与法兰分别计量套价。

6）不锈钢、有色金属的焊环活动法兰安装，执行翻边活动阀门相应定额，但应将定额内翻边短管更换为焊环，调整基价。

7）中压螺纹法兰安装、中压平焊法兰安装，执行低压相应定额乘以系数 1.2；在管道上安装节流装置，执行法兰安装相应定额乘以系数 0.7；配法兰的盲板只计主材费，不计安装费（已含在法兰安装内）；管道封头（焊接盲板）执行管件连接相应定额乘以系数 0.6。

（3）板卷管及管件的制作：

1）各种板卷管及板卷管件，系由板材卷制焊接而成，其制作定额按不同材质、规格均以成品重量（吨）为计量单位。板卷管分直管和异径管两类，按材质、板厚及管外径区分。板材作为主材计算。

2）板卷管及其管件制作，按加工厂制作考虑，不包括板材及成品水平运输、卷筒钢板展开、分段切割及平直，发生时另计；各种板卷管及其管件制作定额中，其焊缝按透油试漏考虑，不包括压力试验、无损探伤。

3）三通不分同径或异径，以主管直径计算；异径管不分同心或偏心，以大管径计算。

4）煨弯定额按 90°考虑，煨 180°定额乘以系数 1.5；中频煨弯定额不包括煨制时胎具更换内容。

5）用成型管材加工各种弯头、三通、异径管等管件，其工程量按材质、管径的不同，弯头和三通以"10 个"为计量单位，异径管以成品重量（t）计量。

（4）其他项目规定：

1）管道支架制作安装，分普通式、木垫式、弹簧式三类，分别按成品重量（t）计量。该定额适用于单体重量 100kg 以内（超过 100kg 执行第五册安装定额）。螺栓、螺母包含在定额内，而型钢、木垫、弹簧应列入主材另计。

2）冷排管制作安装，以"100m"长度为计量单位；蒸汽分汽缸的制作，以 100kg 计量，而安装以个数计量；集气罐、空气分气筒、漏斗、套管、调节器等制作安装，以个数计量。

3）管道的清洗、脱脂、试压、吹（冲）洗等，均以 100m 长度为单位计算。管口焊缝的热处理（含硬度测定），按"1 个口"为单位计量。

4）管材表面磁粉探伤和超声波探伤，不分材质、壁厚，按不同管径以"m"计量；焊缝 X 射线、γ 射线探伤，不分材质、规格（管径），按不同壁厚（双壁厚）以"张"（底片大小）计量；焊缝超声波、磁粉及渗透探伤，不分材质、壁厚、按管径规格以"口"为计量单位。

三、工业管道安装工程预算的编制

（1）工业管道安装工程预算的编制步骤、定额套价、基价调整、费用组成与计算等方法，均与其他安装工程相同。

（2）预算中增加费用：

1）脚手架搭拆费，按定额人工费的 7% 计算，其中含人工工资 25%；单独承担的埋地管道工程，不计取脚手费用。

2）钢铁厂高炉、热电厂锅炉的工艺管道，施工高度在 20m 以上者，按超过部分的人工费和机械费乘以 1.25 系数，计取超高费。

3）厂内水平运输已综合在定额内，不作调整。厂外运输超过 1km 时，其超过部分的人工费和机械费乘以系数 1.10。

4）厂区外 1~10km 以内的管道工程，按地方规定的"t·km"单价增加管道运输费用；管径 DN100 以内按人工运输；大于 DN100 按机械运输，配备 8t 载重汽车运输和汽车式起重机装卸。

5）车间内整体封闭式地沟管道安装，其人工和机械乘以系数 1.2；若管道安装后封闭盖板，则不应计取。

6）超低碳不锈钢管执行不锈钢管项目、高合金钢管执行合金钢管项目，其人工和机械乘以系数 1.15，焊条指标不变，单价可以换算。

7）安装与生产同时进行增加的费用，按人工费的 10% 计取，全部为人工降效费用。

8）在有害身体环境中施工增加的费用，按人工费的 10% 计取，也为人工降效费用（国家规定的保健费用另计）。

（3）下列工作内容，应按有关规定另行计算：

1）单体和局部试运转所需的水、电、蒸汽、气体、油（油脂）、燃气等；

2）配合局部联动试车费；

3）管道安装完后的充气保护和防冻保护；

4）设备、材料、成品、半成品、构件等在施工场地范围以外的运输费用。

（4）江苏地区的现行执行规定：

1）江苏地区自 2001 年 10 月 1 日（南京地区自 2002 年 1 月 1 日）起，执行 2001 年版十二册《全国统一安装工程预算定额江苏省单位估价表》和相配套的《江苏省安装工程费用定额》。2004 年 5 月 1 日起，江苏省按国家统一布置推行"清单计价"模式，执行与"估价表"对应的 2004 年版《江苏省安装工程计价表》。2009 年 5 月 1 日起贯彻执行 2008 年版"清单计价规范"和 2009 年版《江苏省建设工程费用定额》，2004 年版"计价表"作为"综合单价"组价的标准指标，资源价格应采用当时的指导价、市场价进行调整。

（2）目前，全面推行 2013 年版"清单计价规范"及配套的"计量规范"。安装工程在发承包及实施阶段，一律采用"清单计价"方式编制预算，包括招标控制价、投标报价、合同承包价和竣工结算价等造价文书的编制。

（3）定额计价与清单计价两种方式的主材指标是相同的（四种表现形式）。定额计价的主材费单列计价；清单计价的主材费可纳入"综合单价"，也可在"清单"内分项列入暂估价。

（4）工业管道安装工程采用"清单计价"方式编制预算的编制依据、编制程序、取费内容等，与其他专业安装工程是相同的。GB 50856—2013 附录 H 为工业管道安装工程的"清单项目"规定，其特点是：清单项目综合，特征描述分解，内容界定作价，计量规则未改。与对应的预算定额（估价表、计价表）对比，基本相似，提供了便利的组价条件。

（5）在新的地方计费办法未出台前，仍应执行原有规定。江苏省安装工程的取费规定为 2009 年"费用定额"（附录六）。

第六节　机械设备安装工程预算

一、设备安装概念

设备及其安装工程的投资，在工业基本建设总投资中占有很大比重。而在组成设备安装工程投资的设备费、主材费、安装费、间接费、独立费和税金之中，设备投资和安装主材费又占有十分明显的倾斜地位。因此，正确编制设备及其安装工程概算和预算，对于确定工程造价、改进工艺设计、促进经济核算、节约建设投资，都有着十分重要的积极作用。

机械设备在国民经济各部门的运用十分广泛，由于其产品系列多，型号、规格复杂，因而定额的分项也较多。

机械设备主要包括以下几类：

（1）金属加工机械：切削机械（车、铣、刨、磨、钻、镗等）、锻压机械（压、锻、锤、剪、弯等）和铸造机械等；

（2）木加工机械、车、锯、凿、刨、机床等；

（3）起重输送机械：各种起重机、电动葫芦、提升机、螺旋机、带运机等；

（4）各式电梯；

（5）风机：通风机、鼓风机等；

（6）泵类；

（7）其他机械：压缩机、制冷机、制冰设备、空压机、电动机（马达）、柴油发电机组、工业炉设备、煤气发生设备，以及各式冷凝器、分离器、过滤器、冷却塔、储气罐、储液器等。

机械设备安装的主要任务是：根据施工图设计要求，将成套的机械设备及其附件，精确牢固地安装到指定位置上，并保证试车成功。因此，设备安装工作内容应包括：准备工具，装拆索具，设备及材料搬运，基础及支架的检查、清理和划线，开箱检查和清洗，研磨、装配、定位、找平和调整，试运转等。

为了保证安装质量，机械设备安装施工中，应注意：设备基础标高、尺寸及其预埋地脚螺栓的准确性和牢固性；机械设备自身质量及配件、附件数量；机械设备分件的安装程序及安装精度；空载与负载试运转的条件及指标。

二、设备与材料的区别及其价格

基本建设工程的投资由建筑安装工程费、设备购置费和其他工程费三部分组成。因此，设备与材料在安装工程中是两个不同的概念。

设备是指由厂家制造的可以单独移动、能独立完成某单元生产过程、价值较高的专用装置。材料是指不能起单元生产作用、具有通用性的一切物料。而安装工程中的主材是指定额基价内未包括的主体材料及价值低廉的专用器具和配件等。

由于设备属建设单位供应，而材料（除甲供料）为施工单位备料。为分清职责和加强管理，安装工程预算中规定：设备以购置费编入概算，由建设单位采购供货，不列入安装工程预算；主材原则上由施工单位供应，按当地预算价格编入预算；属于钢材、木材、水泥等"甲供"物资，则由建设单位根据预算数量供应（甲方供料），施工单位按预算价格付款；甲供材料的实际差价由建设单位纳入成本。主材费应在安装工程预算的直接费内单独列出；安装材料（辅材）由施工单位自备，纳入预算的安装费内包干使用，属于定额基价或综合单价的一部分。

因此，编制安装工程预算，必须正确区分设备与材料的界线，按规定分别计算。

设备预算价值，可按下式计算：

$$设备预算价值(元) = 设备原价 \times (1 + 运杂费费率\%)$$

式中各项费用：

（1）国内定型制造的标准设备的原价，由以下依据确定：

1）国家计委和中央各部委颁发的产品出厂价格；

2）各省、市、自治区确定的地方产品价格；

3）生产厂家的产品销售价格。

（2）国外进口设备原价的确定，可根据：

1）中国进出口公司各专业公司的进口商品价格；

2）国外承制厂报价订货单。

（3）非标准设备系指：没有定型和不成系列的设备、需单独设计和加工的设备、设计中指明的非标准设备。非标准设备的原价，由材料费、加工费、辅材费、专用工具费、废品损失费、外购附件费、包装费、管理费、利润、税金等组成。各项费用均应逐一调查核实，并按规定计算汇总。

（4）设备运杂费费率（%），目前各部门、各地区的规定尚不统一，应按当地规定执行。表5-9可供参考。

设备运杂费费率表（供参考）　　　表5-9

序号	地　　　区	占设备原价(%)	备　　注
1	辽宁、吉林、上海市	4	
2	黑龙江、河北、北京、天津、江苏、浙江	4.5	
3	山东、山西、安徽	5	
4	河南、陕西、湖北、江西	5.5	
5	湖南	6.5	
6	四川、福建、广东	7	
7	甘肃、内蒙古、宁夏、广西	7.5	
8	青海、贵州	8.5	
9	新疆	11	
10	云南	12	

注：交通不便的山区建设工程可根据具体情况适当地提高运杂费费率。

三、机械设备安装施工图

机械设备安装施工图由设备布置图、工艺流程图、设备总装图、安装与加工详图等组成。

（1）设备布置图（设备安装平面图）：表明各种设备在平面上的具体安放位置、编号、名称、型号规格、定位距离、安装要求和说明等内容。

（2）工艺流程图：表示生产某一产品的全部生产过程中，所需的主要设备、附属设备、管路、阀类、仪表装置的流向与相互关系。

（3）设备总装图：表明安装设备的各种部件名称、位置、组装尺寸、装配精度以及总装后的质量标准等内容。

（4）详图：有表示部件材质、制造方法、尺寸精度的部件详图，表示安装基础的施工详图等。

图5-18为某机修车间的机械、设备安装平面图。图中表示了安装设备的品种、型号规格、台数及其平面位置（以地脚螺栓定位）。

四、机械设备安装预算定额

机械设备安装工程的预算编制，主要使用第一册（机械设备）安装定额（预算定额及其对应的地方估价表、计价表）。在定额的总说明和各章说明中，对编制依据、运用范围、指标确定、制定因素、安装内容、计算规则、调整换算等，均作了明确规定。套用定额前，应先掌握和熟悉。

有关部门对第一册安装工程预算定额，作了补充解释，主要内容摘要如下：

（1）设备的开箱、清点和验收：

1）建设单位接受设备到货时的验收工作，属于设备保管费范围，不列入预算；

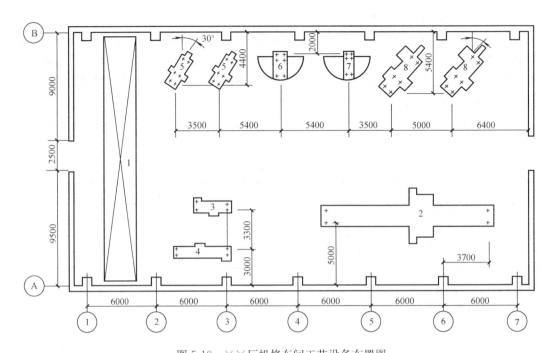

图 5-18 ××厂机修车间工艺设备布置图

1—20/5 吨行车；2—B2020 双柱龙门刨床；3—C620 车床；4—C630 车床；

5—B690 牛头刨床；6—Z35 摇臂钻床；7—3025 摇臂钻床；8—T68 镗床

2）建设单位向施工单位交付设备时的验收工作，已包括在相应设备安装定额中，不得另计。

（2）旧设备的拆除费：

1）旧设备的拆除费，按相应安装定额基价（不含材料费）的 50% 计算，列入预算；

2）新设备安装完毕，因设计变更而拆迁，视为旧设备拆除。

（3）施工现场与安装现场的区别：施工现场通常称为"工地"，是指工厂（或电站）围墙内的范围；安装现场则是指距离所安装的设备基础 100m 以内的范围。

（4）设备的搬运：

1）设备出库搬运：指将设备由建设单位设备仓库（工地内或工地外），运到安装现场指定安放地点的搬运工作。其费用应按当地规定或有关定额，另行计算。

2）材料、工具、机具出库搬运：是指将材料、工具、机具，从施工单位工地仓库（施工现场仓库）运到安装地点的搬运工作。其费用已包括在安装定额内（定额规定水平运距为 300m、垂直吊正或负 10m，无论实际多少，均不调整），不得另计。

3）厂内搬运：是指在工厂（或电站）范围内（工地内）的搬运工作。其费用应具体分析确定，属设备出库搬运可按规定计算；设备在施工单位内部搬移，不应计算；材料或工（机）具厂内搬运，已包括在安装定额内。

4）场内搬运：是指距离所安装设备的基础 100m 范围内的搬运工作。其费用已包括在安装定额内，不得另计。

5）设备出库后的临时堆放处，距离安装基础不应超过 100m，属场内搬运。特殊条件（场地小，有障碍物、沟、坑等）下超过 100m 时，对超过部分的运费，可按规定另行计算。

（5）定额套价规定的说明：

1）电梯、风机、泵类等设备安装，定额不含脚手费。如需搭拆脚手架，可按当地规定另行计算。

2）设备安装中的地脚螺栓，一般应由设备制造厂家配套供应。如无配带，可另行计算。

3）机械设备安装中的基础灌浆（含地脚螺栓孔），已包括在设备安装定额中，不应另列计算。第一册中的灌浆定额，系供安装定额其他各册的有关项目套用；凡第一册设备安装中施工单位不做灌浆工作的，也可按该定额指标扣除基价。

4）定额总说明中规定，金属桅杆及人字架等一般起重机械的摊销费，按所安装的设备净重量（包括底座、辅机）每吨 12.00 元，是不变价格，不以地区调整。电梯安装不计取。

5）大型设备（最大件重量超过 60t）安装，除每吨（t）计取 12.00 元一般起重机械摊销费外，如需特殊技术措施或专用机具，其费用可另行计算。

6）试运转中所用的水、电、汽、油、燃料等，应另行计算。

7）机械设备安装中的设备本身价值，不得计入安装直接费，故不能作为主材计价。

（6）安装定额的选用：机械设备安装中，有不少设备为定额交叉项目，即不同分册内具有同类设备安装定额。对此，在选用定额时，必须按主要工程的专业系统来划分。

例如："玻璃钢冷却塔"安装，属于制冷站（库）及制冷空调系统的，应执行第一册；属于通风空调系统的，应执行第九册；属于化工设备系统的，应执行专业部管定额（1986年定额第十五册）。

五、机械设备安装工程量的计算

（1）一般机械设备和整体工艺设备安装，均以"台"为单位计算。设备台数可由平面图或设备明细表查出。设备的安装重量和吊装重量，按设备铭牌重量计算，无铭牌按产品说明净重计算，以"吨"计量。

（2）设备安装所需的专用和特殊垫铁，应另行计算。其工程量以重量（kg）计算。

（3）设备安装脚手架：

1）起重机械安装按第四章说明增列脚手费，而轨道安装，定额中已包括脚手费用，不得另列计算。

2）一般机械设备安装不设脚手架，确需设置脚手架，可按定额各章说明的规定计算，属子目加费。

3）必须设置脚手架且无计算规定者，按设备外围垂直面积（设备高度×设备外围长度），套用土建单项（砌墙）脚手定额。设备外围长度，圆形设备为：π·（外直径＋1.6m）；矩形设备为：四边周长＋6.6m。设备高度是指地坪至设备顶点的高差。

（4）各种机械设备配套的辅机、安全罩及设备本身的管道（不含两种设备之间配管）、表计等，都已包括在主机安装定额内，其工程量不得另计。

（5）凡不随机供货的地脚螺栓、配件、附件、零件等，需加工制作时，按不同材质以重量 kg 为单位计算。

（6）机泵设备入口过滤网的制作和安装，按形式、材质不同，分别以"m²"计量。

（7）铸造设备中抛丸清理室的安装，以"室"计量。选套定额的步距以重量划分，其重量指抛丸机及其所有设施的金属构件总重量。

（8）起重设备中轨道安装，以单根轨道长度"m"计量。车挡制作以"t"计量，车挡安装以"组"（四个）计量。电梯安装以"部"计量，以层数和站数划分子目，且以"一门"为准（层门和轿厢门），层高为4m以内，加门或加高，另行按规定计算。

（9）工业炉设备安装以"台"计量，设备重量为炉本体重量。非含内衬的炉体，其炉内衬砌执行第四册定额。煤气发生炉安装也以"台"计量，当炉膛内径与定额规定相近，而重量超过10％时，应以"重量差系数"（等于设备实际重量/定额设备重量），查取"安装费调整系数"（表5-10），在子目内调整安装费。

安装费调整系数 表5-10

设备重量差系数（以内）	1.1	1.2	1.4	1.6	1.8
安装费调整系数	1.0	1.1	1.2	1.3	1.4

（10）下列工作内容，应另列单项计算：

1）主机的配套电机，需抽芯检查及干燥者，按不同型号、规格，以台数计量。

2）除风机、泵类和压缩机以外的机械设备，如需拆装检查（解体拆装），以"台"计量。

3）负载试运转、联合试运转和生产准备试运转，按"系统"计量。

4）设备基础铲磨、地脚螺栓孔修整、预压以及在木砖地层上安装设备所增加的费用，可用劳动工日折算。

（11）其他说明：

1）本册定额的各章说明中，对定额项目的适用机械设备范围均作了详细说明，套价时务必"对号入座"；各种机械的重量界定，是划分"步距"、准确套价的依据。

2）机械设备安装定额基价中，不包括：超范围运输、二次搬运与装拆、设备基础、基础铲磨、地脚螺栓孔修整与预压、枕木构件制作、刷油防腐与保温、无损探伤、试运转（带负载、联动、生产）及其耗材、设备本体以外的系统调试、特殊技术措施、设备解体拆装、设备间连接管道、配电装置及接线、大型设备安装的专用机具等等内容。这些内容除在"册说明"中列出外，在本册各章说明中也有明示，发生时应另列单项计费。

3）电梯安装以±0以下为地坑考虑，如为区（层）间电梯，则其基坑以下至地面的垂直搬运费，应另行按当地规定计算。小型杂物电梯按载重量0.2t内考虑，如底盘面积超过1m²，则定额人工乘以系数1.2；载重量超过0.2t的杂物电梯，则执行"客、货梯"相应定额。

4）直联式风机重量为风机本体、电动机及底座的重量之和；单体式风机重量为风机本体与底座的重量之和。塑料风机及耐酸陶瓷风机，执行离心式通（引）风机安装定额。

5）直联式泵的重量为泵本体、电动机及底座的总重量；非直联泵重量为泵本体与底座重量之和，不含电动机重量，但包括电动机的安装；深井泵总重量包括：泵本体、电动机、底座及扬水管的重量。

6）活塞式V、W、S型压缩机、离心式压缩机的安装定额均以单级（轴）考虑，如为双级（轴）压缩机，其相应定额的人工乘以系数1.4。

7）工业炉设备安装定额中，不包括炉体内衬（无芯工频感应电炉包含）、电炉丝安装、热工仪表、风机系统、出渣轨道、液压泵站、台车、烘炉等项目。加热炉及热处理炉为解体结构（无内衬），以不含内衬的重量套定额；如为整体结构（含内衬），则以包括内衬的总重量套价，且定额人工乘以系数 0.7。

8）煤气发生炉的安装，不包括炉顶平台、土建砌筑与填塞、木格层制作、附属平台、梯子及栏杆、煤气排送机、鼓风机、泵安装等。由于设备外径、组成节数及设备重量的不同差额，可按本册第十二章说明中规定的系数，对安装费进行调整。

9）凡全部采用 2000 年版"全统定额"套价的制冷站（库）、空气压缩站、乙炔发生器、水压机蓄势站、小型制氧站、煤气站等工程，其系统调试费可按各站工艺系统内全部安装人工费的 35% 计算，其中人工工资 50%。但要注意：

① 采用其他定额套价的人工费，应剔除在计算基础之外；

② 该调试费主要用于工业生产（含生产与生活共用）系统，不适用于民用及空调制冷系统。

六、机械设备安装工程预算的编制

（1）机械设备安装工程的预算费用（清单计价）由分部分项工程费（主材费、综合安装费、资源差价）、措施项目费、其他项目费、规费和税金等组成，其中综合安装费内包括人工费、安装材料费、机械费、管理费和利润等内容。目前，全国统一推行"工程量清单计价"的相关政策，以及地方出台的一系列具体执行规定和计价标准，贯彻了安装工程各通用专业的系列性、配套性和一致性。因此，机械设备安装工程预算（清单计价）的编制步骤、所用表格、定额套价、基价调整、综合单价、费用基础等，与其他专业安装工程相同。

（2）机械设备购置费，不作为安装企业承包内容，因此一般不列入安装工程预算，而计入设计概算内。设备费可按不同名称、型号、规格，分别用下式计算：

$$设备预算价值(元) = 设备台数 \times 设备预算价格(元/台)$$

（3）定额直接费内增加费用（列入"措施项目费"）

1）机械设备（除电梯）底座安装标高超过地面 ±10m，可按规定以定额人工费和机械费乘系数（总说明表列），计取超高费。

2）安装与生产同时进行增加费（除电梯），按定额人工费的 10% 计取。

3）在有害身体健康的环境中施工降效增加费（除电梯），按定额人工费 10% 计取。

4）一般起重机具摊销费（前述）。

5）脚手架搭拆费用（前述）。

6）机械设备搬运费（前述）。

7）其他费用：GB 50856—2013 附录 N 措施项目，专业特点产生特定措施，机械设备安装定额中不包括的相关费用，均可按规定单独列项计入。

（4）其他预算定额在机械设备安装工程中的运用。

1）电气系统安装、接线，套用第二册；"清单计量规范"附录 D。

2）仪表系统安装，套用第十册；"清单计量规范"附录 F。

3）通风系统安装，套用第九册；"清单计量规范"附录 G。

4）设备本体第一个法兰以外的管道安装，套用第六册；"清单计量规范"附录 H。

5）刷漆、防蚀、保温工程，套用第十一册；"清单计量规范"附录 M。

6）非与设备本体联体的附属设备、平台、支架、梯子、栏杆、容器、屏盘等制作和安装，套用第五册；"清单计量规范"附录 C。

7）设备基础及池、墩、台、库等砌筑工程，套用土建定额，并按土建规定编制预算。

（5）江苏省"安装预算"的执行规定：

1）江苏地区自 2001 年 10 月 1 日起，执行 2001 年《全国统一安装工程预算定额江苏省单位估价表》及其配套的《江苏省安装工程费用定额》。2004 年 5 月 1 日起执行 2003 年版"清单计价规范"及配套的地方标准（2004 版"计价表"、"费用计算规则"）。2009 年 4 月 1 日起推行 2008 年版"清单计价规范"，继续执行 2004 版"计价表"（"综合单价"核定）外，发布 2009 年版《江苏省建设工程费用定额》。

2）随着 GB 50500—2013 及九册"计量规范"的贯彻执行，新的地方政策未出台前，原有规定必将继续执行。因此，江苏地区的"计价表"及"费用定额"，仍是工程造价编制的地方计价法规（附录六）。

3）"工程量计算规范" GB 50856—2013 附录 A，是统一规定的机械设备安装工程现行"清单计价项目"。与预算定额及 2003、2008 版"清单计价规范"相比较，其特点是：计价项目更加完善，项目名称更加贴切；项目特征更加细化，核价因素更加限定；计量单位保持一致，计量规则基本相同；内容界定接近定额，项目综合灵活可调。

4）"清单计价"方式编制预算的编制依据、费用组成、编制程序、取费办法等，与其他专业安装工程量同等的（附录六）。工程计量以自然计量"台"数为主体，个别采用长度 m（轨道）、重量 t（平台制安）计量。

第七节　其他安装工程预算的说明

设备及安装工程预算的编制程序、费用组成、定额运用、工程量计算原则，以及安装工程施工图等，已在第一、二章作了概念性的全面介绍。其中电气设备和给排水工程预算，作为重点内容，对其具体的编制方法，在第三、四章中分别作了详细论述，并附有实例计算。本章以上各节，对常见的几种专业安装工程预算的编制要点，作了进一步说明和概括。

因此，通过以上内容的逐步深入的学习，可以对设备及安装工程预算的编制原理和基本方法，有了一个比较清楚的认识。经过若干实践练习后，一定能够掌握和独立编制安装工程预算。

在《全国统一安装工程预算定额》的通用项目十二个专业分册中，以及 GB 50856—2013 附录"清单项目"内，尚有一些专业性较强的通用安装工程没有介绍。尽管在预算编制的基本原理、基本方法、统一列项、地方规定等方面，是相同的，具备诸多共性，考虑到自学的需要，下面对其他安装专业的定额内容、清单项目、预算编制等特性，作简要说明。

一、热力设备安装工程（第三册）

2000 年版《全国统一安装工程预算定额》第三册（热力设备）及"清单计量规范"附录 B 的计价项目，适用于新建、扩建项目中 25MW 以下汽轮发电机组、130t/h 以下锅炉设备的安装工程。主要安装内容包括汽轮发电机组、锅炉设备，以及相配套的燃料供应、除灰、供水、水处理等辅助设备安装和炉墙砌筑。

由于 20 世纪 90 年代以来制定的新规范、规程，对热力设备定额项目及指标影响较小，因此，原 1986 年"全统定额"第十四册及 1995 年补充热力项目，仍可延用至 2000 年版"全统定额"第三册内，对不符合技术现状的定额指标，作了适当调整。"第三册"安装定额，取消了机械幅度差，人工幅度差为 8%～14%，其他材料的调整幅度控制为 1%～3%；周转性材料摊销、起重运输机械配备等为综合取定，不予调整。

"清单计量规范" GB 50856—2013 附录 B 为热力设备安装工程的"清单计价项目"内容，共 98 个统一计价项目，具备项目内容综合和"四个统一"、"五级编码"等共性特点，而计量单位、计算规则、特征描述、工作内容、执行界限等，与 2000 版相应预算定额（第三册）的规定基本一致。

1. 热力设备（第三册）安装定额的执行界限

（1）本册定额为热力机械设备安装项目，电气设备、装置及线路安装执行第二册安装定额。

（2）热力设备安装中包括设备随带的本体范围内管道安装，而机房内设备之间的各种连接管道安装，执行第六册安装定额。

（3）除锅炉给水泵、循环水泵、凝结水泵、锅炉送风机、引风机及排粉机等执行本册定额外，其余水泵、风机等应执行其他专业安装定额；其中，一般水泵、风机安装应执行第一册（通用机械）安装定额，通风空调专业用风机安装执行第九册（通风空调）安装定额。

（4）本册定额内未列入的各种附属机械及辅助设备安装，执行第一册（通用机械）安装定额。

（5）设备及管道刷油、防腐、保温（绝热）工程，执行第十一册定额；锅炉设备本体油漆执行第三册定额。

（6）除 75～135t/h 轻型炉墙砌筑工程外，其他炉墙砌筑应执行第四册（炉窑砌筑）定额。

（7）工业与民用锅炉的烟道、风道、烟囱制作安装，执行第五册（金属结构）安装定额。

2. 热力设备（第三册）安装定额的应用和计量要点

（1）中压锅炉设备安装中锅炉本体安装，不是简单地以成套设备单一计量，而是根据锅炉本体的构成，拆分为钢结构、汽包、水冷系统、过热系统、省煤器、预热器、吹灰器、各种金属结构，本体管路、平台扶梯、炉排、除灰等安装项目，以及单列烘炉、煮炉、试验等工艺内容，分别列项套价计算。

（2）中压锅炉本体设备安装，按设备重量及型号，以"t"或"台"为计量单位执行相应定额；钢结构为包括燃烧室本体及尾部对流井的梁柱所构成的钢框架结构重量之和，以"t"计量；汽包安装包括本体、内部装置、支座，以"套"计量；本体平台扶梯、各种金属结构、水冷系统、过热器系统、省煤器系统、空气预热器系统、金属埋件与支撑，以及本体（供货）配套的管路系统等安装，均以重量"t"计量，执行相应定额；炉排安装按炉排、传动机、轨道、风室、煤闸门、挡灰装置、进煤斗、落煤管、前侧封板、拉紧装置、拱结构、检修门等的综合重量，分别以"台"计量套价；燃烧装置安装以"个"为计量单位，综合重量包括本体、支架、托架、平衡装置及密封箱体等；除尘装置安装，煤粉炉以"t"计量，链条炉以"套"计量；水压试验、风压试验、烘炉、煮炉、蒸汽严密性试验、本体油漆等，均以"台"计量。

（3）中压锅炉设备安装中附属机械（磨煤、给煤、输粉、送风、排粉等）及专用辅助设备（管道、测粉、分离器、排污、消声、暖风等），也要分别列项套价计算。各种锅炉附属机械及专用辅助设备安装，均以"台"或"个"为计量单位；烟、风、煤管道安装以重量"t"计量，计算时为系统组成的综合重量。

（4）汽轮发电机设备安装，划分为本体及配套的各种辅助机械和设备，主要内容包括：汽轮机本体、发电机本体、备用励磁机、管道、配套水泵、凝结器、除氧器、加热器、抽气器、油箱滤水器、滤油器等。各种设备分别以"台"计量；汽轮机本体管道安装，按不同机组容量及全套管路重量，以"套"计量；整套汽轮发电机空负荷试运转以"台"为计量单位。

（5）各种燃料供应设备安装，包括皮带机、落煤、卸煤、提升、破碎、分离、筛分、称量等设备，均以"台"计量。皮带输送机按一套基本长度 10m 计量（套/10m），超出 10m 以外的部分按成套供货另行套价（现场配置另行计取制作费用）；输煤转运站的落煤设备，按落煤管、挡板等重量，以"t"计量。

（6）各种水处理专用设备安装，包括混凝土池、澄清、过滤、软化、交换、存储、测试等设备，均分别以"台"计量，包括相应配套的装置安装在内；水处理系统试运转，以"套"计量。

（7）75～130t/h 锅炉配套的轻型炉墙砌筑，依据不同材料按图示尺寸，耐火层、保温层以"m³"计量，砌体为实体积，保温制品为压缩前体积；抹灰以"m²"计量，扣 0.25m²/个以上孔洞；内衬材料以展开面积"m²"计量；其他附属设施，分别以"m"、"m²"、"m³"和"t"等物理单位计量。

（8）工业与民用锅炉安装，包括锅炉本体、附属及辅助设备（除尘、水处理、换热、输煤、除渣、破碎等）等设备安装。通用的常压、立式、快装等锅炉本体安装，根据供热量不同，以"台"计量；散装锅炉安装按设备铭牌重量，以"t"计量，包括配套的钢架、汽包、水冷型、省煤器、管路、吹灰器、走台梯子、炉排等重量；各种工业与民用锅炉的附属设备安装，分别以"台"或"套"计量。

3. 热力设备（第三册）安装定额的执行要点

（1）安装定额中以重量"t"计量的项目，是指金属重量，不包括包装材料、临时加固结构件及非金属材（炉墙、砌体、保温等）。

（2）设备重量的取定应以设备"铭牌"或安装图示重量为依据；金属结构的重量是指加工图上各种金属材料重量之和，计算时不扣切肢、不扣孔洞，不含螺栓、铆钉、电焊条的重量。

（3）本册定额上各章说明较详细，各种设备安装项目中的"不包括工作内容"都有明示。由于规定过细，且无规律，不好归纳，因此，列项套价及计算中，应逐项仔细分析，才能准确无误。采用"清单"计价方式编制预算，执行"清单计量规范"综合列项，定额指标作为"组价"依据。

（4）本册定额剔除了 1986 年版第十四册安装定额中与脚手架搭拆有关项目内的脚手人工与材料，另设综合性脚手架搭拆费用。工业与民用锅炉安装（第六章），按人工费的 5％计取脚手费；其余项目（第一至五章）按人工费的 10％计取脚手费；脚手费用中人工费占 25％、材料费占 75％。"清单"计价的脚手费列入"措施项目清单"内计费。

（5）热力设备安装还可综合计取的费用有：安装与生产同时进行增加的降效费用，按人工费的 10％计算（全部为工资）；在有害身体健康环境中施工增加的降效费用，按人工费的 10％计算（全部为工资）。

（6）热力设备安装工程在招投标及施工阶段，应采用"清单计价"方式编制预算，贯彻实施 GB 50500—2013 及 GB 50856—2013 两个规范的法则。预算费用的计价程序、调价规定等，执行地方相关规定。

二、炉窑砌筑工程（第四册）

新定额第四册（炉窑砌筑）是在 1986 年版"全统定额"第十二册基础上修订的，主要特点是：保留了原定额的一般通用炉窑项目及专业炉窑综合列项、一般工业炉解体分项、不定型耐火材料搭配及辅助项目单列的特性，按技术进步的要求，淘汰和新增了专业炉种、砖型材料，补充和完善了新工艺、新材料及其新技术。

因此，炉窑砌筑（第四册）安装定额适用于新建、扩建和技改项目中各种工业炉窑耐火与隔热砌体工程，并适用于不定型耐火材料敷设、内衬工程和炉内金具制作安装工程。其中蒸汽锅炉是以每小时蒸发量大小划分的，本册定额只用于蒸发量 75t/h 以内的中、小型蒸汽锅炉轻型或重型炉墙砌筑（75t/h 以上执行第三册定额）。

另外，炉窑与烟道是以交接的第一道沉降缝分界，烟道的耐火衬里为土建工程。但是，钢结构烟囱的不定型耐火材料喷涂、耐火砌体中合金钢金具制安及小型预埋件，仍可执行本册定额。

2003 版、2008 版"清单计价规范"将炉窑砌筑工程，列入安装工程 C4 的统一清单计价项目内，采用"清单计价"方式编制预算。GB 50856—2013 内取消了炉窑砌筑工程的清单计价项目，计划纳入冶金系统执行专业部管理计价法规，另行颁布计价政策和计量清单项目。因此，以下内容作为"定额"知识介绍，供学习参考。

1. 炉窑砌筑（第四册）安装定额的执行界限

（1）烟道的砌筑和保温工程，执行当地土建定额。

（2）炉体与管道之内的保温、绝热工程执行本册定额；而属于炉体与管道之外的保温、绝热工程，应执行第十一册（刷油、防腐蚀、绝热）安装定额。

（3）炉窑砌体中安装仪表，执行第十册（自动化仪表）安装定额。

（4）炉内耐火与绝热衬里内的小型金具制安，执行本册定额；而炉体的保护、紧固、拉钩、吊挂锚固件等制安，应执行第五册（静置结构）安装定额；在炉窑砌体中安装烧嘴、看火孔及其他专用埋件，也执行第五册安装定额。

2. 炉窑砌筑（第四册）安装定额的简要说明

（1）本册定额划分为专业炉窑、一般工业炉窑、不定型耐火材料和辅助项目四个部分。专业炉窑以行业、用途、炉种划分，按不同耐火材料综合取定项目；一般工业炉窑以砖材、部位的不同，按结构解体项目编制；不定型耐火材料以不同施工工艺、材质、部位，属综合结构（耐火措施）项目；辅助项目是炉窑砌筑中其他项目的补充定额。

（2）新定额依据基础定额和调研资料，对劳动指标进行了调整，根据施工难度，采用15％、12％、10％三种不同的人工幅度差系数；主材耗量通过计算确定，综合含量取加权平均值；主材指标一般不可调整，但实际产品容重与设计容量不同，可以调整；材料损耗率（％）是根据不同炉种、砖种、砖型、造型和现场条件，综合取定（本册定额附录）不予调整；辅材耐火泥浆的指标，除按砖缝计算考虑的损耗率外，计入了0.4％的附加系数；耐火泥品种、牌号不同可以换算，但指标不变；机械品种及台班指标，也依据生产发展及环保要求（湿作业），作了调整。

（3）炉窑砌筑工程量的计算，应以施工图图示尺寸为准，根据部位、砖种、施工顺序、工艺划分，依次计算分别列项套价。计算工程量时，不扣除小于25mm的膨胀缝、断面积小于0.02m²或小于0.06m²、长度（或深度）不超过1m的孔洞、炉门喇叭口斜坡及墙根交叉处小斜坡的体积，也不扣除小型埋件的体积，但应扣除由异、特型耐火砖及其制品自身带有或拼砌的孔洞体积（另列项目），扣除结构留洞的体积。

（4）专业炉砌筑按炉种、砖种、泥浆不同，分别以实砌体积"m³"综合计量。定额内已综合考虑了部位、造型、配砖、标准、工艺不同的差异因素，执行中不予调整。

（5）一般工业炉窑砌筑工程量，应按砖种、部位、造型、工序的不同，依次分别计算，除格子砖以重量"t"计量外，其他各项目均以实砌体积"m³"计量。特种异型的复杂结构，可以用图示重量折算为砌体体积。管道衬砖工程量按砖种、砖型、内衬直径的不同，分别计算，以实衬体积"m³"计量；管道衬砖遇有岔口，在按图示尺寸扣减后，可按规定增加0.1～0.72m³/个附加工程量（见"计算规则"）。平面与弧面砌体内的弧形及圆形拱砌体，执行"烧嘴"定额。

（6）不定型耐火材料（本册第三章）定额，适用于工业炉窑中各种耐火（隔热）浇注料、耐火捣打料、耐火可塑料和耐火喷涂料等现场施工工程，不适用于工厂生产的耐火（隔热）浇注预制块（成品）。现浇耐火（隔热）浇注料、耐火捣打料、耐火可塑料及其现场预制品，均以图示体积"m³"计量；定额内含模板综合量（不调整），不含炉壳除锈、埋件、特殊养护等费用（发生时另计）。各种耐火喷涂料，按材质、部位、造型厚度不同，分别以面积"10m²"计量；定额指标中已考虑了"回弹率"，指标不予调整。

（7）预制块的施工，单块量50kg内为砌筑，大于50kg/块为安装。耐火浇筑料预制块砌筑，执行异形黏土质耐火砖Ⅱ类砌体定额；隔热耐火浇筑料预制块砌筑，执行黏土质隔热耐火砖砌体定额；因主材不同，定额指标调整为0.975m³/m³砌体，基价可以换算。

（8）"辅助工程"为单项补充定额。抹灰、涂料、铺贴板毡及薄膜、网片、缠纸、修整等，以面积"10m²"计量；填料、灌浆、预砌筑、组装、模块等，以体积"m³"计量；选砖、钢模、拱胎、磨砖、切砖、金具、运输等，以重量"t（或100kg）"计量；缠石棉绳以长度延长"m"计量。

（9）砖加工定额的工程量计算，应执行以下规定：

1）特类、Ⅰ类、Ⅱ类砌体，可全部选砖；Ⅲ类以下砌体，除设计有特殊要求外，一律不选砖。

2）机械磨砖：特定砌体100％六面磨，Ⅰ类砌体不超过25％六面磨，Ⅱ类砌体不超过15％六面磨。

3）机械切砖必须是设计有要求或造型必需，重量不超过10％。

4）预砌筑：球形顶或反拱底按重量 25％ 计算；圆弧形孔洞不超过 50％ 工作面；格子砖一般考虑 2 层。预砌筑定额为干砌，要求湿砌时，每立方米砌体增加耐火泥 180kg、水 0.08m³（如用卤水加 56kg 卤水块）。

5）施工中的临时砖加工，已在砌筑定额中考虑，不得执行第四章集中加工定额。

6）砖加工相关定额项目，不用于专业炉窑砌筑，定额内已综合考虑，不可解体。

（10）本册定额的附录中，列出了材料损耗率、耐火材料容量、工业炉面积与体积、泥（砂）浆用量、耐火砖尺寸、耐火防热材料分型等资料，可作为调整换算的依据。

3. 第四册（炉窑砌筑）安装定额的执行要点

（1）脚手架搭拆费由原定额（1986 年版第十二册）直接费为计算基础，改为按人工费为计算基础，并实行按工程量大小，分段取费标准。即：500m³ 内、占人工费 25％，500～2000m³、占人工费 20％，2000m³ 以上、占人工费 15％；其中工资占 25％、材料占 75％。

（2）取消了综合取定的超高费，已综合到相应定额项目中。

（3）一般（通用）工业炉窑和钢结构烟囱的内衬喷涂工程，为施工高度超过地面基准标高 40m 以上，其超过部分的人工、机械乘以系数 1.3。

（4）安装与生产同时进行的降效增加费，按人工费的 10％ 计算；在有害身体健康环境中施工的降效增加费，也按人工费的 10％ 计算；降效增加费全部为人工费补贴。

三、静置设备与工艺金属结构制作安装工程（第五册）

2000 年版《全国统一安装工程预算定额》第五册（静置结构）定额，是在原 1986 版"全统定额"第十一册（金属结构）、第十五册（化工设备）及第十六册（非标设备）的基础上，取消专业化工项目后，进行项目合并、编制而成。静置结构（第五册）安装定额的特点是：制作与安装分离，主体与措施分离，扩大通用性，扩大覆盖面，综合规定与分别取定相结合等。

本册定额适用于新建、扩建项目的静置设备制作安装、工艺金属结构制作安装及其施工配套措施等工程。有关"概念"说明如下：

（1）静置设备是指无动力带动处于静止状态的金属工艺设备，如容器、塔器、换热器、反应器、罐体、气柜等。

（2）工艺金属结构是指非建筑工程的各种与设备安装相关的非标准金属结构，主要包括金属桁架、管廊、框架、单梁、平台、支架、梯子、栏杆、扶手、烟囱、烟道、漏斗、料包、火柜、气筒、钢圈等。

（3）设备容积（VN）是指按施工图图示尺寸计算的设计体积（m³），不扣除内部附件所占体积。

（4）设备压力是指设计压力，以兆帕（MPa）表示。常压设备 $P<0.1MPa$，$0.1MPa \leqslant P<1.6MPa$ 为低压设备，$1.6MPa \leqslant P<10MPa$ 中压设备，$10MPa \leqslant P<42MPa$ 高压设备，$P \geqslant 42MPa$ 超高压设备，$P<0$ 为真空设备。蒸汽管道 $P \geqslant 9MPa$、工作温度 $\geqslant 500℃$。

（5）设备重量范围是指定额项目中以重量（t）划分步距的子目套价范围，应按相应"计算规则"分项计算后"对号入座"。

（6）设备安装高度是指以设计地面±0 为基准，至设备底座安装标高点的高度，以"m"计。

（7）焊接方式是指本册定额中采用电弧焊或氩电联焊的焊接工艺。

1. 静置结构（第五册）安装定额的执行界限

（1）凡在其他各册专业安装定额中，未列入的非标准静置设备及金属结构项目，都可参照执行本册定额。特殊专业（如医药、橡胶等）的工艺设备，除应执行专业规定外，也可参照执行本册定额。因此，第五册定额通用性较强、覆盖面较大，具有配套性。

（2）静置设备之间的连接管道安装，应执行第六册（工业管道）安装定额。

（3）设备在基础上安装需二次灌浆，执行第一册（机械设备）安装定额。

（4）防雷接地及电气设备与线路，执行第二册（电气设备）安装定额。

（5）喷淋、防火、消防设施，执行第七册（消防设施）安装定额。

（6）设备及金属构件的刷油、防腐蚀工程，应执行第十一册安装定额。

（7）设备及金属结构的基础工程，执行当地土建定额；建筑工程中的金属结构制作安装项目，执行当地土建定额。

2. 静置结构（第五册）安装定额的简要说明

（1）静置设备的制作以施工企业所属设备制造厂为加工条件，按不同钢材、容积及整体、分段、分片制作方式划分，以制造图示尺寸的金属材料净重量"t"为计量单位，不扣除开孔、割除部分重量，不包括外部附件和内部防腐、刷油、绝缘及充填物重量，也不含螺栓、铆钉、焊条的重量，外购件和外协件的重量（法兰、弯头、异径管、紧固件、液面计、电动机、减速机、浮阀、卡子、铸件、锻件等），应在制造图的重量内扣除，其单价另行计算。

（2）外部附件人孔、手孔、接管（本体）、鞍座、支座、胎具、钢圈、地脚螺栓、附设梯子、平台、栏杆、扶手、设备法兰等制作与装配，以及试验、热处理等，应另列单项执行本册单项定额。人孔、手孔、各种接管制作，按图示规格、设计压力，以"个"计量；鞍座、支座制作，按图示金属净重量以"t"计量；设备法兰制作，按设计压力、公称直径以"个"计量；地脚螺栓，按螺栓直径以"个"计量。

（3）组成静置设备制作重量的金属主材，应按不同材质、品种及规定的损耗率（％），分别确定主材定额耗量及其主材费用。特殊造型或不常用钢材品种，或压力加大，或特定工艺要求，应按本册定额各章说明的规定套价，并乘以相应系数。

（4）静置设备的安装按品种、材质、规格、压力、重量、工艺等不同，以分片（段）组装、整体设备安装及塔盘、附件安装等划分项目。分片组装与分段组对，按品种、材质、焊接、直径不同，以设备金属重量"t"为计量单位套价，另计"整体安装"费用；不符合"容器两段一道口、塔器三段二道口"规定，可按定额规定调整（乘系数），材质不同也可调整；整体设备安装按类型、标高、重量不同，分别以"台"计量，安装重量为本体及所有一次吊装附件重量之和，但不含塔盘及充填物；整体设备的吊装机具和吊装方法，与定额规定不同，不得调整。

（5）塔盘安装按品种、直径不同，塔内固定件安装按直径不同，分别以"层"计量；设备填充按种类、材料、排列、规格不同，以充填物重量"t"计量，充填物按实列入主材费；塔内合金板按构造部位不同，以合金板重量"t"计量；电解槽、除雾器、除尘器安装，按品种、材质不同，以重量"t"或"套"计量；污水处理设备以"台"计量。

（6）容器的抽芯检查、壳体与内芯分别安装等，可按定额规定实行系数调整。

（7）静置设备水压试验和气密试验，按容积和压力不同，以"台"计量，不计临时施工措施费用（定额内已含）；设备水冲浇、压缩空气冲洗及蒸汽吹洗，按类型、容积不同，以"台"计量，措施用消耗材料摊销，另列单项以"次"计量；设备酸洗钝化按材质、容积不同，以"台"计量，措施用耗材以"次"单列计算；焊缝酸洗钝化按不同材质以"m"计量；设备脱脂按不同材质、直径，以面积"m²"计量；钢结构脱脂以重量"t"计量。不同结构形式的容器、热交换器的试验，可按定额规定进行系数调整。

（8）设备制作安装中使用的起重设备金属桅（抱）杆，应依据吊装重量及高度，通过"施工组织设计"选定。金属抱杆的安装、拆除、移位及台次使用费，均按单金属抱杆考虑，依据起重量、参考超重高度，以"座"计量套价；采用双金属抱杆，可按规定调整；不同的施工方案不予调整，定额不含拖拉坑埋设（以"个"计量、另列单项）；定额规定：每移位 15m 计算一次水平移位，累计移位距离等于或大于 60m，按新立一座抱杆计算（不计移位）；每安装、拆除一次，可计取一次"台班使用费"，同一规格金属抱杆在一个装置内最多只能计取三次"台班使用费"。

（9）吊耳制作安装按荷载不同，以"个"计量，不因材质、形式调整；封头压制胎具按胎具直径以"每个封头"计量；筒体卷弧胎具按每台制作设备扣除外部附件的金属重量"t"计量；浮头式热交换器试压胎具、设备分段（分片）组装胎具，以"台"计量；设备组装及吊装加固件（制作、安装、拆除），根据"施工加固方案"以加固件重量"t"计量。

（10）金属油罐制作安装包括油罐本体、附件、试验、胎具等项目。油罐本体制作安装按类型、构造、容量不同，以图示金属重量"t"计量；油罐本体不含平台、梯子、栏杆、扶手及型钢圈煨制等，另执行本册"金属结构"定额；各种附件、配件按种类、规格不同，分别以"个"、"套"、"台"、"t"为计量单位；水压试验以"座"计量，胎具以"座"、"套"计量，措施材料为摊销量，不予调整。金属油罐制安是按同时建造两座及其以上考虑，机加工件、锻件为委托加工，材质为常规用料，实际情况不同可按定额规定调整（系数）；但施工方法不同，不得调整。

（11）球形罐以罐体分片到货现场拼装、就位、焊接考虑，因此，本体组装按容积、板厚不同，以球壳、支柱、栏杆、加强板、短管等在内的全部重量"t"为计量单位，不扣孔洞面积；球罐上的旋梯、平台、栏杆另列单项计价（本册"金属结构"定额）；球罐组装胎具的制作、安装与拆除，按不同规格以"台"计量；球罐的水压试验、气密性试验、焊接防护棚制安与拆除、整体热处理等，均以"台"计量。

（12）气柜制作安装按结构、容积不同，以图示金属重量"t"计量，包括轨道、导轮、法兰重量，不包括配重、平台、梯子、栏杆等重量；气柜组装胎具制安与拆除，按结构、容积不同以"座"计量；轨道、型钢煨弯胎具以"套"计量，对多套胎具的工程量可按定额规定调整；气柜的充水、气密、快速升降试验，按结构、容积不同以"座"计量，措施用材为摊销量，不予调整。

（13）各类工艺金属构件的制作安装，均按施工图示尺寸计算以重量"t"计量，不扣孔眼与切角（肢），三角板材以最大尺寸按矩形计算，不加焊条、铆钉、螺栓的重量；大型构件的加固件另列单项，以"t"计量套价。两个以上设备平台连接成的检修联合平台制安，以所有金属材重量之和"t"计量；单台设备操作平台制安，则按平台、梯子、栏杆、扶手等分别计算重量"t"，执行相应定额。

（14）金属烟囱、烟道、漏斗、料仓的制作安装，均按图示计算全部组成重量以"t"计量；火炬及排气筒的制作组对，钢管塔架制作吊装，以重量"t"计量；火炬及排气筒整体吊装，则以"座"计量；钢板组合、钢圈制作等以"t"计量，型钢煨制胎具则以"个"计量。

（15）本册定额的"综合辅助项目"，主要包括产品测试、热处理、钢板平直、组装平台、成品运输等配套内容。焊接工艺评定以"项"计量，产品试板以"台"计量；无损探伤检验中，除焊缝射线拍片以"张"计量外，超声波、磁粉、渗透等探测均以"m"（焊缝）或"m²"（板面）计量；焊缝预热、后热以实际热处理长度"m"计量，其热处理器具（措施）以"台"计量；整体设备热处理按设备重量"t"计量，其中球罐整体热处理以"台"计量；钢卷板开卷与平直，按不同板厚以重量"t"计量；现场组装平台的铺设与拆除，按"施工方案"核定的平台面积不同，以"座"计量。

（16）本册定额的附录中，对金属主材的利用率（%）及损耗率（%），胎具的周转次数，作了综合规定，可作为调整的依据。

3. 静置结构（第五册）安装定额的执行要点

（1）本册定额对化工行业属专业设备安装定额，而在金属结构及非标准设备方面，则具有通用、配套性质。因此，编制预算时，务必划清定额界限，还应特别注意区分各类设备在结构、形式、材质、容积、工艺上的差异，以及分件、组拼、整体、本体、附属、胎具、平台等之间工艺关系，才能正确列项和套价。

（2）脚手架搭拆费除静置设备制作按人工费的 5% 计算外，其他项目均按人工费的 10% 计算，其中人工费占 25%、材料费占 75%。

（3）本册定额取消了超高费的综合计算，而是分解到相关定额项目中，故不再单列超高费用。

（4）安装与生产同时进行增加的降效费用，按人工费的 10% 计算；在有害身体健康环境中施工的降效增加费用，也按人工费的 10% 计算，都属于人工工资增加费用。

4. 静置设备与工艺金属结构制作安装工程预算的编制

（1）"清单计价规范"GB 50500—2013 规定，"静置结构"在工程招投标及实施阶段采用"清单计价"方式编制预（结）算。其"计价项目"须按 GB 50856—2013 附录 C 规定的统一"清单项目"列项计价。

（2）GB 50856—2013 附录 C 共计 49 个"清单项目"，对 2003 版、2008 版规范作了局部调整，增加了"特征"描述内容（压力、规格、材质、型号等），有利于价格界定。

（3）有关 2000 版"全统定额"（第五册）的介绍，有利于对"清单计价"列项、计价的理解和选项、组价的判断。2013 版"清单项目"与 2000 版"定额项目"比较，在项目设置、计量单位、计量规则、工作内容等方面，具有广泛的共同点。应该明确："清单项目"描述针对性、计价综合性、量价机动性、定价市场性，是"清单计价"方式的重要特点。

（4）"清单计价"方式是在"计价规范"和"计量规范"的指导和限制下，按照地方具体规定编制预算（附录六）。

四、消防及安全防范设备安装工程（第七册）

为了在工程项目建设中加强对消防和安全防范工作的规范管理，满足对国家和人民生命财产安全保护的需要，适应日益发展的生产技术形势，贯彻消防与安全防范方面相关法规，建设部在 2000 年版《全国统一安装工程预算定额》编制中，将"消防及安全防范设备安装工程"作为一个新的独立安装技术专业，编为第七册专业定额。2000 年版"全统定额"第七册（消防安全）安装定额的主要内容包括火灾自动报警、水灭火、气体灭火、泡沫灭火及安全防范设备的安装与调试。定额项目及其指标的主要来源是：移植原 1986 年版"全统定额"第八册中的消防给水及消防栓安装，参考原定额第十册的自动控制与报警、安全监测、显示仪表、模拟装置等内容，利用原定额第四册中警报、通信、广播、可视等相近设备资料，以及结合消防及安全防范专业规范的施工图设计，通过调研收集大量常用设备及调试的实际工程资料等。

因此，消防安全（第七册）安装定额适用于工业与民用建筑中新建、扩建和整体更新改造项目的消防与安全防范设备安装与系统调试工程。

1. 消防安全（第七册）安装定额的执行界限

（1）本册定额的项目为消防及安全防范专用设备的安装与调试，并以专业设计图确定的消防与安全防范系统内所组成的专业设备及装置。对于本册定额内列有的管道、电视、通信、信号、摄像、电气、广播等通用设备和装置的安装与调试项目，只用于消防与安全防范系统内的项目计量和套价。

（2）通用电气系统的供电与电源、电缆与桥架、应急照明、电动机检查接线、防雷接地等，执行（电气设备）（第二册）安装定额。

（3）阀门与法兰安装、套管制安、有色金属管与管件、泵间接管等，执行第六册（工业管道）安装定额。

（4）室内外消火栓的供水管道、水箱制安等，执行第八册安装定额。

（5）各种消防泵、稳压泵等机械设备安装及二次灌浆，执行第一册（机械设备）安装定额。

（6）各种仪表安装及带电信号的阀门、水流指示器、压力开关、驱动装置及泄漏报警开关的接线、校线等，执行（自动仪表）（第十册）安装定额。

（7）泡沫液储罐、设备支架的制作安装，执行第五册（静置结构）安装定额。

（8）设备及管道的除锈、刷油与绝热，执行第十一册安装定额。

（9）设备基础的混凝土与砌筑工程，执行地方土建定额。

2. 消防安全（第七册）安装定额的简要说明

（1）火灾自动报警系统包括探测器、按钮、模块、一体机、显示器、警报、远程控制、火灾广播、消防通信、报警电源等安装项目。点型探测器按线制和感源不同，不分规格、型号、安装方式与位置，一律以"只"计量；线型探测器安装综合考虑，以长度"m"计量；按钮、模块（接口）以"只"计量；报警控制器、联动控制器及报警联运一体机的安装，按线制、安装方式、控制点数不同，以"台"计量；楼层显示器不分规格、型号、安装方式，按线制不同以"台"计量，警报装置分声光、警铃两种，以"只"计量；远程控制器按控制回路数不同，以"台"计量；火灾事故广播系统的功放机、录音机、控制柜、音箱、分配器等安装，分别以"台（只）"计量；消防通信系统中，电话交换机按"门"数不同以"台"计量；通信分机以"部"计量，插孔以"个"计量；报警备用电源安装为综合项目，以"台"计量。

（2）水灭火系统包括室内 DN100 以内消防用镀锌钢管、自动喷淋系统各种组件、室内外消火栓、气压罐等水灭火消防设备安装。管道安装按连接方式不同，以图示轴线长度"m"计量，不扣阀门、管件、组件所占长度，定额内包括一次水压试验，管件含量不予调整，镀锌焊接管与无缝管执行同一定额；管道间与管廊内管道，人工乘以系数 1.3；喷淋系统的组件包括喷头、报警装置、温感水幕、水流指示器、减压孔板、末端试水等安装项目，以及集热板制安，均以自然量"个、组"为计量单位；室内消火栓安装区分单栓、双栓，以"套"计量，包括箱、栓、带、架、钮等全套部件；室内消火栓组合卷盘安装，执行室内消火栓安装定额乘以系数 1.2；室外消火栓按规格、压力、埋深不同，以"套"计量，包括栓体、法兰接管、弯管底座、三通等全套部件；消防水泵接合器安装按规格、安装方式不同，以"套"计量，增加短管另行计量套价；气压罐安装按直径不同以"台"计量；管道支吊架制安以重量"100kg"计量；自动喷淋系统的管网冲洗，按管径不同以"100m"长度计量。

（3）气体灭火系统主要用于二氧化碳、卤代烷 1211 和卤代烷 1301 灭火系统，包括无缝钢管、气体驱动管、钢制管件、系统组件（喷头、选择阀、贮存装置）、称重检漏装置等安装及测试项目。各种管道安装以图示轴线长度"m"计量，不扣阀门、管件和组件所占长度，钢制螺纹连接管件以"个"另行计量，管道与管件内外镀锌及场外运输另行计算；有色金属管及管件安装，执行无缝钢管定额乘以系数 1.20；喷头及选择阀安装按不同规格以"个"计量；储存装置安装包括容器、气瓶、系统组件（导流管、高压软管、阀类）、安全阀和增压设备等内容，按规格不同以"套"计量；不需增压应扣除高纯氮气，其余不变；二氧化碳称重检漏装置安装包括泄漏报警开关、配重、支架等安装内容，以"套"计量；系统组件试验分水压强度试验和气压严密性试验两类，系统组件包括选择阀、单向阀及高压软管，分别以"个"计量。

（4）泡沫灭火系统安装分为泡沫发生器安装和泡沫比例混合器安装两个部分，包括整体安装、焊法兰、单体调试、配合管道试压等内容，不包括支架制安、二次灌浆等内容。泡沫发生器、泡沫比例混合器安装，按不同型号以"台"计量；泡沫剂应由生产厂在现场充装，若由施工单位充装可另行计算。

（5）消防系统调试包括自动报警系统、水灭火系统控制装置、火灾事故广播系统、消防通信系统、消防电梯系统、气体灭火系统，及防火门、通风阀、排烟阀、防火阀控制装置等的调试。自动报警和水灭火系统调试按控制点多少，以"系统"计量；火灾事故广播调试按喇叭及音箱"只"数计量；消防通信系统调试按分机及插孔的"个"数计量；消防电梯调试则以"部"计量；电动防火门、防火卷帘门、正压送风阀、排烟阀、防火阀等控制装置调试，则以"处"为计量单位，一阀一处；气体灭火系统调试按试验容器规格（L）不同，分别以"个"计量，试验介质不同可以换算。

（6）安全防范设备安装包括入侵探测设备（探测器、报警控制、信号传输）、出入口控制设备、安全检查设备、电视监控设备（摄像、监视、镜头、机械、视频、音频、录像、录音、电源、防护等）、终端显示设备等安装，以及安全防范系统调试（入侵报警、电视监控）等。入侵探测系统中，各种开关、探测器、控制器、可视对讲、信号传输（发送、接收）及各类警示部件安装，均按设计成品以"套、台"计量；出入口控制设备中，读卡器、对讲主机与分机、密码键盘、可视门镜、电控锁、吸力锁、自动闭门器等安装，均以"台"计量；安全检查设备中，X射线检查器安装按通道数不同，以"台"计量；金属探测门安装以"台"计量；电视监控设备中，摄像设备安装按种类不同以"台"计量；监视器安装按屏幕及安装位置不同，以"台"计量；镜头安装按品种性能不同，以"台"计量；云台、防护罩、支架、控制台、控制器、监视框、切换设备、分配器、补偿器、发生器、发送机、接收机、录像、录音、扩音、分割器、交流变压器、直流电源、稳压电源、不间断电源、配电柜等设备安装，均以"台"为计量单位；弱电专用多芯插头与插座、防护系统设备等安装，以"套"计量；终端显示装置安装以"台"计量，模拟盘安装以"m^2"计量。入侵报警系统和电视监控系统的调试，均以"系统"计量。

（7）本册定额的材料损耗率在"章说明"中有列，定额附录中归纳了材料及机械单价，可作为调整换算依据，也可作为制定新品种安装定额时参考。

3. 消防安全（第七册）安装定额的执行要点

（1）工业与民用建筑工程的防火安全设计，已列入设计规范的强制性规定。安全防范意识的增强，推动了建筑"智能化"设计内容的不断拓宽与创新。随着现代科技的不断发展，新技术、新材料、新产品、新设备的不断应用，定额项目的内容也将不断更新。而且，消防及安全防范方面已经出现了一批专业性较强的安装队伍。因此，本册定额的专业性较强，执行中应强调以所发挥的功能效用划分系统，以系统列项计量。对于一些新型产品的安装，在参照相近设备定额的同时，要分析产品的差异性，尽量做到合理、准确。

（2）有关费用计算的规定：

1）脚手架搭拆是按人工费的5%计算，其中人工工资占25%、材料占75%；

2）本册定额的操作高度按5m内考虑，凡操作物高度距楼地面5m以上的工程，划分不同高度，按其超过部分的人工费和规定系数（见册说明）计取超高增加费；

3）高度在6层或20m以上的建筑工程，根据不同高度，按定额规定（见"册说明"）收取高层建筑增加费；

4）安装与生产同时进行的降效增加费，按人工费的10%计算；

5）在有害身体健康环境中施工的降效增加费，按人工费的10%计取。

4. 消防工程预算的编制

（1）采用"清单计价"方式编制招标控制价、投标报价、合同承包价和竣工结算价等造价文书，是通用安装工程编制预算的现行规定。GB 50856—2013附录J（消防工程）列有51个"清单计价项目"，在2003版、2008版"规范"附录C7基础上，增加了新设备、新材料、新装置等内容，取消了套管（给排水）、刷油防腐（新规范附录M）、措施项目（新规范附录N）等项目。

（2）2000版"全统定额"（第七册）的规定，仍然适用于2013版"工程量计算规范"的列项、计量要求，相关取量标准、定额界限、执行细则等内容可参照执行。

（3）"清单计价"方式编制消防工程预算，应遵守"清单"编制、综合"组价"、计量程序、取费标准等"规范"要求和地方政策规定（附录六）。

五、自动化控制仪表安装工程（第十册）

为适应现代化工业生产中自动化控制与管理水平高度发展的形势，2000年版"全统定额"第十册的项目设置，在保留 1986 年版"全统定额"（第十册）常用和通用项目的同时，淘汰了不常用或不生产的产品项目，增添了工业生产上成熟的适用项目，还编了计算机控制和智能仪表的最新项目。同时，将原定额的消防报警装置编入第七册，原定额桥架项目移至第二册。因此，新定额第十册进行了重新编排。

自动仪表（第十册）安装定额适用于新建、扩建项目中的自动化控制装置及仪表的安装调试工程。工业与民用建筑的智能化、弱电系统中的设备、装置、仪表（不含智能化）等安装和调试，也可应用本册定额编制造价文书。

1. 自动仪表（第十册）安装定额的执行界限

（1）本册定额的使用重点是自动化控制、检测、监视系统中相关的设备、装置、仪表等安装调试，以及配套的仪表附件制作安装。对于控制电缆、电缆桥架、接地、电气配管、电气支架等常规电气项目，应执行（电气设备）（第二册）安装定额。

（2）管道上安装流量计、调节阀、电磁阀、节流装置、取源部件等，以及在管道上开孔焊接部件，执行第六册（工业管道）安装定额。

（3）火灾报警、消防控制及安全防范设备安装与调试，执行第七册（消防安全）安装定额。

（4）仪表设备及管路的刷油、防腐蚀、保温，执行第十一册安装定额。

2. 自动仪表（第十册）安装定额的简要说明

（1）本册定额的劳动指标中除基本用工外，综合计入了单体调试、配合单体试运转、超高（±4m）降效及人工幅度差（10%）；主材仍核定指标（带括号），不列入基价；安装辅材综合取定，并计入了调试用材，不予调整；机械台班中加入了调试使用的仪器、仪表费用，也不予调整。定额中不包括无负荷或有负荷联动试车，发生时另计。

（2）检测仪表及控制仪表的安装与单体调试，包括温度、压力、流量、差压、物位、显示、节流、调节、组合、执行等不同功能实用仪表，均以"台（块）"计量；与仪表相配套的放大器、过滤器等元件、部件等，不得另列单项计量。管道上的各种阀门和装置安装属管道安装范畴，配备的仪表安装才列入执行本册定额内容。仪表安装中使用的垫片，品种可按实调整。

（3）集中检测及集中监视、控制装置属成套仪表系统装置，其安装及调试以"套"计量；包括机械量、过程分析、物性检测、气象环保、集中监视、遥控警示等仪表系统，应依据施工图按系统分别列项及计量。工业电视和报警箱柜属电子设备，其安装以"台"计量。

（4）工业计算机硬件设备包括机柜、台柜、外部设备、辅助存储装置，其安装分别以"台"计量，其中非标准机柜安装按半周长以"m"计量［标准机柜尺寸：宽×深×高＝（600～900mm）×800mm×（2100～2200mm）］，计算机机柜、台柜的基础另列单项计算；通用计算机安装以"套"计量，包括操作台柜、主机、键盘、显示器、打印机的运输、安装、接线、自检等工作；工厂实施多级联网计算机管理系统时，安装与调试工程量的计算应区分不同系统与级别，分别执行定额；管理计算机的调试应区分过程控制与生产管理，按所带成套智能终端台数，分别以"台（套）"计量；基础自动化装置调试的专业性较强，属生产过程控制的网络系统，既有监控级别不同，又有功能上差异，划分系统计量时应按"规划"规定分别进行，特别要注意网络资源共享时的系统划分，不可重复计量。计算机系统应是合格的硬件和成熟的软件，各种设备是完好无损的，安装调试定额不负责维修，也不因售后服务而调低施工单位的安装调试费用。

（5）本册定额的仪表管路与电（光）缆敷设属仪表安装特种专用配套项目，不用于其他专业安装工程。仪表管路敷设以图示长度"m"计量，不扣管件、接头、附件所占长度；专用电（光）缆也以图示长度"m"计量，仪表处加1.5m预留长度，连接盘（箱、柜）按半周长增加长度；管路伴热以"m"计量，电缆伴热以"每50m"为计量单位；仪器设备脱脂以自然量（块、台、套、个）计量，管路脱脂以"m"计量。

（6）工厂通信供电指厂区内部系统，包括厂内通信线路、通信设备、补偿电缆、不间断电源及其附件的安装调试。专用通信电缆敷设按不同芯数，以长度"m"计量（专用系统按根数）；电缆头制安以"个"计量；自动指令电话（40门）、呼叫装置、载波电话、对讲电话的安装调试，均按系统以"套（台）"计量；不间断电源柜、供电盘的安装调试，也以"台（套）"计量，含充放电、逆变试验，不包括蓄电池及配套发电机的安装调试。

（7）各种仪表盘、箱、柜的安装，按不同形式，以"台"计量；盘上接线以"m"计量；各种元件、附件安装、配制，均以自然数（个、节、只、头）计量；各种仪表阀门与研磨，以"个"计量；仪表支架、吊架安装（制作另计），按不同形式及用途，分别以"5对、个、m、10根"计量；辅助容器与附件的制作安装，按不同品种，以"个"或"100kg"计量；取源部件（接口、连接件）制作与配合安装以"个（套）"计量，包括部件提供、配合定位、焊接与固定，不包括管道开口及主体部件安装（第六册）。

（8）本册定额的附录中，列出了材料损耗率（％），用于主材核定或调整。

3. 自动仪表（第十册）安装定额的执行要点

（1）本册定额主要用于建设项目上的部分弱电系统，重点是检测、控制、监视与计算机联网。编制预算时，首先要依据施工图划分为不同功能的系统，再按系统分别计算工程量与套价；有的弱电系统（消防警报、区域通信、电力监控）不属本册定额范围，要与其他专业定额配套使用，不能混淆专业界线。

（2）第十册安装定额也取消了超高费用，已分摊在相关定额项目指标内。

（3）脚手架搭拆费统一按人工费的4％计算，其中人工工资占25％，材料费占75％。

（4）安装与生产同时进行与在有害身体健康环境中施工的两项降效增加费用，均各取人工费的10％计算，都属人工工资增加。

4. 自动化控制仪表安装工程预算的编制

（1）实行"清单计价"，必须遵守GB 50500—2013和GB 50856—2013（附录F）计价、计量"规范"的法则，以及地方计费政策的规定（第二章第四节）。

（2）GB 50856—2013附录F共计68个计价项目，对2003版、2008版"规范"作了删减与调整。删除了刷油防腐等项目（另列专项），扩大了"项目特征"描述内容，使"项目组价"更具针对性。

（3）2000版"全统安装定额"（第十册）的相关规定，在新的"清单项目"（附录F）取得响应，为"项目组价"提供了参考指标和计价基础。

六、刷油、防腐蚀、绝热工程（第十一册）

第十一册安装定额是《全国统一安装工程预算定额》的集中防护项目的配套定额，适用于其他各册安装定额中设备、管道、金属结构等的刷油、防腐蚀、绝热（保温）工程项目与施工内容。2000 年版"全统定额"第十一册安装定额是在原 1986 年版"全统定额"第十三册安定额基础上，结合生产技术发展水平，在项目设置上作适当删减和大量增加，在定额指标上作了必要调整后形成，以发挥与其他各册定额一致和配套作用。

尽管本册定额属配套性质，但仍具备防护内容专业性的特征。因此，使用本册定额编制预算，仍应按单位工程独立编制、单独调价和计算各项费用。第十一册安装定额的适用条件表明，无交叉使用界限问题，但在编制不同专业安装工程施工图预算时，还应按主导专业分别列项计算，归入相应专业安装的投资内核价。

2003 版、2008 版"清单计价规范"的附录"清单计价项目"中，没有单列"刷油、防腐蚀、绝热工程"的计价项目，而是分解到各相关专业安装工程内，通过"特征"描述计入"综合单价"统一取费。GB 50856—2013 附录 M 列入 59 个"清单"计价项目，作为单位工程独立编制预算，与 2000 版"全统定额"相匹配，其计量单位、计量规则、工作内容等相吻合。

1. 刷油、防腐蚀、绝热（第十一册）安装定额的简要说明

（1）本册安装定额主要包括除锈、刷油、涂料、糊衬、卷材、铅衬、喷镀、块料、保温、阴极保护及牺牲阳极等防护项目。定额中钢结构及其计量单位的划分为：

1）一般钢结构：包括吊架、支架、托架梯子、栏杆、平台等轻钢结构，以重量"100kg"计量。

2）管廊钢结构：主要指管廊内小型管材、型钢等制作中型金属结构物，以"100kg"计量；管廊钢结构中的梯子、平台、栏杆、吊支架等，仍执行一般钢结构定额。

3）H 型钢制钢结构：包含大于 400mm 的型钢结构，以保护面积"10m²"计量。

（2）刷油、防腐蚀、绝热（第十一册）安装定额的"工程量计算规则"中，对各类金属构件除锈、刷油、防腐蚀、绝热项目的工程量计算，都具体规定了计算公式（本书不再列举），应在具体计算中执行。

（3）金属结构除锈工程划分为手工、动力工具、喷射和化学除锈等工艺方法，其中手工除锈根据钢结构不同（见上述），分别以"100kg"或"10m²"计量。因施工需要发生二次除锈，可另行计算。对于变更除锈级别或除微锈，可按定额规定进行调整（乘以系数）。

（4）刷油工程和防腐蚀工程中设备、管道以"m²"计量；计算设备、管道内壁防腐蚀工程量时，当壁厚 $\delta \geqslant 10mm$ 时，按内径计算；当壁厚 $\delta < 10mm$ 时，按外径计算；钢结构仍按其分类分别以"kg"或"m²"计量；刷油定额以安装后就地施工考虑，管道在安装前集中刷油，人工乘以系数 0.7；标志色环等零星刷油，相应定额人工乘以系数 2.0；刷油定额中主材与稀干料的品种、单价可以换算，但人工与材料量不变。同一种油漆刷三遍，第三遍可套用第二遍定额。暖气片防锈刷油面积参见本书附录三（散热面积）。

（5）防腐蚀涂料工程的涂料配比可按实换算，但人工、机械不变；除过氯乙烯涂料按喷涂考虑外，其余各种涂料均为刷涂，若用喷涂施工，其人工乘以系数 0.3、材料乘以系数 1.16，增加喷涂机械；涂料的热固化另外单项计算。

（6）碳钢设备糊衬玻璃钢防腐、塑料管道糊衬玻璃钢增强，按不同层次，分层以面积"m²"计量；因配比改变而采用不同品种材料，应以胶液中树脂用量为基数进行换算，人工、机械不变；玻璃钢聚合固化方法与定额不同，可另行计算；定额以手工操作考虑，不适用于机械成型的玻璃钢制品。

（7）应用卷材橡胶板、柔性塑料板衬里进行设备防腐，按卷材品种、设备品种与规格的不同，分别以面积"m^2"计量；橡胶直接硫化、塑料搭缝焊接，可按定额规定进行调整（系数）。

（8）金属设备、型钢等表面衬铅、搪铅工程，一律以面积"m^2"计量；设备安装后挂衬铅板，人工乘以系数 1.39，材料、机械不变；铅板厚度大于 3mm，人工乘以系数 1.29，材料按实调整，机械不变。

（9）设备、管道、型钢等表面喷铝、喷钢、喷锌、喷铜、喷塑等，除型钢、零部件以"100kg"计量外，均以面积"m^2"计量。

（10）采用耐酸砖（板）衬里防腐蚀，按胶泥品种、块料规格、设备形体的不同，分别以面积"m^2"计量；要求块材勾缝时，定额内胶泥、人工增加 10%；砌贴石墨板、胶泥抹面、鳞片胶泥面、衬石墨管、铺衬石棉板、耐酸砖（板）热处理等，均以面积"m^2"计量。

（11）设备、管道、通风管等保温（绝热）工程，按保温材料品种、厚度及使用部位的不同，以图示尺寸的保温层体积"m^3"计量；当设计要求保温厚度大于 100mm 或保冷厚度大于 80mm 时，应分层施工，工程量也应分层计算；保护层用镀锌铁皮厚度大于 0.8mm，人工乘以系数 1.2；卧式设备保护层安装，定额人工乘以系数 1.05；采用不锈钢薄板作保护层时，人工乘以系数 1.25，钻头用量乘系数 2.0，机械乘以系数 1.15；管道保温（绝热）定额按安装后施工考虑，若安装前绝热，人工乘以系数 0.9。保温、绝热材料品种可按实调价，但定额含量、人工、机械不变。

（12）金属管道的补口补伤的防腐涂料，按涂料品种、管道外径的不同，分层以补口补伤的面积"m^2"计量，外径 ϕ426 以内取 0.4m/处长度，大于 ϕ426 取 0.6m/处长度计算面积。

（13）在长距离输送介质管道中，采用阴极保护，牺牲阳极实现防腐蚀目的，包括恒电位仪及电气连接安装、检查点与通电点制作安装、阳极接地、均压线安装、阳极安装等项目，按设计图示的尺寸及布点，分别以"m^3、m、个、处、只"等计量。这种电位保护设施，应由专门的机构进行设计和编制造价文书。

2. 刷油、防腐蚀、绝热（第十一册）安装定额的执行要点

（1）本册定额的应用十分广泛，但仅限于安装工程范围。不适用于土建专业类似防护项目。

（2）脚手架搭拆费用按专业性质不同，当操作物高度在 20m 以内时，按人工费的不同比例计取。即：刷油 8%、防腐蚀 12%、绝热 20%，其中人工工资占 25%、材料占 75%；当操作物高度超过 20m 时，脚手架搭拆按施工方案另行计取。除锈为配套工序，不计取脚手费。

（3）超高降效增加费以设计标高±0 为基准，安装高度超过±6m 及 20m 以内，按超过部分人工费 30%计取；超过 20m 以上，应按定额"册说明"规定，以超过部分人工费乘以相应系数计取；该项费用全部为人工工资。

（4）在厂外 1～10km（中距离）施工，可增加收取超过 1km 部分的人工和机械 10%的超运距施工增加费。

（5）安装与生产同时进行及在有害身体健康环境中施工，可分别增加人工费的10%降效增加费用，全部为工资增加。

（6）钢筋混凝土结构的防腐蚀工程，执行地方土建定额。

3. 刷油、防腐蚀、绝热工程预算的编制

（1）刷油、防腐蚀、绝热工程的原"定额计价"方式编制预算，属安装工程中单位工程的独立编制单元，采用定额项目计价（第二章第三节）。现行（2013版规范）"清单计价"中，刷油、防腐蚀、绝热工程的计价项目，不再分解、综合到相应"清单"计价项目中统一计价，是按"附录M"规定单列"清单"项目计量、计价。

（2）刷油、防腐蚀、绝热工程为相关专业安装前的设备、装置等防护内容，不含安装后的"补漆"内容。"补漆"已列相关项目"特征"描述，为"组价"因素之一。

（3）采用"清单计价"方式编制工程造价文件，相关业务涉及的编制依据、编制程序、编制方法、格式范本、地方政策等是一致的（第二章第四节）。

七、通信设备与线路工程（第十二册）

根据2000年版《全国统一安装工程预算定额》的编制计划，第十二册"通信设备与线路工程"安装定额，是由原1986年版"全统定额"的第四册"通信设备安装工程"和第五册"通信线路工程"两册内容合并，取消其中的邮电专业项目，增加有线电视等内容后修编而成。通信工程既属于新型建筑工程中不可缺少的配套安装内容，又属于行业专业施工项目。

通信设备与通信线路工程由设备、线路两大部分内容构成。通信设备包括通信电源、通信交换、区域通信、用户通信、有线电视信号接收、网络通信等主体设备及其辅助、附属设备安装与调试内容；通信线路则包括通信管路、杆路明线、通信电缆、终端及分线等安装与测试项目。

1. 通信设备与线路工程的预算定额执行规定

（1）1986年版"全统定额"第四、五册，由专业部（邮电）管理，编制预算执行专业部的计价规定。2000年版"全统定额"第十二册（表1-17），改由地方管理，执行地方"安装工程"计价政策。

（2）通信工程（第十二册）安装定额与其他定额的交叉使用问题。执行仍应考虑主导与配套专业的界限。例如：属于强电设备与线路安装内容及接地装置安装，执行第二册（电气设备）安装定额；设备支架和吊架、铁塔类金属结构的制作，执行第五册（金属结构）定额；设备防护执行第十一册（刷油、防腐蚀、绝热）安装定额等。要注意施工图设计专业的划分与配套，本册定额是用于通信专业设计的系统工程，施工图预算也应按通信专业的主导内容编制。

2. 本册定额计价项目的计量原则和计量单位

（1）各种通信设备（定型产品）的安装，按品种、型号、规格的不同，均以自然计量单位计算，如"台、套、组、架、部等"。一般定额项目将主机与配套、发送与接收、中央与终端、总机与分机等设备与装置，分别列项，按设计图示数量计算。

（2）凡以标准图集为施工内容的定额项目，如人孔、手孔、管井等，按图示消耗含量编制定额，也以自然数量（个、座等）计算；属于管、沟类标准图集做法，折算为长度（m）计量；标准图集中的材料消耗与设计不同可以调整，但人工、机械指标不变。

（3）通信线路（导线、电缆）敷设，包括电源线、线架、线槽、套管、顶管、电缆保护措施等，以长度"m"计量；但要注意在计量单位中有些专业性较强的特殊专用线，计量单位不属"延长米"，而以每条考虑，按"m/条"计算，这属于定额中的折算单位（双因素计量）。

（4）另外，在一些附属、辅助设施中，本定额大量采用了自然计量，给工程量的计算提供了便利。例如：蓄电池、市话组合电源等以"组"计量，铁塔架设以"座"计量，电杆埋设以"根"计量，横担、拉线以"条"计量，专用灯具、信号等以"套"计量，电杆加固以"处"计量，配电箱（盘）以"个"计量，等等。

3. 本册定额执行中，参照原定额规定，可能出现以下情况

（1）在不同地区作业，特别在高原、森林、沙漠等地区，可按规定系数增加人工费和机械费。

（2）通信工程存在规模大小问题，规模太小使投入与收益比例失调，影响企业效益，因此，可能制定一个最低限值，小于规定规模的工程将有降效的调价措施。

（3）不可避免地出现通信设备与线路的拆除项目，拆除项目套价将应用定额规定的"拆除系数"来折算，即：拆除单价＝（人工＋机械）×拆除系数；少数项目以规定的"劳动工日"直接增加。

（4）定额的分章说明中，将对项目含义作出解释。如单根通信电杆为长 14m 以内，两节拼接为 24m 内，24m 以上另行议定价格；安装用辅材（如金具）等为综合取定，执行中不予调整；蓄电池充电使用的电量按规定计算，作为主材另行取费；中间配线的挑线长度，按定额规定增加计量等等。

（5）定额的附录内仍将列入材料损耗率（％）、电线及电缆重量折算、标准图集的工程量、辅材含量取定等资料，以作为调整、换算的依据。

4. 通信设备及线路工程预算的编制

（1）通信设备及线路工程已列入通用安装工程范畴，由地方管理执行"清单计价"方式编制预算。GB 50856—2013 附录 L 规定的统一"清单"计价项目，共计 168 个。比 2003 版、2008 版"规范"的"清单"计价项目（原 270 个），大幅度减少，主要是取消了建筑群布线（列入部管专项）、刷油防腐（改专项单列）等项目，合并了若干项目，追加"特征"描述内容。

（2）2000 版"全统定额"（第十二册）的定额计价项目，涉及"清单统一计价项目"规定的，其定额说明、计量规则、执行解释等，是等同的。由于"清单项目"对项目特征、工作内容的描述与限定，提供了"综合单价"核定的针对性、可操作性。

（3）通用安装工程采用"清单计价"方式编制预算，地方（江苏）的计价政策和取费规定，是一致的（附录六）。

八、建筑智能化系统设备安装工程

2000 年版"全统安装定额"中，未列"建筑智能化系统设备"专业分册。而 2003 版、2008 版"清单规范"附录的安装工程计价项目内，公布了 C12"建筑智能化系统设备安装工程"的计价项目"清单"，主要内容包括：通信系统设备、计算机网络系统设备、楼宇小区多表远传系统、楼宇小区自控系统、有线电视系统、扩声背景音乐系统、停车场管理系统、楼宇安全防范系统和其他系统等九个分部项目，计 68 个规定计价项目。

江苏省建设厅于 2005 年 2 月 1 日颁布、执行相应的安装工程第十二分册"建筑智能化系统设备安装工程"计价表。该"计价表"按预算定额内容及统一"计价"形式列项，划分为综合布线系统、通信系统设备、计算机网络系统设备、建筑设备监控系统、有线电视系统设备、扩声背景音乐系统设备、电源电子设备防雷接地装置、停车场管理系统设备、楼宇安全防范系统设备、住宅小区智能化系统设备等十个分部工程，定额计价项目达 1115 项。

GB 50856—2013 附录 E"建筑智能化工程"的"清单"计价项目，由原 68 个增加至 96 个，扩充了新的计价项目，作为"清单计价"方式编制预算的"列项"依据和"组价"内容。

1. "建筑智能化系统设备安装工程"的定额执行范围：

（1）本册"计价表"及"清单项目"适用于智能大厦、智能小区新建和扩建项目中的智能化系统设备的安装调试工程。

（2）房屋工程"弱电"项目中的通信系统，执行本册"定额"计价（建筑智能化）。

（3）电源线、控制电缆敷设、电缆托架铁件制作、电线槽安装、桥架安装、电线管敷设、电缆沟工程、电缆保护管敷设，执行第二册（电气设备）"安装定额"。

（4）通信工程中的立杆、天线基础、建筑物防雷及接地，也执行第二册（电气设备）"安装定额"。

（5）建筑物、构筑物及其土石方工程，执行当地"建筑工程定额"。

（6）工艺金属结构的制作安装，执行第五册"安装定额"。

（7）设备及金属结构的防护，应执行第十一册"安装定额"（刷油、防腐）。

（8）"清单计价"的统一计价项目，应按上述相关类别、专业，分别编制"工程量清单"。

2. "建筑智能化系统设备"安装定额的执行说明：

（1）本册定额的设备、天线、铁塔安装工程，按成套购置（成品）考虑，包括相应配套的构件、标准件、附件和设备内部连线。

（2）本册定额的综合布线系统工程，包括双绞线、光缆、漏泄同轴电缆、电话线和广播线的敷设、布放和测试。不包括通用电气线路及设备（强电）安装项目；综合布线的双绞线布放定额是按六类以下（含六类）系统编制；遇六类以上的布线系统工程，其定额子目的综合工日按增加 20%计价；凡在已建房屋天棚内敷设线缆，其所用定额子目的综合工日按增加 80%计价。

（3）本册定额的通信系统设备安装工程，包括铁塔、天线、天馈系统、数字微波通信、卫星通信、移动通信、光纤通信、程控交换机、会议电话、会议电视等设备的安装、调试工程。铁塔安装定额为正常气候条件下施工取定，不包括铁塔基础施工、埋设预埋件及防雷接地施工（第二册安装定额或土建定额）；楼顶架设铁塔，综合工日上调 25%。

（4）安装通信天线，应执行四项规定：①楼顶增高架上安装天线，按楼顶铁塔上安装天线套价；②铁塔上安装天线，不论有、无操作平台，均执行相同定额；③安装天线的高度均指天线底部距（杆）座的高度；④天线在楼顶铁塔上吊装，是按照楼顶距地面 20m 以下考虑，超过 20m 按本册定额说明另行计取"超高费"。

（5）光纤通信的光纤传输设备安装与调试定额 10、2.5、622Mb/s 系统，按 1＋0 状态编制；当系统为1＋1状态时，TM终端复用器每端增加2个工日，ADM分播复用器每端增加4个工日。

（6）会议电话和会议电视的音频终端执行本册第六章（扩音、背景音乐）有关定额；视频终端执行第九章（楼宇安全）有关定额；电话线、广播线的布放执行第一章（综合布线）定额。

（7）本册定额的计算机网络系统，适用于楼宇及小区智能化项目。计算机网络系统中的缆线敷设执行本册第一章（综合布线）定额，电源、防雷接地执行本册第七章（电子设备防雷）定额；该系统的支架、基座制作和机柜安装，应执行第二册安装定额（电气设备）。计算机网络系统的试运行期间为一个月，超过一个月每增加1天，则综合工日与仪器仪表台班用量，分别按增加3％计价。

（8）"建筑设备监控系统"定额，适用楼宇内多表远传及其自控系统。线缆布放仍执行本册第一章（综合布线）定额；支架、支座制作，执行第二册安装定额（电气设备）。全系统调试，按系统安装与调试人工费的30％一次计费。

（9）有线电视系统包括有线广播电视、卫星电视、闭路电视系统的设备安装与调试定额。定额中天线在楼顶吊装以楼顶距地面20m考虑，超过20m的吊装工程，按本册定额规定计取高层建筑施工增加费。

（10）扩音、背景音乐系统以成套购置设备考虑，各种设备的安装与调试执行相关定额。扩音全系统、背景音乐全系统的联合调试费，分别按各系统定额人工费的30％计取。有关布线执行本册第一章（综合布线）相关定额。

（11）本册第七章（电源与电子设备防雷接地）定额，适用于弱电系统设备自主配置的电源（太阳能电池、柴油发电机组、开关电源）；而防雷接地定额仅适用于电子设备，其防雷接地装置按成套供应考虑。太阳能电池安装，已含吊装工作，不论吊装高度多少，执行同一定额标准；柴油发电机组安装，不含设备基础（另执行"土建"定额）；有关电力电源、蓄电池、不间断电源的电缆线布放，应执行安装工程第二册（电气设备）相关定额。

（12）停车场管理系统设备以成套购置考虑，安装时出现附加配套材料，应依据设计按实计价。停车场全系统联合调试包括：车辆检测识别设备系统、出入口设备系统、显示与信号设备系统和监控管理中心设备系统，全系统联调费按全系统安装调试人工费的30％计取。停车场管理系统的电缆布放，执行本册第一章（综合布线）定额；而系统的摄像装置安装与调试，执行本册第九章（安全防范）相应定额。

（13）本册第九章（楼宇安全防范系统设备安装）定额适用于新建楼宇，包括：入侵报警、出入口控制和电视监控的设备安装系统工程；相应设备按成套购置考虑；安全防范全系统联调费，按人工费的35％计取。

（14）本册第十章（住宅小区智能化系统设备安装）定额适用于新建住宅小区建设工程，包括：家居控制系统设备安装、家居智能化系统设备调试、小区智能化系统设备调试、小区智能化系统试运行；相应设备均以成套购置考虑。

（15）本册定额的最末，附有资料：材料损耗率表、采用材料价格表、采用机械台班单价表，以作为定额调整及调价的依据。

3."建筑智能化系统设备"安装定额的计量规定：

（1）双绞线、光缆、漏泄同轴电缆、电话线和广播线的敷设、穿放、明布放，以长度

"米"计量；电缆敷设按单根长度延长"米"计量，计入规定的附加及预留长度（电缆进入建筑物预留 2m、进入沟内或吊架进出各预留 1.5m、中间接头盒或终端盒各预留 2m）；室外架空光缆架设以"米"计量。

（2）跳线制作以"条"计量；卡接双绞线缆以"对"计量；跳线架和配线架安装以"条"计量；安装各类信息插座、过线（路）盒、信息插座底盒（接线盒）、光缆终端盒和跳块打接等，均以"个"计量；安装漏泄同轴电缆接头以"个"计量；安装电话出线口、中途箱、电话电缆架空引入装置，也以"个"计量。

（3）光纤连接以"芯"（磨制法以"端口"）计量；布放尾纤以"根"计量；光缆接续以"头"计量；制作光缆成端接头以"套"计量；安装成套电话组线箱、机柜、机架、抗震底座，以"台"计量。

（4）双绞线缆测试，以"链路"或"信息点"计量；光纤测试以"链路"或"芯"数计量。

（5）铁塔架设以"吨"计量；天线安装与调试，以"副"（天线加边加罩以"面"）计量；馈线安装与调试，以"条"计量；微波天线接入系统基站和用户站设备安装与调试，卫星通信甚小口径地面站（VSAT）中心站设备安装与调试，会议电话及电视系统设备安装与调试，均以设备"台"数计量；微波天线接入系统联合调试，卫星通信地面站（VSAT）与中心站的站内环测及全网系统对测，移动通信天馈系统安装与调试，移动通信直放站设备调试和基站系统调试，移动通信全系统联网调试等，均以"站"计量；会议电话与会议电视系统和联网测试，以"系统"计量。

（6）馈线安装与调试，以"条"计量；光纤数字传输设备安装与调试，以"端"计量；程控交换机安装调试，以"部"计量，程控交换机中继线的调试以"路"数计量。

（7）计算机网络终端和附属设备安装，网络系统设备及软件的安装与调试，以"台（套）"计量；局域网交换机系统功能调试，以"个"计量；网络调试、系统试运行、验收测试，以"系统"计量。

（8）监控系统基表及控制设备、第三方设备通信接口安装、抄表采集系统安装与调试，以"个"计量；中心管理系统调试、控制网络通信设备安装、控制器安装、流量计安装与调试，以"台"数计量；楼宇自控中央管理系统安装与调试，以"系统"计量；楼宇自控用户软件安装与调试，以"套"计量；温（湿）度传感器、压力传感器、电量变送器和其他传感器及变送器的安装，均以"支"计量；阀门及电动执行机构安装与调试，以"个"数计量。

（9）电视共用天线安装与调试，以"副"计量；敷设天线电缆以长度"米"计量，制作天线电缆头以"头"计量；电视墙、前端射频设备安装与调试，以"套"计量；卫星地面站接收设备、光端设备、有线电视系统管理设备、播控设备等安装与调试，均以"台"数计量；干线设备、分配网络各器盒安装与调试，均以"个"计量。

（10）扩音系统、背景音乐系统的设备安装与调试，均以设备的"台"数计量；其系统的联调、试运行，分别以"系统"计量。

（11）太阳能电池、柴油发电机组安装，以"组"计量；太阳能电池的方阵铁架安装，以"m²"计量；开关电源安装与调试、整流器及其他配电设备安装、电源避雷器安装，均以"台"数计量；柴油发电机组的体外排气系统、柴油箱与机油箱安装，以"套"计量；天线铁塔防雷接地装置安装，以"处"计量；电子设备防雷接地装置、接地模块安装，以"个"数计量。

（12）停车场的车辆检测识别设备、出入口设备、显示和信号设备、监控管理中心设备的安装与调试，均以"套"计量；分系统调试和全系统联调，以"系统"计量。

（13）安全防范中室内外、周界的入侵报警器设备安装，以"套"计量；出入口控制设备、电视监控设备安装，以"台"计量，其中，显示装置以"m^2"计量；分系统调试、系统集成调试，以"系统"计量。

（14）住宅小区智能化设备安装以"台"计量，系统中设备调试以"套"计量，管理中心的系统调试、小区智能化全系统的试运行及其测试，以"系统"计量。

4. "建筑智能化系统设备"安装定额的取费规定

（1）高层建筑（超过6层或20m高度）根据层数或高度，以全部人工费为计算基础，按"定额说明中表列"的百分率收取高层建筑增加费。

（2）本册定额操作高度距楼地面超过5m时，可收取超高费。超高费为超过部分人工工日乘以超高系数，超高系数：10m以下1.25，20m以下1.40，20m以上1.60。

（3）脚手架使用费按单位工程人工费为基础的4%计取，其中人工工资占25%。

（4）安装与生产同时进行的增加费用，按工程总人工费的10%计取。

（5）在有害身体健康环境中施工增加的费用，按工程总人工费的10%计取，全部为人工工资。

（6）为配合业主或认证单位验收测试所发生的费用，在合同或协议中协商确定。

5. "建筑智能化系统设备"安装工程预算的编制

（1）依据本册定额编制"建筑智能化系统设备安装工程"概、预算时，仍应执行当地的计价标准和计价规范（附录六）。

（2）采用"清单"计价方式编制预算时，应依据GB 50856—2013附录E及施工图编制"工程量"清单；采用"计价表"核定"综合单价"，按地方计价规定确定其工程造价。

（3）招投标建设项目具有统一的计价项目，但要区分招标控制价、投标报价和承发包合同价的价格差异性。

九、其他专业安装工程施工图预算的编制要点

本节以上介绍的八册安装工程预算定额及其统一清单计价项目，都是以技术专业（行业）来划分的，按照现行的定额管理规定，2000年版全套安装定额都由地方管理，执行地方的计价规定。运用"定额计价"或"清单计价"方式编制造价文书，都有共同的执行规定，其要点是：

1. 依据施工图设计的专业，划分施工专业及定额界限

根据专业的系统构成进行分项工程量计算，不外乎是管线与设备两大部分。安装工程的工程量计算，比土建工程要简单得多，不外乎是长度和自然量（少数物理量）。但是，一定要划清界限（安装定额中子目、步距划分较细），按不同计价项目分别计算工程量。

2. 各册定额计算直接费的套价方法相同

按照定额规定的计量单位及其工程量，套价计算定额直接费；考虑费用计算及地方调价的计算需要，定额直接费内应分别计算出定额人工费和定额机械费。

采用"清单计价"应依据"规范"统一规定的计价项目，按"四个统一"和"五级编码"要求列出"清单"（清单"五要件"），分别按"计量规范"的规则计算工程量。同时，根据计价项目的"项目特征"与"工作内容"，以定额（单位估价表）或计价表、地方资源价格为标准（或参照），组价、核定"综合单价"，计算分部分项工程费与部分措施费。

3. 安装工程的主材费应分项单列计算

凡预算定额基价内未列入的主材（见本书第二章第二节），应分析出定额耗量，按地方指导价或市场价（单价），分别计算主材费。要分清设备与主材的差别（本章第六节），其费用分别处理。"清单"计价应将主材费纳入综合单价，统一计费。

4. 根据定额的时期性、地域性特点应进行调整

新定额在不同地区或执行一段时间后，为适应市场价格变化，对其人工费、安装辅材费、施工机械台班费进行调整。调整的方法不外乎是资源单项分析调价和单项（工、料、机）系数调价两种。具体调价计算方法及参数，应执行地方有效期内的具体文件规定。不同专业定额的调价参数不同，但调价方法一般是一致的。"清单"计价可在综合单价内直接调价。

5. 建设工程预算费用计算的执行问题

建设工程预算费用的组成，尽管国家有统一规定，但各地结合本地区实际均进行了调整，因此，具体计算仍应执行地方规定。各地建设行政主管部门及其造价职能机构，对安装工程的费用组成、计算标准及计算程序都有具体规定。

6. 江苏省的作法

2001年10月1日起，江苏地区统一执行2001年版《全国统一安装工程预算定额江苏省单位估价表》，全部与"全统定额"相对应。同时，江苏省发布了与现行安装定额相配套的2001年版《江苏省安装工程预算费用定额》，对安装工程预算费用的组成、计费基础、计费标准及计费程序等，都作了规定。

推行"工程量清单"计价及新的预算费用组成规定后，自2004年5月1日起全省统一执行与2001年"估价表"相对应的"2004年计价表"，以及配套的"安装工程费用计算规则"。

2009年5月1日起，在贯彻2008版"清单计价规范"及继续使用2004年"计价表"的同时，颁布实施2009年版《江苏省建设工程费用定额》（附录六），对费用组成、计价程序、取费标准、计费方法等，都作了本地区统一规定。随着GB 50500—2013及配套的九册"计量规范"的实施，各地必将出台新的计价标准、费用定额等地方政策与规定，务必给予充分关注。

7. 最后需要说明的是：

（1）设备及安装工程的预算和概算，是两个不同的估价概念。施工图预算是工程发承包及实施阶段的价目，而设计概算是设计单位编制的投资指标。两者的编制依据、费用计算是有区别的。本书所介绍的主要内容为施工图预算范畴，而概算知识可补充自学其他资料，即能掌握。

（2）各种安装工程施工图，都是建立在投影作图原理的基础上。因此，在具备工程制图和机械制图知识的条件下，了解相应安装专业的图例、标注等，识图就不难，作为概预算人员，必须学习这方面的知识。

（3）本书从应用出发，避免赘述，故对预算定额的制定，未作详细介绍，主要论述定额的内容、执行规定和预算的编制。因此，有关定额制定方面的知识，可自学其他书籍。

（4）在学习中，如果能在掌握现行规定的基础上，重点学习编制原理，那么，即使今后定额改变了，只要稍加学习新定额，就能很快掌握现行设备及安装工程预算的编制方法。

复习思考题

1. 何谓采暖系统？试述采暖工程的分类及其组成。

2. 散热器有哪几种？常见锅炉有哪几类？锅炉型号如何表示？

3. 试述室内外采暖管道的划分界限。锅炉房工程怎样选套预算定额？

4. 简述煤气系统的构成。其室内外管道如何划分？

5. 简述通风、空调、制冷三个概念的差别及其相互联系。它们分别由哪些主要安装内容所组成？

6. 第九册安装工程预算定额的适用范围有哪些？通风、空调预算中有哪些追加收费的规定？

7. 1986 年版"全统定额"第七册长距离输送管道是指哪些工程？与管道工程有关的第六、八、九册安装工程预算定额及市政管道预算定额，在执行范围和界限划分上有哪些不同？

8. 长距离输送管道穿越或跨越河流、公路或铁路，如何计量计价？

9. 试述第六册（工业管道）安装定额的适用范围。如何划分管道压力？

10. 简述机械设备的分类。设备安装工程中，如何区分设备与主材？设备的价值是怎样确定的？

11. 试述第一册（机械设备）安装定额的应用范围。它与哪些分册有设备安装上的交叉内容？

12. 机械设备安装工程中，有哪些安装内容在哪些分册定额内套价？

13. 2000 年版《全国统一安装工程预算定额》中，第三、四、五、七、十、十一册安装定额的适用范围和执行界限如何？

14. 编制安装工程施工图预算，你所在地区的现行费用计算如何规定？

练 习 题

1. 熟悉图 5-3～图 5-6，试按本地规定编制该蒸汽采暖工程施工图预算（清单计价）。

2. 图 5-7 和图 5-8 为某锅炉房工程主要施工图。试求下列项目工程量，并列出工程量清单（五要件）：

（1）卧式轿车热水锅炉安装；

（2）2BA-6 水泵安装；

（3）各种室内镀锌钢管（螺纹连接）$DN80$、$DN50$、$DN20$、$DN15$ 的安装（算至墙外 1m）；

（4）集气罐安装；

（5）除污器安装。

3. 图 5-11 为某住宅一个单元厨房的底层煤气主要施工图。已知该单元共 7 层，层高均为 2.9m，管道为螺纹连接镀锌钢管（进户管为无缝钢管 $\phi57\times3.5mm$）。试计算该单元的煤气安装工程量，并列表计算（工程量清单）分部分项工程费。

4. 图 5-17 为某车间通风工程施工图。已知：风管及管件用 1mm 厚普通钢板制作。试计算下列工程量，并选套定额指标核定综合单价，计算分部分项工程费。

（1）风机安装；

（2）风管制作与安装；

（3）风口制作；

（4）风管油漆。

5. 试计算图 5-18 中机械设备安装工程量，按本地规定编制"招标控制价"文书。

第六章　建设工程招标投标与报价

招标投标制度是市场经济的产物，是期货交易的一种方式。工程建设推行招标投标，有利于在建筑市场中建立竞争机制，对于促进资源优化配置，提高企业管理水平，保证建设项目各项目标的实现，发展和完善社会主义市场经济体制，都具有十分重要的意义。

本章在介绍招投标基本知识的基础上，着重对工程施工招投标中的编制标底、控制价与报价、投标报价策略等方面，就其基本理论和基本方法等问题进行阐述，并归纳介绍"清单计价规范"GB 50500—2013 中，有关造价管理的规定，以供造价编审工作中参考。

第一节　概　　述

我国推行建设工程招投标制度已有近 30 年的历史，经历了试点、推广和发展三个阶段，由国家重点建设项目逐步扩大到全部国有投资、融资等项目，已使全国建设工程招投标率达 90％以上。全国大部分省、直辖市、自治区及 90％以上的地级市，都已建立了专门招投标管理机构（建设工程交易中心、招投标办公室等），对工程建设招投标活动实施监督、管理和指导。

工程建设实行招标和投标，在国外发达国家是早已推行的承发包交易模式，具有成熟的理论和实践经验。我国的实践经验也已表明：工程建设实行招投标有利于促进建设项目按程序办事，克服混乱现象；有利于促使建设项目按经济规律办事，提高经济效益；有利于促使经济体制配套改革，完善市场经济体制；有利于我国建筑业进入国际市场，提高企业自身素质。因此，工程建设招投标不仅对实现建设项目的目标十分必要，对我国建筑业的振兴和发展也具有十分重要的意义。

一、工程建设招投标制度

建设工程招投标是指招标人（建设单位）将建设项目作为商品投放建筑市场，在国家法律、法规制约和相关政策指导下，通过投标人之间的公平竞争，择优选择最佳中标单位，实施并完成规定的建设任务，以更好地发挥建设项目投资效益的一种经济活动。招投标制度主要包括招标和投标两项法定活动，是确立双方经济关系的法律行为。《中华人民共和国招标投标法》（1999 年 8 月 30 日九届全国人大常委会第 11 次会议通过、2000 年 1 月 1 日起执行）规定：工程建设项目的"勘察、设计、施工、监理以及与工程建设有关的重要设备、材料等的采购，必须进行招标"。

1. 工程建设项目实行招标投标的范围

"招标投标法"明确规定下列工程建设项目，必须进行招标：

（1）大型基础设施、公用事业等关系社会公共利益、公众安全的项目；

（2）全部或部分使用国有资金投资或者国家融资的项目；

（3）使用国际组织或者外国政府贷款、援助资金的项目。

此外，对工程规模及其他项目等所界定的必须招标范围，应按国务院及地方的法规、细则等规定执行。经国务院批准的原国家计委文件（2000 年第 3 号令），对招标范围及规模标准作了进一步界定，明确规定招标工程规模是：施工合同 200 万元以上，单项设备、材料采购 100 万元以上，勘察、设计、监理服务 50 万元以上，项目总投资 3000 万元以上。建设部于 2001 年 6 月 1 日发布第 89 号令《房屋建筑和市政基础设施工程施工招标投标管理办法》，作了进一步规定。

对于承包人未变更的停建、缓建后恢复建设的项目，资质等级符合要求的施工企业自建自用工程，在建项目追加的附属小型工程或主体加层工程及抢险救灾、国家秘密、以工代赈扶贫项目等法律、法规允许的不适宜招标的其他工程，经县级以上建设行政主管部门批准，可以不进行施工招标。

2. 工程建设项目的施工招标投标程序

工程建设项目经过了勘察招标、设计招标、监理招标，当施工图设计和审核工作完成以后，即可进入施工招投标阶段。施工招投标可划分为招标、投标和评标三个实施过程，综合起来一般的工作程序为：

（1）工程项目报建。业主持立项批准文件到当地"招办"填表申报，办理相关手续。

（2）施工招标准备。确定招标方式，编制资格预审办法，编制招标文件，编制清单，编制评标办法，拟定招标公告或邀请函，向"招办"提交相关备案资料等。

（3）发布招标信息。发布招标公告或发出招标邀请函。

（4）投标资格预审。在接受报名或被邀单位复函申请的基础上，对申请投标单位提交的资信文件，进行资格预审查，向投标申请人分别发出资审合格或不合格通知书。

（5）发放招标文件。约定时间向资格审查合格的投标人发放招标文件及资料（图纸、规范、地勘报告、工程量清单及其招标控制价等）。

（6）招标文件澄清。在踏勘现场的基础上，招标人与投标人对"招标文件"中的不明确事项，进行质疑和澄清，招标人发出书面澄清或补充说明的文件。

（7）开标评标准备。投标人编制投标文件及报价文书（一般分商务标、技术标）；招标人组织评标小组或评标委员会。

（8）开标会。按约定时间召开招标方、全体投标方和监督方参加的开标会，在"招办"监督和司法公证下，对按时送达的有效投标文件进行开标（拆封、宣布、张榜），对开标结果进行确认和澄清。

（9）评标与中标。根据开标结果，由评标委员会（小组）对符合招标文件要求的投标文件，进行监督下的封闭式评标；评标应根据该工程事先拟定的"评标办法"进行，评标活动遵循公平、公正、科学、择优的原则，最终推荐中标候选人（排序）或业主授权下直接确定中标人。

（10）定标及签约。招标人按规定确定中标人后，须在规定信息网上公示 3 天；无异议后，招标人向投标人发出"中标通知书"，并向"招办"送交规定的说明招投标情况的书面报告（备案资料）；中标通知发出后的 30 天内，双方签订书面"施工合同"。

3. 建设项目招投标的主要政策规定

在施行"招标投标法"的基础上，原国家计委、建设部及各省、市、自治区都制定了一系列的行政法规和执行细则，进一步规范了建设工程招标投标的操作程序、示范表式和具体要求。这些规定的主要文件和实施要点是：

（1）原国家计委 2000 年第 3 号令对工程建设项目的招标范围和规模标准，进行了详细划分和界定。

（2）建设部 2000 年第 82 号令"建设工程设计招标投标管理办法"，建设部 2001 年第 89 号令"房屋建筑和市政基础设施工程施工招标投标管理办法"，进一步细化了建设项目进行设计和施工招投标的具体实施规定。

（3）原国家计委、原经贸委、建设部、铁道部、交通部、信息产业部、水利部联合制定发布了第 12 号令"评标委员会和评标办法暂行规定"，对评标组织、评标专家、评标程序、评标方法、评标纪律、评标结论等，作了明确规定。

（4）为贯彻"招标投标法"有关"招标代理"的规定，建设部 2000 年第 79 号令制定了"工程建设项目招标代理机构资格认定办法"。

（5）各省、市、自治区为贯彻执行"招标投标法"及部、委相关文件规定，也有相关的执行细则和管理办法。如"江苏省建筑市场管理条例"、"江苏省建设工程招标代理管理暂行规定"、"评标专家名册管理办法"等。

（6）各地级市的职能部门，对自行招标、代理招标、公开招标、邀请招标等的招投标程序和有关表式，以及备案资料、资格审查等，都有明确的操作性规定。

以上各项法律、法规，对规范建筑市场，完善市场经济，促进企业改革，提高经济效益等，都将发挥重要的促进作用。

二、建设项目的施工招标

工程建设项目的施工招标是指建设单位将工程建设项目投放建筑市场，按程序择优选择施工企业的法定活动。建设工程施工招标是工程承、发包双方之间的一种交易行为。

1. 施工招标的条件

根据相关规定，建设项目进行施工招标，应具备以下条件：

（1）招标人具备独立法人资格，或者其他合法组织；具有自行招标资格或委托代理招标的能力。

（2）招标的建设项目具有合法的获得批准的各项审批手续。

（3）工程资金或者资金来源已经落实。

（4）具有满足施工招标所需的设计文件及其他技术资料。

（5）工程现场具备一定的施工条件等。

对于依法必须进行施工招标的工程，招标人自行办理招标事宜，应当具有编制招标文件和组织评标的能力，即有专门的施工招标组织机构，有熟悉相当规模、同类工程施工招标经验、熟悉施工招标法律、法规的专业人员。不具备上述条件，招标人应当委托具有相应资格的工程招标代理机构代理施工招标。

2. 施工招标方式

我国"招标投标法"规定：工程建设招标分为公开招标和邀请招标两种方式，两种招标活动都必须依法接受行政监督和司法公证，依法查处招投标活动中的违法行为。

（1）公开招标。是指招标人以招标公告的方式邀请不特定的法人或其他组织投标。工程项目全部使用国有资金投资，或者使用国有资金投资占控股或主导地位，或者合同金额达到地方规定限额以上，或者工程规模达到地方规定标准以上的，应当公开招标。公开招标对符合资质的投标人，可自由报名，不受企业数量限制。对太多的应标人，可按地方规定的方法进行筛选，最终不得少于 7 家。

（2）邀请招标。是指招标人以投标邀请书的方式邀请特定的法人或者其他组织投标。非限定为公开招标的建设项目，或者经批准的专业性较强的特定项目，可以邀请招标。邀请招标不得少于 3 家符合资质条件的独立施工企业。

国际上除公开招标、邀请招标方式外，还有一种"议标"方式。议标属非竞争性的指定性招标，招标人分别与 1～2 家施工企业谈判，选取一家达成协议。

3. 施工招标文件的内容

（1）投标须知。包括工程概况、招标范围、资质条件、资金落实、标段划分、工期要求、质量标准、投标文件内容、报价要求、投标有效期、评标办法等，以及投标要求、招投标日程和地点安排等内容。

（2）招标工程的技术要求和设计文件。地质勘察报告、施工图、施工规范、验收标准等。

（3）工程量清单及其招标控制价。分项列表告知项目编码、项目名称、"项目特性、计量单位、工程数量"等清单内容，以及构成控制价的五项费用组成细目。

（4）投标函的格式及附录。投标函件、法人资格证明、法人授权委托书、投标承诺、附录表等。

（5）拟签订的施工合同主要条款。协议书格式、通用条款、专用条款等。

（6）要求投标人提交的其他材料。工程投标报价资料、企业的施工业绩、施工组织设计、施工总进度计划、施工平面图、项目经理及施工现场管理机构、主要施工机械设备、分包及联营协议等。

对于上述内容，各地都有规定的统一示范文本和表式，可供参考。招标单位可根据工程项目实际情况及合法要求，参照"示范文本"的内容拟定招标文件。

4. 施工招标的务实

工程建设项目实行施工招标，招标人在具体事务的办理过程中，应遵守以下规定：

（1）招标人在发布招标公告或发出招标邀请函的五天前，向当地"招办"办理完成项目报建、发包方案、招标备案等手续，提交招标公告（或邀请函）、预审文件等相关资料，并获批准。

（2）申请招标时，应表明自行办理或委托代理，并按规定报送相关资料；不具备自行招标条件的，"招办"在收到备案材料之日起 5 日内责令招标人停止自行办理招标事宜。

（3）公开招标的招标公告发布之日起，不少于 3 天以后方可组织报名，报名时间、地点及资审文件，应在招标公告中明示。

（4）招标人编制的"招标文件"（含工程量清单、控制价文书）及其评标办法，应在发放日期的一周前，获得"招办"的核准与备案。

（5）设置"标底"的招标工程，按国家规定的计价办法，在开标前完成标底编制、审核工作，开标前必须保密。一个招标工程只能编制一个标底。

（6）自招标人发出招标文件之日起，至投标人提交投标文件的截止之日止，最短不得少于二十天，以保证投标人有合理的编标时间。招标人修改、澄清招标文件，必须于投标截止时间的 15 天前，以书面形式通知所有投标人。

（7）招标人发放的招标文件及其资料，可以酌收工本费。招标人可以要求投标人提交投标担保，可采用投标保函或投标保证金的方式；投标保证金应使用支票、银行汇票等，一般不得超过投标总价的 2%，最高不超过 50 万元。

（8）提交投标文件的投标人少于 3 个的，招标人应依法重新招标。

三、建设项目的施工投标

工程建设项目的施工投标，是指施工企业按招标人要求依法参与竞争，按规定程序争取承揽施工任务的法定活动。市场经济是以供求关系为核心。凭借实力、依靠竞争占领市场，是企业生存、发展的必由之路。因此，施工企业建立一个强有力的内行的掌握建筑市场动态的投标班子，是获得投标成功的根本保证。

1. 施工投标的条件

施工企业依法投标、参与竞争，必须具备以下基本条件：

（1）施工企业为独立法人，具有招标信息（公告或邀函）的投标依据；

（2）投标人的企业资质、施工业绩、技术能力、装备实力、项目经理条件、财务状况、担保方式等，满足招标文件的要求；

（3）投标人能如实提交招标所需资信资料，接受资格审查，并获得投标许可。

2. 施工投标文件的内容

投标文件应符合招标文件的要求，对招标文件提出的实质性要求和条件做出响应。因此，投标人应认真仔细地研究招标文件及其相关资料，对"有经验的承包商"应该预见到的问题作出判断和决策。因此，施工投标文件应符合招标文件所要求的内容和格式，一般应包括以下内容：

（1）投标函。包括法人资格证明、委托授权书、书面承诺书、投标附表等。

（2）施工组织设计（或施工方案）。包括施工工艺、施工顺序、施工流水、施工总进度计划、劳力组织、施工机械设备投入、施工平面、施工管理，以及保证质量、安全、进度等的技术措施和组织措施等。

（3）投标报价。包括总价及分项、单价分析、工程量清单计价、主要材料量，以及降价幅度分析、降价措施等，必要时提供"施工图预算书"。

（4）其他资料。包括招标文件要求提供的企业施工资质、近三年施工业绩、项目经理资质、项目经理部机构人选、分包及联营协议、投标担保等。

投标文件必须按招标文件要求密封，封皮及规定内容必须加盖公章和法人代表印鉴，并要求字迹清楚，符合担保规定，满足招标文件的各项要求。否则，将作为无效投标文件，不得进入评标。

3. 施工投标的决策

企业投标的目的是实现中标，承诺陪标是违法行为。投标决策是指企业在取得资审通过后，就"投标或弃标？投什么性质的标？如何取胜？"三个问题所作的策划。投标决策中，应考虑和研究的主要问题有：

（1）在认真研究招标文件和工程实际情况的基础上，对企业自身状况作客观的分析与评价。可以在技术水平、设备能力、任务多少、熟悉程度、企业优势、信誉影响、工程经验、业主要求等八个方面，与招标的建设项目比较，按"满足程度"分别打分。一般讲，平均得分达 70 分以上，中标的可能性较大，可以投标。

（2）投标按性质分有风险标和保险标两类。风险标是指技术难度大、盈利少、招标条件苛刻、资金到位差、无后续工程的特种投入等工程项目，投标决策应十分慎重。但也不能不考虑风险标的社会效益可能给企业带来的发展机遇。保险标属企业可以预见工程施工重大因素，且有解决能力的工程项目，这种项目竞争比较激烈，让利幅度少，不易中标。

（3）投标按经济效益划分，有盈利标、保本标和亏本标三类。投标人首先应在分析高标、平标、低标与中标率％关系的基础上，对高标、平标、低标的三种报价价值，进行获利值分析，即经营状况（好、一般、差）对获利值影响，最终选定中标率高、获利多的报价方案。我国规定"报价低于其企业成本的，不能推荐为中标候选人或中标人"，因此，"亏损标"不能中标。

（4）投标策略。投标人为获取"中标"应讲究策略。例如："以信取胜"靠的是已完工程的社会影响；"以快取胜"满足招标人投产获益；"以廉取胜"是加大让利幅度；"长远发展"为不在眼前获利而在企业发展及拓宽市场；"取长补短"属利用两个企业以上的各方优势联合投标。投标策略的应用必须依法进行，国际上出现的"以退为进"、"改变设计"、"联合保标"、"突然降价"、"多种方案"、"低于成本"、"额外条件"等投标策略，在我国属违法的。

（5）报价技巧。投标人在投标报价中，采用一定的手段或技巧使招标人乐意接收，以求中标。在我国，工程项目施工招标的价格基础，是以"施工图预算"为基准的。以现行造价规定计算"标底"，结合建筑市场行情，上下浮动确定报价。因此，造价编制人员的水平和实践经验是事关重大的，而报价下浮比例是涉及能否中标的决策关键。诸如"提供汽车服务"、"购置商品房屋"、"垫支工程款项"、"扩大服务内容"、"承担变更风险"等有利于业主的合法承诺，都属于投标报价中的技巧。

4. 施工投标的务实

（1）投标文件必须在规定的截止时间送达指定地点，否则，作为无效标书拒收。

（2）投标人可以在招标文件确定的提交投标文件截止时间前，进行补充、修改，并在规定时间提交。否则，补充、修改的内容无效。提交投标文件截止时间以后，不得修改、补充、撤回投标文件。

（3）投标人中标后拒绝签订施工合同的，招标人可没收投标保证金，取消中标资格；造成损失超过投标保证金的部分，由投标人承担赔偿责任。

（4）两个以上企业联合投标应签订共同投标协议，以一方身份参加投标活动；联合体投标只能以资质等级最低的业务许可承揽工程。

（5）投标人中标后，将工程转包他人施工，未经许可实行工程分包，将工程分包给不具备资质的承包人，总包人将主体结构分包，分包人将工程再分包等，都属于违法行为。

四、开标、评标与中标

1. 开标

开标是指由招标人（或授权代理）主持在规定时间、地点召开的所有投标人、"招办"监督员、司法公证员参加的会议上，当众检查、拆封所有投标文件，并宣读、记录其主要内容的招标程序性法定活动。开标活动的主要规定有：

（1）首先由投标人或推选的代表，或由招标人委托公证机构，对按时送达投标文件进行密封情况检查和有效性认定。

（2）对密封有效的投标文件，按送达时的逆顺序，当众拆封，并宣读和张榜公布规定的内容（投标人名称、工期、质量、报价、担保、项目经理姓名等）；同时，对拆封后招标文件中的函件、印鉴、字迹、担保等的合法性和有效性进行确认。

（3）对不符合招标文件规定的无效投标文件，当场宣布理由，并不予评标。无效投标文件应退还投标人。

（4）开标会上对宣布内容有疑问的，可以澄清；最终应由投标人当场确认，但不得变更实质性内容。

2. 评标

评标是指由招标人依法组建的评标委员会（或评标小组），依据招标文件规定的评标办法，对开标认定的有效投标文件进行认定、评审和比较，最终排序推荐中标候选人或授权直接确定中标人的法定活动。评标可按"两段"（初评、终评）、"三审"（符合性、技术性、商务性）的程序进行。评标方法有综合评分法、最低报价法、简单评议法之分。评标活动的主要规定有：

（1）评标委员会于开标前一天依法组建，由不少于5人单数的招标人代表和相关技术、经济等方面专家组成。专家评委由合法专家库随机抽取，专家人数不少于评委总数的2/3。评标委员会实行回避制度和保密纪律。

（2）评标中可以对投标文件中含义不清的内容，要求投标人进行书面澄清；对投标文件中的细微偏差（笔误、遗漏、不完整等），可要求投标人进行补正。投标人拒不澄清、说明、补正的，评标委员会可以否决其投标。

（3）投标文件中发现：无法人代表或授权人签字和加盖公章，完成工期超过招标文件规定，技术和质量标准明显不符合招标要求，附有招标人不能接收的条件，不符合招标文件中规定的其他实质性要求等，都属于重大偏差。存在重大偏差之一的投标文件，作废标处理。

（4）报价低于企业成本、无切实可行降低成本措施的投标文件，经评委会认定后，作为废标。

（5）有效投标人不足3人，使得投标明显缺乏竞争，评委会可以否决全部投标。投标人少于3人或者所有投标被否决的，招标人应当依法重新招标。

（6）评标活动应在"招办"监督、司法公证下，由评标委员会封闭、独立进行，不受外界干扰。

（7）评标委员会完成评标后，应按规定内容向招标人提交书面评标报告，推荐不超过3名排序的中标候选人，或授权直接确定中标人。

3. 中标

中标是指招标人根据评标委员会提出的书面评标报告确定中标人，直至施工合同签订前的所有法定活动。

（1）招标人确定中标人后，必须按规定公示两天以上。公示无异议，经"招办"核准后，由招标人向中标人发出"中标通知书"，同时将中标结果通知所有未中标的投标人。"中标通知书"发出前，招标人不得与投标人进行任何形式、内容的实质性谈判。

（2）招标人应在确定中标人之日起的15日内，按规定内容向当地"招办"提交招投标情况的书面报告。

（3）"中标通知书"发出之日起30日内，中标人和招标人依法按招标文件规定的范本签订施工合同。中标人应按招标约定提交履约担保，招标人也应提供相应的工程款支付担保。

（4）施工合同签订后，招标人应及时退还各投标人的投标保证金（无息）。

工程建设项目的招标投标活动必须依法进行，应当遵循公开、公平、公正和诚实信用的原则。因此，任何违反法律、法规的招标投标活动，都属违法行为，必将按照相关"罚则"进行惩处。

第二节　招标与投标的报价方式

招标文件所确定的评标计价方式，即为投标人按招标文件规定在投标文件中确立的报价方式，也是中标后施工合同所界定的价款结算方式，三者必须完全一致。因此，在建设工程招标投标活动中，投标人所选定的报价方式是受招标文件制约的，必须对招标文件的规定进行实质性的响应。

一、报价方式及其选定

根据我国相关文件的规定，工程建设项目施工招标的报价方式，即为中标后合同价款的计价方式，可分为固定价、可调价和成本加酬金三类。其中，固定价分为固定总价、固定单价，及固定费率三种，可调价分为按实调价和限制调价（材料市场调差及工资、机械、费率的政策性变动等单项调整）两种（图6-1）。

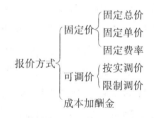

图 6-1　工程建设项目施工招标的报价方式

1. 固定价

（1）固定总价。是指投标人依据招标文件、施工图及相关工程技术资料，按照资源市场价格、风险因素及本企业实际成本、经营目标，所提出的一次性包死的不进行价格调整的工程施工总费用。投标人必须充分估计到施工期内除不可抗力因素外，应该预见到的一切风险，所带来的价格变动。对于法律、法规所规定的"不可抗力"因素，因承包人无法预测，不应计入总价，出现后按"合同"条件的规定处理。采用固定总价的招标方式，必须具备完整的施工图设计及其相关资料，以保证投标人能准确计量和估价。对于施工中不可避免的工程变更，应依据设计变更通知或业主、监理书面指令进行签证（或索赔），另行按合同约定方式计算工程变更费用。

（2）固定单价。是指投标人根据招标文件提供的"工程量清单"（计价项目及其初估工程量）和相关工程技术资料，按报价要求所提出的不进行调整的综合单价。综合单价内包括直接费、间接费、独立费、利润、税金等全部费用，以及承包人施工中应该预见到的一切风险所增加的费用。2003年以前，"工程量清单"的项目划分有定额项目与扩大项目两类。定额项目是以施工图预算的直接费计价项目为依据划分，项目较多，但比较明确；而扩大项目是若干相关定额项目综合在一起统一计价，如穿管敷线综合后，可包括电管敷设、管内穿线等单项。投标人在报价时，一定要澄清扩大项目所含内容，以使报价内容准确。2003 年 7 月 1 日起实施"清单计价"方式，执行 2003 版、2008 版"计价规范"及其统一计价项目（2003 规范"附录"）。当前须执行"清单计价规范"GB 50500—2013 及配套"计量规范"的规定，采用"清单统一计价项目"，满足"五个要件"、"四个统一"和"五级编码"的要求，通过"项目特征"的描述和"工作内容"的界定，核定包含"五项费用"（工料机及管理费、利润）的综合单价。采用"固定单价"的报价方式，只是包死单价，计价工程量以实际完成的经认签计量的合格工程量为依据（计量单）。因此，投标文件所报总价只是作为评价因素之一，合同总价只是按比例拨支预付款或进度款的依据，最终结算款是以中标的"固定单价"与实际完成工程量为计算依据。对于施工中出现的新增项目，应按工程变更依据合同规定另行处理。固定单价的招投标报价方式，主要适用于设计尚未完善、工程项目较少、技术专业单一、工程变更较多、工程量难准确等工程建设项目，如市政工程、公路工程、桩基工程、大型土石方等。

（3）固定费率（%）。是指直接费按现行施工图预算标准按实计算，投标人只要对"其他直接费、现场经费、间接费、独立费、利润、税金"等以费率计算的费用，依据招标文件规定内容，自行按包死的综合费率（%）投标。综合费率（%）的高低为评标依据之一，中标后的投标"综合费率（%）"为工程结算计费标准。采用"固定费率"的报价方式，直接费根据施工图预算规定，以预算定额为标准和实际完成工程量为依据按实计算，只是构成总价的其余各项费用是按中标费率（%）一次性统一计价。由此可见，投标人的工程施工风险不大，主要体现在施工现场管理和企业管理的水平高低。投标人一定要认真研究和澄清招标文件中要求的"综合费率"所含费用的具体内容，并认真执行某些地方明确规定"不可竞争"费用的费率。例如，江苏省目前规定：安全文明施工措施费、承包工程应缴纳的各种规费、税金等为不可竞争费用；对人工工资标准、赶工措施费、二次搬运费、垃圾清运费等规定了最低标准。以限制投标中盲目优惠的不正当竞争，防止报价低于企业成本。"固定费率"报价主要用于工期紧迫、设计不全、技术复杂、条件异常、风险较多等特定的工程建设项目。

2. 可调价

投标人根据招标文件要求报价，中标后施工期内可依据招标约定的合同条款中调价办法，对合同总价或单价在竣工结算中进行价格调整。

（1）按实调价。是指工程竣工验收合格后，按实际施工完成情况，以预算定额及费用定额为标准，遵照当地施工图预算的编制规则和计价程序，所编制的工程总价为工程竣工结算金额。按实调价的报价方式，投标无风险，只适用于专业性极强、设计多变、抢险救灾等特殊工程建设项目，这类工程往往可不纳入招标范围，价格不属评标因素，可由 1～2 家"议标"谈判中选择施工企业。

（2）限制调价。是指在固定总价的同时，对实施合同过程中，所发生的材料价差、定额或预算工资标准、机械台班单价变更、相关费用的变化等，可以按合同约定实行单项或多项的费用调整。这种调整包括政府文件规定的政策性调整，以及指定资源市场价差调整两大类。因此，限制调价实质上是固定总价的补充形式，计入了市场因素给投标人带来的部分价格风险。

3. 成本加酬金

招标人对承包人实施合同期内支付的工资、材料、机械使用、其他直接费、现场经费、间接费等的工程施工成本按实给予补偿，另按合同约定给予承包人一笔酬金，作为承包方利润。投标报价的中心内容是酬金的多少，酬金成为评标的标准之一。由于酬金的计算方式不同，可以分为成本加固定百分比酬金、成本加固定金额酬金和成本加奖罚等三种合同价。无疑，成本加酬金的合同价，不利于降低成本和市场竞争，因此，极少采用。

根据上述三类合同价计价方式的各自特点及适用条件，如何在具体工程建设项目的招标中选定报价方式，是招标人必须慎重选择的关键问题。选择合理的报价方式，应根据设计资料完整性、工程技术复杂性、估量计价准确性、施工工期长短性、市场价格稳定性、风险预测可靠性等诸多因素，综合权衡、统筹考虑。招标人在确定报价方式时，应在力求减少自身风险的同时，充分考虑投标人报价的准确性和合法性，尽量减少不定因素带来的调价签证。

目前，推行的"工程量清单计价"方式与新的"费用项目"划分规定，实质上是一种固定单价（分部分项工程项目及部分措施费项目）的报价方式，同时包含着部分单项费用（部分措施费、其他项目费、规费等具体项目）的"固定"。这里的"固定单价"是以"综合单价"命名，由人工费、材料费、机械费、管理费和利润等五项费用构成，因此，是一种"不完全费用单价"。

二、投标报价的编制方法

招标文件中应对报价编制方法及采用的定额标准，做出明确规定，以避免报价悬殊带来评标困难。评标办法中设有标底的，标底的编制应与报价编制采用统一方法和定额。

根据相关规定，建筑安装工程费（施工造价）按费用构成要素划分，由人工费、材料费、施工机具使用费、企业管理费、利润、规费和税金组成；按造价形成划分，由分部分项工程费、措施项目费、其他项目费、规费和税金组成。而"通用式"的费用构成归纳为直接费、间接费、独立费和税金（第二章第二节）。因此，施工图预算、标底、招标控制价、投标报价、合同承包价、竣工结算价等造价文书，在同一建设工程中采用的编制方法应是相同的。其编制方法主要是工料单价法和综合单价法两种。

1. 工料单价法

首先，按照以定额计价项目划分的分部分项工程量，以包含人工、材料、机械消耗的直接费单价，分别套价计算直接费；再按有关规定分别计算相应的间接费、独立费、利润和税金。工料单价法可划分为单位估价法和实物造价法两种（本书第二章第一节），都是先以资源消耗核定直接费，后计算其他各项费用。以分析的人工、材料、机械耗量，按市场价计算为实物造价法（资源消耗直接费估价）；以工程量按定额价计算，再实行资源调差为单位估价法（单位工程量直接费估价）；在具备相关定额标准时，常以单位估价法编制工程造价。因此，国家规定的"工料单价法"实质上就是"单位估价法"，"工程量清单"中的项目划分与定额项目划分等同，而"清单"中的单价为直接费单价。工料单价法主要用于"总价"招投标。

2. 综合单价法

工程量清单中的单价可以是包括人工、材料、机械、其他直接费、间接费、规费、利润、税金以及资源调差、施工风险等全部费用的综合单价（完全费单价），也可以是部分费用的不完全费用综合单价。现行"清单计价规范"规定的综合单价是不完全费用单价，其综合单价由人工费、材料费、机具使用费、企业管理费和利润五项费用构成。计价项目的划分，有定额计价项目、扩大计价项目和"清单"计价项目三种（第一章第九节）。定额计价项目与"单位估价法"的项目划分相同，计价项目较多且细，其综合单价是在定额（直接费）单价基础上，按一定费率和调价规定，进行各项费用分析计算和汇总后确定的。采用扩大项目组成计价项目为相关定额分项的综合，应明示所含直接工作内容。扩大计价项目一般以主体项目计量，辅助、配合的项目以其相应"含量"计入单价。因此，扩大计价项目的综合单价，不仅是主体项目规定费用的单价，还应包括相关的辅助、配合项目经"含量"折算的规定费用单价。"清单"（规范）计价项目的综合单价（五项费用），依据"特征描述"和"内容界定"，由若干定额项目以现行单价构成直接费，按地方规定计入管理费和利润后形成。综合单价法主要适用于单价招投标。

上述两种报价编制方法，都是建立在编制"施工图预算"的基本原理和方法的基础上，依据招标文件规定所选定的。在实际运作中，应注意以下几点：

（1）施工图预算、招标标底、招标控制价和投标报价是四个不同的概念。施工图预算是严格依据设计图、预算定额和法规文件等，所编制的造价文书（本书第二章第三节），具有规范的计费程序标准。标底是招标人根据招标文件要求的报价方式，按政府规定的计价办法和市场价格信息，所确定的工程造价标准。招标控制价是依据招标文件中"工程量清单"及地方计价标准，所编制的招标最高限价的造价文书，不允许上调或下浮。标底是保密的，而控制价是公开的。投标报价是企业响应招标文件，在投标文件中自主承诺的造价，是投标人依据企业自身施工成本水平和市场价格信息，遵照招标文件的报价要求，所编制的投标价格文件。

（2）标底价格是现行政策的造价水平，不允许浮动，且须经过规定的审核程序，方为有效；而报价价格则属竞争价格，允许浮动，但不得低于企业成本。

（3）当施工图设计及工程技术资料完整，以前采用固定总价报价时，招标文件中可以不提供"工程量清单"，这就要求投标人具备相当的造价编制水平。否则，评标中将出现各投标人的报价费用相差悬殊，主要原因是计价项目不周全，工程量计算不精确。因而可能出现废标（低于成本）或引发报价风险。

（4）2003年以后，实施"清单计价规范"。2008版"清单计价规范"明确规定：招标人除在招标文件中提供统一的"工程量清单"外，还须提供招标控制价。从而降低了评标控价难度，进一步规范了工程计价行为，为扩大市场定价、促进"量价分离"奠定了基础。

（5）根据规定，招标标底、招标控制价、投标报价、结算审核、造价鉴定等，应当由编审的造价工程师签字，并加盖造价工程师执业专用章。

（6）市场经济条件下，工程造价编制的方向是"量价分离"，即核定工程量或资源指标，价格随行就市。因此，目前地方计价表的"定额综合"造价编制形式，应属结合国情的过渡模式，尽管这种"过渡期"可能相当长。

三、工程变更的签证

招标文件及其提供的工程技术资料，是投标报价的限定条件。此外，投标人在报价时，应充分考虑除不可抗力外的一切施工风险，即一个有经验的承包人应该预见到的施工成本增加的各种因素。这些因素主要指市场供求、物价指数、现场条件、企业能力等方面的不定条件，所带来的价格风险。

但是，承包人不可能预见到施工合同所界定的工程内容之外的施工行为。客观上在建设实施过程中，由于某些原因或需要，工程变更是经常发生的。所谓工程变更，是指超出合同条件之外，局部改变工程设计内容或标准、无法预见的施工条件变化、签约一方违约等，致使工程施工成本变化或施工工期延长的事件。

根据我国工程建设的实践，工程变更一般有三类：

（1）设计变更。是指设计单位出具的"设计变更通知单"或更改的施工图纸，所标识的变更项目及内容。设计变更应经业主通过监理指示由承包人实施。

（2）业主（监理）指令变更。是指业主根据工程需要或相关政策规定，所提出的书面工程变更指令，通过监理由承包人实施的变更项目及内容；除非授权，否则，国内监理一般只是提出变更建议，不发变更指令。

（3）承包人申请变更。是指承包人因施工条件变化不能按原定方案施工，所提出的经监理、业主批准后，由承包人实施的工程变更项目及内容。

工程变更的结果将产生工期延期及费用调整，即"索赔"事件。工程施工中"索赔"的现行处理方式为"签证"。签证是指承包人对工程变更所产生的工期及费用提出书面要求，经监理、业主审核确认后，纳入"工程结算"的索赔处理方式。因此，签证的三个要素是变更依据、分析计算（申请）和审核结论。当然，在处理签证（索赔）时，必须受"施工合同"相关条件的制约，任何违反"施工合同"条件的签证，在"结算"时都是无效的。

工程竣工结算中，正确掌握"签证"的费用标准，是造价人员政策性的体现。严格地讲，工程变更是双方原定"合同"的附加项目及内容，出现的"签证"实质上属于合同的"补充协议"。由于工程变更带来已建项目报废或返工、未建项目资源投入调整、已备不用材料设备处置等，必然给承包人造成损失。因此，给予补偿的标准应是双方都能接受的。一般认为：采用现行预算定额及施工图预算规定作为标准，进行工程变更的费用补偿是合理的，也是合同双方都能接受的。但是，有些工程在施工招标时，把中标人的投标报价"优惠降幅（％）"，列入了工程变更的计价"合同"条件。因而，在进行工程变更费用计算时，应在采用"施工图预算"标准基础上，按优惠幅度（％）降价，这种费用补偿是合法的，也是合同双方都应接受的。

四、务实

（1）为便于竣工结算编制和审核，在工程施工过程中，通常把实际完成的合同约定的施工图设计范围内工程项目及其工程量，通过"工程计量单"（承包人申报、监理审核）进行认定；工程变更增减的工程项目及其工程量，应用"工程签证单"（承包人申报、监理审核、业主审定）加以认定。因此，计量单与签证单应分别按程序进行。为防止"久拖不决"，实施中应具体规定"有效期"，以制约双方。

（2）监理工程师在工程投资控制的职责与权限方面，国际与国内的做法不同，国内法规与现实管理也不同。因此，施工过程中，应事先约定，加强沟通，以确保投资控制和资金支付合理、合法，并得到业主的认定。

（3）工程竣工结算应严格执行招标文件、投标文件和施工合同的约定。当上述文件之间出现不一致时，其法律上解释和认定顺序是时间的倒置，即"施工合同→投标文件→招标文件"。

（4）工程款（预付款、进度款）的支付，应执行"施工合同"的约定。通常有按月结算支付、形象进度比例支付、竣工后一次结算支付等多种支付方式。一般应按"承包人申请→监理审核→业主审定和支付"的程序进行。

第三节　快速报价的探讨

在招投标活动中，依据招标文件规定，通过工程量计算、套价及分析各项费用等，核定出工程总价或综合单价，经过策划进行投标报价。这种常规的做法，已在我国建筑市场上形成。同时，国家规定了"不少于20天"的编标时间，在政策上为企业编制较精确的有效投标文件，提供了时间保证。

但是，随着市场经济的不断发展，投资者的利益将会进一步受到重视。在报价方面，如何做到快捷、精确，是施工企业面临的重大课题，也是造价编审人员所追求的目标。目前，在理论上从"模糊数学"的集合原理到贴近度及关系系数的研究，尚未被实践所接受；而编审人员所依赖的"概算指标"和"概算定额"，并未扩充到所有专业，特别在设备安装工程方面缺乏综合性的指标和价目。因此，大量地搜集整理同类、已建工程的经济指标，为快速报价提供参数，是企业造价编审人员提高业务水平的必由之路。

一、快速报价的条件

快速报价是指投标人通过对拟建项目已有资料的分析，参照同类工程资料、企业自身条件和市场价格现状，在最短时间内提出投标报价的造价编制手段。可以认为，快速报价必须解决两个目标，一是"快速"，二是"精确"。当前尚无理论公式可套，只有从摸索本专业造价规律入手，自己去总结、归纳和提高。例如：水电安装工程的造价中，主材费是主体，安装辅材费占安装费基价的60%～70%，机械费仅占5%左右，其他各项费用以人工费为计算基础等等，都属于造价规律。不掌握造价规律，就无从下手，更谈不上快速。报价"精确"的含义，可以简单地理解为在不低于企业成本条件下，能够中标的报价。企业成本成为报价的底线，掌握本企业同类工程成本的资料，是快速报价的必备条件。

因此，快速报价应具备以下条件：

1. 掌握拟建招标工程的资料

尽可能搜集、熟悉招标工程已有的设计资料，分析研究招标人对报价的要求。任何设计都有规律性、类同性，要求造价人员去观察、分析，划分为若干类型，判断拟建工程的类型和特点是匡算造价的条件。特别要指出：拟建工程的规模量（如建筑面积，用电负荷，供水量等）要首先计算，以便通过分项指标及指数调整，进行报价。以设计标准将施工项目划分为高、中、低三个档次，以类别框定价格水平，是快速报价的有效手段之一。

2. 总结各类已建工程的经济指标

施工企业的造价人员应搜集、整理已建的各类工程造价资料，进行技术经济指标的分析，还要对同一工程的预算、报价、结算和成本（会计支付）进行对比，要分析计算单位规模量（每平方米建筑面积、每百万元投资额……）的各项消耗指标（工、料、成本），计算、整理本专业主要扩大项目的实际综合单价水平。这些资料是快速报价的重要依据和参考标准，可促使报价准确度的提高。要认识到市场经济条件下的两个问题，一是企业竞争带来经济指标的封闭状态，二是资源单价的波动状态。因此，技术经济指标是动态的，快速报价是灵活的。

3. 正确衡量企业自身的内在实力

建筑企业是以较好地完成"满足社会需求和扩大盈利积累"两大任务，而在市场中生存。投标报价是以求得中标后获取最大利润为目的，而快速报价是实现这一目的、满足业主要求的一种做法。因此，报价高低直接涉及企业的效益（社会效益和经济效益）。报价低于企业成本属"废标"，不能中标；报价高于企业成本，不仅能盈利，还可能中标。无疑，投标人的企业成本是报价的"底线"，报价高于企业成本多少，则是盈利多少及能否中标的关键。报价太高盈利多，但不易中标；报价略高盈利少，可能中标。企业成本是指完成招标建设项目必须支付的直接费用和间接费用之和（不含利润，税金属不可竞争费用），是企业内在实力的经济尺度。企业成本主要决定于本企业人员素质、机械设备和管理水平等因素，其综合指标是劳动生产率，具体参数是本企业完成类似工程或项目的近年统计资料及目标值实现率。

4. 熟悉市场资源价格的波动状态

投标报价中的资源价格（单价）主要有三个方面，即工资标准、材料价格、机械台班单价。综合劳动工的工资标准和自有施工机械设备台班单价，可通过企业财务报表分析获得；要了解租赁机械的市场价格和定额规定；而材料的单价只能从市场获取，报价中材料费用所占比例较大（约占60%～70%）。因此，熟悉市场上各种材料的价格变动状况，对提高快速报价的精确性具有十分重要的意义。影响材料单价的因素很多，例如：质量等级、品种规格、批量多少、货物来源、协作关系、供求状况等等。获取价格信息的惟一办法是市场调研（询价），企业的经营部门应有可靠的信息来源，并认真分析满足招标建设项目的常规材料及特种材料，在价格综合体系上与定额单价对比分析，掌握材料价格随时间变化的关系（指数）。

企业经过长期积累，不断总结，具备上述四个条件，就能够做好快速报价工作。

二、快速报价的一般做法

快速报价不可能计算细账，要从宏观上控制，抓住主体项目计算大账。企业经营者心中，应装着一本"账"，才能准确进行报价决策。为了满足快速报价的及时性和准确性要求，许多企业都有自己的一套做法，从基本原理上分析，主要有单位规模概算指标分析法、劳动生产率控制分析法、扩大项目综合单价计算法、预测成本控制比较法、费用比例分析法、概算定额分项计算法等做法。

1. 单位规模概算指标分析法

以技术经济指标的单位工程规模为计量单位（如：房屋建筑面积按 m^2、铁路公路按每公里、桥梁隧道按延米、市政工程按 m^2 等），核定不同类型及规模工程的各项消耗指标（造价或成本、用工、重点主材等），考虑综合调整系数。其简单的理论计算式为

投标工程指标＝投标工程规模量×同类工程的单位规模（某项）消耗指标×调整系数

例如：某投标住宅楼（8层）的建筑面积为 $2500m^2$，本企业已建类似工程的一般单位强电电气安装实际成本指标为 84.53 元/m^2，因建设时间差异分析的关系指数为 1.052。

则施工成本的最低值约为：2500×84.53×1.052＝222313.90（元），该数值可作为投标最低总价控制线，以供决策电气安装总造价投标报价。对于用工、用料总指标，也可利用该原理，进行资源耗量的核定。

2. 劳动生产率控制分析法

劳动生产率是指单位劳动量所制造的生产价值（元/工日或元/人·年），有建筑安装工人劳动生产率与企业全员劳动生产率之分。经营者应掌握本企业、同行业、同类工程项目的劳动生产率水平，依照劳动量投入指标，进行比较分析和类推匡算出招标工程的造价。同样，可根据同类已建工程的实际利润，通过单位利润及产值利润率的指标，匡算出指标及工程造价的概数。这种做法主要适用于难以使用概算指标进行分析的综合性大型项目及资料缺乏的建设项目。

3. 扩大项目综合单价计算法

企业对本专业的常用扩大项目应经常进行综合单价分析（本章第三节），分析的单价可按直接费单价、成本费单价和完全费单价三种分类，还可按不变价及可调单价两部分划分。在对招标工程的主要扩大项目进行工程量计算后，直接套价求出基本造价，再按未预见项目所占比例而增加费用，形成总报价参数值。相对而言，采用这种方法的风险较小，但选定"扩大项目"的可靠性是决定因素。凡扩大项目应具有单价高、数量多、对造价影响大等特点，分析计算中应结合招标工程的设计要求选定。

4. 预测成本控制比较法

将中标后已建工程的投标报价、竣工结算价及会计成本价，划分为成本（工资、材料费、机械费、管理费、其他）和利税两部分，分别进行对比分析，以绝对数与相对数（比例）、总额与单位消耗等分别整理，形成的资料储存。根据招标工程的设计标准、规模大小等进行比较，估算出相同与差异的影响，可参照已有资料提出预测成本值，考虑利税后提出报价。

5. 费用比例分析法

工程造价由人工工资、材料费（主材、辅材）、施工机械费、间接费、利润、税金等构成，各项费用之间都有一个正常的相对比例范围。企业管理水平的高低，可从间接成本占直接成本的比例上反映，管理水平高的必然间接成本所占比例低。企业应对已建各类工程进行成本分析和费用比例计算，从中考核施工项目的经济效益。经营者可利用这些比例关系，进行分析提出报价。据有关资料表明，一般房屋土建工程各项目费用所占总费用的比例为直接费75％～80％（其中人工费10％～12％、材料费60％～70％、机械费5％～10％）、间接费20％左右、利润3％～7％、税金3％～3.5％。安装工程的费用比例变动较大，原因是主材费波动、专业划分很细、设计标准差异大等。

6. 概算定额分项计算法

这种做法相当于编制设计概算（第二章第一节），设计概算是以综合扩大项目为计价单元，先计算工程量套价计算直接费，再按费用定额计算各项费用，从而分析计算出工程总投资。但是，报价分析的是施工造价，不包括完整的设计概算应具有的不属于建安工程费范围的"其他项目及费用"（征地、拆迁、业主管理……）。因此，利用概算定额只是计算直接费的一种手段。当然，对快速报价而言，这种方法比较精确，但分项计算的工作量较大。

简要介绍上述这些做法，主要起引导和启迪作用，从中开辟一些思路，具体的做法由于专业广泛性与工程复杂性，不能作为本书的重点花大量篇幅阐述。实际上，在企业领导的心目中，都有一本"账"，这些都是从工程实践中摸索出来的经济指标。问题在于如何扩大与提高，运用在快速报价上。

三、快速报价的探讨

（1）快速报价的基础是掌握大量的经济指标，这些经济指标只能来源于工程实践。国家和地区的统计资料，因其综合性太强，只能参考而不能直接套用，其原因是企业之间、工程项目之间、施工专业之间，以及地区之间的差异性较大，相关系数的准确性较难控制。因此，企业经营者必须善于总结和分析自身已建工程的各种技术经济指标，为已所用。

（2）材料费在总费用中所占比例很大，而安装主材费在安装材料费中又占了70%~80%的高额比例。因此，准确把握材料费是快速报价成败的关键。还要认识到，市场条件下材料费的波动性，企业经营者必须经常进行市场询价和调研，关心市场动态，提高预测水平。

（3）企业的造价编制者属具体业务人员，在快速报价中应通过分析计算提供成本资料，以供企业经营者对报价的决策。因此，预算成本的精确性是衡量造价编制水平的尺度。可见，造价编制的责任重大，必须不断学习、努力提高、善于总结、善于积累。

（4）当前，建设项目招标中尚未要求"快速报价"，在至少20天的投标文件编制期内，完全可以按招标文件要求提出精确报价，何况有明确招标文件必须具备"工程量清单"的限定，给报价编制者带来福音，省去了繁琐的工程量计算。即便如此，开标后各家报价悬殊的现象仍然经常发生，究其原因多数是：对"招标文件"研究不够、主材单价差异过大（与市场价不符）、招标文件不明示的问题未澄清、编制者水平不高等。因此，企业必须对造价编制给予足够重视。

第四节 "清单计价规范"的执行规定

《建设工程工程量清单计价规范》GB 50500—2013及配套的九册"计量规范"，是在2003、2008年两个版本基础上，总结实践经验，完善计价体系，适应相关法规，满足发展需要，所修编的新版系列规范。其主要特点是：扩大计价计量范围，完善价款调整规定，细化特征措施内容，规范计价标准体系。

2013年版"清单计价规范"中，对造价文书的编制、工程实施阶段的计价活动等，作了许多执行规定，以规范建设工程计价行为。本节就主要规定进行归纳，供读者学习中给予关注。

1. 执行范围：凡国有资金投资建设项目（含财政预算、国有控股、国家融资等）在发承包及实施阶段，必须实施"清单计价"，必须采用"综合单价"，必须执行"清单计价规范"。同时，要实行"招投标制度"，按规定在招标文件中提供"工程量清单"及其招标控制价。

2. 编审资格：建设工程的招标工程量清单、招标控制价、投标报价、工程计量、合同价款调整，合同价款结算与支付，工程造价鉴定等造价文书的编制、核对，及其计价活动，必须由具备专业资格的工程造价人员进行。工程造价人员及其所在单位对造价文件的质量负责。同一人不能同时参与同一建设工程招标控制价、投标报价的编审业务。

3. 不可竞争费用：计价费用组成中，措施费的安全文明施工费、各种规费和税金为不可竞争费用，须按地方规定计取。

4. 甲方供料：发包方供料（材料、设备）列入招标文件"一览表"规定价格、进入总价；因供货延误工期顺延，造成承包方损失赔偿，按合同约定承担违约金（利润）。甲供料变更，由合同约定或另订协议。

5. 招标控制价：指招标人根据国家或省级、行业建设主管部门颁发的有关计价依据和办法，以及拟定的招标文件和招标工程量清单、结合工程具体情况编制的招标工程的最高投标限价；按"规范"规定及地方计价标准编制，不允许"上调"或"下浮"，应在地方工程造价行业管理机构备案；凡超过"概算"须经原"概算"审批部门重新核准；对"招标控制价"有异议，可在公示后5天内实名、书面向指定部门投诉，由责任部门在规定期间内审查、回复、订正。

6. 投标报价：指投标人投标时响应招标文件要求所报出的对已标价工程量清单汇总后标明的总价；投标报价是投标人参与投标活动的自主承诺，必须对口响应招标文件的"工程量清单"要求和投标格式；一个项目只能有一个报价；投标报价高于招标控制价或低于工程成本价者，属废标不参与评标。

7. 施工合同：中标通知书发出30天内订立施工合同，合同条款应符合招标文件预示内容，不允许改变工期、造价、质量等实质性条款；任何合同条款的变更，须经双方协商一致、订立补充协议；施工合同的法律解释顺序为：补充协议—施工合同—投标文件—招标文件，即合法文书的"时间倒退"有效性。

8. 合同承包价：实行"清单计价"的工程，应采用单价合同（符合规定的特定工程，经批准方可采用总价合同或成本加酬金合同）。施工合同的工程量清单项目及其综合单价，是构成合同承包价的要件。

9. 工程计量：指发承包双方根据合同约定，对承包人实际完成合同工程的合格数量进行的计算和确认；因此合同明示的"清单项目"已实施经验收合格后，按"计量规则"规定由承包人在有效期内申报计量，发包人（监理）收到申请单须在7天内核实批准；发包人（监理）需现场核实时，须在有效期内提前24小时预约承包人，核实后双方签认；超过"规定时效"或拒绝参与，其计量"先方有效"。

10. 现场签证：因工程变更出现的非"清单项目"或"项目特征"变化者，应在规定有效期内办理"签证"手续（项目、数量、价格），纳入"竣工结算"计价；"签证"项目实行"申请批准—施工作业—验收合格—计量签认"的工作程序；现场签证原则上不补偿工期，只给予价款补偿或调整；凡因"特征"或工作内容改变，引起综合单价调整，应按"规范"确定的原则执行（合适项目套用不调、类似项目移用不调、新增项目申报批价、投标浮率新价利用等）。

11. 合同价款调整因素："规范"明确合同价款调整的范围（因素）是：法律法规变化、工程变更、项目特征不符、"清单"缺项、工程量偏差、计日工、物价变化、暂估价、不可抗力、提前竣工（赶工补偿）、误期赔偿、索赔、现场签证、暂列金额和约定的其他事项等十五项；出现这些情况都可通过"签证"或"索赔"调整合同价款，但须在施工合同中具体约定；合同中未明确约定时，按"计价规范"的规定处理。

12. 索赔：指在工程合约履行过程中，合同当事人一方因非己方的原因而遭受损失，按合同约定或法律规定应由对方承担责任，从而向对方提出补偿的要求；因此，单方违约或意外风险造成另一方损失，将引发"索赔"；"规范"对索赔程序作了规定，包括提交程序和受理程序（事件发生→索赔意向书→索赔通知书与证据→受理、查验→协商与协议）；经调解未果，将进入仲裁、司法程序；索赔的补偿方式为：延长工期、费用补偿（实际损失＋违约金）、延长"缺陷修复期"。

13. 不可抗力：指发承包双方在工程合同签订时不能预见的，对其发生的后果不能避免，并且不能克服的自然灾害和社会性突发事件；因此，具备"不可预见、难料后果、不可克服"特点的事件为不可抗力风险；不可抗力造成的损失，执行"各自分担"的原则；发包方承担：工程损害及导致的第三方人员伤亡和财产损失，运至工地的待装永久设备及施工材料损害，本单位人员伤亡及财产损害，恢复施工需清理与修复费用等；承包方承担：本单位人员伤亡及财产损害，施工机械设备损坏，停工和误工损失等；施工工期顺延（工程延期），施工合同继续履行。

14. 工程量偏差：在施工合同未明示的前提下，招标"清单"工程量与设计图示或实际作业工程量偏差超过 15％，可调整该项目超过部分或不足底数的综合单价；超过 15％以上的工程量，应按降价计费；不足"清单"数量 85％ 以下工程量，可调高单价；因工程量偏差引起的综合单价调整，须发承包双方协商，并参考"控制价"计价因素确定。

15. 物价变化：承包人因人工、设备、材料、机械台班等资源单价变化，影响合同价款合理计费，应按施工合同条款约定调价；当合同未约定时，资源单价变化大于 5％，经核准可调价，办理"签证"或"索赔"手续，纳入竣工结算；调价的计算按"规范"公式（附录）执行；工程延期可以调增，工程延误只能调减；甲方供料不予调价，其价差按实列入（会计）决算。

16. 预付款：合同签约后，发包方应按合同约定的有效期内，支付给承包方用于施工准备及备料的预付款；预付款不低于合同价（扣暂列金额）10％、不高于 30％，由合同约定；支付程序：承包人申请→发包人（监理）7 天内核准→7 天内支付；合同约定期满未支付，可在规定期内催告，期满再不支付可停工，造成误期和损失由发包人承担；预付款的回扣与抵冲，由合同约定。

17. 进度款：工程进度款的支付方式（清单计量按月支付、形象进度比例支付等）、支付程序、支付时间以及甲供料抵冲、予付款抵扣、签证索赔支付等具体规定，须在施工合同内明确约定；每期控制实际支付款不低于应付工程款 60％、不高于 90％。

18. 竣工结算：工程结算是指发承包双方根据合同约定，对合同工程在实施中、终止时、已完工后的合同价款计算、调整和确认；工程结算包括期中结算、终止结算、竣工结算；工程竣工验收合格后的规定期限（一般一个月）内，承包人负责按规定格式编制、申报"竣工结算"；发包人收到"竣工结算"文书 28 天内可要求"补充资料"，资料补齐后 28 天内提出复核结果，双方无异议 7 天内办理相关手续确认，有异议 28 天内提出申诉，进入协商、调解、仲裁、司法程序；竣工结算的编制、核对、审核、审计，须由具备工程造价资格的人员实施；竣工结算除监理审核外，须经第三方审核、审计（时效 28 天），并在当地行业管理部门备案，且进入竣工资料建档保存。

19. 竣工结算价：指发承包双方依据国家有关法律、法规和标准规定，按照合同约定确定的，包括在履行合同过程中按合同约定进行的合同价款调整，是承包人按合同约定完成了全部承包工作后，发包人应付给承包人的合同总金额；竣工结算价是按竣工结算规定程序办理的施工造价文书及其成果。

20. 价款争议：工程施工中出现合同价款争议事项，应由争议方提出书面意见（申请），监理（造价师）在14天内提出暂定处理意见（书面），双方同意可在14天内签订协议；持异议可在14天内向工程造价管理机构申请解释或认定，同意可签协议；仍持异议可进入调解、仲裁、司法程序；争议调解人应由双方事先在合同中约定，调解人的更换或终止须经双方协商一致，现场监理为义务调解人。

21. 造价鉴定：指工程造价咨询人接受人民法院、仲裁机关委托，对施工合同纠纷案件中的工程造价争议，运用专门知识进行鉴别、判断和评定，并提供鉴定意见的活动；因此，工程造价鉴定是工程价款纠纷案件中的司法鉴定行为，应委托具有相应资质的工程造价咨询人进行；造价鉴定实行回避制度，要求专业对口，可出庭质询，须提供书面鉴定书，遵守"合法性、协调性"原则；鉴定书应包括委托项目及内容、证据资料、鉴定依据与手段、鉴定过程、鉴定结论、其他说明、签名盖印等内容。

22. 计价资料：工程实施阶段发承包双方均应及时收集、整理各种工程计价原始资料，为工程价款的计量、计价、核价、支付等工作服务；计价资料的主要内容有指令、通知、联系单、核准书、纪要、商定、计量、签证、支付、变更、审批等文件，以及招投标文件、施工合同、设计文件等前期资料；各类计价资料（书面）在时效内收集的基础上，应按"工程资料规范"的要求，由专人统一编目、整理、建档、保管；造价资料由纸质原件、复印件或电子文件构成，保管期不少于五年，按规定递交有关部门备案与存档；工程计价资料应建立责任制度，办理编制、归档、签收、移交、保管等签认手续。

以上条目是2013年版"清单计价规范"的部分执行规定，详细内容参见 GB 50500—2013原文及其宣贯资料。

复习思考题

1. 何谓工程建设招标投标制度？工程建设项目推行招投标有何意义？

2. 哪些工程建设项目必须实行招标投标？在工程规模上有何限制？

3. 简述工程施工招标、投标的主要程序。

4. 何谓施工招标？我国规定有哪两种招标方式？两种方式有何不同？

5. 招标文件的主要内容有哪些？

6. 何谓施工投标？企业投标应具备哪些条件？

7. 投标文件应包括哪些主要内容？

8. 投标决策的含义是什么？试述投标决策、投标策略、报价技巧三者具体含义是什么？

9. 简述开标、评标、中标三个法定活动中的主要政策性规定。

10. 投标报价有哪几种方式？试列表分析其含义和适用条件。

11. 工料单价法与综合单价法两者有何不同？

12. 通过调研，试述本地区如何处理"工程变更"的造价变动？

13. 何谓完全费用综合单价？定额项目与扩大项目的含义有何不同？

14. 简述综合单价的编制依据。

15. 何谓快速报价？在工程项目招标中的地位如何？

16. 快速报价应具哪些必备条件？

17. 快速报价的一般做法有哪些？分别应具备哪些主要资料？

18. 试述"清单计价规范"的执行范围及造价文书的编审资格规定？

19. 不可竞争费用指哪些内容？

20. 合同价款调整有哪十五种影响因素？签证与索赔有何不同？

21. 不可抗力指什么？发包方、承包方分别各承担哪些损害？

22. 监理（造价师）在工程价款争议协调工作、竣工结算审核业务中，发挥什么作用？

23. 通过认真学习《建设工程工程量清单计价规范》GB 50500—2013，试分析、归纳具备工程造价执业资质的人员，在建设工程招投标及实施阶段（施工前、施工中、竣工期）的具体业务有哪些？

附　　录

一、建筑安装工程费用项目的划分（2013 年）

文件：关于印发《建筑安装工程费用项目组成》的通知

各省、自治区住房城乡建设厅、财政厅，直辖市建委（建交委）、财政局，国务院有关部门：

为适应深化工程计价改革的需要，根据国家有关法律、法规及相关政策，在总结原建设部、财政部《关于印发<建筑安装工程费用项目组成>的通知》（建标［2003］206 号）（以下简称《通知》）执行情况的基础上，我们修订完成了《建筑安装工程费用项目组成》（以下简称《费用组成》），现印发给你们。为便于各地区、各部门做好发布后的贯彻实施工作，现将主要调整内容和贯彻实施有关事项通知如下：

一、《费用组成》调整的主要内容：

（一）建筑安装工程费用项目按费用构成要素组成划分为人工费、材料费、施工机具使用费、企业管理费、利润、规费和税金（见附件 1）。

（二）为指导工程造价专业人员计算建筑安装工程造价，将建筑安装工程费用按工程造价形成顺序划分为分部分项工程费、措施项目费、其他项目费、规费和税金（见附件2）。

（三）按照国家统计局《关于工资总额组成的规定》，合理调整了人工费构成及内容。

（四）依据国家发展改革委、财政部等 9 部委发布的《标准施工招标文件》的有关规定，将工程设备费列入材料费；原材料费中的检验试验费列入企业管理费。

（五）将仪器仪表使用费列入施工机具使用费；大型机械进出场及安拆费列入措施项目费。

（六）按照《社会保险法》的规定，将原企业管理费中劳动保险费中的职工死亡丧葬补助费、抚恤费列入规费中的养老保险费；在企业管理费中的财务费和其他中增加担保费用、投标费、保险费。

（七）按照《社会保险法》、《建筑法》的规定，取消原规费中危险作业意外伤害保险费，增加工伤保险费、生育保险费。

（八）按照财政部的有关规定，在税金中增加地方教育附加。

二、为指导各部门、各地区按照本通知开展费用标准测算等工作，我们对原《通知》中建筑安装工程费用参考计算方法、公式和计价程序等进行了相应的修改完善，统一制订了《建筑安装工程费用参考计算方法》和《建筑安装工程计价程序》（见附件 3、附件 4）。

三、《费用组成》自 2013 年 7 月 1 日起施行，原建设部、财政部《关于印发<建筑安装工程费用项目组成>的通知》（建标［2003］206 号）同时废止。

附件：1. 建筑安装工程费用项目组成（按费用构成要素划分）

2. 建筑安装工程费用项目组成（按造价形成划分）

3. 建筑安装工程费用参考计算方法

4. 建筑安装工程计价程序（指标控制价、投标报价、竣工结算……表示省略）

中华人民共和国住房和城乡建设部、财政部

2013 年 3 月 21 日

附件 1：建筑安装工程费用项目组成（按费用构成要素划分）

建筑安装工程费按照费用构成要素划分：由人工费、材料（包含工程设备，下同）费、施工机具使用费、企业管理费、利润、规费和税金组成。其中人工费、材料费、施工机具使用费、企业管理费和利润包含在分部分项工程费、措施项目费、其他项目费中（图 2-2）。

（一）人工费：是指按工资总额构成规定，支付给从事建筑安装工程施工的生产工人和附属生产单位工人的各项费用。内容包括：

1. 计时工资或计件工资：是指按计时工资标准和工作时间或对已做工作按计件单价支付给个人的劳动报酬。

2. 奖金：是指对超额劳动和增收节支支付给个人的劳动报酬。如节约奖、劳动竞赛奖等。

3. 津贴补贴：是指为了补偿职工特殊或额外的劳动消耗和因其他特殊原因支付给个人的津贴，以及为了保证职工工资水平不受物价影响支付给个人的物价补贴。如流动施工津贴、特殊地区施工津贴、高温（寒）作业临时津贴、高空津贴等。

4. 加班加点工资：是指按规定支付的在法定节假日工作的加班工资和在法定日工作时间外延时工作的加点工资。

5. 特殊情况下支付的工资：是指根据国家法律、法规和政策规定，因病、工伤、产假、计划生育假、婚丧假、事假、探亲假、定期休假、停工学习、执行国家或社会义务等原因按计时工资标准或计时工资标准的一定比例支付的工资。

（二）材料费：是指施工过程中耗费的原材料、辅助材料、构配件、零件、半成品或成品、工程设备的费用。内容包括：

1. 材料原价：是指材料、工程设备的出厂价格或商家供应价格。

2. 运杂费：是指材料、工程设备自来源地运至工地仓库或指定堆放地点所发生的全部费用。

3. 运输损耗费：是指材料在运输装卸过程中不可避免的损耗。

4. 采购及保管费：是指为组织采购、供应和保管材料、工程设备的过程中所需要的各项费用。包括采购费、仓储费、工地保管费、仓储损耗。

工程设备是指构成或计划构成永久工程一部分的机电设备、金属结构设备、仪器装置及其他类似的设备和装置。

（三）施工机具使用费：是指施工作业所发生的施工机械、仪器仪表使用费或其租赁费。

1. 施工机械使用费：以施工机械台班耗用量乘以施工机械台班单价表示，施工机械台班单价应由下列七项费用组成：

（1）折旧费：指施工机械在规定的使用年限内，陆续收回其原值的费用。

（2）大修理费：指施工机械按规定的大修理间隔台班进行必要的大修理，以恢复其正常功能所需的费用。

（3）经常修理费：指施工机械除大修理以外的各级保养和临时故障排除所需的费用。包括为保障机械正常运转所需替换设备与随机配备工具附具的摊销和维护费用，机械运转中日常保养所需润滑与擦拭的材料费用及机械停滞期间的维护和保养费用等。

（4）安拆费及场外运费：安拆费指施工机械（大型机械除外）在现场进行安装与拆卸所需的人工、材料、机械和试运转费用以及机械辅助设施的折旧、搭设、拆除等费用；场外运费指施工机械整体或分体自停放地点运至施工现场或由一施工地点运至另一施工地点的运输、装卸、辅助材料及架线等费用。

（5）人工费：指机上司机（司炉）和其他操作人员的人工费。

（6）燃料动力费：指施工机械在运转作业中所消耗的各种燃料及水、电等。

（7）税费：指施工机械按照国家规定应缴纳的车船使用税、保险费及年检费等。

2．仪器仪表使用费：是指工程施工所需使用的仪器仪表的摊销及维修费用。

（四）企业管理费：是指建筑安装企业组织施工生产和经营管理所需的费用。内容包括：

1．管理人员工资：是指按规定支付给管理人员的计时工资、奖金、津贴补贴、加班加点工资及特殊情况下支付的工资等。

2．办公费：是指企业管理办公用的文具、纸张、账表、印刷、邮电、书报、办公软件、现场监控、会议、水电、烧水和集体取暖降温（包括现场临时宿舍取暖降温）等费用。

3．差旅交通费：是指职工因公出差、调动工作的差旅费、住勤补助费、市内交通费和误餐补助费，职工探亲路费，劳动力招募费，职工退休、退职一次性路费，工伤人员就医路费，工地转移费以及管理部门使用的交通工具的油料、燃料等费用。

4．固定资产使用费：是指管理和试验部门及附属生产单位使用的属于固定资产的房屋、设备、仪器等的折旧、大修、维修或租赁费。

5．工具用具使用费：是指企业施工生产和管理使用的不属于固定资产的工具、器具、家具、交通工具和检验、试验、测绘、消防用具等的购置、维修和摊销费。

6．劳动保险和职工福利费：是指由企业支付的职工退职金、按规定支付给离休干部的经费，集体福利费、夏季防暑降温、冬季取暖补贴、上下班交通补贴等。

7．劳动保护费：是企业按规定发放的劳动保护用品的支出。如工作服、手套、防暑降温饮料以及在有碍身体健康的环境中施工的保健费用等。

8．检验试验费：是指施工企业按照有关标准规定，对建筑以及材料、构件和建筑安装物进行一般鉴定、检查所发生的费用，包括自设试验室进行试验所耗用的材料等费用。不包括新结构、新材料的试验费，对构件做破坏性试验及其他特殊要求检验试验的费用和建设单位委托检测机构进行检测的费用，对此类检测发生的费用，由建设单位在工程建设其他费用中列支。但对施工企业提供的具有合格证明的材料进行检测不合格的，该检测费用由施工企业支付。

9．工会经费：是指企业按《工会法》规定的全部职工工资总额比例计提的工会经费。

10. 职工教育经费：是指按职工工资总额的规定比例计提，企业为职工进行专业技术和职业技能培训，专业技术人员继续教育、职工职业技能鉴定、职业资格认定以及根据需要对职工进行各类文化教育所发生的费用。

11. 财产保险费：是指施工管理用财产、车辆等的保险费用。

12. 财务费：是指企业为施工生产筹集资金或提供预付款担保、履约担保、职工工资支付担保等所发生的各种费用。

13. 税金：是指企业按规定缴纳的房产税、车船使用税、土地使用税、印花税等。

14. 其他：包括技术转让费、技术开发费、投标费、业务招待费、绿化费、广告费、公证费、法律顾问费、审计费、咨询费、保险费等。

（五）利润：是指施工企业完成所承包工程获得的盈利。

（六）规费：是指按国家法律、法规规定，由省级政府和省级有关权力部门规定必须缴纳或计取的费用。包括：

1. 社会保险费

（1）养老保险费：是指企业按照规定标准为职工缴纳的基本养老保险费。

（2）失业保险费：是指企业按照规定标准为职工缴纳的失业保险费。

（3）医疗保险费：是指企业按照规定标准为职工缴纳的基本医疗保险费。

（4）生育保险费：是指企业按照规定标准为职工缴纳的生育保险费。

（5）工伤保险费：是指企业按照规定标准为职工缴纳的工伤保险费。

2. 住房公积金：是指企业按规定标准为职工缴纳的住房公积金。

3. 工程排污费：是指按规定缴纳的施工现场工程排污费。

其他应列而未列入的规费，按实际发生计取。

（七）税金：是指国家税法规定的应计入建筑安装工程造价内的营业税、城市维护建设税、教育费附加以及地方教育附加。

附件2：建筑安装工程费用项目组成（按造价形成划分）

建筑安装工程费按照工程造价形成由分部分项工程费、措施项目费、其他项目费、规费、税金组成，分部分项工程费、措施项目费、其他项目费包含人工费、材料费、施工机具使用费、企业管理费和利润（图2-3）。

（一）分部分项工程费：是指各专业工程的分部分项工程应予列支的各项费用。

1. 专业工程：是指按现行国家计量规范划分的房屋建筑与装饰工程、仿古建筑工程、通用安装工程、市政工程、园林绿化工程、矿山工程、构筑物工程、城市轨道交通工程、爆破工程等各类工程。

2. 分部分项工程：指按现行国家计量规范对各专业工程划分的项目。如房屋建筑与装饰工程划分的土石方工程、地基处理与桩基工程、砌筑工程、钢筋及钢筋混凝土工程等。

各类专业工程的分部分项工程划分见现行国家或行业计量规范。

（二）措施项目费：是指为完成建设工程施工，发生于该工程施工前和施工过程中的技术、生活、安全、环境保护等方面的费用。内容包括：

1. 安全文明施工费

①环境保护费：是指施工现场为达到环保部门要求所需要的各项费用。

②文明施工费：是指施工现场文明施工所需要的各项费用。

③安全施工费：是指施工现场安全施工所需要的各项费用。

④临时设施费：是指施工企业为进行建设工程施工所必须搭设的生活和生产用的临时建筑物、构筑物和其他临时设施费用。包括临时设施的搭设、维修、拆除、清理费或摊销费等。

2. 夜间施工增加费：是指因夜间施工所发生的夜班补助费、夜间施工降效、夜间施工照明设备摊销及照明用电等费用。

3. 二次搬运费：是指因施工场地条件限制而发生的材料、构配件、半成品等一次运输不能到达堆放地点，必须进行二次或多次搬运所发生的费用。

4. 冬雨季施工增加费：是指在冬季或雨季施工需增加的临时设施、防滑、排除雨雪，人工及施工机械效率降低等费用。

5. 已完工程及设备保护费：是指竣工验收前，对已完工程及设备采取的必要保护措施所发生的费用。

6. 工程定位复测费：是指工程施工过程中进行全部施工测量放线和复测工作的费用。

7. 特殊地区施工增加费：是指工程在沙漠或其边缘地区、高海拔、高寒、原始森林等特殊地区施工增加的费用。

8. 大型机械设备进出场及安拆费：是指机械整体或分体自停放场地运至施工现场或由一个施工地点运至另一个施工地点所发生的机械进出场运输和转移费用及机械在施工现场进行安装、拆卸所需的人工费、材料费、机械费、试运转费和安装所需的辅助设施的费用。

9. 脚手架工程费：是指施工需要的各种脚手架搭、拆、运输费用以及脚手架购置费的摊销（或租赁）费用。

措施项目及其包含的内容详见各类专业工程的现行国家或行业计量规范。

（三）其他项目费

1. 暂列金额：是指建设单位在工程量清单中暂定并包括在工程合同价款中的一笔款项。用于施工合同签订时尚未确定或者不可预见的所需材料、工程设备、服务的采购，施工中可能发生的工程变更、合同约定调整因素出现时的工程价款调整以及发生的索赔、现场签证确认等的费用。

2. 计日工：是指在施工过程中，施工企业完成建设单位提出的施工图纸以外的零星项目或工作所需的费用。

3. 总承包服务费：是指总承包人为配合、协调建设单位进行的专业工程发包，对建设单位自行采购的材料、工程设备等进行保管以及施工现场管理、竣工资料汇总整理等服务所需的费用。

（四）规费：定义同附件1。

（五）税金：定义同附件1。

附件3：建筑安装工程费用参考计算方法

一、各费用构成要素参考计算方法如下：

（一）人工费

公式1：人工费＝$\sum$（工日消耗量×日工资单价）

日工资单价＝

$$\frac{生产工人平均月工资（计时、计件）＋平均月（奖金＋津贴补贴＋特殊情况下支付的工资）}{年平均每月法定工作日}$$

注：公式1主要适用于施工企业投标报价时自主确定人工费，也是工程造价管理机构编制计价定额确定定额人工单价或发布人工成本信息的参考依据。

公式2：

人工费＝∑（工程工日消耗量×日工资单价）

日工资单价是指施工企业平均技术熟练程度的生产工人在每工作日（国家法定工作时间内）按规定从事施工作业应得的日工资总额。

工程造价管理机构确定日工资单价应通过市场调查、根据工程项目的技术要求，参考实物工程量人工单价综合分析确定，最低日工资单价不得低于工程所在地人力资源和社会保障部门所发布的最低工资标准的：普工1.3倍、一般技工2倍、高级技工3倍。

工程计价定额不可只列一个综合工日单价，应根据工程项目技术要求和工种差别适当划分多种日人工单价，确保各分部工程人工费的合理构成。

注：公式2适用于工程造价管理机构编制计价定额时确定定额人工费，是施工企业投标报价的参考依据。

（二）材料费

1. 材料费

材料费＝∑（材料消耗量×材料单价）

材料单价＝［（材料原价＋运杂费）×〔1＋运输损耗率（%）〕］×［1＋采购保管费率（%）］

工程设备费

工程设备费＝∑（工程设备量×工程设备单价）

工程设备单价＝（设备原价＋运杂费）×［1＋采购保管费率（%）］

（三）施工机具使用费

1. 施工机械使用费

施工机械使用费＝∑（施工机械台班消耗量×机械台班单价）

机械台班单价＝台班折旧费＋台班大修费＋台班经常修理费＋台班安拆费及场外运费＋台班人工费＋台班燃料动力费＋台班车船税费

注：工程造价管理机构在确定计价定额中的施工机械使用费时，应根据《建筑施工机械台班费用计算规则》结合市场调查编制施工机械台班单价。施工企业可以参考工程造价管理机构发布的台班单价，自主确定施工机械使用费的报价，如租赁施工机械，公式为：施工机械使用费＝∑（施工机械台班消耗量×机械台班租赁单价）

2. 仪器仪表使用费

仪器仪表使用费＝工程使用的仪器仪表摊销费＋维修费

（四）企业管理费费率

（1）以分部分项工程费为计算基础

$$企业管理费费率（\%）＝\frac{生产工人年平均管理费}{年有效施工天数×人工单价}×人工费占分部分项工程费比例（\%）$$

（2）以人工费和机械费合计为计算基础

$$企业管理费费率（\%）＝\frac{生产工人年平均管理费}{年有效施工天数×（人工单价＋每一工日机械使用费）}×100\%$$

（3）以人工费为计算基础

$$企业管理费费率（\%）＝\frac{生产工人年平均管理费}{年有效施工天数×人工单价}×100\%$$

注：上述公式适用于施工企业投标报价时自主确定管理费，是工程造价管理机构编制计价定额确定企业管理费的参考依据。

工程造价管理机构在确定计价定额中企业管理费时，应以定额人工费或（定额人工费＋定额机械费）作为计算基数，其费率根据历年工程造价积累的资料，辅以调查数据确定，列入分部分项工程和措施项目中。

（五）利润

1. 施工企业根据企业自身需求并结合建筑市场实际自主确定，列入报价中。

2. 工程造价管理机构在确定计价定额中利润时，应以定额人工费或（定额人工费＋定额机械费）作为计算基数，其费率根据历年工程造价积累的资料，并结合建筑市场实际确定，以单位（单项）工程测算，利润在税前建筑安装工程费的比重可按不低于5%且不高于7%的费率计算。利润应列入分部分项工程和措施项目中。

（六）规费

1. 社会保险费和住房公积金。

社会保险费和住房公积金应以定额人工费为计算基础，根据工程所在地省、自治区、直辖市或行业建设主管部门规定费率计算。

社会保险费和住房公积金＝∑（工程定额人工费×社会保险费和住房公积金费率）

式中：社会保险费和住房公积金费率可以每万元发承包价的生产工人人工费和管理人员工资含量与工程所在地规定的缴纳标准综合分析取定。

2. 工程排污费

工程排污费等其他应列而未列入的规费应按工程所在地环境保护等部门规定的标准缴纳，按实计取列入。

（七）税金

税金计算公式：

税金＝税前造价×综合税率(%)

综合税率：

（一）纳税地点在市区的企业

$$综合税率(\%)＝\frac{1}{1-3\%-(3\%×7\%)-(3\%×3\%)-(3\%×2\%)}-1＝3.477\%$$

（二）纳税地点在县城、镇的企业

$$综合税率(\%)＝\frac{1}{1-3\%-(3\%×5\%)-(3\%×3\%)-(3\%×2\%)}-1＝3.413\%$$

（三）纳税地点不在市区、县城、镇的企业

$$综合税率(\%)＝\frac{1}{1-3\%-(3\%×1\%)-(3\%×3\%)-(3\%×2\%)}-1＝3.284\%$$

（四）实行营业税改增值税的，按纳税地点现行税率计算。

二、建筑安装工程计价参考公式如下

（一）分部分项工程费

分部分项工程费＝∑（分部分项工程量×综合单价）

式中：综合单价包括人工费、材料费、施工机具使用费、企业管理费和利润以及一定范围的风险费用（下同）。

（二）措施项目费

1. 国家计量规范规定应予计量的措施项目，其计算公式为：

措施项目费＝∑（措施项目工程量×综合单价）

2. 国家计量规范规定不宜计量的措施项目计算方法如下

（1）安全文明施工费

安全文明施工费＝计算基数×安全文明施工费费率（％）

计算基数应为定额基价（定额分部分项工程费＋定额中可以计量的措施项目费）、定额人工费或（定额人工费＋定额机械费），其费率由工程造价管理机构根据各专业工程的特点综合确定。

（2）夜间施工增加费

夜间施工增加费＝计算基数×夜间施工增加费费率（％）

（3）二次搬运费

二次搬运费＝计算基数×二次搬运费费率（％）

（4）冬雨期施工增加费

冬雨期施工增加费＝计算基数×冬雨季施工增加费费率（％）

（5）已完工程及设备保护费

已完工程及设备保护费＝计算基数×已完工程及设备保护费费率（％）

上述（2）～（5）项措施项目的计费基数应为定额人工费或（定额人工费＋定额机械费），其费率由工程造价管理机构根据各专业工程特点和调查资料综合分析后确定。

（三）其他项目费

1. 暂列金额由建设单位根据工程特点，按有关计价规定估算，施工过程中由建设单位掌握使用、扣除合同价款调整后如有余额，归建设单位。

2. 计日工由建设单位和施工企业按施工过程中的签证计价。

3. 总承包服务费由建设单位在招标控制价中根据总包服务范围和有关计价规定编制，施工企业投标时自主报价，施工过程中按签约合同价执行。

（四）规费和税金

建设单位和施工企业均应按照省、自治区、直辖市或行业建设主管部门发布标准计算规费和税金，不得作为竞争性费用。

三、相关问题的说明

1. 各专业工程计价定额的编制及其计价程序，均按本《通知》实施。

2. 各专业工程计价定额的使用周期原则上为 5 年。

3. 工程造价管理机构在定额使用周期内，应及时发布人工、材料、机械台班价格信息，实行工程造价动态管理，如遇国家法律、法规、规章或相关政策变化以及建筑市场物价波动较大时，应适时调整定额人工费、定额机械费以及定额基价或规费费率，使建筑安装工程费能反映建筑市场实际。

4. 建设单位在编制招标控制价时，应按照各专业工程的计量规范和计价定额以及工程造价信息编制。

5. 施工企业在使用计价定额时除不可竞争费用外，其余仅作参考，由施工企业投标时自主报价。

附件4：建筑安装工程计价程序（指标控制价、投标报价、竣工结算……表示省略）

1. 分部分项工程费：逐项列出"清单"计算；
2. 措施项目费：通项列出"清单"计算或直接列出费用；
其中安全文明施工费（不可竞争、地方标准）
3. 其他项目费：逐项计算；
其中暂列金额、专业工程暂估价、计日工、总承包服务费等（分别列项计算）
4. 规费：按地方规定标准分项计算；
5. 税金：（1＋2＋3＋4）×规定综合税率％。

二、第六册（工业管道）各种管道规格及壁厚取定表
（附表1～附表3）

各种管道规格及壁厚取定表　　　　　　　　　　　　　　　　　　　附表1

规　　格		碳钢、不锈钢				铬钼钢管		钛　　管	
公称直径		低　压		中　压		高　压		低　压	中　压
mm	in	(A)φ	(B)φ	(A)φ	(B)φ	碳钢	不锈钢、铬钼钢	(B)φ	(B)φ
10	$\frac{3}{8}$	—	—	—	—	24×6	—	—	—
15	$\frac{1}{2}$	20×2.5	22×2.5	20×3	22×3	35×9	21.7×5	21.7×2.8	21.7×3.7
20	$\frac{3}{4}$	25×3	27×3	25×3	27×3	—	27.2×6	27.2×2.9	27.2×3.9
25	1	32×3	34×3	32×3.5	34×3.5	43×10	34×7	34×3.4	34×4.5
32	$1\frac{1}{4}$	38×3.5	42×3.5	38×3.5	42×3.5	49×10	42.7×8	42.7×3.6	42.7×4.9
40	$1\frac{1}{2}$	45×3.5	48×3.5	45×3.5	48×3.5	68×13	48.6×9	48.6×3.7	48.6×5.1
50	2	57×3.5	60×3.5	57×4	60×4	83×15	60.5×10	60.5×3.9	60.5×5.5
(70) 65	$2\frac{1}{2}$	76×4	76×4	76×5	76×5	102×17	76.3×12	76.3×5.2	76.3×7.5
80	3	89×4	89×4	89×5	89×5	127×21	89.1×14	89.1×5.5	89.1×7.6
100	4	108×4	114×4	108×6	114×6	159×28	114.3×17	114.3×6	114.3×8.6
125	5	133×4.5	140×4.5	133×7	140×7	180×30	139.8×20	141×6.6	141×9.5
150	6	159×4.5	168×4.5	159×7	168×7	219×35	165.2×23	165.2×7.1	165.2×11
200	8	219×6		219×10	—	273×35	216.3×30	216.3×8.2	216.3×12.7
250	10	273×8		273×12		325×35	267.4×36	267.4×9.3	267.4×15.1
300	12	325×8		325×14		—	318.5×42	318.5×10.3	318.5×17.4
350	14	377×10		377×16		—	355.6×47	355.6×11.1	355.6×19
400	16	426×10	—	426×18		—	406.4×53	406.4×12.7	406.4×21.4
450	18	478×11		478×19		—	457.2×58	—	—
500	20	530×12		530×21		—	508×63	—	—

规格		无缝铝管	无缝钢管		规格板卷管				说明
公称直径			低压	中压	公称直径		铝板	铜板	
(mm)	(in)	φ	φ	φ	(mm)	(in)	φ	φ	
10	3/8		12×1.5	—	150	6	159×6	155×3	1. 管道规格及壁厚为综合取定,进入基价的安装费用因壁厚不同不作调整,主材费(未计价的)按实际规格计算
15	1/2	18×1.5	20×2	20×2.5 17×2.5	200	8	219×6	205×3	2. 表中公称直径与管外径之对应是按近似值,在两种规格之间的,可选用大的直径
25	1	30×2.5	28×2	30×2.5	250	10	273×6	250×4	
32	1 1/4	40×3	36×2	35×2.5	300	12	325×6	305×4	
40	1 1/2	50×4	45×2.5	—	350	14	377×6	255×4	3. 高压碳钢管为化工部标准,按管内径与近似公称直径相对应;高压不锈钢,铬钼钢管采用引进国外标准,按管外径与近似公称直径相对应
50	2	60×4	55×2.5	54×4	400	16	426×6	405×4	
(70)65	2 1/2	70×4	65×2.5 75×3	68×4 76×5	450	18	478×6	—	
80	3	80×4	85×3	89×5	500	20	529×6	505×4	
100	4	100×5	100×4 110×4	114×5	600	24	630×6	—	4. 铝管规格适用于铝合金管
125	5	125×5	130×4	—	700	28	720×6	—	5. 定额中凡是用公称直径列项的,可按表内相对应外径计算
150	6	155×5	150×4	—	800	32	820×8	—	
200	8	185×5 220×6	200×4	—	900	36	920×8	—	6. 表中(A)为公制,(B)为英制规格
250	10	250×8	250×4	—	1000	40	1020×8	—	
300	12	285×8 325×8	—	—					
350	14	350×10	—	—					
400	16	410×10	—	—					

规格		钢板卷管			公称直径		碳钢
公称直径		碳钢	不锈钢	低温钢			
mm	in	φ	φ	φ	mm	in	φ
200	8	219×6	219×4	—	1600	64	1620×12
250	10	273×6	273×4	—	1800	72	1820×12
300	12	325×6	325×4	—	2000	80	2020×12
350	14	377×8	377×4	—	2020	88	2220×12
400	16	426×8	426×4	406.4×6	2400	96	2420×12
450	18	478×8	478×5	457.2×6	2600	104	2620×12

规　　格		钢　板　卷　管					
公称直径		碳　钢	不锈钢	低温钢	公称直径		碳　钢
mm	in	ϕ	ϕ	ϕ	mm	in	ϕ
500	20	529×8	529×5	508×6	2800	112	2820×12
550	22	—	—	558.8×6	3000	120	3020×12
600	24	630×9	630×5	609.6×6			
650	26	—	—	660.6×7			
700	28	720×9	720×6	711.2×7			
750	30	—	—	762×7			
800	32	820×9	820×7	812.8×8			
850	34	—	—	863.6×8			
900	36	920×9	920×8	914.4×9			
950	38	—	—	965.2×9			
1000	40	1020×10	1020×8	1016×9			
1050	42	—	—	1066.8×10			
1100	44	—	—	1117.6×10			
1200	48	1220×11	—	—			
1400	56	1420×12	—	—			

三、采暖工程管道长度扣除及散热面积计算参考表
（附表4～附表8）

散热长度 附表4

散热器类型	柱　型		M132型	翼　型		圆翼型	
	4柱	5柱		大60	小60	ϕ50	ϕ70
每片长度(mm)	59	59	82	280	200	1025	1025

钢管伸缩器两臂长度 附表5

增加长度(m) ／ 直径(mm) ／ 伸缩器种类	25	50	100	150	200	250	300
Ⅱ型	1.8	2.2	3.0	3.6	4.4	5.0	6.0
Ω型	1.5	2.4	—	—	—	—	—

柱型散热器托钩用量 附表 6

每组片数	3~9	10~12	13~15	16~30
上托钩	1	2	2	2
下托钩	2	2	3	4
合 计	3	4	5	6

各形煨弯所含管道长度 附表 7

管 别	煨 弯 形 状		
	灯叉弯	半圆弯	勺 弯
支 管 立 管	35 60	50 60	25

每片散热器散热面积参考表 附表 8

散热器类型	型 号	每片散热面积(m²)
长翼型	大60(A型)	1.17
	小60(B型)	0.88
M132型		0.24
柱 型	四柱813	0.28
	五柱813	0.37
圆翼型	$d50$	1.30
	$d75$	1.80

四、钢管刷油展开面积与保温体积计算表
(附表9、附表10)

每100m钢管管道展开面积表(m²) 附表 9

面积（m²）＼规格＼绝缘层厚度(mm)	公 称 直 径(mm)								
	20	25	32	40	50	70	80	90	100
0	8.4	10.52	10.27	15.08	18.85	23.72	27.80	31.80	35.81
25	24.11	26.23	28.98	30.79	34.56	39.43	43.51	47.50	51.52
30	27.25	29.39	32.12	33.93	37.69	42.57	46.65	50.64	54.66
40	33.54	35.66	34.41	40.21	43.98	48.85	52.44	56.93	60.95

体积 规格	厚度(mm)	25	30	40	50	60	70	80	90	100
公称直径（mm）	20	0.41	0.54	0.85	1.21	1.64	2.13	2.69	3.31	3.99
	25	0.47	0.61	0.93	1.32	1.77	2.29	2.87	3.51	4.21
	32	0.53	0.69	1.04	1.46	1.92	2.46	3.07	3.73	4.46
	40	0.58	0.74	1.12	1.55	2.04	2.59	3.22	3.90	4.65
	50	0.67	0.86	1.26	1.74	2.26	2.86	3.52	4.24	5.03
	70	0.79	0.99	1.45	1.97	2.55	3.20	3.91	4.68	5.51
	80	0.89	1.12	1.62	2.18	2.80	3.49	4.24	5.05	5.91
	90	0.99	1.24	1.77	2.38	3.04	3.77	4.55	5.41	6.32
	100	1.09	1.36	1.94	2.58	3.28	4.05	4.88	5.77	6.72
	125	1.30	1.60	2.26	2.99	3.77	4.62	5.53	6.50	7.54
	150	1.49	1.84	2.58	3.38	4.24	5.17	6.16	7.21	8.33

五、金属材料重量计算资料

各种钢材理论重量计算公式：

（1）圆钢每米重量（kg）　　$W=0.00617 \times d^2$　　$d=$直径（mm）

（2）方钢每米重量（kg）　　$W=0.00785 \times d^2$　　$d=$边宽（mm）

（3）六角钢每米重量（kg）　　$W=0.0068 \times d^2$　　$d=$对边距离（mm）

（4）扁钢每米重量（kg）　　$W=0.00785 \times d \times b$　　$d=$边宽（mm）　　$b=$边厚（mm）

（5）角钢每米重量（kg）　　等边角钢　　$W=0.00795 \times d(2b-d)$

　　　　　　　　　　　　　不等边角钢　　$W=0.00795 \times d(B+b-d)$

公式中　$d=$边厚（mm）；$b=$边宽（mm）；$B=$长边宽（mm）。

（6）工字钢每米重量（kg）

　　　　　　　　a 型　$W=0.00785 \times d[h+3.34(b-d)]$

　　　　　　　　b 型　$W=0.00785 \times d[h+2.65(b-d)]$

　　　　　　　　c 型　$W=0.00785 \times d[n+2.26(b-d)]$

公式中　$h=$高度（mm）；$b=$腿宽（mm）；$d=$腹厚（mm）。

（7）槽钢每米重量（kg）

　　　　　　　　a 型　$W=0.00785 \times d[h+3.26(b-d)]$

　　　　　　　　b 型　$W=0.00785 \times d[h+2.44(b-d)]$

　　　　　　　　c 型　$W=0.00785 \times d[n+2.24(b-d)]$

（8）钢板每平方米面积重量（kg）　$W=7.85 \times d$　　$d=$厚度（mm）

（9）钢管（包括无缝钢管及焊接钢管）每米重量（kg）

　　　　　　　　$W=0.02466 \times S \times (D-S)$

公式中　D＝外径（mm）；S＝壁厚（mm）。

金属材料与非金属材料理论重量简易计算方法见附表11、附表12。

金属材料理论重量简易计算方法表　　　　　　　　　　　　　　　　　　附表11

序号	钢(管)材及铜(铝)线材理论重量简易计算方法表	
1	圆钢	每米重量(kg)＝0.00617×直径×直径
2	方钢	每米重量(kg)＝0.00785×边宽×边宽
3	六角钢	每米重量(kg)＝0.0068×对边直径×对边直径
4	螺纹钢	每米重量(kg)＝0.00617×d_0直径×d_0直径
5	扁钢	每米重量(kg)＝0.00785×边宽×厚度
6	等边角钢	每米重量(kg)＝0.00795×(边宽＋边宽－边厚)×边厚
7	不等边角钢	每米重量(kg)＝0.00795×(长边宽＋短边宽－边厚)×边厚
8	槽钢(A)	每米重量(kg)＝0.00785×腰厚[高度＋3.26(腿宽－腰厚)]
9	槽钢(B)	每米重量(kg)＝0.00785×腰厚[高度＋2.44(腿宽－腰厚)]
10	槽钢(C)	每米重量(kg)＝0.00785×腰厚[高度＋2.44(腿宽－腰厚)]
11	工字钢(A)	每米重量(kg)＝0.00785×腰厚[高度＋3.34(腿宽－腰厚)]
12	工字钢(B)	每米重量(kg)＝0.00785×腰厚[高度＋2.65(腿宽－腰厚)]
13	工字钢(C)	每米重量(kg)＝0.00785×腰厚[高度＋2.26(腿宽－腰厚)]
14	薄板及中厚钢板	每平方米重量(kg)＝7.85×厚度
15	无缝钢管及接缝钢管	每米重量(kg)＝0.02466×壁厚×(外径－壁厚)
16	裸铜元线	每公里折合(kg)＝6.982×(直径)^2
17	裸铜绞线	每公里折合(kg)＝7.08×股数×单线直径平方
18	裸铝绞线	每公里折合(kg)＝2.16×股数×单线直径平方
19	裸钢芯铝绞线	每公里折合(kg)＝(2.16×铝线股数×单线直径平方)＋(6.17×钢芯股数×单线直径平方)

有色金属材料理论重量简易计算方法　　　　　　　　　　　　　　　　　　附表12

序号	类　型	公　式
1	铜棒	每米重量(kg)＝0.00698×直径×直径
2	黄铜棒	每米重量(kg)＝0.00668×直径×直径
3	方铜棒	每米重量(kg)＝0.0089×边宽×边宽
4	方黄铜棒	每米重量(kg)＝0.0085×边宽×边宽
5	六角铜棒	每米重量(kg)＝0.0077×对边×对边
6	六角黄铜棒	每米重量(kg)＝0.00736×对边×对边
7	铜板	每米重量(kg)＝0.0089×厚×宽
8	黄铜板	每米重量(kg)＝0.0085×厚×宽
9	铝板	每米重量(kg)＝0.00271×厚×宽
10	铅板	每米重量(kg)＝0.01137×厚×宽
11	铝棒	每米重量(kg)＝0.0022×直径×直径
12	铜排	每米重量(kg)＝0.0089×宽度×厚度
13	铝排	每米重量(kg)＝0.0027×宽度×厚度
14	紫铜管	每米重量(kg)＝0.028×壁厚×(外径－壁厚)
15	黄铜管	每米重量(kg)＝0.0267×壁厚×(外径－壁厚)
16	铝及铝合金管	每米重量(kg)＝0.00879×壁厚×(外径－壁厚)
17	铝及铜合金管	每米重量(kg)＝0.0357×壁厚×(外径－壁厚)

注：理论换算表系根据1987年中国建筑工业出版社编《建筑材料手册》及1979年南京市金属公司编《金属材料实用手册》等汇编之。

六、江苏省及南京地区安装工程预算费用的计算规定（2009年费用定额）

工程量清单计价"2009年江苏省计价表"执行规定（附表13至附表15）

1. 安装工程造价［计价表计价］计算程序［包工包料］（附表13）

序号		费用名称	计算公式	备注
一		分部分项工程量清单费用	Σ工程量×综合单价	（1）执行《计价表》；管理费以一类工程费率标准计入，如遇二、三类工程可按相应工程费率进行调整取费。
	其中	1. 人工费	计价表人工消耗量×人工单价	
		2. 材料费	计价表材料消耗量×材料单价	（2）2013年3月1日起人工单价一类工程调整为71元/工日、二类工程68元/工日、三类工程63元/工日
		3. 机械费	计价表机械消耗量×机械单价	
		4. 主材费	计价表主材耗用量×单价	（3）机械费按现行规定（2007年单价），调整价差
		5. 管理费	（1）×费率	
		6. 利润	（1）×费率	
二		措施项目清单计价	分部分项工程费×费率或工程量×综合单价	按《计价表》或计算规则（清单列项）
三		其他项目费用	暂列金额、计日工、总承包服务费等	双方约定（招标、投标、合同）
四		规费		
	其中	1. 工程排污费	（一＋二＋三）×费率	按规定计取（1‰）
		2. 建筑安全监督管理费		按规定计取（0.19%），2012年2月1日起取消
		3. 社会保险费		按规定计取（2.2%）
		4. 住房公积金		按规定计取（0.38%）
五		税金	（一＋二＋三＋四）×费率	南京市区3.48%，县城、镇3.41%，其他3.28%
六		工程造价	一＋二＋三＋四＋五	

注：1. 本表为施行"工程量清单计价"和"计价表计价"的计算程序，配套使用"计价表"及"费用定额"，自2009年5月1日起在江苏省内执行。

2. "计价表"定额工资标准（水电安装工程当时执行二类工资标准）为26元/工日。

3. 相关费用计算标准及取费规定，参见以下相关规定。

2. 安装工程造价程序［包工不包料］（附表14）

序号		费用名称	计算公式	备注
一		分部分项工程量清单人工费	计价表人工消耗量×综合人工费单价	按《计价表》
二		措施项目清单计价	（一）×费率或按计价表	按《计价表》或费用定额
三		其他项目费用		双方约定
四		规费		
	其中	1. 工程排污费	（一＋二＋三）×费率	按规定计取
		2. 建筑安全监督管理费		
		3. 社会保险费		
		4. 房屋公积金		
五		税金	（一＋二＋三＋四）×费率	按各市规定计取
六		工程造价	一＋二＋三＋四＋五	

注：1. 2013年3月1日起，综合人工费单价：包工不包料89元/工日、点工73元/工日。

2. 其他费用按地方规定或合同约定执行。

3. 安装工程企业管理费和利润计算标准

安装工程计价表中的管理费原以三类工程的标准列入子目，相当于现行一类工程计费标准，如遇二、三类工程，按相应类别工程费率标准调整，利润不分工程类别按下附表15 规定计算。

安装工程 计算基础	管理费费率(%)			利润率 (%)
	一类工程	二类工程	三类工程	
人工费	47	43	39	14

4. 措施项目费计算标准

(1) 现场安全文明施工措施费：为不可竞争费。按省苏建价站字〔2009〕7 号文件规定，在编制招标控制价和投标报价时，2009 年安装工程基本费 0.8%、考评费 0.4%、获文明工地 0.2%～0.4%（计算基础：分部分项工程费）。

(2) 夜间施工增加费：按分部分项工程费的 0～0.1% 计取。也可根据工程实际情况，由发承包双方在合同中约定。

(3) 二次搬运费：发生时按建筑与装饰工程计价表计算。

(4) 冬雨期施工增加费：按分部分项工程费的 0.05～0.1 计取。

(5) 大型机械进退场及安拆：按现行施工机械台班费用定额单价及调价文件规定执行。

(6) 施工排水：在土建项目内按"计价表"列项计费。

(7) 施工降水：在土建项目内按"计价表"列项计费。

(8) 已完工程成品及设备保护：按分部分项工程费的 0～0.05% 计取。

(9) 临时设施费：按分部分项工程费的 0.6%～1.5% 计取。塔吊砼基础、专用预制厂可在土建项目内另列单项计费。

(10) 企业检验试验费：根据有关国家标准或施工验收规范要求对建筑材料、构配件和建筑物工程质量检测检验发生的费用，安装工程按分部分项工程费的 0.15% 计算。除此以外发生的检验试验费，应另行向建设单位收取，发承包双方在合同中约定。

(11) 赶工措施费：当合同工期小于定额工期时方可计取。按分部分项工程费的 1%～2.5% 计取，也可在招投标文件及其施工合同中约定。

(12) 工程按质论价奖励费：评定为某级别优良工程的项目，按分部分项工程费的 1%～3% 计取奖励费用，该项取费应在招投标文件及施工合同中约定。

(13) 特殊条件下施工增加费：根据工程实际情况（地下障碍、交通干扰……），由发承包双方在合同中约定。

(14) 组装平台：根据工程实际情况确定。

(15) 设备、管道施工的安全、防冻和焊接保护措施：根据工程实际情况确定。

(16) 压力容器和高压管道的检验：根据工程实际情况确定。

(17) 焦炉施工大棚：根据工程实际情况确定。

(18) 焦炉烘炉、热态工程：根据工程实际情况确定。

（19）管道安装后的充气保护措施：根据工程实际情况确定。

（20）隧道内施工的通风、供水、供气、供电、照明及通信设施：根据工程实际情况确定。

（21）现场施工围栏：根据工程实际情况确定。

（22）长输管道临时水工保护设施：根据工程实际情况确定。

（23）施工构架、格构式抱杆：按施工方案列项计费

（24）脚手架费用：按安装工程"计价表"规定计算。

（25）住宅分户验收费用：按分部分项工程费的 0.08％计取。

5. 其他项目费

（1）暂列费用：根据工程规模施工内容、设计深度、工期长短等因素，在招标文件的"清单"和中标后合同内确定金额，用于施工中发生的不可预见费用开支。该项费用应逐项经共同认（审）定后列支，进入工程竣工结算。

（2）暂估价：由招标人在招标文件的"清单"内，对资源单价或专业项目统一规定的费用。施工中出现经审定的实际价差，在暂列费用中开支。

（3）计日工：施工过程中可能发生的设计图纸以外零星项目或工作，招标人在招标文件的"清单"内预先统一约定点工工日，由投标人约定"综合单价"计算出的费用，中标后列入施工合同。

（4）总承包服务费：招标人仅要求对分包专业工程进行总承包管理和协调时，总承包单位按分包的专业工程估算造价的 1％计取；而招标人不仅要求对分包专业工程进行总承包管理和协调，同时，要求提供配合服务，总包单位可按配合服务内容及要求（供水、供电、仓库、脚手、生活……），收取分包专业工程估价的 2％～3％费用。

6. 规费

规费应按照有关文件的规定计取，作为不可竞争费用，不得让利，也不得任意调整计算标准。

（1）工程排污费：暂按不含规费及税金造价（分部分项工程费＋措施项目费＋其他项目费）的 1‰计取（列入报价及合同）；结算时，凭有权部门实收金额调整。

（2）建筑安全监督管理费：按"分部分项工程费、措施项目费、其他项目费"合计金额的 0.19％计取。

（3）社会保障费：安装工程按"分部分项工程费＋措施项目费＋其他项目费"的 2.2％计取。

（4）住房公积金：安装工程按"分部分项工程费＋措施项目费＋其他项目费"的 0.38％计取。

7. 税金

以"分部分项工程费＋措施项目费＋其他项目费＋规费"的合计金额为计算基础，按不同地域的综合税率（市区 3.48％、县城镇 3.41％、其他 3.28％）计取，列入工程造价。

8. 安装工程类别划分（附表16、附表17）

类别	工 程 内 容
一类	1. 10kV 及 10kV 以上变配电装置 2. 10kV 及 10kV 以上电缆敷设工程或实物量在 1km 以上的单独 6kV(含 6kV)电缆敷设分项工程 3. 锅炉单炉蒸发量在 10t/h(含 10t/h)以上的锅炉安装及其相配套的设备、管道、电气工程 4. 建筑物使用空调面积在 15000m² 以上的单独中央空调分项安装工程 5. 运行速度在 1.75m/s 及 1.75m/s 以上的单独自动电梯分项安装工程 6. 建筑面积在 15000m² 以上的自动防灾报警系统和自动灭火系统 7. 24 层以上高层建筑的水电安装工程 8. 工业安装工程一类工程项目(见后表)
二类	1. 除一类取费范围以外的变配电装置和 10kV 以下架空线路工程 2. 除一类取费范围以外的且在 380V 以上的电缆敷设工程 3. 除一类取费范围以外的各类工业设备安装、车间工艺设备安装及其相配套的管道、电气工程 4. 锅炉单炉蒸发量在 10t/h 以下的锅炉安装及其相配套的设备、管道、电气工程 5. 建筑物使用空调面积在 15000m² 以下 5000m² 以上的中央空调分项安装工程 6. 除一类取费范围以外的单独自动扶梯、自动或半自动电梯分项安装工程 7. 除一类取费范围以外的自动防灾报警系统和自动灭火系统 8. 八层以上建筑的水电安装工程
三类	1. 除一、二类取费范围以外的电缆敷设工程 2. 8 层以下(含 8 层)建筑的水电安装工程 3. 除一、二类范围以外的通风空调工程 4. 除一、二类范围以外的工业项目辅助设施的安装工程

一、洁净要求高于(等于)1 万级的单位工程

二、焊口有探伤要求的工艺管道、热力管道、煤气管道、供水(含循环水)管道等

三、易燃、易爆、有毒、有害介质管道(GB 5044—1985《职业性接触毒物危害程度分级》)

四、防爆电气、仪表安装工程

五、各种类气罐、不锈钢及有色金属贮罐。碳钢贮罐容积单只≥1000m²

六、压力容器制作安装

七、设备单重大于(等于)10t/台或设备本体高度大于(等于)10m

八、空分设备安装工程

九、起重运输设备
    1. 双梁桥式起重机:起重量≥50/10t 或轨距≥21.5m
      或轨道高度≥15m
    2. 龙门式起重机:起重量≥20t
    3. 皮带运输机:(1)宽≥650mm   斜度 10°
                (2)宽≥650mm   总长度≥50m
                (3)宽≥1000mm

十、锻压设备
    1. 机械压力:压力≥250t
    2. 液压机:压力≥315t
    3. 自动锻压机:压力≥5t

十一、塔类设备安装工程

十二、炉窑类
    1. 回转窑:直径≥1.5m
    2. 各类含有毒气体炉窑

十三、总实物量超过 50m³ 的炉窑砌筑工程

十四、专业电气调试(电压等级在 500V 以上)与工业自动化仪表调试

十五、公共安装工程中的煤气发生炉、液化站、制氧站及其配套的设备、管道、电气工程

附表 16、附表 17 安装工程类别划分说明：

（1）安装工程类别以分项工程确定工程类别。

（2）在一个单位工程中有几种不同的工程类别组成，应分别确定工程类别。

（3）改建、装修工程中的安装工程可参照相应标准确定工程类别。

（4）工程类别未包括的特殊工程，如影剧院、体育馆等，由当地工程造价管理机构根据工程实际情况予以核定，并报上级造价管理机构备案。

摘自《江苏省建设工程费用定额》（2009 年）

七、电气设备安装工程大型作业题

1. 已知条件

某三层框架楼，底层为试验室，二层为办公室、三层为计算机房。电气设备安装工程分为照明、动力、空调三个系统。已知资料为：

（1）电气施工图五张（附图 1～附图 5）；

（2）土建工程说明（附图 4 说明）；

（3）工程位于南京市区内禁区，场地条件可满足施工要求；

（4）由全民企业以包工包料方式承建；

（5）电气设计（部分）材料表（附表 18）；

电气安装材料表（大型作业）　　　　　　　　　　　附表 18

编号	名 称 及 规 格	单位	数量	备 注
1	动力配电箱	（台）	1	靖江低压开关厂
	DX：DCXR-24-6	（台）	1	靖江低压开关厂
	1DX：DCXR-32-4-213	（台）	1	靖江低压开关厂
	3DX：DCXR-32-5-212	（台）	1	靖江低压开关厂
	1DX-1～4DCXR-32-4-213	（台）	4	靖江低压开关厂
	1DX-5DCXR-21-5-203	（台）	1	靖江低压开关厂
	3DX-2DCXR-32-4-212	（台）	1	靖江低压开关厂
	3DX-3DCXR-21-4-212	（台）	1	靖江低压开关厂
2	照明配电箱	（台）	1	靖江低压开关厂
	MX：DCXR-24-7	（台）	1	靖江低压开关厂
	1MX：DCXR-21-4-210	（台）	1	靖江低压开关厂
	2MX：DCXR-21-3-203	（台）	1	靖江低压开关厂
	3MX：DCXR-21-5-209	（台）	1	靖江低压开关厂
3	空调配电箱 KX（非标准产品）	（台）	1	
	箱内主要设备：电流互感器 LQG-05-150/3		3	
	电表 DD28-5A	（只）	1	
	自动开关 DZ10-250/3-140A	（只）	1	
	自动开关 DZ10-100/3	（只）	2	
4	电子稳压器：614-A$_2$	（台）	5	
	614-B$_2$	（台）	1	
	614-05	（台）	1	
5	调压器 TDG1-250	（台）	1	

编号	名　称　及　规　格	单位	数量	备　注
6	1121 自动灭火系统电控启动器 ZQD-30	（台）	2	浙江消防器材厂
7	高效荧光灯 GX-1-3×40W	（套）	40	浙江瑞安灯具厂
	GX-2-1×40W	（套）	32	浙江瑞安灯具厂
	GX-2-2×40W	（套）	27	浙江瑞安灯具厂
8	吸顶灯 D308a-4×100W	（套）	3	北京照明器材厂
	D313-60W	（套）	17	北京照明器材厂
9	壁灯：BBB123-1×40W	（套）	8	北京照明器材厂
10	电风扇 FS-75W	（套）	17	
11	插座 86Z13F15	（只）	40	南京通信设备厂
	86Z23DA10	（只）	59	南京通信设备厂
	86Z13RA10	（只）	11	南京通信设备厂
	86Z14-15	（只）	19	南京通信设备厂
12	跷板式开关：86K31D10	（只）	16	南京通信设备厂
	86K21D10Ⅰ	（只）	15	南京通信设备厂
	86K21D10Ⅱ	（只）	2	南京通信设备厂
	86K11-10	（只）	20	南京通信设备厂
	86K12-10	（只）	4	南京通信设备厂
13	其他（导线、管材、铜排）		略	

（6）施工图中电子稳压器、调压器、自动灭火装置、铜排及接地装置，由甲方自理，可不列入预算。但接线盒应按规定计算。

2. 要求

（1）根据现行定额（估价表、计价表）和本地区规定，按定额计价或计价表计价方式，编制该工程《电气安装工程预算》；

（2）执行"工程量清单计价规范"和本地规定，列出"工程量清单"，编制该工程"电气安装"项目招标控制价。

3. 提示

（1）看懂施工图是准确计算工程量和划分预算项目的关键。本工程电气施工图的识读需注意以下几点：

1）首先阅读"施工说明"（附图 1）和"土建设计说明"（附图 4），弄清各条内容的含义，分析其中与编制预算有关系的资料。

2）本工程为二路进线，三块总配电箱。照明电 BV—5×70G70 先进入空调总箱 KX，再接入照明总箱 MX；动力电 BV—5×16G32 进户后直接入动力总箱 DX。

3）KX 箱两路出线，分别引至 1、3 层，由插座供电；MX 箱三路出线，分别引至各层照明分配电箱 1MX、2MX 和 3MX；DX 箱两路出线，分别引至 1、3 层动力分配电箱 1DX 和 3DX。

4）各层的照明、空调和动力的供电线路及电器，可根据系统图，结合平面图分别识读。但要注意：动力电是由 11 个小型开关箱实行分段控制的，并由插座供电。

（2）电气安装工程量的计算：

1）电气安装工程量由导线敷设和电器安装两部分组成。导线以进户线、盘箱连线、电器配线分段，且按系统划分为照明、空调和动力三种走线。电器分为配电装置和用电设备两部分。

2）导线以系统划分，并按线型、线规、根数、敷设方式、位置的不同，分别计算其长度。要注意定额规定的"余量"，相同条件的导线长度最后合并为"定额工程量"，以便统一套价。

3）配管长度、配线长度应分别计算，可先计算配管，再推算管内穿线长度（单根、加盘箱余量）。配管中要按一定原则规划出接线盒或分线盒的位置与数量，列项套价。

4）电器装置可按系统列表，划分楼层，用图上点数的方法计算。同时，要对照"材料表"进行复核和补充。

5）各种电器装置必须严格分清规格、型号。即使是同一定额基价的项目，也要分开计算工程量，这样才能准确地计算"主材费"。

6）工程量计算中，要结合主材在定额中的四种不同表现形式，处理好工程量与列项套价的关系。

（3）各项费用的计算，一律以本地区现行规定为依据。

八、给水排水工程大型作业题

1. 已知资料

某3层框架楼（与电气安装同一工程）的给水排水工程。已知资料为：

（1）给水排水工程施工图3张（附图6～附图8）；

（2）土建工程说明（附图6）；

（3）工程位于市内禁区，由全民企业以包工包料方式承建；

（4）室外排水工程中的水泥管、窨井、化粪池、屋面排水管由土建单位完成。3层灭火装置由甲方自理。

2. 要求

（1）根据现行定额（估价表、计价表）和本地区规定，按定额计价或计价表计价方式，编制该工程的《给水排水工程施工图预算》；

（2）执行"工程量清单计价规范"和本地规定，列出"工程量清单"，编制该工程"给水排水安装"项目招标控制价。

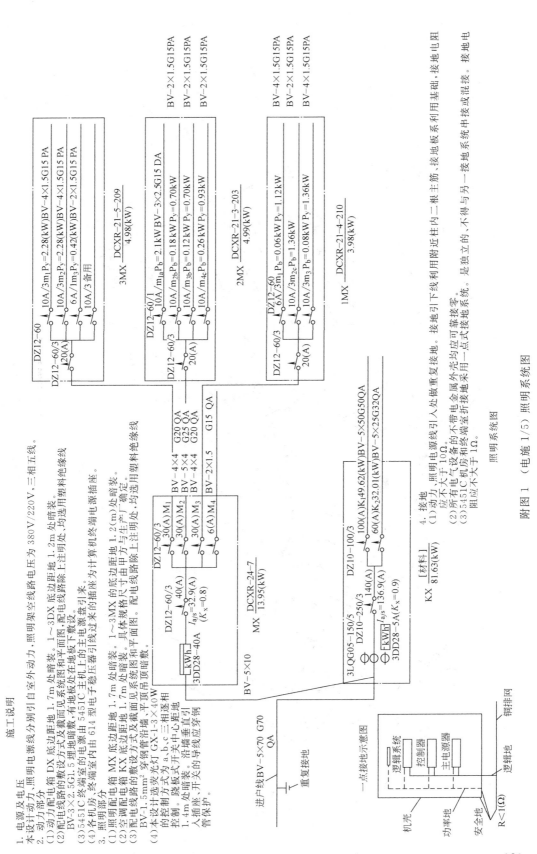

附图 1 （电施 1/5）照明系统图

照明系统图

施工说明

1. 电源及电压
本设计动力、照明电源分别引自室外动力、照明架空线路电压为 380V/220V、三相五线。

2. 动力部分
(1) 动力配电箱 DX 底口距地 1.7m 处暗装。1～3DX 底口距地 1.2m 处暗装。
(2) 配电线路的敷设方式及截面见系统图和平面图，有地板处在地板下敷设。BV-3×2.5G1.5 埋地暗敷，均选用塑料绝缘线。
(3) 5451C 终端室的电源由 5451C 主机上的主电源盘引来。
(4) 各机房、终端室内由 614 型电子稳压器引线过来的插座为计算机终端电源插座。

3. 照明部分
(1) 照明配电箱 MX 底口距地 1.7m 处暗装。1～3MX 的底口距地 1.2(m 处暗装。
(2) 空调配电箱 KX 底口距地 1.7m 处暗装。具体规格尺寸由甲方与生产厂确定。
(3) 配电线路的敷设方式及截面见系统图和平面图，平顶吊顶面处暗敷。BV-1.5mm² 穿顶管沿墙、平顶吊顶暗敷。
(4) 本设计选光灯 GX-1-3 ×40W 的控制方式为 a、b、c 三相逐相的控制。1.路采用板式开关中心距地 1.4m 处暗装。沿墙垂直引入插座、开关的导线应穿钢管保护。

4. 接地
(1) 动力、照明电源线引入处做重复接地。接地引下线利用附近柱内二根主筋。接地板系统利用基础，接地电阻应不大于 10Ω。
(2) 所有电气设备的不带电金属外壳均应可靠接零。
(3) 5451C 机房和终端室折接地采用一点式接地系统。是独立的，不得与另一接地系统串接或混接。接地电阻应不大于 1Ω。

383

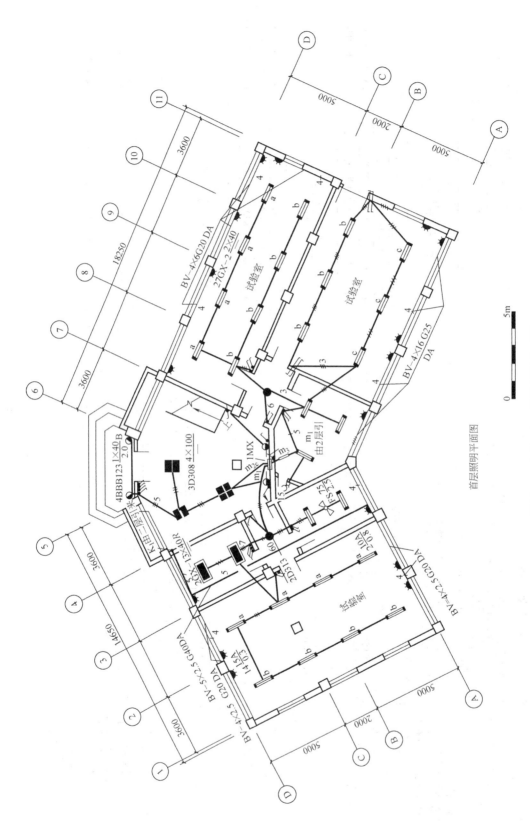

首层照明平面图

附图 2 （电施 2/5）首层照明平面图

384

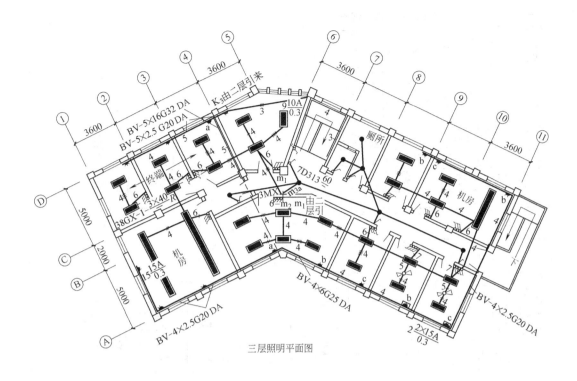

三层照明平面图

0   5m

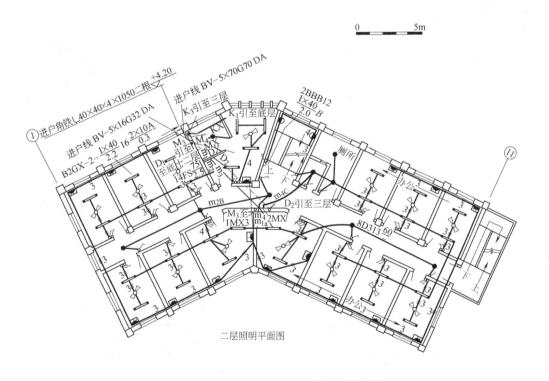

二层照明平面图

附图3 (电施3/5)二、三层照明平面图

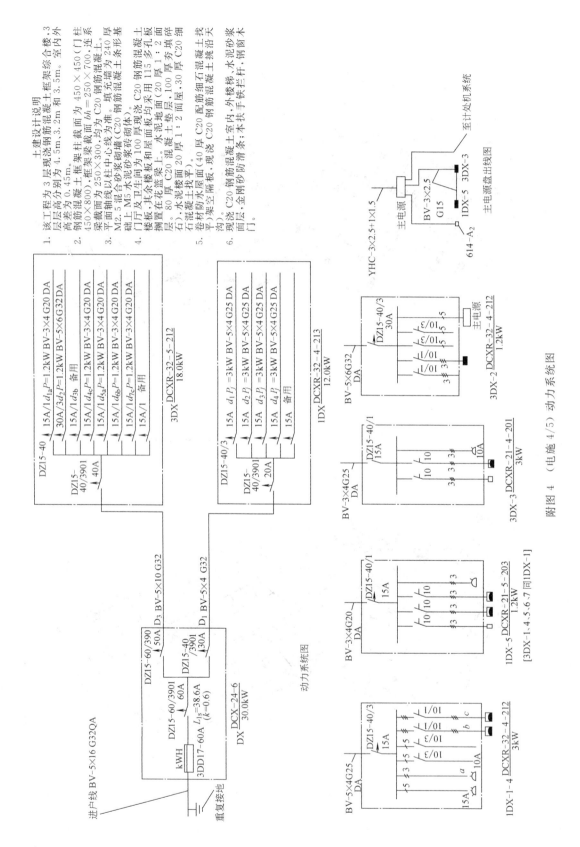

动力系统图

主电源盘出线图

附图 4 （电施 4/5） 动力系统图

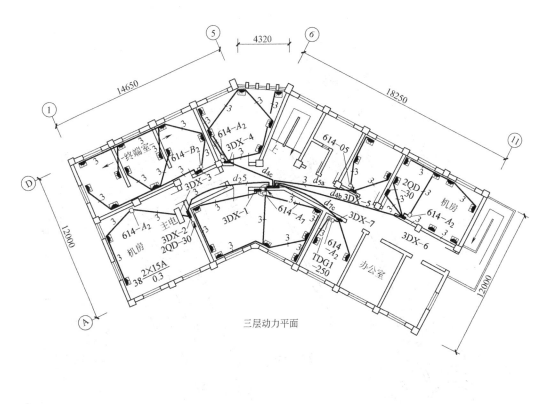

三层动力平面

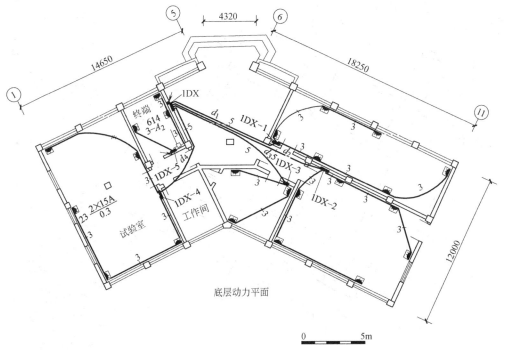

底层动力平面

0   5m

附图5 （电施5/5）底层、三层动力平面图

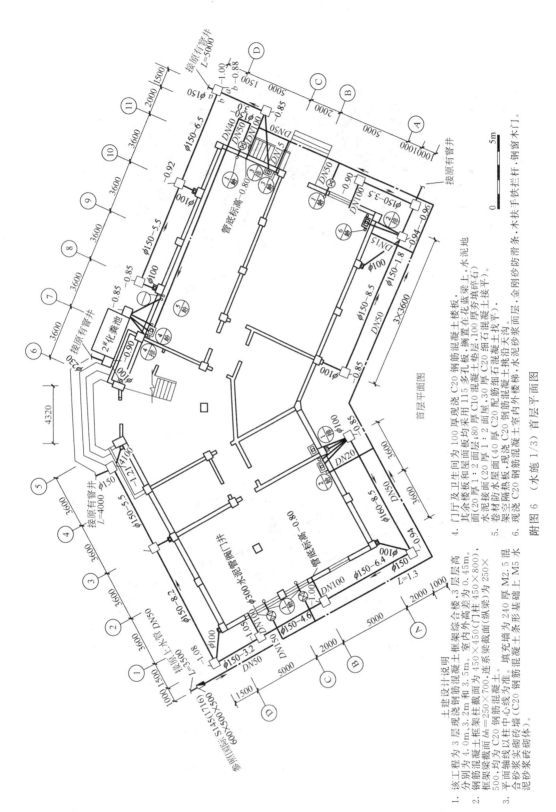

附图 6 （水施 1/3）首层平面图

首层平面图

土建设计说明

1. 该工程为 3 层现浇钢筋混凝土框架综合楼，3 层层高分别为 4.0m、3.2m 和 3.5m。室内外高差为 0.45m。

2. 钢筋混凝土框架梁截面 bh=250×700，连系梁为 250×500，均为 C20 钢筋混凝土。其余混凝土柱 450×450（门柱 450×800），框架梁截面 bh=250×450 系梁截面（纵梁）为 250×500，均为 C20 钢筋混凝土。

3. 平面轴线以柱中心线为准。其内充墙为 240 厚 M2.5 混合砂浆实心砌砖墙，现浇钢筋混凝土条形基础上 M5 水泥砂浆砌砖砌体。

4. 门厅及卫生间均为 100 厚现浇 C20 钢筋混凝土楼板。其余楼板和屋面板均采用 115 多孔板，搁置在花蓝梁上，水泥地面（20 厚 1：2 面层；80 厚 C10 混凝土卷层 100 厚矿渣填块），其条楼层 100 厚 C10 混凝土卷层 100 厚矿渣填块），水泥接面（20 厚 1：2 面层）。30 厚 C20 细石混凝土找平。

5. 卷材防水屋面（40 厚 C20 配筋细石混凝土找平），现浇 C20 钢筋混凝土室内外楼梯上挑沿天沟。现浇 C20 钢筋混凝土室内外楼梯·水泥砂浆面层·金刚砂防滑膏条·木扶手铁栏杆·钢窗木门。

6. 现浇 C20 钢筋混凝土室内外楼梯·水泥砂浆面层·金刚砂防滑膏条·木扶手铁栏杆·钢窗木门。

0   5m

388

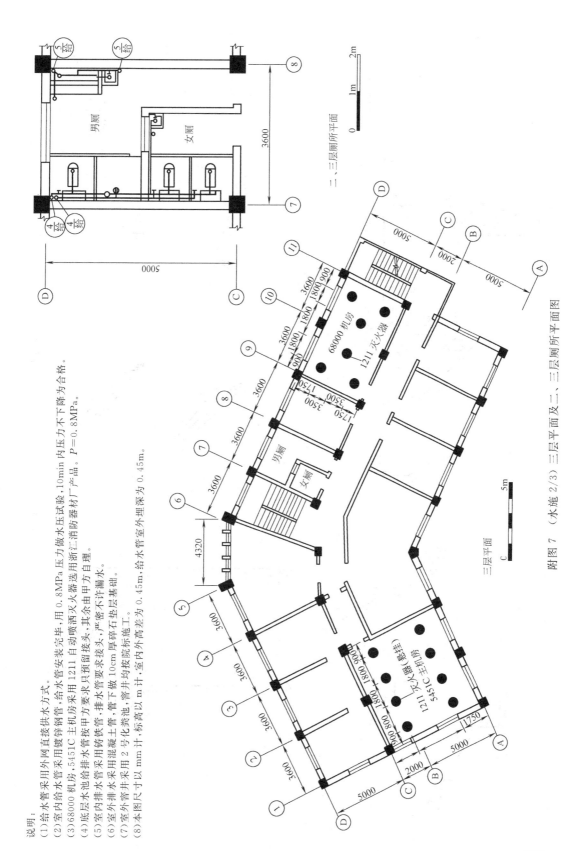

说明：
(1) 给水管采用外网直接供水方式。
(2) 室内给水管采用镀锌钢管；给水管安装完毕，用 0.8MPa 压力做水压试验，10min 内压力不下降为合格。
(3) 68000 机房采用 1211 自动喷洒灭火器，选用浙汇消防器材厂产品。$P = 0.8\text{MPa}$。
(4) 底层水池给水管按甲方要求只预留甲接头，其余由甲方自理。
(5) 室内排水管采用铸铁管；排水管要求甲接头，严密不许漏水。
(6) 室外排水管采用混凝土管，管下做 10cm 厚碎石垫层基础。
(7) 室外排水管采用 2 号化粪池，管井均按院标施工。
(8) 本图尺寸以 mm 计，标高以 m 计；室内外高差为 0.45m，给水管室外埋深为 0.45m。

附图 7 （水施 2/3） 三层平面及二、三层厕所平面图

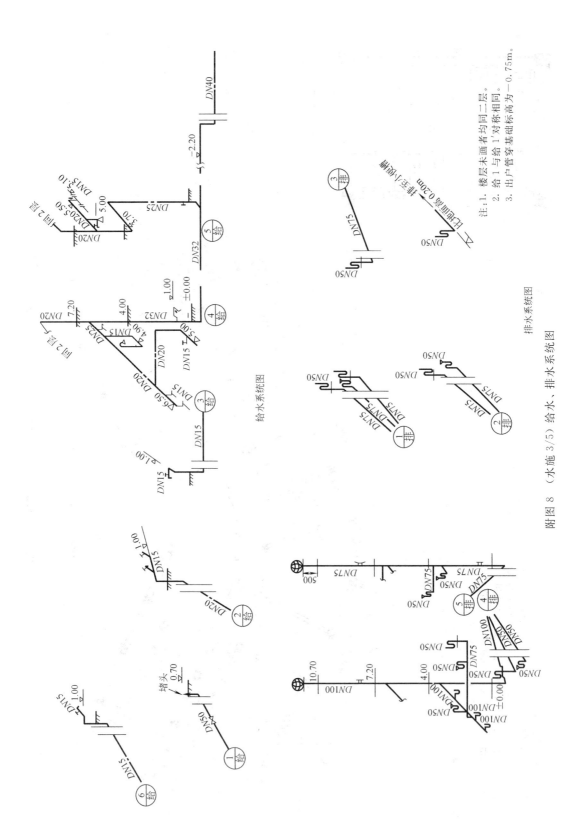

给水系统图

排水系统图

注：1. 楼层未画者均同二层。
2. 给1与给1'对称相同。
3. 出户管穿基础标高为－0.75m。

附图 8 （水施 3/5） 给水、排水系统图